U0329964

普通高等教育土建学科专业“十一五”规划教材

高校工程管理学科专业指导委员会规划推荐教材

# 工程计价与造价管理

同济大学　陈建国　主编

中国建筑工业出版社

图书在版编目（CIP）数据

工程计价与造价管理/同济大学陈建国主编．—北京：中国建筑工业出版社，2010.10

普通高等教育土建学科专业“十一五”规划教材．高校工程管理学科专业指导委员会规划推荐教材

ISBN 978-7-112-12559-3

Ⅰ．①工… Ⅱ．①同… Ⅲ．①建筑造价管理 Ⅳ．①TU723.3

中国版本图书馆CIP数据核字(2010)第197795号

本书以工程计价和造价管理为主线，以理论和方法为核心，系统阐述了工程造价管理的基本理论，包括工程造价管理的概念和主要内容；工程造价的计价原理和方法，包括工程造价构成、工程计价依据、工程计价基本原理、工程计量方法、工程估价方法、工程量清单计价方法、建设项目投资规划方法；论述了工程造价控制的基本理论；介绍了设计阶段工程造价的控制方法、采购阶段工程造价的控制方法、施工阶段工程造价的控制方法；探讨了建设项目全寿命费用管理、全面费用管理等相关理论；介绍了计算机辅助系统在工程造价管理中的应用并附有工程施工图及其计价实例。

本书可作为高等学校工程管理专业、工程造价专业及土木工程等相关专业课程的教材，也可作为各类工程技术人员和管理人员的参考用书。

*　　*　　*

责任编辑：牛松　王跃　责任设计：赵明霞　责任校对：王颖　关健

普通高等教育土建学科专业“十一五”规划教材
高校工程管理学科专业指导委员会规划推荐教材
**工程计价与造价管理**
同济大学　陈建国　主编
*
中国建筑工业出版社出版、发行（北京西郊百万庄）
各地新华书店、建筑书店经销
北京千辰制版公司制版
北京市密东印刷有限公司印刷
*
开本：787×960毫米　1/16　印张：26½　字数：535千字
2011年4月第一版　2017年6月第五次印刷
定价：**49.00**元

ISBN 978-7-112-12559-3
(19802)

**版权所有　翻印必究**
如有印装质量问题，可寄本社退换
（邮政编码　100037）

# 前　言

工程造价的计价以及建设全过程中的造价管理是建设工程管理的一项重要工作，是工程建设各参与单位（业主方、设计方、施工方、供货方、咨询方等）普遍关注的问题。其既涉及如何合理确定和使用建设资金、提高建设项目投资效益等问题，又关系到建设参与各方的切身利益。近十几年来，我国工程造价管理领域发生了根本性的变化，工程造价的计价及其管理从原来带有浓重的计划经济烙印逐步向着工程造价管理改革的总体目标，即国家宏观调控、市场竞争形成价格的目标发展。工程计价与造价管理的改革及其理论与实践的不断创新对工程造价的计价及其管理产生了深刻影响。工程造价的计价模式、工程造价管理的方法等有了新的发展，尤其是《建设工程工程量清单计价规范》(GB 50500—2008) 的发布施行，建立起了从建设工程招标投标至竣工结算的工程造价全过程管理机制。本书力求全面反映这些新的变化，包括新的管理概念和新的管理技术及方法。

本书以工程计价和造价管理为主线，系统阐述了工程计价与工程造价管理的基本理论和方法，立足于建立一套较为完整的工程计价和造价管理体系。全书分为两大部分，即工程计价和工程造价管理。

在工程计价方面，本书重点阐述了工程造价计价的基本原理并以此为基础介绍了工程造价的计价方法。这样，从掌握工程计价的理论方法出发，有利于对工程计价的不同形式与具体方法的理解、掌握与应用。在原理与理论分析的基础上，介绍了工程计价的实务方法，包括工程计量的工作内容、方法和步骤；工程估价（投资估算、设计概算、施工图预算）、工程量清单计价、建设项目投资规划等计价活动的工作内容、依据、方法和步骤。

在工程造价管理方面，重点阐述了工程造价控制的基本理论和方法。从工程造价的控制原理、重点和任务出发，详细介绍了设计阶段工程造价的控制方法、采购阶段工程造价的控制方法、施工阶段工程造价的控制方法，讨论了工程建设各阶段造价管理的主要任务和措施。在传统方法讨论的基础上，进一步探讨了建设项目全寿命费用管理、全面费用管理等的思想、理论框架和方法。

本书作者在借鉴国内外工程计价和造价管理理论和实践的基础上，结合我国市场经济条件下工程造价管理体制改革的现状，吸收了从事工程计价和造价管理的工作实践和教学体会，并引录了一些工程实例，便于阅读理解和实际应用。此外，为配合本书的使用，读者可以通过同济大学精品课程《工程计量与造价管理》网站，共享课程资源，课程网址为 http：//jpkc. tongji. edu. cn/jpkc/gcjl。

本书由陈建国主编。全书分为 15 章，并附有工程计价实例。具体编写分工如下：第 1，2，4，7，8，9，10 章，陈建国；第 3 章，陈建国、王立光；第 5，6，11，12 章，高显义；第 13 章，陈建国、彭为；第 14 章，陈建国、王燕飞；第 15 章，周兴、金曼；附录部分工程计价实例由高显义完成。

在本书编著过程中，吸取了有关专业人士、同济大学建设管理与房地产系教师与学生的宝贵意见和建议，在此一并表示衷心感谢。由于作者水平有限，书中不足之处难免，恳请读者批评指正。

编 者

2010 年 12 月于同济大学

# 目　录

# 1 总 论

工程造价管理是建设工程管理的一项主要任务，这是因为工程造价是每个项目投资者所关心的一个非常重要的问题，也是其他工程建设主体所关注的核心问题。从工程项目管理的角度出发，如何科学合理地计算确定工程造价、合理地使用建设资金、控制好每一个建设项目的工程造价、提高投资效益是建设工程管理理论与实践研究的重要课题。进行工程造价管理需要了解建设工程造价的构成基础，掌握工程造价的计价原理和方法，深刻理解和掌握建设工程造价管理的含义和基本理论，掌握建设项目实施过程中各阶段工程造价管理的任务和方法。工程造价及其管理贯穿于工程建设的全过程，工程造价管理工作的成效直接影响投资建设项目的效益，也关系到工程建设参与各方的经济利益。

## 1.1 工程造价的概念

建设一个工程项目，一般来说是指进行某一项工程的建设，广义地讲是指固定资产的形成，也就是投资进行建筑、安装和购置固定资产的活动，以及与此相联系的其他工作。

工程项目建设是通过建筑业的勘察、设计和施工等活动以及其他有关部门的经济活动来实现的。工程项目的建设包括从项目意向、项目策划、可行性研究、项目决策到地质勘察、工程设计、建筑施工、安装施工、生产准备、竣工验收、联动试车等一系列非常复杂的技术经济活动，既有物质生产活动，又有非物质生产活动，其内容有建筑工程、工农业生产或民用设备购置与安装工程，以及其他工程建设工作。

### 1.1.1 工程造价

工程造价，是指进行一个工程项目的建造所需要花费的全部费用，即从工程项目确定建设意向直至建成、竣工验收的整个建设期间所支出的总费用，这是保证工程项目建造正常进行的必要资金，是建设项目投资中最主要的部分。工程造价主要由工程费用和工程其他费用组成。

(1) 工程费用

工程费用包括建筑工程费用、安装工程费用和设备及工器具购置费用。

1) 建筑工程费用

建筑工程费用是指建设工程设计范围内的建设场地平整、竖向布置土石方工程费；各类房屋建筑及其附属的室内供水、供热、卫生、电气、燃气、通风空调、弱电等设备及管线安装工程费；各类设备基础、地沟、水池、冷却塔、烟囱烟道、水塔、栈桥、管架、挡土墙、厂区道路、绿化等工程费；铁路专用线、厂外道路、码头工程费等。

2）安装工程费用

安装工程费是指主要生产、辅助生产、公用等单项工程中需要安装的工艺、电气、自动控制、运输、供热、制冷等设备、装置安装工程费；各种工艺、管道安装及衬里、防腐、保温等工程费；供电、通信、自控等管线缆的安装工程费等。

建筑工程费用与安装工程费用的合计称为建筑安装工程费用。如上所述，它包括用于建筑物的建造及有关准备、清理等工程的费用；用于需要安装设备的安置、装配工程的费用等，是以货币表现的建筑安装工程的价值，其特点是必须通过兴工动料、追加活劳动才能实现。

3）设备及工器具购置费用

设备、工器具购置费用是指建设工程设计范围内的需要安装及不需要安装的设备、仪器、仪表等及其必要的备品备件购置费；为保证投产初期正常生产所必需的仪器仪表、工卡量具、模具、器具及生产家具等的购置费。在生产性建设项目中，设备工器具费用可称为“积极投资”，它占项目投资费用比重的提高，标志着技术的进步和生产部门有机构成的提高。

(2) 工程其他费用

工程建设其他费用是指未纳入以上工程费用的、由项目投资支付的、为保证工程建设顺利完成和交付使用后能够正常发挥效用而必须开支的费用。它包括建设单位管理费、土地使用费、研究试验费、勘察设计费、配套工程费、生产准备费、引进技术和进口设备其他费、联合试运转费、预备费、财务费用以及涉及固定资产投资的其他税费等。

### 1.1.2 建设项目投资

投资费用是建设项目总投资费用（投资总额）的简称，有时也简称为“投资”，它包括建设投资（固定资金）和流动资金两部分，是保证项目建设和生产经营活动正常进行的必要资金。

按照国际上通用的划分规则和我国的财务会计制度，投资的构成有以下几个方面。

(1) 固定投资

固定投资是指形成企业固定资产、无形资产和递延资产的投资。在过去，企业的无形资产很少，并且筹建期间不形成固定资产的开支可以核销，因此，固定投资也就是固定资产投资。现代的企业无形资产的比例逐渐增高，筹建期间的有关开支也已无处核销，都得计入资产的原值，因此，再称固定投资为固定资产投资就不完整了。所以，有的书上把这些投资叫做建设投资。但按国际惯例，将其称为固定投资较为贴切。

固定投资中形成固定资产的支出叫固定资产投资。固定资产是指使用期限超过一年的房屋、构筑物、机器、机械、运输工具以及与生产经营有关的设备、器具、工具等。这些资产的建造或购置过程中发生的全部费用都构成固定资产投资。投资者如果用现有的固定资产作为投入的，按照评估确认或者合同、协议约定的价值作为投资；融资租入的，按照租赁协议或者合同确定的价款加运输费、保险费、安装调试费等计算其投资。

企业因购建固定资产而交纳的与固定资产投资相关税费和耕地占用税，也应算作固定投资的组成部分。

(2) 无形资产投资

无形资产投资是指专利权、商标权、著作权、土地使用权、非专利技术和商誉等的投入。递延资产投资主要是指开办费，包括筹建期间的人员工资、办公费、培训费、差旅费和注册登记费等。

除了以上固定投资的实际支出或作价形成固定资产、无形资产和递延资产的原值外，筹建期间的借款利息和汇兑损益，凡与购建固定资产或者无形资产有关的，计入相应的资产原值，其余都计入开办费，形成递延资产原值的组成部分。

(3) 流动投资

流动资金是指为维持生产而占用的全部周转资金。它是流动资产与流动负债的差额。流动资产包括各种必要的现金、存款、应收及预付款项和存货；流动负债主要是指应付账款。值得指出的是，这里所说的流动资产是指为维持一定规模生产所需要的最低的周转资金和存货；这里指的流动负债只含正常生产情况下平均的应付账款，不包括短期借款。为了表示区别，把资产负债表中的通常含义下的流动资产称为流动资产总额，它除了上述的最低需要的流动资产外，还包括生产经营活动中新产生的盈余资金。同样，把通常含义下的流动负债叫流动负债总额，它除应付账款外，还包括短期借款，当然也包括为解决流动资金投入所需要的短期借款。

一般人们说的投资主要是指固定资产投资。事实上，生产经营性的项目有时还要有一笔数量不小的流动资金的投资。如一个工厂建成后，光有厂房、设备和设施还不能运行，还要有一笔钱来购买原料、半成品、燃料和动力等，待产品卖出以后才能回收这笔资金。从动态看，工厂在生产经营过程中，始终有一笔用于原材料、半成品、在制品和成品贮备占用的资金，当然，还有一笔必要的现金被占用着。投资估算时，要把这笔投资也考虑在内。

通常，建设项目的投资总数首先是按现行的价格估计的，不包括涨价因素。由于建设周期很长，涨价的情况是免不了的。考虑了涨价因素，实际的投资肯定会有所增加。另外，投资需要的资金中一般会有很大一部分是依靠借款来解决，从借钱开始到项目建成，还要发生借钱的利息、承诺费和担保费等，这些开支有些在当时就要用投资者的自有资金来支付，或者再借债来偿付，有些可能待项目投入运行以后再偿付，不管怎样，实际上要筹措的资金比工程上花的资金要多。

一般把建筑安装工程费用，设备、工器具费用，其他费用和预备费中的基本预备费之和，称为静态投资，也即指编制预期投资（估算、设计概算、施工图预算造价总称）时以某一基准年、月的建设要素的单价为依据所计算出的投资瞬时值，包括了因工程量误差而可能引起的投资增加，不包括嗣后年月因价格上涨等风险因素增加的投资，以及因时间迁移而发生的投资利息支出。相应地，动态投资是指完成一个建设项目预计所需投资的总和，包括静态投资、价格上涨等风险因素而需要增加的投资以及预计所需的利息支出。

### 1.1.3 建筑产品价格

建筑产品是指房屋、构筑物的建造和设备安装，它是建筑业的物质生产成果，是建筑业提供给社会的产品。建筑产品与其他工业产品一样具有价值和使用价值，并且是为他人使用而生产的，具有商品的性质。

建筑产品价格，是建筑产品价值的货币表现，是在建筑产品生产中社会资源消耗的货币名称。在建筑市场上，建筑产品价格可以是建筑工程招标投标的定标价格，也表现为建筑工程的承包合同价格或竣工结算价格。

建筑产品价格包括生产成本、利润和税金三个部分，其中生产成本又可分为直接成本和间接成本。建筑产品价格除具有一般商品价格的特性外，还具有许多与其他商品价格不同的特点，这是由建筑产品的技术经济特点如产品的一次性、体型大、生产周期长、价值高以及交易在先而生产在后等因素所决定的。

因建筑产品是一次性的、独特的，每一产品都要按项目业主的特定需要单独设计、单独施工，不能成批量生产和按整个产品确定价格，只能以特殊的计价方法，即要将整个产品进行分解，划分为可以按定额等技术经济参数测算价格的基本单元子项（或称分部分项工程)，计算出每一单元子项的费用后，再综合形成整个工程的价格。这种价格计算方法称为工程预算和结算。又因建筑产品是先交易后生产，由项目业主在建筑市场上通过招标投标的方式选择工程承包人，所以，在产品生产之前就需预先知道产品的价格，且交易双方都会同时参与产品价格的形成和管理。建筑产品的固定性又使其价格具有地区性，不同地区之间的价格水平不一。

建筑产品价格构成是建筑产品价格各组成要素的有机组合形式。在通常情况下，建筑产品价格构成与建设项目总投资中的建筑安装工程费用的构成相同，后者是从投资耗费角度进行的表述，前者反映商品价值的内涵，是对后者从价格学角度的归纳。当然，随着建设工程服务提供模式的变化，建筑产品价格的构成也会变化，如对于施工总承包、设计与施工总承包或是EPC（Engineering, Procurement and Construction）等不同的发承包模式，相应的工程承包价格的构成会有不同。

综上所述，可以这样理解，投资费用包含工程造价，工程造价包含建筑产品价格。

一般来说，由于建设项目投资费用的主要部分是由建筑安装工程费用、设备工器具购置费用以及工程建设其他费用所构成，通常仅就工程项目的建设及建设期而言，从狭义的角度，人们习惯上将投资费用与工程造价等同，将投资控制与工程造价控制等同。

## 1.2 项目建设程序

工程项目的建设，需要经过多个不同的阶段，需要按照项目建设程序从项目构思产生，到设计蓝图形成，再到工程项目实现，一步一步地实施。而在工程建设的每一重要步骤的管理决策中，均与对应的工程造价费用紧密相关，各个建设阶段或过程均存在相应的工程造价计价与造价管理问题。也就是说，工程造价的规划与控制贯穿于工程建设的各个阶段。

建设程序是指建设项目从设想、选择、评估、决策、设计、施工到竣工验收、投入生产等的整个建设过程中，各项工作必须遵循的先后次序的法则。这个法则是人们在认识客观规律的基础上制定出来的，是建设项目科学决策和顺利进行的重要保证。按照建设项目产生发展的内在联系和发展过程，建设程序分为若干阶段，这些发展阶段是有严格的先后次序，不能任意颠倒而违反它的发展规律。通常，项目建设程序的主要阶段有：项目建议书阶段，可行性研究报告阶段，设计工作阶段，建设准备阶段，建设实施阶段和竣工验收阶段等。这几个大的阶段中都包含着许多环节，这些阶段和环节各有其不同的工作内容。

（1）项目建议书阶段

项目建议书是要求建设某一项具体项目的建议文件，是项目建设程序中最初阶段的工作，是投资决策前对拟建项目的轮廓设想。项目建议书的主要作用是为了推荐一个拟进行建设的项目的初步说明，论述它的建设必要性、条件的可行性和获利的可能性，供建设管理部门选择并确定是否进行下一步工作。

20世纪70年代，我国规定的基本建设程序第一步是设计任务书（计划任务书）。为了进一步加强项目前期工作，对项目的可行性进行充分论证，从20世纪80年代初期起规定了程序中增加项目建议书这一步骤。项目建议书经批准后，可以进行详细的可行性研究工作，但并不表明项目非上不可，项目建议书不是项目的最终决策。项目建议书的内容视项目的不同情况而有简有繁。

（2）可行性研究报告阶段

项目建议书提出以后，需要对拟建项目的可行性进行分析研究。

1）可行性研究。项目建议书一经批准，即可着手进行可行性研究，对项目在技术上是否可行、经济上是否合理进行科学分析和论证。我国从20世纪80年代初将可行性研究正式纳入基本建设程序和前期工作计划，规定大中型项目、利用外资项目、引进技术和设备进口项目都要进行可行性研究，其他项目有条件的也要进行可行性研究。

2）可行性研究报告的编制。可行性研究报告是确定建设项目、编制设计文件的重要依据。所有基本建设都要在可行性研究通过的基础上，选择经济效益最好的方案编制可行性研究报告。由于可行性研究报告是项目最终决策和进行初步设计的重要文件，因此，要求它有相当的深度和准确性。财务评价和国民经济评价方法，是可行性研究报告中的重要部分。

3）可行性研究报告审批或备案。按照国家有关规定，属中央政府投资或中央和地方政府合资的大中型和限额以上项目的可行性研究报告，要送国家主管部门审批。可行性研究报告批准后，不得随意修改和变更。如果在建设规模、产品方案、建设地区、主要协作关系等方面有变动以及突破投资控制数时，应经原批准机关同意。经批准的可行性研究报告，是确定建设项目、编制设计文件的依据。对于不使用政府投资建设的项目，一律不再实行审批制，区别不同情况实行核准制和备案制。其中，政府仅对重大项目和限制类项目从维护社会公共利益角度进行核准，其他项目无论规模大小，均改为备案制，项目的市场前景、经济效益、资金来源和产品技术方案等均由工程建设主体自主决策和自担风险。

（3）设计工作阶段

设计是对拟建工程的实施在技术上和经济上所进行的全面而详尽的安排，是建设计划的具体化，是把先进技术和科技成果引入建设的渠道，是整个工程的决定性环节，是组织施工的依据，它直接关系着工程质量和将来的使用效果。可行性研究报告经批准后的建设项目可通过设计竞赛或其他方式选择设计单位，按照已批准的内容和要求进行设计，编制设计文件。如果初步设计提出的总概算，超过可行性研究报告确定的总投资估算10%以上或其他主要指标需要变更时，要重新报批可行性研究报告。

（4）建设准备阶段

项目在开工建设之前要切实做好各项准备工作，主要内容有：征地、拆迁和场地平整；完成施工用水、电、路；组织设备、材料订货；准备必要的施工图纸；组织施工招标，择优选定施工单位。项目在报批开工之前，应由审计机关对项目的有关内容进行审计证明。审计机关主要是对项目资金来源是否正当、落实，项目开工前的各项支出是否符合国家的有关规定，资金是否存入规定的银行进行审计。

（5）工程施工阶段

1）建设项目经批准开工建设，项目即进入了施工阶段。项目开工时间，是指建设项目设计文件中规定的任何一项永久性工程第一次破土、正式打桩。建设工期从开工时算起。

2）年度基本建设投资额，即基本建设年度计划使用的投资额，是以货币形式表现的基本建设工作量，是反映一定时期内基本建设规模的综合性指标。

3）生产或运营准备是施工项目投产前所要进行的一项重要工作。它是项目建设程序中的重要环节，是衔接基本建设和生产或运营的桥梁，是建设阶段转入生产或运营的必要条件。建设单位应当根据建设项目或主要单项工程生产技术的特点，适时组成专门班子或机构，做好各项生产或运营准备工作，如招收和培训人员、生产组织准备、生产技术准备、生产物质准备等。

（6）竣工验收阶段

竣工验收是工程建设过程的最后一环，是全面考核建设成果、检验设计和工程质量的重要步骤，也是项目建设转入生产或使用的标志。通过竣工验收，一是检验设计和工程质量，保证项目按设计要求的技术经济指标正常生产；二是有关部门和单位可以总结经验教训；三是建设单位对验收合格的项目可以及时移交固定资产，使其由建设系统转入生产系统或投入使用。凡符合竣工条件而不及时办理竣工验收的，一切费用不准再由投资中支出。

工程建设属于社会化大生产，其规模大、内容多、工作量浩繁、牵涉面广、内外协作关系错综复杂，而各项工作又必须集中在特定的建设地点和范围进行，在活动范围上受到严格限制，因而要求各有关单位密切配合，在时间和空间的延续和伸展上合理安排。尽管各种建设项目及其建设过程错综复杂，但各建设工程所必需的一般历程，基本上还是相同的，有其客观规律。不论什么项目，一般总是必须先调查、规划、评价，而后确定项目、确定投资；先勘察、选址，而后进行设计；先设计，而后进行施工；先安装试车，而后竣工投产；先竣工验收，而后交付使用。这是工程建设内在的客观规律，是不以人的意志为转移的。人们如果头脑发热，超越现实，违背客观规律，就必然会受到客观规律的惩罚。

制定建设程序，就是要反映工程建设内在的规律性，防止主观盲目性。纵观过去，国家在工程建设领域曾多次强调要按建设程序办事，但实际执行过程中，违反建设程序，凭主观意志上项目、盲目追求高速度等现象时有发生。有的建设项目在地质条件尚未勘察清楚前就仓促上马，有的项目在设计文件尚未完成之际就急于施工等，造成有的新建项目技术落后，资源不落实，投资大幅度超支，经济效益差；有的项目建设过程中，方案一改再改，大量返工。凡此种种违反建设程序的现象，均造成了极大的损失。

## 1.3 工程计价概述

工程计价，就是计算确定建造一个工程项目所需要花费的全部费用，即要计算出从工程项目确定建设意向直至建成、竣工验收的整个建设期间所支出的总费用。由于工程项目及其建设的特点，对同一个工程项目而言，在建设的不同阶段均有工程计价问题，且各个建设阶段的造价计价依据、计价形式和方法均有所不同。

### 1.3.1 工程造价计价特点

工程造价费用计算的主要特点是单个性计价、多次性计价和工程结构分解计价。

（1）单个性计价

每一项建设工程都有指定的专门用途，所以也就有不同的结构、造型和装饰，不同的体积和面积，建设时要采用不同的工艺设备和建筑材料。即使是用途相同的建设工程，其技术水平、建筑等级和建筑标准也有差别。建设工程还必须在结构、造型等方面适应工程所在地气候、地质、水文等自然条件，适应当地的风俗习惯。这就使建设工程的实物形态千差万别；再加上不同地区构成工程造价费用的各种价格要素的差异，导致建设工程造价的千差万别。因此，对于建设工程，就不能像对工业产品那样按品种、规格、质量成批地定价，只能通过特殊的程序（编制估算、概算、预算、合同价、结算价及最后确定竣工决算等），就各个建设工程项目单独计算工程造价，即单个计价。

（2）多次性计价

建设工程的生产过程是一个周期长、规模大的生产消费过程，包括可行性研究和工程设计在内的过程一般较长，而且通常需要分阶段进行，逐步深化。为了适应工程建设过程中各方经济关系的建立，适应项目管理与工程造价管理的要求，需要按照设计和施工等建设的不同阶段多次性地进行工程造价的计算，其过程如图 1-1 所示。

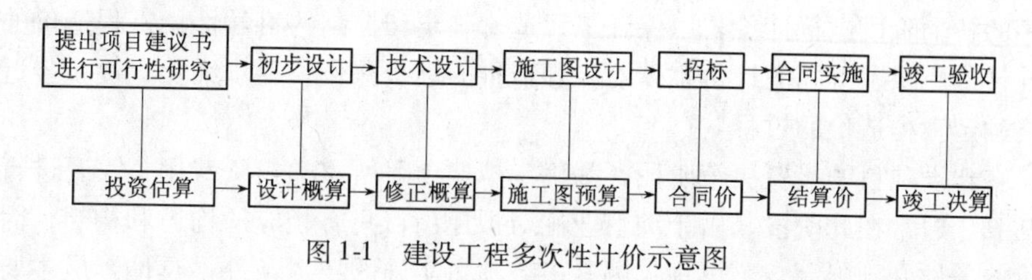


图 1-1 建设工程多次性计价示意图

如图 1-1 所示，从投资估算、设计概算、施工图预算到招标投标合同价，再到工程的结算价和最后在结算价基础上编制的竣工决算，整个计价过程是一个由粗到细、由浅到深，最后确定工程实际造价的过程。工程计价过程各环节之间相互衔接，前者制约后者，后者补充前者。

（3）工程结构分解计价

按有关规定和习惯，工程建设项目有大、中、小型之分。凡是按照一个总体设计进行建设的各个单项工程的总体即是一个建设项目。它一般是一个新企业（或联合企业）项目、新事业单位项目或独立的工程项目。在建设项目中，凡是具有独立的设计文件、竣工后可以独立发挥生产能力或工程效益的工程被称为单项工程，也可将它理解为具有独立存在意义的完整的工程项目。每一单项工程又可分解为各个能够独立施工的单位工程。由于单位工程往往是由某一专业施工形成的工程整体，可以按相应的工程部位把单位工程进一步分解为分部工程。对于分部工程而言，还可按照不同的施工方法、构造及材料规格等，把分部工程更细致地分解为分项工程。分项工程是能用较为简单的施工过程生产出来的，可以用适量的计量单位计算并便于测定或计算的工程基本要素或子项，可以看成是假定的建筑安装施工中间产品。

与以上工程构成的方式相适应，建设工程具有分部组合计价的特点。计价时，首先必须对工程项目进行分解，按构成进行分部分项工程费用的计算，并逐层汇总。例如，通过分项工程费用的计算，可以向上逐层汇集成分部工程以及单位工程的施工图预算；为确定建设项目的总概算，要先计算各单位工程的概算，再计算各单项工程的综合概算，最终汇总成总概算。

### 1.3.2 工程造价计价形式

由工程造价计价的特点可知，工程造价的确定是一个较为复杂的过程，建筑产品的多样性和复杂性，以及在工程建设的不同阶段，计价方法和计价形式也具多样性和动态性。前已述及，工程造价的计价具有动态性和阶段性（多次性）的特点，工程建设项目从决策到竣工交付使用，都有一个较长的建设期。在整个建设期内，构成工程造价的任何因素发生变化都必然会影响工程造价的变动，不能一次确定可靠的价格，要到竣工决算后才能最终确定工程造价，因此需在建设程序的各个阶段进行计价，以保证工程造价确定和控制的科学性。工程造价的多次性计价反映了不同的计价主体对工程造价的逐步深化、逐步细化、逐步接近和最终确定工程造价的过程。

在建设项目的投资决策阶段，为确定拟建项目所需的投资费用，需要进行投资估算。通常在此阶段，由于项目业主对拟建项目只有相应的构思和构想，因而计价的条件受到限制，不可预见因素多，项目实施的技术条件不具体。最主要的是因工程设计尚未开始，工程计价时也就没有具体实物工程量计算的对象，所以工程造价更多地只能是根据过去已经建成的同类项目的投资数据和资料进行计价，亦即投资估算。因此，投资估算的基本依据，一是项目策划的成果，包括根据建设意图和初步构思确定的项目规模、内容组成、功能和标准等；二是同类项目的历史数据和资料，各种资源的市场价格信息以及对未来的预测等。投资估算的通常形式是以项目的综合规模为计量单位，按相应的估算指标进行计价。常用的投资估算方法有造价指标法、生产能力指数法等。

进入项目实施阶段以后，开始进行工程设计。此时，随着工程设计的不断深化，工程对象越来越明晰，分部分项工程的实物工程量可以通过设计图纸准确地计算出来，因而工程造价准确度也就可以越来越高。建设项目设计阶段的工程造价文件主要为设计概算和施工图预算，其计价的通常形式是以分部分项工程为计算对象，按设计文件和图纸计算出分部分项工程的实物工程量，再根据相应的工程定额，以及资源的市场价格进行计价。目前，设计阶段和招标采购阶段常见的计价方式有单价法（或称单位估价法）、实物量法和工程量清单计价法等。

单价法是以分部分项工程的单位价格（或称单位估计表）为主要依据进行计价的一种方式，其是根据工程设计文件和图纸，划分分部分项工程，先计算出分部分项工程的工程量，然后依据相应的单位价格，计算确定工程造价。分部分项工程的单位价格可以是工料单价，也可以是综合单价。工料单价中，分部分项工程的单价只包含人工、材料和机械使用等费用；而综合单价中，分部分项工程的单价除人工、材料和机械使用等费用外，还包含其他所有的费用，故也称全费用单价。因此，若以工料单价进行计价，则在得到分部分项工程的直接工程费后，还要以此为基础计算其他费用，如措施费、间接费、利润和税金等，最后生成整个工程的工程造价。若是以综合单价进行计算，因分部分项工程的单价综合包含了直接工程费、措施费、间接费、利润和税金等费用，则在计算得到分部分项工程的工程量后，运用综合单价就可直接生成整个工程的工程造价。

实物量法是以分部分项工程的单位资源消耗量为主要依据进行计价的一种方式，其是根据工程设计文件和图纸，在计算出分部分项工程的工程量后，依据相应的单位资源消耗量，先计算得到整个工程所需的人工、材料和机械使用等资源的需用总量，然后再根据各类资源的市场价格，计算确定工程造价。

工程量清单计价是以分部分项工程的工程量清单为基础进行计价的一种方式，本质上属于单价法。工程量清单表示的是拟建工程的分部分项工程项目的名称和数量，通常由项目业主提供，作为工程招标文件的组成部分。工程量清单计价需要有统一的项目划分，统一的工程量计算规则和清单，工程承包人则是根据工程特点、自身条件、市场价格等确定综合单价，进行自主报价。按照《建设工程工程量清单计价规范》(GB 50500—2008)(以下简称《计价规范》)的规定，工程量清单计价活动包括：工程量清单、招标控制价、投标报价的编制，工程合同价款的约定，竣工结算的办理以及施工过程中的工程计量、工程款支付、索赔与现场签证、工程价款调整和工程计价争议处理等活动。

可以说，在建设项目施工阶段开始之前的计价活动所得到的工程造价，在某种程度上均是计划值价格，即原则上均是根据工程设计文件和图纸、预期的资源市场价格等进行计价。而工程的实际造价，通常是通过施工过程中的工程结算、竣工结算和竣工决算等计价活动最终确定。工程结算或决算对工程造价的计价，根据的是工程设计文件和图纸、实际的工程计量、资源的实际价格等，因而计价生成的是实际的工程造价。

### 1.3.3 工程计价方式的演化

回顾我国工程造价计价方式的演变和发展，可以从三个不同的角度来对计价方式和方法进行分类分析。

(1) 按直接费计算方法分类，可分为单价法和实物量法

单价法是指通过编制单位估价表确定分部分项工程的直接费单价，再以直接费单价为基础来计算分部分项工程直接费总额的计价方法。

实物量法是指先计算分部分项工程的人工、材料、机械的总消耗量，再以总消耗量为基础来计算分部分项工程直接费总额的计价方法。

这两种计价方法的主要区别在于直接费总额的计算程序不同。在计算分部分项工程直接费总额的过程中，这两种方法都要用到工程（预算）定额消耗量、相应的基础单价和分部分项工程工程量这三个计价要素，只是使用的程序不同。在计算出分部分项工程直接费总额后，都需要计算直接费以外的各项费用，最后才能计算出完整的工程造价。因此这两种计价方法没有本质的区别，选择这两种方法都可以计算出分部分项工程的直接费总额。

(2) 按单价包含的内容分类，可分为工料单价法和综合单价法

工料单价法是指分部分项工程量的单价为直接费单价。直接费单价以人工、材料、机械使用的消耗量及其相应价格来确定。间接费、利润、税金按照有关规

定另行计算。

综合单价法是指分部分项工程量的单价为全费用单价。全费用单价综合计算并包含分部分项工程所发生的直接费、间接费、利润和税金等。

这两种计价方法的主要区别在于计价过程中单价包含的内容口径不同。在计算单位工程造价的过程中，两者都需要计算直接费、间接费、利润和税金。区别在于前者的单价只包括直接费，后者则将直接费、间接费、利润和税金都包括在单价之中。因此这两种计价方法也没有本质的区别，在约定的条件下，选择这两种方法都可以计算出单位工程的价格。

（3）按计价模式分类，可分为定额计价法和清单计价法

定额计价法是指以统一的带法令性的计价基础资料为依据的一种计价方法，这是一种与计划经济体制相适应的计价方法。

清单计价法是指以《计价规范》为依据的一种计价方法，这是一种与市场经济体制相适应的计价方法。

这两种方法的主要区别在于计价模式不同，分别适用于不同的经济体制。定额计价法是在新中国成立初期按前苏联的计价模式建立起来的计价方法，适用于计划经济的经济体制。清单计价法是按市场机制的计价模式建立起来的计价方法，适用于市场经济的经济体制。定额计价法和清单计价法只是两个形象的名称，这两种方法的本质区别不在于是否沿用定额，也不在于是否采用清单，本质的区别在于是否适应于市场经济的需求，是否允许工程承包人自主报价，是否真正通过市场竞争来确定工程造价。因此，这两种计价方法有着本质的区别。

因此，在不同时期、不同条件下，并存着不同的计价方式与方法，不同的计价方式方法之间存在着借鉴、继承和发展的关系，计价方式与方法随着社会经济的发展将不断改变和完善。

### 1.3.4 工程计价方法的发展

长期以来，尤其是改革开放以前，我国采用的工程造价计价方法是单价法、工料单价法和定额计价法等，这是一种以计划的、统一的、固定的、带有法令性的计价基础资料为基础的单价法、工料单价法和定额计价法。这种工程计价方法强调国家主管部门对工程造价的价格构成及其计算依据实行计划管理、集中控制。各种计价基础资料，包括定额、单位估价表、资源价格、各类费用计取标准等都是由国家主管部门统一编制确定，根据这种计价基础资料计算的工程造价，属于计划价格。这种计价方法是与计划经济体制相适应的，在实行计划经济的年代起过重要的作用。

六十多年来，我国的工程计价方法随着社会政治经济形势的变化而发生着变化。这种变化具体表现在：预算定额的管理权限，经历了从中央集中管理，到下

放各地方分散管理，又收回到中央集中管理的演变过程；费用标准的划分类别，经历了按不同所有制、按不同行政隶属关系、按不同企业资质、按不同工程类别划分不同的费用标准的演变过程；单位估价表的表现形式，经历了与预算定额两者合一，到与预算定额两者分离的演变过程；工程量计算规则，经历了作为预算定额的组成部分，到单独编制、单独出版的演变过程。六十多年来，我国的工程造价管理人员，在计价方法的管理方面，作出了长期的努力，取得了丰富的经验，积累了宝贵的资料。

改革开放以前，我国实行国家主管部门统一编制各种计价基础资料，实行地区统一的计划价格。由于计价过程中的主要依据是国家统一编制的预算定额和费用标准，这种计价方法被形象地称为定额计价法。定额计价法，与市场经济体制不相适应，不利于竞争、又不便于实施动态管理，必须进行改革。20世纪80年代初期，我国进入改革开放的新时期，随着计划经济体制向市场经济体制的转变，计价方法也发生着深刻的变革。

随着改革开放的深化，计划经济体制逐步被破除，长期实行的与计划经济体制相适应的工程计价方法也失去了继续存在的基础，需要进行改革。在这种背景下，工程量清单计价方法作为计价方法改革的重要举措，开始在我国推行。

当然，对我国长期以来采用的单价法、工料单价法、定额计价法等方法本身而言，并不应全盘否定，而是要进行改造。这种改造主要表现在取消预算定额、单位估价表、费用标准的法令性质，改变其为具有指导性、参考性的计价基础资料；鼓励施工企业自主地编制供本企业使用的企业定额、企业单位估价表、企业费用标准，引导企业自主报价，在市场上展开竞争。

工程计价方法的改革方向是建立起一种与市场经济相适应的、符合国际惯例的工程造价计价方法。为了实现这一目标，我国采取的改革措施是推行工程量清单计价方法。2003年2月17日，国家标准《建设工程工程量清单计价规范》(GB 50500—2003）发布。《计价规范》的实施，标志着与市场经济相适应的计价方法取代了与计划经济相适应的计价方法。

2008年7月9日，《建设工程工程量清单计价规范》(GB 50500—2008）发布，并于2008年12月1日施行。《计价规范》2008版总结了《计价规范》2003版实施以来的经验，针对执行中存在的问题，主要修编了原规范中不尽合理、可操作性不强的条款及表格格式，特别增加了采用工程量清单计价如何编制工程量清单和招标控制价、投标报价、合同价款约定以及工程计量与价款支付、工程价款调整、索赔、竣工结算、工程计价争议处理等内容，将《计价规范》的内容，即工程量清单计价的适用范围从招投标阶段扩展到工程实施阶段的全过程，基本反映了实行工程量清单计价以来的主要经验和实践成果。

## 1.4 工程造价管理

工程项目的建设，需要经过多个不同的阶段，需要按照项目建设程序从项目构思产生，到设计蓝图形成，再到工程项目实现，一步一步地实施。而在工程建设的每一重要步骤的管理决策中，均与对应的工程造价费用紧密相关，各个建设阶段或过程均存在相应的工程造价管理问题。也就是说，工程造价的规划与控制贯穿于工程建设的各个阶段，即建设全过程。

### 1.4.1 工程造价管理及其目的

工程造价管理是以建设工程项目为对象，为在工程造价计划目标值以内实现工程项目而对工程建设涉及的造价所进行的规划和控制的工程管理活动。工程造价管理的目的，就是在建设项目的实施阶段，通过造价规划与动态控制，将实际发生的工程造价额控制在造价的计划值以内，以使建设项目的造价目标尽可能地实现。工程造价管理并不是说要使建设项目的造价越小越好，而是指在满足建设项目的功能要求和使用要求的前提下，通过控制的措施，在计划造价范围内，使建设项目造价得到控制。工程造价管理的目标是充分利用有限的资源，使工程项目的建设获得最佳效益和增值。

工程造价管理主要由两个并行、各有侧重又互相联系、相互重叠的工作过程构成，即工程造价的规划过程与工程造价的控制过程。在项目建设的前期，以工程造价的规划为主；在项目的实施阶段，工程造价的控制占主导地位。

### 1.4.2 工程造价的规划

工程造价管理工作综合体现在项目建设程序中的各个阶段，在项目建设的前期阶段，工程造价的规划是非常重要的管理工作之一。

工程造价的规划包括两个方面，一是指计算和确定工程造价费用，或称工程造价的计价；二是指基于确定的工程造价目标值，制定工程项目建设期间用于控制工程造价的实施方案。

（1）工程造价计价的主要内容

依据项目建设程序，工程造价的确定与工程建设阶段性工作深度相适应，一般分为以下几个阶段。

1）在项目建议书阶段，按照有关规定，应编制概略性的投资估算，经主管部门批准，作为拟建项目列入投资计划和开展前期工作的控制性目标造价。

2）在可行性研究阶段，按照有关规定编制投资估算，经主管部门批准，即为该项目计划造价的控制性目标值。

3）在初步设计阶段，按照有关规定编制初步设计总概算，经主管部门批准，即为控制拟建项目工程造价的最高限额。对在初步设计阶段，通过建设项目招标投标签订承包合同协议的，其合同价也应在最高限价（总概算）相应的范围以内。

4）在施工图设计阶段，按规定编制施工图预算，用以核实施工图阶段造价是否超过批准的设计概算。经发承包双方共同确认，主管部门认定通过的施工图预算，即为结算工程价款的依据。

5）在施工准备阶段，按有关规定编制招标工程的标底或招标控制价，参与合同谈判，确定工程承包合同价格。对以施工图预算为基础招标投标的工程，承包合同价也是以经济合同形式确定的建筑安装工程造价。

6）在工程施工阶段，根据施工图预算及合同价格，编制资金使用计划，作为工程价款支付、确定工程结算价的计划造价目标。

建设程序和各阶段工程造价计价及确定示意图如图1-2所示。

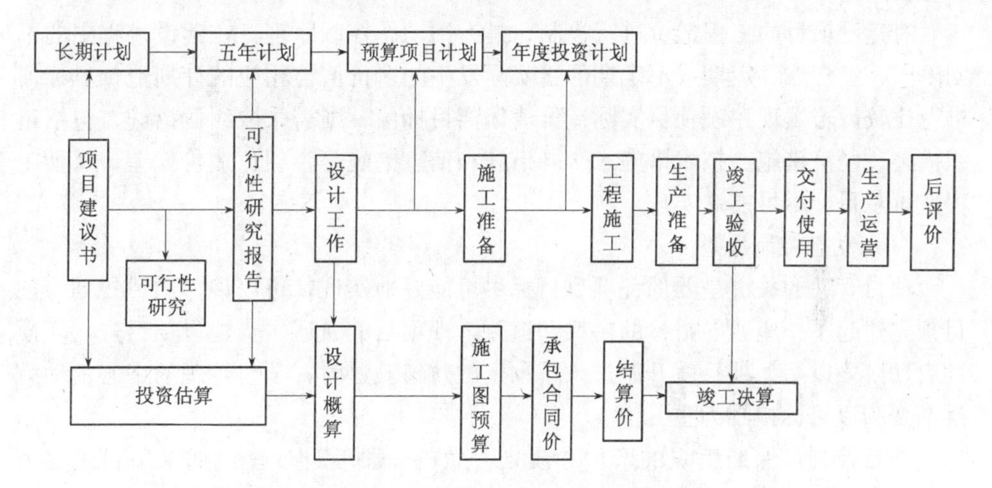


图1-2 建设程序和各阶段工程造价计价及确定示意图

（2）工程造价控制实施方案的主要内容

此外，工程造价规划的重要工作就是制定建设项目实施期间造价控制的工作方案，主要包括投资目标的论证分析、投资目标分解、投资控制工作流程、投资目标风险分析、投资控制工作制度及有关报表数据的采集、审核与处理等一系列控制工作和措施。

1）在设计准备阶段，通过对投资目标的风险分析、项目功能与使用要求的分析和确定，编制建设项目的造价规划，用以指导设计阶段的设计工作以及相应的造价控制工作。

2）在工程设计阶段，以造价规划方案为指导，控制初步设计阶段的设计工作，编制设计概算。以造价规划和设计概算控制施工图设计阶段的设计工作，编制施工图预算，确定工程承包合同价格等。

3）在工程施工阶段，以造价规划、施工图预算和工程承包合同价格等控制工程施工阶段的工作，编制资金使用计划，以作为施工过程中进行工程结算和工程价款支付的计划目标。

### 1.4.3　工程造价的控制

工程造价的有效控制是工程建设管理的重要组成部分。所谓工程造价的控制，就是在建设项目投资决策阶段、设计阶段、工程发包阶段、施工阶段和运营准备阶段，以规划的计划造价为目标，通过相应的控制措施把建设项目造价的发生控制在批准的造价限额以内，随时纠正发生的偏差，以保证工程造价管理目标的实现，以求在项目建设中能合理使用人力、物力和财力，取得较好的经济效益和社会效益。

对建设项目的工程造价进行控制，是运用动态控制原理，在建设过程中的不同阶段，经常地、定期或不定期的将实际发生的造价值与相应的计划造价目标值进行比较，若发现建设项目实际造价值偏离目标值，则需采取纠偏措施，包括组织措施、经济措施、技术措施、合同措施和信息措施等，纠正造价偏差，保证工程造价总目标尽可能地实现。

（1）动态控制原理

项目管理的关键是要保证项目目标尽可能好地实现，可以说，项目规划为项目预先建起了一座通向目标的桥梁和道路，即项目的轨道。当建设项目进入实质性启动阶段以后，项目就开始进入了预定的轨道。这时，项目管理的中心活动就逐渐变为以目标控制为主。

项目控制是保证组织的产出和规划一致的一种管理职能。如果项目没有目标，项目规划就无从谈起，也就不存在项目轨道，项目实施便漫无目的，更谈不上如何去进行项目控制。但如果每一个项目的项目规划都是那么完美和理想，以致项目实施中的任何实际进展都完全与计划相吻合，自然不需要项目控制也就实现了项目目标。但实际情况并非如此，项目具有其一次性和独特性，因此每一个项目都是新的，只能借鉴类似项目的成功经验但绝不能模仿。“计划是相对的，变化是绝对的；静止是相对的，变动是绝对的”是项目管理的哲学。这并非是否定计划的必需性，而是强调了变动的绝对性和目标控制的重要性。

事实上，由于项目规划人员自身的知识和经验所限，不可能事先能够将影响项目建设的一切因素均考虑周全；此外，由于工程建设的特点，特别是在项目实施过程中，项目的内部条件和客观环境都会发生变化，如项目范围的变化、项目资金的限制、未曾预想到的恶劣天气的出现、政策法规的变化、外汇的突然波动等，项目不会自动地在正常的轨道上运行。在一些项目管理实践中，尽管人们进行了良好的项目规划和有效的组织工作，但由于忽视了项目控制，最终未能成功地实现预定的项目目标。

随着项目的不断进展，大量的人力、物力和财力投入项目实施之中，此时，应不断地对项目进展进行监控，以判断项目进展的实际值与计划值是否发生了偏差，如发生偏差，要及时分析偏差产生的原因，并采取果断的纠偏措施。必要的时候，还应对项目规划中的原定目标进行重新的论证。因此，项目管理成败如何，很大程度上取决于项目规划的科学性和项目控制的有效性。

在工程项目建设中，项目的控制紧紧围绕着三大目标的控制：投资控制、质量控制和进度控制。如图1-3所示，这种目标控制是动态的，并且贯穿于项目实施的始终。

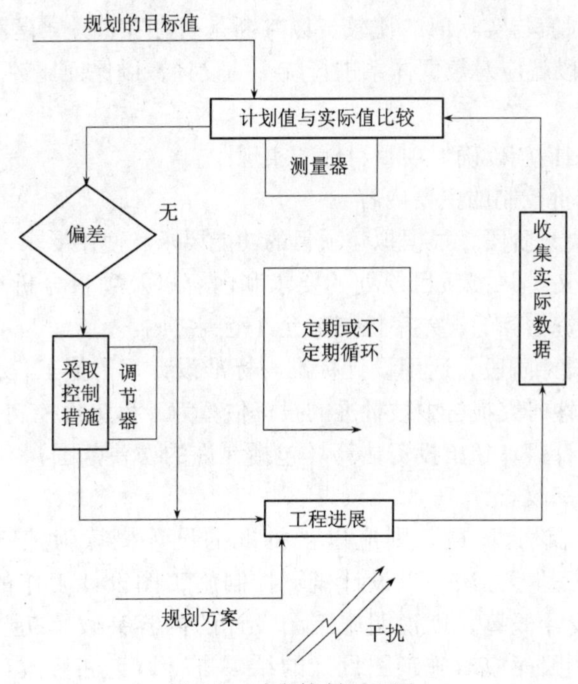


图1-3 动态控制原理图

这个流程应当每两周或一个月循环进行，其表达的意思如下：

- 项目投入，即把人力、物力和资金投入到项目实施中；
- 设计、采购、施工和安装等行为发生后称工程进展。在工程进展过程中，必定存在各种各样的干扰，如恶劣气候、设计出图不及时等；
- 收集实际数据，即对项目进展情况作出评估；
- 把投资目标、进度目标和质量目标等计划值与实际投资发生值、实际进度和质量检查数据进行比较，这相当于电工学中测量器的工作；

• 检查实际值和计划值有无偏差，如果没有偏差，则项目继续进展，继续投入人力、物力和财力等；

• 如有偏差，则需要采取控制措施，这相当于电工学中调节器的工作。

在工程项目管理的这一动态控制过程中，应着重做好以下几项工作。

1）对计划目标值的论证和分析。实践证明，由于各种主观和客观因素的制约，项目规划中的计划目标值有可能是难以实现或不尽合理的，需要在项目实施的过程中，或合理调整，或细化和精确化。只有项目目标是正确合理的，项目控制方能有效。

2）及时对项目进展作出评估，即收集实际数据。没有实际数据的收集，就无法清楚了解和掌握工程的实际进展情况，更不可能判断是否存在偏差。因此，数据的及时、完整和正确是确定偏差的基础。

3）进行计划值与实际值的比较，以判断是否存在偏差。这种比较同时也要求在项目规划阶段就应对数据体系进行统一的设计，以保证比较工作的效率和有效性。

4）采取控制措施以确保项目目标的实现。

（2）工程造价控制的主要内容

1）在项目决策阶段，根据拟建项目的功能要求和使用要求，作出项目定义，包括项目投资定义。并按项目规划的要求和内容以及项目分析和研究的不断深入，逐步地将投资估算的误差率控制在允许范围之内。

2）在初步设计阶段，运用设计标准与标准设计、价值工程方法、限额设计方法等，以可行性研究报告中被批准的投资估算为工程造价控制目标值，控制初步设计。如果设计概算超出投资估算（包括允许的误差范围），应对初步设计的结果进行调整和修改。

3）在施工图设计阶段，则应以被批准的设计概算为控制目标，应用限额设计、价值工程等方法，以设计概算控制施工图设计工作的进行。如果施工图预算超过设计概算，则说明施工图设计的内容突破了初步设计所规定的项目设计原则，因而应对施工图设计的结果进行调整和修改。通过对设计过程中所形成的工程造价费用的层层控制，以实现工程项目设计阶段的造价控制目标。

4）在施工准备阶段，以工程设计文件（包括概、预算文件）为依据，结合工程施工的具体情况，如现场条件、市场价格、业主的特殊要求等，参与招标文件的制定，对设计工程量进行计量、计算工料和进行估价，编制招标工程的标底，选择合适的合同计价方式，确定工程承包合同的价格。

5）在工程施工阶段，以施工图预算、工程承包合同价等为控制依据，通过工程计量、控制工程变更等方法，按照承包方实际完成的工程量，严格确定施工阶段实际发生的工程费用。以合同价为基础，同时考虑因物价上涨所引起的造价提高，考虑到设计中难以预计的而在施工阶段实际发生的工程和费用，合理确定工程结算，控制建设工程实际费用的支出。

6）在竣工验收阶段，全面汇集在工程建设过程中实际花费的全部费用，编制竣工决算，如实体现建设项目的实际工程造价，并总结分析工程建造的经验，积累技术经济数据和资料，不断提高工程造价管理的水平。

## 1.5 造价工程师

按我国现行规定，造价工程师是指通过全国造价工程师执业资格统一考试，取得中华人民共和国造价工程师执业资格并注册，取得中华人民共和国造价工程师注册执业证书和执业印章，从事工程造价活动的专业人员。未取得注册证书和执业印章的人员，不得以注册造价工程师的名义从事工程造价活动。

### 1.5.1 造价工程师应具备的能力

造价工程师一般应具备以下主要能力。

(1) 了解所建工厂的生产工艺过程，一个造价工程师应受过专门的设计训练，他至少必须熟悉正在建设的工厂的生产工艺过程，这样才有可能与设计师、承包商共同讨论技术问题。

(2) 对工程和房屋建筑以及施工技术等具有一定的知识，要了解各分部工程所包括的具体内容，了解指定的设备和材料性能并熟悉施工现场各工种的职能。

(3) 能够采用现代经济分析方法，对拟建项目计算期（含建设期和生产期）内投入产出诸多经济因素进行调查、预测、研究、计算和论证，从而选择、推荐较优方案作为投资决策的重要依据。

(4) 能够运用价值工程等技术经济方法，组织评选设计方案，优化设计，使设计在达到必要功能前提下，有效地控制项目投资。

(5) 具有对工程项目估价（含投资估算、设计概算、施工图预算）的能力，当从设计方案和图纸中获得必要的信息以后，造价工程师的本领是使工作具体化并使他所估价的准确度控制在一定范围以内。从项目委托阶段一直到谈判结束以及安排好承包商的索赔都需要作出不同深度的估价，因而估价是造价工程师最重要的专长之一，也是一门通过大量实践才可以学到的技巧。

(6) 根据图纸和现场情况具有计算工程量的能力，这也是估价前必不可少的，而做好此项工作并不那么容易，计算实物工程量不是一般的数学计算，有许多应估价的项目隐含在图纸里。

（7）需要对合同协议有确切的了解，当需要时，能对协议中的条款作出咨询，在可能引起争论的范围内，要有与承包商谈判的才能和技巧。

（8）对有关法律有确切的了解，不能期望造价工程师又是一个律师，但是他应该具有足够的法律基础训练，以了解如何完成一项具有法律约束力的合同，以及合同各个部分所承担的义务。

（9）有获得价格和成本费用信息、资料的能力和使用这些资料的方法。这些资料有多种来源，包括公开发表的价目表和价格目录、工程报价、类似工程的造价资料、由专业团体出版的价格资料和政府发布的价格资料等，造价工程师应能熟练运用这些资料，并考虑到工程项目具体地理位置、当地劳动力价格、到现场的运输条件和运费以及所得数据价格波动情况等，从而确定本工程项目的造价。

### 1.5.2 造价工程师的工作内容

造价工程师的工作内容主要如下。

（1）在建设前期阶段进行建设项目的可行性研究，对拟建项目进行财务评价（微观经济评价）和国民经济评价（宏观经济评价）。

（2）在设计阶段，提出设计要求，用技术经济方法组织评选设计方案，协助选择勘察、设计单位，商签勘察、设计合同并组织实施、审查设计、概预算。

（3）在施工招标阶段，准备与发送招标文件，协助评审投标书，提出决标意见，协助建设单位与承建单位签订承包合同。

（4）在施工阶段，审查承建单位提出的施工组织设计、施工技术方案和施工进度计划，提出改进意见；督促检查承建单位严格执行工程承包合同，调解建设单位与承建单位之间的争议，检查工程进度和施工质量，验收分部分项工程，签署工程付款凭证，审查工程结算，提出竣工验收报告等。

综上所述，可以看出，工程的造价控制贯穿于工程建设的各个阶段，贯穿于造价工程师工作的各个环节，起到了对工程造价进行系统管理控制的作用。若因造价工程师工作过失而造成重大事故，造价工程师要对事故的损失承担一定的经济补偿，补偿办法由合同事先约定。

### 1.5.3 我国造价工程师执业资格制度

为加强对建设工程造价的管理，提高工程造价专业人员的素质，确保建设工程造价管理工作的质量，人事部、建设部1996年颁布了《造价工程师执业资格制度暂行规定》。

（1）申请报考条件

按规定，凡中华人民共和国公民，遵纪守法并具备以下条件之一者，均可申请参加造价工程师执业资格考试。

1）工程造价专业大专毕业后，从事工程造价业务工作满5年；工程或工程经济类大专毕业后，从事工程造价业务工作满6年。

2）工程造价专业本科毕业后，从事工程造价业务工作满4年；工程或工程经济类本科毕业后，从事工程造价业务工作满5年。

3）获上述专业第二学士学位或研究生毕业和获硕士学位后，从事工程造价业务工作满3年。

4）获上述专业博士学位后，从事工程造价业务工作满2年。

（2）考试内容

造价工程师应该是既懂工程技术又懂经济、管理和法律，并具有实践经验和良好职业道德的复合型人才。因此，造价工程师注册考试内容主要包括：

1）工程造价管理基础理论与相关法规，如投资经济理论、经济法与合同管理、项目管理等知识；

2）工程造价计价与控制，除掌握造价基本概念外，主要体现全过程造价确定与控制思想，以及对工程造价管理信息系统的了解；

3）建设工程技术与计量（土建、安装），这一部分分两个专业考试，即建筑工程与安装工程。主要掌握两专业基本技术知识与计量方法；

4）工程造价案例分析，考察考生实际操作的能力，含计算或审查专业工程的工程量，编制或审查专业工程投资估算、概算、预算、标底价、结（决）算，投标报价评价分析，设计或施工方案技术经济分析，编制补充定额的技能等。

（3）注册

按现行规定，注册造价工程师实行注册执业管理制度。取得执业资格的人员，经过注册方能以注册造价工程师的名义执业。注册造价工程师的注册条件为：

1）取得执业资格；

2）受聘于一个工程造价咨询企业或者工程建设领域的建设、勘察设计、施工、招标代理、工程监理、工程造价管理等单位。

取得执业资格的人员申请注册的，应当向聘用单位工商注册所在地的省、自治区、直辖市人民政府建设主管部门或者国务院有关部门提出注册申请。对申请初始注册的，注册初审机关应当自受理申请之日起20日内审查完毕，并将申请材料和初审意见报国务院建设主管部门。注册机关应当自受理之日起20日内作出决定。

取得资格证书的人员，可自资格证书签发之日起1年内申请初始注册。逾期未申请者，须符合继续教育的要求后方可申请初始注册。初始注册的有效期为4年。注册造价工程师注册有效期满需继续执业的，应当在注册有效期满30日前，按照规定的程序申请延续注册。延续注册的有效期为4年。

(4) 执业

注册造价工程师执业范围包括：

1) 建设项目建议书、可行性研究投资估算的编制和审核，项目经济评价，工程概、预、结算、竣工结（决）算的编制和审核；

2) 工程量清单、标底（或者控制价）、投标报价的编制和审核，工程合同价款的签订及变更、调整、工程款支付与工程索赔费用的计算；

3) 建设项目管理过程中设计方案的优化、限额设计等工程造价分析与控制，工程保险理赔的核查；

4) 工程经济纠纷的鉴定。

注册造价工程师应当在本人承担的工程造价成果文件上签字并盖章。修改经注册造价工程师签字盖章的工程造价成果文件，应当由签字盖章的注册造价工程师本人进行。

(5) 造价工程师的权利

造价工程师享有以下权利：

1) 使用注册造价工程师名称；

2) 依法独立执行工程造价业务；

3) 在本人执业活动中形成的工程造价成果文件上签字并加盖执业印章；

4) 发起设立工程造价咨询企业；

5) 保管和使用本人的注册证书和执业印章；

6) 参加继续教育。

(6) 造价工程师的义务

注册造价工程师应当履行下列义务：

1) 遵守法律、法规、有关管理规定，恪守职业道德；

2) 保证执业活动成果的质量；

3) 接受继续教育，提高执业水平；

4) 执行工程造价计价标准和计价方法；

5) 与当事人有利害关系的，应当主动回避；

6) 保守在执业中知悉的国家秘密和他人的商业、技术秘密。

## 1.6　工程造价管理的发展

### 1.6.1　工程造价管理的产生和发展

工程造价管理是随着社会生产力的发展以及社会经济和管理科学的发展而产生和发展的。

从历史发展和发展的连续性来说，在生产规模狭小、技术水平低下的小商品生产条件下，生产者在长期劳动中会积累起生产某种产品所需要的知识和技能，也获得生产一件产品需要投入的劳动时间和材料方面的经验。这种经验，也可以通过从师学艺或从先辈那里得到。这种存在于头脑或书本中的生产和管理经验，也常运用于组织规模宏大的生产活动之中，在古代的土木建筑工程中尤为多见，如埃及的金字塔，我国的长城、都江堰和赵州桥等，不但在技术上使令人为之叹服，就是在管理上也可以想象其中不乏科学方法的采用。北宋时期丁渭修复皇宫工程中采用的挖沟取土、以沟运料、废料填沟的办法，其所取得的“一举三得”的显效，可谓古代工程管理的范例。其中也包括算工、算料方面的方法和经验。

现代工程造价管理产生于市场经济与社会化大生产的出现，最先是产生在现代工业发展最早的英国。16~18 世纪，技术发展促使大批工业厂房的兴建；许多农民在失去土地后向城市集中，需要大量住房，从而使建筑业逐渐得到发展，设计和施工逐步分离为独立的专业。工程数量和工程规模的扩大要求有专人对已完工程量进行测量、计算工料和进行估价。从事这些工作的人员逐步专门化，并被称为工料测量师（QS-Quantity Surveyor）。他们以工匠小组的名义与工程委托人和建筑师洽商、估算和确定工程价款。工程造价管理由此产生。

从 19 世纪初期开始，西方工业化国家在工程建设中开始推行招标承包制，工程建设活动及其管理的发展，要求工料测量师在工程设计以后和开工以前就进行测量和估价，根据图纸算出实物工程量并汇编成工程量清单，为招标者确定标底或为投标者作出报价。从此，工程造价管理逐渐形成了独立的专业。1881 年英国皇家测量师学会成立，这个时期完成了工程造价管理的第一次飞跃。至此，工程委托人能够做到在工程开工之前，预先了解到需要支付的投资额，但是他还不能做到在设计阶段就对工程项目所需的投资进行准确预计，并对设计进行有效的监督和控制。因此，往往在招标时或招标后才发现，根据当时完成的设计，工程费用过高，投资不足，不得不中途停工或修改设计。业主为了使投资花得明智和恰当，为了使各种资源得到最有效的利用，迫切要求在设计的早期阶段以至在作投资决策时，就开始进行投资估算，并对设计进行控制。工程造价规划技术和分析方法的应用，使工料测量师在设计过程中有可能相当准确地作出概预算，甚至可在设计之前即作出估算，并可根据工程委托人的要求使工程造价控制在限额以内。这样，从 20 世纪 40 年代开始，一个“投资计划”和控制制度就在英国等工业发达的国家应运而生，完成了工程造价管理的第二次飞跃。承包方为适应市场的需要，也强化了自身的造价管理和成本控制工作。

工程造价管理是随着工程建设的发展和经济体制改革而产生并日臻完善的。这个发展过程可归纳如下。

（1）从事后算账发展到事先算账。即从最初只是消极地反映已完工程量的价格，逐步发展到在开工前进行工程量的计算和估价，进而发展到在初步设计时提出概算，在可行性研究时提出投资估算，成为业主进行投资决策的重要依据。

（2）从被动地反映设计和施工发展到能动地影响设计和施工。最初负责施工阶段工程造价的确定和结算，以后逐步发展到在设计阶段、投资决策阶段对工程造价作出预测，并对设计和施工过程中投资的支出进行监督和控制，进行工程建设全过程的造价管理。

（3）从依附于施工者或建筑师发展成一个独立的专业。如在英国，有专业学会，有统一的专业人士的称谓评定和职业守则，不少高等院校也开设了工程造价管理专业，培养工程造价管理的专门人才。

### 1.6.2　我国工程造价管理体制

从发展过程来看，我国工程造价管理体制的历史，大体可分为五个阶段。

第一阶段（1950—1957 年），是与计划经济相适应的概预算定额制度建立时期。1949 年新中国成立后，百废待兴，全国面临着大规模的恢复重建工作，特别是实施第一个五年计划后，为合理确定工程造价，用好有限的基本建设资金，引进了前苏联一套概预算定额管理制度，同时也为新组建的国营建筑施工企业建立了企业管理制度。1957 年颁布的《关于编制工业与民用建设预算的若干规定》，规定各不同设计阶段都应编制概算和预算，明确了概预算的作用。在这之前国务院和国家建设委员会还先后颁布了《基本建设工程设计和预算文件审核批准暂行办法》、《工业与民用建设设计及预算编制暂行办法》、《工业与民用建设预算编制暂行细则》等文件。这些文件的颁布，建立健全了概预算工作制度，确立了概预算在基本建设工作中的地位，同时对概预算的编制原则、内容、方法和审批、修正办法、程序等作了规定，确立了对概预算编制依据实行集中管理为主的分级管理原则。为加强概预算的管理工作，先后成立了标准定额司（处），1956 年又单独成立建筑经济局。同时，各地分支定额管理机构也相继成立。

第二阶段（1958—1966 年），是概预算定额管理逐渐被削弱的阶段。1958 年开始，“左”的错误指导思想统治了国家政治和经济生活，在中央放权的背景下，概预算与定额管理权限也全部下放。1958 年 6 月，基本建设预算编制办法、建筑安装工程预算定额和间接费用定额交各省、自治区、直辖市负责管理，其中有关专业性的定额由中央各部负责修订、补充和管理，造成工程量计量规则和定额项目在全国各地区不统一的现象。各级基建管理机构的概预算部门被精简，设计单位概预算人员减少，只算政治账，不讲经济账，概预算控制投资作用被削弱，吃大锅饭、投资大撒手之风逐渐滋长。尽管在短时期内也有过重整定额管理的迹象，但总的趋势并未改变。

第三阶段（1966—1976 年），是概预算定额管理工作遭到严重破坏的阶段。

文化大革命期间，概预算和定额管理机构被撤销“砸烂”，概预算人员改行，大量基础资料被销毁，定额被说成是“管、卡、压”的工具。造成设计无概算，施工无预算，竣工无决算，投资大敞口，吃大锅饭。1967年，国家建筑工程部直属企业实行经常费制度。工程完工后向建设单位实报实销，从而使施工企业变成了行政事业单位。这一制度实行6年，于1973年1月1日被迫停止，恢复建设单位与施工单位施工图预算结算制度。1973年制订了《关于基本建设概算管理办法》，但并未能施行。

第四阶段，1976年至20世纪90年代初，是造价管理工作整顿和发展的时期。1976年，十年动乱结束后，随着国家经济中心的转移，为恢复与重建造价管理制度提供了良好的条件。从1977年起，国家恢复重建造价管理机构，至1983年8月成立基本建设标准定额局，组织制定工程建设概预算定额、费用标准及工作制度。概预算定额统一归口，1988年划归建设部，成立标准定额司，各省市、各部委建立了定额管理站，全国颁布一系列推动概预算管理和定额管理发展的文件，并颁布几十项预算定额、概算定额、估算指标，这些做法，特别是在20世纪80年代后期，中国建设工程造价管理协会成立，全过程工程造价管理概念逐渐为广大造价管理人员所接受，对推动建筑业改革起到了促进作用。

第五阶段，20世纪90年代初至今。随着我国经济发展水平的提高和经济结构的日益复杂，计划经济的内在弊端逐步暴露出来，传统的与计划经济相适应的概预算定额管理，实际上是用来对工程造价实行行政指令的直接管理，遏制了竞争，抑制了生产者和经营者的积极性与创造性，不能适应不断变化的社会经济条件而发挥优化资源配置的基础作用。因而，在总结十年改革开放经验的基础上，党的十四大明确提出我国经济体制改革的目标是建立社会主义市场经济体制，我国广大工程造价管理人员也逐渐认识到，传统的概预算定额管理必须改革，不改革没有出路，而改革又是一个长期的艰难的过程，不可能一蹴而就，只能是先易后难，循序渐进，重点突破。与过渡时期相适应的“统一量、指导价、竞争费”的工程造价管理模式被越来越多的工程造价管理人员所接受，改革的步伐在加快。

2003年，建设部按照我国工程造价管理改革的要求，本着国家宏观调控、市场竞争形成价格的原则，制定和发布了《建设工程工程量清单计价规范》(GB 50500—2003)，使工程造价的计价方式及其管理向市场化方向迈进了一大步。2003版计价规范在编制过程中，总结了我国建设工程工程量清单计价试点工作的经验，并借鉴了国外工程量清单计价的做法。规范适用于建设工程工程量清单计价活动，并规定全部使用国有资金投资，或国有资金投资为主的大中型建设工程应按该规范执行。

2008年，为了适应我国社会主义市场经济发展的需要，规范建设工程造价计价行为，统一建设工程工程量清单的编制和计价方法，维护发包人和承包人的合法权益，建设部按照我国工程造价管理改革的总体目标，在总结《建设工程工程量清单计价规范》(GB 50500—2003）实施以来经验的基础上，发布了《建设工程工程量清单计价规范》(GB 50500—2008)。2008 版计价规范针对原 2003 版计价规范执行中存在的问题，特别是清理拖欠工程款工作中普遍反映的，在工程实施阶段中有关工程价款调整、支付、结算等方面缺乏依据的问题，主要修编了 2003 版计价规范正文中不尽合理、可操作性不强的条款及表格格式，特别增加了采用工程量清单计价如何编制工程量清单和招标控制价、投标报价、合同价款约定以及工程计量与价款支付、工程价款调整、索赔、竣工结算、工程计价争议处理等内容。2008 版计价规范的内容涵盖工程实施阶段从招投标开始到工程竣工结算办理的全过程。

### 1.6.3 我国工程造价管理的改革和发展

党的十一届三中全会以来，随着经济体制改革的深入，我国工程造价管理的模式发生了很大变化，主要表现在以下几个方面。

(1) 重视和加强项目决策阶段的投资估算工作，努力提高可行性研究报告投资控制数的准确度，切实发挥其控制建设项目总造价的作用。

(2) 明确概预算工作不仅要反映设计、计算工程造价，更要能动地影响设计、优化设计，并发挥控制工程造价、促进合理使用建设资金的作用。工程经济人员与设计人员要密切配合，做好多方案的技术经济比较，通过优化设计来保证设计的技术经济合理性。要明确规定设计单位逐级控制工程造价的责任制，并辅以必要的奖罚制度。

(3) 从建筑产品也是商品的认识出发，以价值为基础，确定建设工程造价及所含的建筑安装工程的费用，使工程造价的构成合理化，逐渐与国际惯例接轨。

(4) 把竞争机制引入工程造价管理体制，打破以行政手段分配建设任务和设计施工单位依附于政府主管部门吃大锅饭的体制，冲破条条割裂、地区封锁，在相对平等的条件下进行招标承包，择优选择工程承包公司、设计单位、施工企业和设备材料供应单位，以促使这些单位改善经营管理，提高应变能力和竞争能力，降低工程造价。

(5) 提出用“动态”方法研究和管理工程造价。研究如何体现项目投资额的时间价值，要求各地区各部门工程造价管理机构要定期公布各种设备、材料、人工、机械台班的价格指数以及各类工程造价指数，要求尽快建立地区、部门以至全国的工程造价管理信息系统。

(6) 提出要对工程造价的估算、概算、预算、承包合同价、结算价、竣工决算实行“一体化”管理，并研究如何建立一体化的管理制度。

（7）对工程造价咨询单位进行资质管理，促进工程造价咨询业务健康发展。

（8）推行造价工程师执业资格制度，以提高工程造价专业人员的素质，确保工程造价管理工作的质量。

（9）中国建设工程造价管理协会及其分支机构在各省、市、自治区各部门普遍建立并得到长足发展。

随着改革的不断深化和社会主义市场经济体制的建立，原有的一套工程造价管理体制已不能适应市场经济发展的需要，要求重新建立新的工程造价的管理体制。这里的改革不是对原有体系的修修补补，而是要有质的改变。但这种改变又不是“毕其功于一役”、一蹴而就的，需要分阶段、逐步地进行。

工程造价管理体制改革的目标是要在统一工程量计量规则和消耗量定额的基础上，遵循市场经济价值规律，建立以市场形成价格为主的价格机制，企业依据政府和社会咨询机构提供的市场价格信息和造价指数，结合企业自身实际情况，自主报价，通过市场价格机制的运行，形成统一、协调、有序的工程造价管理体系，达到合理使用投资、有效地控制工程造价、取得最佳投资效益的目的，逐步建立起适应社会主义市场经济体制，符合中国国情并与国际惯例接轨的工程造价管理体制。

据此，在20世纪90年代中期制定了全国统一的工程量计算规则和消耗量基础定额，各地普遍制定了工程造价价差管理办法，在计划利润基础上，按工程技术要求和施工难易程度划分工程类别，实现差别利润率，各地区、各部门工程造价管理部门定期发布反映市场价格水平的价格信息和调整指数。有些地方建立了工程造价咨询机构，并已开始推行造价工程师执业资格制度等。这些改革措施对促进工程造价管理、合理控制投资起到了积极的作用，向最终的目标迈出了踏实的一步。

工程造价改革中的关键问题，要实现量、价分离，变指导价为市场价格，变指令性的政府主管部门调控取费及其费率为指导性，由企业自主报价，通过市场竞争予以定价。改变计价定额属性，这不是不要定额，而是改变定额作为政府的法定行为，采用企业自行制定定额与政府指导性相结合的方式，并统一项目费用构成，统一定额项目划分，使计价基础统一，有利竞争。要形成完整的工程造价信息系统，充分利用现代化通信手段与计算机大存储量和高速的特点，实现信息共享，及时为企业提供材料、设备、人工价格信息及造价指数。要确立咨询业公正、中立的社会地位，发挥咨询业的咨询、顾问作用，逐渐代替政府行使工程造价管理的职能，也同时接受政府工程造价管理部门的管理和监督。

在这之后，工程造价管理将进入完全的市场化阶段，政府行使协调监督的职能。《清单计价规范》的颁布与实施，标志着工程造价管理进入了一个新的历史进程。通过完善招投标制，规范工程承发包和勘察设计招标投标行为，建立统一、开放、有序的建筑市场体系。社会咨询机构将独立成为一个行业，公正地开展咨询业务，实施全过程的咨询服务。建立起在国家宏观调控的前提下，以市场形成价格为主的价格机制。根据物价变动、市场供求变化、工程质量、完成工期等因素，对工程造价依照不同承包方式实行动态管理。最终目的是要建立与国际惯例接轨的工程造价管理体制和机制。

## 复习思考题

1. 构成工程造价的基本内容是什么?
2. 如何理解工程造价、建设项目投资、建筑产品价格以及三者的关系?
3. 按项目建设程序，与建设各阶段相对应的计价文件分别是什么?
4. 工程造价的计价与一般工业产品的计价有何不同?
5. 工程造价的计价形式为何具有多样性和动态性?
6. 定额计价法和工程量清单计价法的主要区别是什么?
7. 工程计价活动所得到的工程造价，哪些是计划值价格，哪些是实际造价?
8. 如何理解工程造价管理的含义和目的?
9. 工程造价规划主要在什么阶段进行，包括的主要内容有哪些?
10. 应按照什么原理进行工程造价的控制，工程造价控制包括的主要内容有哪些?
11. 什么是造价工程师，成为造价工程师应具备什么能力?
12. 理想的工程造价管理的体制、机制和法制应是如何?

# 2 工程造价构成

工程造价是工程项目建造所需费用的总和，由于工程项目的建设极为复杂，既有工程实体的采购和建造，又关联工程建设各参与主体的技术经济活动，也涉及有关各方的工程管理活动，这些工作最终均要通过工程造价来反映和标示。所以，工程造价就必须完整反映工程建设的所有工作和活动。由此可见，用以标示建造所需费用总和的工程造价，其构成也就必然较为复杂。进行工程造价计价与管理，首先必须掌握工程造价的构成。研究和确定工程造价的构成，是进行工程造价规划和控制的基础和前提。

## 2.1 概　　述

工程造价的构成按工程项目建设过程中各类费用支出或花费的性质、途径等来确定，是通过费用的划分和汇集所形成的工程造价的费用分解结构。工程造价的基本构成中，包括用于购买工程项目所含各种设备的费用，用于建筑施工和安装施工所需支出的费用，用于委托工程勘察设计应支付的费用，用于购置土地所需的费用，也包括用于建设单位自身进行项目筹建和项目管理所需花费的费用等。总之，其应包括工程项目建造所需的所有费用，是工程项目按照确定的建设内容、建设规模、建设标准、功能要求和使用要求等全部建成并验收合格交付使用所需的全部费用。

我国现行工程造价的构成主要划分为建筑安装工程费用，设备、工器具购置费用，工程建设其他费用，预备费用等几项，其中，建筑安装工程费用又分为建筑工程费用和安装工程费用；设备、工器具购置费用分为设备购置费和工器具购置费；工程建设其他费用分为土地使用费、与项目建设有关的其他费用、与项目投入使用或生产后有关的其他费用。我国现行工程造价构成及基本计算方法如表2-1所示。

**我国现行工程造价的构成**　　　　表2-1

| | 费用项目 | 参考计算方法 |
|---|---|---|
| （一）建筑安装工程费用 | 直接费<br>间接费<br>利润<br>税金 | 直接费＝直接工程费＋措施费<br>间接费＝规费＋企业管理费<br>利润＝（直接费＋间接费）×利润率<br>税金＝（直接费＋间接费＋计划利润）×税率 |

续表

| 费用项目 | | 参考计算方法 |
| --- | --- | --- |
| （二）设备、工器具购置费用 | 设备购置费（包括备品、备件）<br>工器具及生产家具购置费 | 设备原价×（1+设备运杂费率）<br>设备购置费×费率 |
| （三）工程建设其他费用 | 土地使用费<br>建设单位管理费<br>研究试验费<br>生产准备费<br>办公和生活家具购置费<br>联合试运转费<br>勘察设计费<br>引进技术和设备进口项目的其他费用<br>供电贴费<br>临时设施费<br>工程监理费<br>工程保险费<br>财务费用<br>经营项目铺底流动资金 | 按有关规定计算<br>[(一)+(二)]×费率或按规定的金额计算<br>按有关定额计算<br>按有关定额计算<br>按有关定额计算<br>[(一)+(二)]×费率或按规定的金额计算<br>按有关规定计算<br>按有关规定计算<br>按有关规定计算<br>按有关规定计算<br>按有关定额计算<br>按有关规定计算<br>按有关规定计算<br>按有关规定计算 |
| （四）预备费 | 预备费<br>其中：价差预备费 | [(一)+(二)+(三)]×费率<br>按规定计算 |
| （五）其他税费 | 固定资产投资方向调节税 | 按有关规定计算 |

## 2.2　建筑安装工程费用的构成

在工程建设中，建筑安装工程的施工是创造价值的生产活动。建筑安装工程费用作为建筑安装工程价值的货币表现，亦被称为建筑安装工程造价，它由建筑工程费用和安装工程费用两部分组成。

（1）建筑工程费用

建筑工程费用一般包括：

1）各类房屋建筑工程和列入房屋建筑工程预算的供水、供暖、供电、卫生、通风、煤气等设备费用及其装饰、油饰工程的费用，列入建筑工程预算的各种管道、电力、电信和电缆导线敷设工程的费用；

2）设备基础、支柱、工作台、烟囱、水塔、水池、灰塔等建筑工程以及各种窑炉的砌筑工程和金属结构工程的费用；

3）为施工而进行的场地平整，工程和水文地质勘察，原有建筑物和障碍物的拆除以及施工临时用水、电、气、路和完工后的场地清理，环境绿化、美化等工作的费用；

4）矿井开凿、井巷延伸、露天矿剥离和石油、天然气钻井以及修建铁路、公路、桥梁、水库、堤坝、灌渠及防洪等工程的费用。

（2）安装工程费

安装工程费一般包括：

1）生产、动力、起重、运输、传动和医疗、实验等各种需要安装的机械设备的装配费用，与设备相连的工作台、梯子、栏杆等装饰工程以及附设于被安装设备的管线敷设工程和被安装设备的绝缘、防腐、保温、油漆等工作的材料费和安装费；

2）为测定安装工程质量，对单个设备进行单机试运转和对系统设备进行系统联动无负荷试运转工作的调试费。

我国现行建筑安装工程费用主要由四部分构成：直接费、间接费、利润和税金，其具体构成如表2-2所示。

**建筑安装工程费用的构成** **表2-2**

| 费用项目 | | | 参考计算方法 |
|---|---|---|---|
| （一）直接费 | 直接工程费 | 人工费 | 人工费=Σ（工日消耗量×日工资单价） |
| | | 材料费 | 材料费=Σ（材料消耗量×材料价格）+检验试验费 |
| | | 施工机械使用费 | 机械费=Σ（施工机械台班消耗量×机械台班单价） |
| | 措施费 | | 根据施工现场情况分别计算 |
| （二）间接费 | 规费 | | 间接费=直接费×间接费费率（%） |
| | 企业管理费 | | |
| （三）利润 | 利润 | | 利润=（直接费+间接费）×利润率（%） |
| （四）税金 | 营业税、城市建设税、教育费附加 | | 税金=（直接费+间接费+利润）×税率(%) |

### 2.2.1 直接费

建筑安装工程直接费由直接工程费和措施费组成。

(1) 直接工程费

直接工程费是指施工过程中耗费的构成工程实体的各项费用，包括人工费、材料费、施工机械使用费。

直接工程费的计算公式为：

$$直接工程费=人工费+材料费+施工机械使用费$$

1）人工费

人工费是指直接从事建筑安装工程施工的生产工人开支的各项费用。

① 人工费的组成。人工费的组成内容包括如下。

a. 基本工资：是指发放给生产工人的基本工资。

b. 工资性补贴：是指按规定标准发放的物价补贴，煤、燃气补贴，交通补贴，住房补贴，流动施工津贴等。

c. 生产工人辅助工资：是指生产工人年有效施工天数以外非作业天数的工资，包括职工学习、培训期间的工资，调动工作、探亲、休假期间的工资，因气候影响的停工工资，女工哺乳时间的工资，病假在6个月以内的工资及产、婚、丧假期的工资。

d. 职工福利费：是指按规定标准计提的职工福利费。

e. 生产工人劳动保护费：是指按规定标准发放的劳动保护用品的购置费及修理费，徒工服装补贴，防暑降温费，在有碍身体健康环境中施工的保健费用等。

② 人工费的计算。人工费的计算公式为：

$$人工费 = \sum(工日消耗量 \times 日工资单价)$$

其中：

$$日工资单价\ G = \sum_{i=1}^{5} G_i$$

基本工资（$G_1$）为：

$$日基本工资 = \frac{生产工人平均月工资}{年平均每月法定工作日}$$

工资性补贴（$G_2$）为：

$$日工资性补贴 = \frac{\sum 年发放标准}{全年日历日 - 法定假日} + \frac{\sum 月发放标准}{年平均每月法定工作日} + 每工作日发放标准$$

生产工人辅助工资（$G_3$）为：

$$日生产工人辅助工资 = \frac{全年无效工作日 \times (G_1 + G_2)}{全年日历日 - 法定假日}$$

职工福利费（$G_4$）为：

$$日职工福利费 = (G_1 + G_3 + G_3) \times 福利费计提比例$$

生产工人劳动保护费（$G_5$）为：

$$日生产工人劳动保护费 = \frac{生产工人年平均支出劳动保护费}{全年日历日 - 法定假日}$$

2）材料费

建筑安装工程费中的材料费，是指施工过程中耗费的构成工程实体的原材料、辅助材料、构配件、零件、半成品的费用。构成材料费的基本要素是材料消耗量、材料基价和检验试验费。

① 材料消耗量，是指在合理和节约使用材料的条件下，生产单位假定建筑安装产品（分部分项工程或结构构件）必须消耗的一定品种规格的原材料、辅助材料、构配件、零件、半成品等的数量标准。它包括材料净用量和材料不可避免的损耗量。

② 材料基价，是指材料在购买、运输、保管过程中形成的价格，其内容包括材料原价（或供应价格）、材料运杂费、运输损耗费、采购及保管费等。

③ 检验试验费，是指对建筑材料、构件和建筑安装物进行一般鉴定、检查所发生的费用，包括自设试验室进行试验所耗用的材料和化学药品等费用。不包括新结构、新材料的试验费和建设单位对具有出厂合格证明的材料进行检验，对构件做破坏性试验及其他特殊要求检验试验的费用。

材料费的计算公式为：

$$材料费 = \sum(材料消耗量 \times 材料基价) + 检验试验费$$

其中：

$$材料基价 = \{(供应价格 + 运杂费) \times [1 + 运输损耗率(\%)]\} \times [1 + 采购保管费率(\%)]$$

$$检验试验费 = \sum(单位材料量检验试验费 \times 材料消耗量)$$

3）施工机械使用费

建筑安装工程费中的施工机械使用费，是指施工机械作业所发生的机械使用费以及机械安拆费和场外运费。构成施工机械使用费的基本要素是施工机械台班消耗量和机械台班单价。

① 施工机械台班消耗量，是指在正常施工条件下，生产单位假定建筑安装产品（分部分项工程或结构构件）必须消耗的某类某种型号施工机械的台班数量。

② 机械台班单价，其内容包括台班折旧费、台班大修理费、台班经常修理费、台班安拆费及场外运输费、台班人工费、台班燃料动力费、台班养路费及车船使用税。

施工机械使用费的计算公式为：

$$施工机械使用费 = \sum(施工机械台班消耗量 \times 机械台班单价)$$

其中：

台班单价 = 台班折旧费 + 台班大修费 + 台班经常修理费 + 台班安拆费及场外运费 + 台班人工费 + 台班燃料动力费 + 台班养路费及车船使用税

(2) 措施费

措施费是指为完成工程项目施工，发生于该工程施工前和施工过程中非工程实体项目的费用。

1）环境保护费

① 环境保护费是指施工现场为达到环保部门要求所需要的各项费用。

② 环境保护费的计算公式为：

$$环境保护费=直接工程费\times环境保护费费率（\%）$$

$$环境保护费费率（\%）=\frac{本项费用年度平均支出}{全年建安产值\times直接工程费占总造价比例（\%）}$$

2）文明施工费

① 文明施工费是指施工现场文明施工所需要的各项费用。

② 文明施工费的计算公式为：

$$文明施工费=直接工程费\times文明施工费费率（\%）$$

$$文明施工费费率（\%）=\frac{本项费用年度平均支出}{全年建安产值\times直接工程费占总造价比例（\%）}$$

3）安全施工费

① 安全施工费是指施工现场安全施工所需要的各项费用。

② 安全施工费的计算公式为：

$$安全施工费=直接工程费\times安全施工费费率（\%）$$

$$安全施工费费率（\%）=\frac{本项费用年度平均支出}{全年建安产值\times直接工程费占总造价比例（\%）}$$

4）临时设施费

① 临时设施费是指施工企业为进行建筑工程施工所必须搭设的生活和生产用的临时建筑物、构筑物和其他临时设施费用等。

临时设施包括：临时宿舍、文化福利及公用事业房屋与构筑物，仓库、办公室、加工厂以及规定范围内道路、水、电、管线等临时设施和小型临时设施。

临时设施费用包括：临时设施的搭设、维修、拆除费或摊销费。

② 临时设施费的构成包括周转使用临建费、一次性使用临建费和其他临时设施费，其计算公式为：

$$临时设施费=（周转使用临建费+一次性使用临建费）\times[1+其他临时设施所占比例(\%)]$$

周转使用临建费的计算公式为：

$$周转使用临建费=\sum\left[\frac{临时面积\times每平方米造价}{使用年限\times365\times利用率}\times工期（天）\right]+一次性拆除费$$

一次性使用临建费的计算公式为：

$$一次性使用临建费=\sum\{临建面积\times每平方米造价\times[1-残值率(\%)]\}+一次性拆除费$$

其他临时设施在临时设施费中所占比例，可由各地区造价管理部门依据典型施工企业的成本资料经分析后综合测定。

5）夜间施工增加费

① 夜间施工费是指因夜间施工所发生的夜班补助费、夜间施工降效、夜间施工照明设备摊销及照明用电等费用。

② 夜间施工增加费的计算公式为：

$$夜间施工增加费=\left(1-\frac{合同工期}{定额工期}\right)\times\frac{直接工程费中的人工费合计}{平均日工资单价}\times 每工日夜间施工费开支$$

6）二次搬运费

① 二次搬运费是指因施工场地狭小等特殊情况而发生的二次搬运费用。

② 二次搬运费的计算公式为：

$$二次搬运费=直接工程费\times二次搬运费费率（\%）$$

$$二次搬运费费率(\%)=\frac{年平均二次搬运费开支额}{全年建安产值\times直接工程费占总造价的比例(\%)}$$

7）大型机械设备进出场及安拆费

① 大型机械设备进出场及安拆费是指机械整体或分体自停放场地运至施工现场或由一个施工地点运至另一个施工地点，所发生的机械进出场运输及转移费用及机械在施工现场进行安装、拆卸所需的人工费、材料费、机械费、试运转费和安装所需的辅助设施的费用。

② 大型机械设备进出场及安拆费的计算公式为：

$$大型机械进出场及安拆费=\frac{一次进出场及安拆费\times年平均安拆次数}{年工作台班}$$

8）混凝土、钢筋混凝土模板及支架费

① 混凝土、钢筋混凝土模板及支架费是指混凝土施工过程中需要的各种钢模板、木模板、支架等的支、拆、运输费用及模板、支架的摊销（或租赁）费用。

② 模板及支架分自有和租赁两种，采取不同的计算方法。

自有模板及支架费的计算：

$$模板及支架费=模板摊销量\times模板价格+支、拆、运输费$$

$$摊销量=一次使用量\times(1+施工损耗)\times\left[1+\frac{(周转次数-1)\times补损率}{周转次数}-\frac{(1-周转次数)\times50\%}{周转次数}\right]$$

租赁模板及支架费的计算：

$$租赁费=模板使用量\times使用日期\times租赁价格+支、拆、运输费$$

9）脚手架费

① 脚手架费是指施工需要的各种脚手架搭、拆、运输费用及脚手架的摊销（或租赁）费用。

② 脚手架同样分自有和租赁两种，采取不同的计算方法。

自有脚手架费的计算：

$$\text{脚手架搭拆费}=\text{脚手架摊销量}\times\text{脚手架价格}+\text{搭、拆、运输费}$$

$$\text{脚手架摊销量}=\frac{\text{单位一次使用量}\times(1-\text{残值率})}{\text{耐用期}}\times\text{一次使用期}$$

租赁脚手架费的计算：

$$\text{租赁费}=\text{脚手架每日租金}\times\text{搭设周期}+\text{搭、拆、运输费}$$

10）已完工程及设备保护费

① 已完工程及设备保护费是指竣工验收前，对已完工程及设备进行保护所需费用。

② 已完工程及设备保护费的计算公式为：

$$\text{已完工程及设备保护费}=\text{成品保护所需机械费}+\text{材料费}+\text{人工费}$$

11）施工排水、降水费

① 施工排水、降水费是指为确保工程在正常条件下施工，采取各种排水、降水措施所发生的各种费用。

② 施工排水、降水费的计算公式为：

$$\text{排水降水费}=\sum(\text{排水降水机械台班费}\times\text{排水降水周期}+\text{排水降水使用材料费、人工费})$$

### 2.2.2 间接费

建筑安装工程间接费是指虽不直接由施工的工艺过程所引起，但却与工程的总体条件有关的，建筑安装企业为组织施工和进行经营管理，以及间接为建筑安装生产服务的各项费用。

（1）间接费的组成内容

按现行规定，建筑安装工程间接费由规费和企业管理费组成。

1）规费

规费是指政府和有关权力部门规定必须缴纳的费用（简称规费），其内容包括如下。

① 工程排污费，是指施工现场按规定缴纳的工程排污费。

② 工程定额测定费，是指按规定支付工程造价（定额）管理部门的定额测定费。

③ 社会保障费，包括：

a. 养老保险费，是指企业按规定标准为职工缴纳的基本养老保险费；

b. 失业保险费，是指企业按照规定标准为职工缴纳的失业保险费；

c. 医疗保险费，是指企业按照规定标准为职工缴纳的基本医疗保险费。

④ 住房公积金，是指企业按规定标准为职工缴纳的住房公积金。

⑤ 危险作业意外伤害保险，是指按照建筑法规定，企业为从事危险作业的建筑安装施工人员支付的意外伤害保险费。

2）企业管理费

企业管理费是指建筑安装企业组织施工生产和经营管理所需费用，内容包括如下。

① 管理人员工资，是指管理人员的基本工资、工资性补贴、职工福利费、劳动保护费等。

② 办公费，是指企业管理办公用的文具、纸张、账表、印刷、邮电、书报、会议、水电、烧水和集体取暖（包括现场临时宿舍取暖）用煤等费用。

③ 差旅交通费，是指职工因公出差、调动工作的差旅费、住勤补助费、市内交通费和误餐补助费、职工探亲路费、劳动力招募费、职工离退休、退职一次性路费、工伤人员就医路费、工地转移费以及管理部门使用的交通工具的油料、燃料、养路费及牌照费。

④ 固定资产使用费，是指管理和试验部门及附属生产单位使用的属于固定资产的房屋、设备仪器等的折旧、大修、维修或租赁费。

⑤ 工具用具使用费，是指管理使用的不属于固定资产的生产工具、器具、家具、交通工具和检验、试验、测绘、消防用具等的购置、维修和摊销费。

⑥ 劳动保险费，是指由企业支付离退休职工的异地安家补助费、职工退职金、6个月以上的病假人员工资、职工死亡丧葬补助费、抚恤费、按规定支付给离休干部的各项经费。

⑦ 工会经费，是指企业按职工工资总额计提的工会经费。

⑧ 职工教育经费，是指企业为职工学习先进技术和提高文化水平，按职工工资总额计提的费用。

⑨ 财产保险费，是指施工管理用财产、车辆保险。

⑩ 财务费，是指企业为筹集资金而发生的各种费用。

⑪ 税金，是指企业按规定缴纳的房产税、车船使用税、土地使用税、印花税等。

⑫ 其他，包括技术转让费、技术开发费、业务招待费、绿化费、广告费、公证费、法律顾问费、审计费、咨询费等。

（2）间接费的计算方法

1）计算方法的分类

间接费的计算方法按取费基数的不同分为三种。

① 以直接费为计算基础：

间接费=直接费合计×间接费费率（%）

② 以人工费和机械费合计为计算基础：

间接费=直接费中的人工费和机械费合计×间接费费率（%）

③ 以人工费为计算基础：

间接费=直接费中的人工费合计×间接费费率（%）

间接费费率（%）=规费费率（%）+企业管理费费率（%）

2）费率的计算

① 规费费率。规费的计算公式为：

规费=计算基数×规费费率

规费的计算可采用以“直接费”、“人工费和机械费合计”或“人工费”为计算基数，即根据本地区典型工程发承包价的分析资料综合取定规费计算中所需的数据：每万元发承包价中人工费含量和机械费含量；人工费占直接费的比例；每万元发承包价中所含规费缴纳标准的各项基数。投标人在投标报价时，规费一般按国家及有关部门规定的计算公式及费率标准执行。

② 企业管理费费率。与规费费率的计算类似，企业管理费费率的计算也因为计算基础的不同而不同。

以直接费为计算基础的企业管理费费率的计算公式：

$$\text{企业管理费费率（\%）}=\frac{\text{生产工人年平均管理费}}{\text{年有效施工天数}\times\text{人工单价}}\times\text{人工费占直接费比例（\%）}$$

以人工费和机械费合计为计算基础的企业管理费费率的计算公式：

$$\text{企业管理费费率(\%)}=\frac{\text{生产工人年平均管理费}}{\text{年有效施工天数}\times(\text{人工单价}+\text{每一工日机械使用费})}\times100\%$$

以人工费为计算基础的企业管理费费率的计算公式：

$$\text{企业管理费费率（\%）}=\frac{\text{生产工人年平均管理费}}{\text{年有效施工天数}\times\text{人工单价}}\times100\%$$

### 2.2.3 利润

利润是指施工企业完成所承包工程获得的盈利。利润的计算同样因计算基础的不同而不同。

① 以直接费为计算基础时利润的计算公式为：

利润=（直接费+间接费）×相应利润率（%）

② 以人工费和机械费为计算基础时利润的计算公式为：

利润=直接费中的人工费和机械费合计×相应利润率（%）

③ 以人工费为计算基础时利润的计算公式为：

利润=直接费中的人工费合计×相应利润率（%）

在建设产品的市场定价过程中，应根据市场的竞争状况适当确定利润水平。取定的利润水平过高可能会丧失一定的市场机会，取定的利润水平过低又会面临很大的市场风险，相对于相对固定的成本水平来说，利润率的选定体现了企业的定价政策，利润率的确定是否合理也反映出企业的市场成熟度。

### 2.2.4 税金

建筑安装工程税金是指国家税法规定的应计入建筑安装工程费用的营业税、城市维护建设税及教育费附加。

（1）营业税

营业税是按营业额乘以营业税税率确定，其中建筑安装企业营业税税率为3%，计算公式为：

$$应纳营业税 = 营业额 \times 3\%$$

营业额是指从事建筑、安装、修缮、装饰及其他工程作业收取的全部收入，还包括建筑、修缮、装饰工程所用原材料及其他物资和动力的价款。当安装设备的价值作为安装工程产值时，亦包括所安装设备的价款。但建筑安装工程总承包方将工程分包或转包给他人的，其营业额中不包括付给分包或转包方的价款。

（2）城市维护建设税

城市维护建设税是为筹集城市维护和建设资金，稳定和扩大城市、乡镇维护建设的资金来源，而对有经营收入的单位和个人征收的一种税。

城市维护建设税是按应纳营业税额乘以适用税率确定，计算公式为：

$$应纳税额 = 应纳营业税额 \times 适用税率$$

城市维护建设税的纳税人所在地为市区的，其适用税率为7%；所在地为县镇的，其适用税率为5%；所在地为农村的，其适用税率为1%。

（3）教育费附加

教育费附加是按应纳营业税额乘以3%确定，计算公式为：

$$应纳税额 = 应纳营业税额 \times 3\%$$

建筑安装企业的教育费附加要与其营业税同时缴纳。即使办有职工子弟学校的建筑安装企业，也应当先缴纳教育费附加，教育部门可根据企业的办学情况，酌情返还给办学单位，为对办学经费的补助。

（4）税金的综合计算

在税金的实际计算过程中，通常是三种税金一并计算，又由于在计算税金时，往往已知条件是税前造价，因此税金的计算公式可以表达为：

$$税金 = (直接费 + 间接费 + 利润) \times 税率(\%)$$

综合税率的计算因企业所在地的不同而不同。

① 纳税地点在市区的企业综合税率的计算：

$$税率(\%)=\frac{1}{1-3\%-(3\%\times7\%)-(3\%\times3\%)}-1$$

② 纳税地点在县城、镇的企业综合税率的计算：

$$税率(\%)=\frac{1}{1-3\%-(3\%\times5\%)-(3\%\times3\%)}-1$$

③ 纳税地点不在市区、县城、镇的企业综合税率的计算：

$$税率(\%)=\frac{1}{1-3\%-(3\%\times1\%)-(3\%\times3\%)}-1$$

## 2.3　设备、工器具购置费用的构成

设备、工器具购置费用是由购置设计文件规定的用于生产或服务于生产、办公和生活的各种设备、工具、器具、生产家具等的费用所组成。在工业建设项目中，设备、工器具购置费用与资本的有机构成相联系，设备、工器具购置费用占投资费用的比例的大小，意味着生产技术的进步和资本有机构成的程度。

设备、工器具购置费用由设备购置费用和工器具、生产家具购置费用所组成。

设备购置费是指为建设项目购置或自制的达到固定资产标准的设备、工具、器具的费用。所谓固定资产标准，是指使用年限在一年以上，单位价值在国家或各主管部门规定限额以上。例如，1992年财政部规定，大、中、小型工业企业固定资产的限额标准分别为2000元、1500元和1000元以上，但新建项目和扩建项目的新建车间购置或自制的全部设备、工具、器具，不论是否达到固定资产标准，均计入设备、工具、器具购置费中：

设备购置费 = 设备原价或进口设备抵岸价 + 设备运杂费

式中，设备原价指国产标准设备、国产非标准设备或引进设备的原价（销售价、合同价或抵岸价）。设备运杂费指设备供销部门手续费、设备原价中未包括的包装费和包装材料费、运输费、装卸费、采购及仓库保管费等。如果设备是由设备成套公司供应的，成套公司的服务费也应计入设备运杂费用中。

工器具及生产家具购置费是指新建项目或扩建项目初步设计规定所必须购置的不够固定资产标准的设备、仪器、工卡模具、器具、生产家具和备品备件的费用，计算公式如下：

工器具及生产家具购置费 = 设备购置费 × 定额费率

### 2.3.1　国产标准设备原价

国产标准设备原价是指按照主管部门颁布的标准设计图纸和技术要求，由国

内设计制造，成批生产，并符合国家质量检验标准的设备，称为标准设备或通用设备。国产标准设备原价一般指的是设备制造厂的交货价，即出厂价。设备的出厂价分两种情况，一是带有备件的出厂价，另一是不带备件的出厂价。在计算设备原价时，应按带备件的出厂价计算。如设备由设备成套公司供应，则以订货合同价为设备原价。国产标准设备在我国计划经济时期，国家主管部门对其出厂价格规定有统一的计划价格。随着我国社会主义市场经济的建立和发展，以及价格政策改革的深入发展，国产标准设备价格的确定逐步过渡到由设备制造厂在市场竞争中实行自行定价。在实际工作中，对国产标准设备原价的确定，目前可主要采用以下几种资料：

- 《机电产品报价手册》；
- 《工程建设全国机电设备价格汇编》；
- 《全国通用机电设备现行出厂价格资料汇编》；
- 《全国最新机电产品大全》；
- 《全国最新机电设备目录大全》；
- 其他资料。

### 2.3.2 国产非标准设备原价

非标准设备是指国家尚无定型标准，各设备生产厂不可能在工艺过程中采用批量生产，只能按一次订货，并根据具体的设计图纸制造的设备。非标准设备原价有多种不同的计算方法，如成本计算估价法、系列设备插入估价法、分部组合估价法、定额估价法等。但不论哪种方法，都应该使非标准设备计价的准确度接近实际出厂价，并且计算方法要简便。按成本计算估价法，非标准设备的原价由以下费用组成。

（1）材料费，一般按设备所用材料净重及加工损耗计算，其计算公式如下：

材料费 = 材料净重 ×（1 + 加工损耗系数）× 每吨材料综合价

（2）加工费，包括生产工人工资和工资附加费、燃料动力费、设备折旧费、车间经费、加工费部分的企业管理费等，其计算公式如下：

加工费 = 设备总质量（t）× 设备每吨加工费

（3）辅助材料费（简称辅材费），包括焊条、焊丝、氧气、氰气、氮气、油漆、电石等的费用，按设备单位质量的辅材费指标计算，其计算公式如下：

辅助材料费 = 设备总质量 × 辅助材料费指标

（4）专用工具费，按(1) - (3)项之和乘以一定万分比计算。

（5）废品损失费，按(1) - (4)项之和乘以一定百分比计算。

（6）外购配套件费，按设备设计图纸所列的外购配套件的名称、型号、规格、数量、质量，根据当时有关规定的价格加运杂费计算。

(7) 包装费，按以上(1)－(6)项之和乘以一定百分比计算。如订货单位和承制厂在同一厂区内者，则不计包装费。如在同一城市或地区，距离较近，包装可简化，则可适当减少包装费用。

(8) 利润，可按(1)－(5)项加(7)项之和的10%计算。

(9) 税金，现为增值税，基本税率为17%。计算公式如下：

增值税＝当期销项税额－进项税额

当期销项税额＝税率×销售额

(10) 非标准设备设计费，按国家规定的设计费收费标准另行计算。

综上所述，单台非标准设备出厂价格可用下面的公式表达：

单台设备出厂价格＝[(材料费＋辅助材料费＋加工费)×(1＋专用工具费率)×(1＋废品损失费率)＋外购配套件费]×(1＋包装费率)×(1＋利润率)＋增值税＋非标准设备设计费

### 2.3.3　进口设备抵岸价

进口设备抵岸价的构成与进口设备的合同价格或协议价格的类型有关。按交货地点的不同，进口设备合同价格的类型主要有如表2-3所示的几种。

**进口设备货价类型**　　**表2-3**

| 货价类型 | 交货地点及内容 |
| --- | --- |
| 内陆交货价 | 内陆交货价是指陆地接壤国之间供需双方约定交货地点的交货价，包括：<br>(1) 铁路交货价，即约定在铁路交货点的交货价（缩写F. O. R）；<br>(2) 制造厂交货价，即约定在出口国制造厂交货的交货价（缩写E. X. W）；<br>(3) 公路交货价，即约定在公路交货点的交货价（缩写F. O. T） |
| 装运港交货价 | 装运港交货价是指约定在出口国的装运港交货的交货价，包括：<br>(1) 装运港船边交货价（缩写F. A. S）；<br>(2) 离岸价，即在装运港船上交货的交货价（缩写F. O. B）；<br>(3) 到岸价，即包括海运费、运输保险费在内的交货港的交货价（缩写C. I. F） |

通常，进口设备采用最多的是装运港船上交货价（FOB），其抵岸价构成可概括如下：

进口设备抵岸价＝货价＋国际运费＋运输保险费＋银行财务费＋外贸手续费＋关税＋消费税＋增值税＋海关监管手续费＋车辆购置附加费

(1) 货价，一般指装运港船上交货价（FOB）。设备货价分为原币货价和人民币货价，原币货价一律折算为美元表示，人民币货价按原币货价乘以外汇市场美元兑换人民币中间价确定。进口设备货价按有关生产厂商询价、报价、订货合同价计算。

（2）国际运费，即从装运港（站）到达我国抵达港（站）的运费。我国进口设备大部分采用海洋运输，小部分采用铁路运输，个别采用航空运输。进口设备国际运费计算公式为：

$$国际运费(海、陆、空)=原币货价(FOB)\times运费率$$

$$国际运费(海、陆、空)=运量\times单位运价$$

其中，运费率或单位运价参照有关部门或进出口公司的规定执行。

（3）运输保险费，对外贸易货物运输保险是由保险人（保险公司）与被保险人（出口人或进口人）订立保险契约，在被保险人交付议定的保险费后，保险人根据保险契约的规定对货物在运输过程中发生的承保责任范围内的损失给予经济上的补偿。这是一种财产保险，计算公式为：

$$运输保险费=\frac{原币货价（FOB）+国外运费}{1-保险费率}\times保险费率$$

其中，保险费率按保险公司规定的进口货物保险费率计算。

（4）银行财务费，一般是指中国银行手续费，可按下式简化计算：

$$银行财务费=人民币货价(FOB)\times银行财务费率$$

（5）外贸手续费，指按对外经济贸易部规定的外贸手续费率计取的费用，外贸手续费率一般取1.5%。计算公式为：

$$外贸手续费=[装运港船上交货价(FOB)+国际运费+运输保险费]\times外贸手续费率$$

（6）关税，由海关对进出国境或关境的货物和物品征收的一种税。计算公式为：

$$关税=到岸价格(CIF)\times进口关税税率$$

其中，到岸价格（CIF）包括离岸价格（FOB）、国际运费、运输保险费，它作为关税完税价格。进口关税税率分为优惠和普通两种。优惠税率适用于与我国签订关税互惠条款的贸易条约或协定的国家的进口设备；普通税率适用于与我国未签订关税互惠条款的贸易条约或协定的国家的进口设备。进口关税税率按我国海关总署发布的进口关税税率计算。

（7）消费税，对部分进口设备（如轿车、摩托车等）征收，一般计算公式为：

$$应纳消费税额=\frac{到岸价+关税}{1-消费税税率}\times消费税税率$$

其中，消费税税率根据规定的税率计算。

（8）增值税，是对从事进口贸易的单位和个人，在进口商品报关进口后征收的税种。我国增值税条例规定，进口应税产品均按组成计税价格和增值税税率直接计算应纳税额。即：

$$进口产品增值税额=组成计税价格\times增值税税率$$

组成计税价格 = 关税完税价格 + 关税 + 消费税

增值税税率根据规定的税率计算。

（9）海关监管手续费，指海关对进口减税、免税、保税货物实施监督、管理、提供服务的手续费。对于全额征收进口关税的货物不计本项费用。其公式如下：

海关监管手续费 = 到岸价 × 海关监管手续费率（一般为0.3%）

（10）车辆购置附加费，进口车辆需缴进口车辆购置附加费，其公式如下：

进口车辆购置附加费 =（到岸价 + 关税 + 消费税 + 增值税）× 进口车辆购置附加费率

### 2.3.4　设备运杂费

设备运杂费通常由下列各项组成。

（1）国产标准设备由设备制造厂交货地点起至工地仓库（或施工组织设计指定的需要安装设备的堆放地点）止所发生的运费和装卸费；进口设备则为我国到岸港口、边境车站起至工地仓库（或施工组织设计指定的需安装设备的堆放地点）止所发生的运费和装卸费。

（2）在设备出厂价格中没有包含的设备包装和包装材料器具费；在设备出厂价或引进设备价格中如已包括了此项费用，则不应重复计算。

（3）供销部门的手续费，按有关部门规定的统一费率计算。

（4）建设单位（或工程承包公司）的采购与仓库保管费是指采购、验收、保管和收发设备所发生的各种费用，包括设备采购、保管和管理人员工资、工资附加费、办公费、差旅交通费、设备供应部门办公和仓库所占固定资产使用费、工具用具使用费、劳动保护费、检验试验费等。这些费用可按主管部门规定的采购保管费率计算。

设备运杂费的一般计算方法如下：

设备运杂费 = 设备原价 × 设备运杂费费率

一般来讲，沿海和交通便利的地区，设备运杂费费率相对低一些；内地和交通不很便利的地区就要相对高一些，边远省份则要更高一些。对于非标准设备来讲，应尽量就近委托设备制造厂、施工企业制作或由建设单位自行制作，以大幅度降低设备运杂费费率。进口设备由于原价较高，国内运距较短，因而运杂费费率应适当降低。

## 2.4　工程建设其他费用的构成

工程建设其他费用是指从工程筹建起到工程竣工验收交付使用止的整个建设期间，除建筑安装工程费用和设备、工器具购置费以外的、为保证工程建设顺利完成和交付使用后能够正常发挥效用而发生的各项费用的总和。

工程建设其他费用，按内容大体可分为以下几类：第一类为土地转让费，由于工程项目固定于一定地点与地面相连接，必须占用一定量的土地，也就必然要发生为获得建设用地而支付的费用；第二类是与项目建设有关的费用；第三类是与项目投入使用或生产以后有关的费用。

### 2.4.1 土地使用费

土地使用费是指建设项目通过划拨或土地使用权出让方式取得土地使用权所需的土地征收及迁移补偿费或土地使用权出让金。

(1) 土地征收及迁移补偿费

土地征收及迁移补偿费是指建设项目通过划拨方式取得无限期的土地使用权，依照《中华人民共和国土地管理法》等规定所支付的费用，其内容包括：

1) 土地补偿费

征收耕地（包括菜地）的补偿标准，为该耕地被征收前三年平均年产值的6~10倍，各类耕地的具体补偿标准，由省、自治区、直辖市人民政府在此范围内制定，征收园地、鱼塘、藕塘、苇塘、宅基地、林地、牧场、草原等的补偿标准，由省、自治区、直辖市人民政府制定。征收无收益的土地，不予补偿。

2) 青苗补偿费和被征收土地上的房屋、水井、树木等附着物补偿费

青苗补偿费和被征收土地上的房屋、水井、树木等附着物补偿费的标准，由省、自治区、直辖市人民政府制定。征收城市郊区的菜地时，还应按照有关规定向国家缴纳新菜地开发建设基金。

3) 安置补助费

征收耕地、菜地的，每个农业人口的安置补助费标准，为该地被征收前三年平均年产值的4~6倍，需要安置的农业人口数按被征地单位征地前农业人口（按农业户口计算，不包括开始协商征地方案后迁入的户口）和耕地面积的比例及征地数量计算。年产值按被征收前三年的平均年产量和国家规定的价格计算。但是，每公顷耕地的安置补助费，最高不得超过其年产值的15倍。

4) 耕地占用税或城镇土地使用税等

缴纳的耕地占用税或城镇土地使用税、土地登记费及征地管理费等。县市土地管理机关从征地费中提取土地管理费的比率，要按征地工作量大小，视不同情况，在1%~4%幅度内提取。

5) 征地动迁费

征地动迁费的内容包括征收土地上房屋及附属构筑物、城市公共设施等拆除、迁建补偿费，搬迁运输费，企业单位因搬迁造成的减产、停工损失补贴费，拆迁管理费等。

6）水利水电工程水库淹没处理补偿费

水利水电工程水库淹没处理补偿费的内容包括农村移民安置迁建费，城市迁建补偿费，库区工矿企业、交通、电力、通信、广播、管网、水利等的恢复、迁建补偿费，库底清理费，防护工程费，环境影响补偿费用等。

（2）土地使用权出让金

土地使用权出让金是指建设项目通过土地使用权出让方式，取得有限期的土地使用权，依照《中华人民共和国城镇国有土地使用权出让和转让暂行条例》规定支付的土地使用权出让金。

要建立的社会主义城市土地市场，是在保证城市土地国有制不变的前提下，使土地使用者不是通过行政划拨而是通过有计划的市场竞争从国家那里取得土地使用权；土地使用权不是无限期而是有限期，在限期内，土地使用者可灵活运用其土地使用权；地价不是靠国家单方面确定，而是在土地使用者的竞争中形成，以促使土地资源得到更合理更充分的利用。具体模式如下。

1）明确国家是城市土地的唯一所有者，并分层次、有偿有限期地出让、转让城市土地。第一层次是城市政府将国有土地使用权出让给用地者，该层次由城市政府垄断经营。出让对象可以是有法人资格的企事业单位，也可以是外商。第二层次及以下层次的转让则发生在使用者之间。

2）城市土地的出让和转让可采用协议、招标、公开拍卖等方式。要为各用地者获得土地使用权提供平等竞争机会，但竞争强度应各有不同。协议方式是由用地单位申请，经市政府批准同意后双方洽谈具体地块及地价，该方式适用于市政工程、公益事业用地以及需要减免地价的机关、部队用地和需要重点扶持、优先发展的产业用地；招标方式是在规定的期限内，由用地单位以书面形式投标，市政府根据投标报价、所提供的规划方案以及企业信誉综合考虑，择优而取，该方式适用于一般工程建设用地；公开拍卖是指在指定的地点和时间，由申请用地者叫价应价，价高者得，这完全是由市场竞争决定，适用于盈利高的行业用地。

3）在有偿出让和转让土地时，政府对地价不作统一规定，但应坚持以下原则：即地价对目前的投资环境不产生大的影响；地价与当地的社会经济承受能力相适应；地价要考虑已投入的土地开发费用、土地市场供求关系、土地用途和使用年限。

4）关于政府有偿出让土地使用权的年限，各地可根据时间、区位等各种条件作不同的规定，一般可在30～99年之间。按照地面附属建筑物的折旧年限来看，以50年为宜。

5）土地有偿出让和转让。土地使用者和所有者要签约，明确使用者对土地享有的权利和对土地所有者应承担的义务。有偿出让和转让使用权，要向土地受让者征收契税；转让土地如有增值，要向转让者征收土地增值税；在土地转让期间，国家要区别不同地段、不同用途向土地使用者收取土地占用费。

### 2.4.2 与项目建设有关的其他费用

（1）建设单位管理费

建设单位管理费是指建设项目从立项、筹建、建设、联合试运转、竣工验收交付使用及后评价等全过程管理所需费用，其内容包括如下。

1）建设单位开办费，是指新建项目为保证筹建和建设工作正常进行所需办公设备、生活家具、用具、交通工具等购置费用。

2）建设单位经费，包括工作人员的基本工资、工资性津贴、职工福利费、劳动保护费、劳动保险费、办公费、差旅交通费、工会经费、职工教育经费、固定资产使用费、工具用具使用费、技术图书资料费、生产人员招募费、工程招标费、合同契约公证费、工程质量监督检测费、工程咨询费、法律顾问费、审计费、业务招待费、排污费、竣工交付使用清理及竣工验收费、后评价等费用；但不包括应计入设备、材料预算价格的建设单位采购及保管设备材料所需的费用。

（2）勘察设计费

勘察设计费是指为建设项目提供项目建议书、可行性研究报告及设计文件等所需费用，其内容包括如下。

1）编制项目建议书、可行性研究报告及投资估算、工程咨询、评价以及为编制上述文件所进行勘察、设计、研究试验等所需费用。

2）委托勘察、设计单位进行初步设计、施工图设计及概预算编制等所需费用。

3）在规定范围内由建设单位自行完成的勘察、设计工作所需费用。

（3）研究试验费

研究试验费是指为本建设项目提供或验证设计参数、数据资料等进行必要的研究试验以及设计规定在施工中必须进行的试验、验证所需费用，包括自行或委托其他部门研究试验所需人工费、材料费、试验设备及仪器使用费，支付的科技成果、先进技术的一次性技术转让费。

（4）临时设施费

临时设施费是指建设期间建设单位所需临时设施的搭设、维修、摊销费用或租赁费用。临时设施包括临时宿舍、文化福利及公用事业房屋与构筑物、仓库、办公室、加工厂以及规定范围内道路、水、电、管线等临时设施和小型临时设施。

（5）工程监理费

工程监理费是指委托工程监理单位对工程实施监理工作所需费用。

（6）工程保险费

工程保险费是指建设项目在建设期间根据需要，实施工程保险部分所需费用。包括以各种建筑工程及其在施工过程中的物料、机器设备为保险标的的建筑工程一切险，以安装工程中的各种机器、机械设备为保险标的的安装工程一切险，以及机器损坏保险等。

（7）引进技术和进口设备其他费

引进技术和进口设备其他费的其费用内容包括如下。

1）为引进技术和进口设备派出人员进行设计、联络、设备材料监检、培训等的差旅费、置装费、生活费用等。

2）国外工程技术人员来华差旅费、生活费和接待费用等。

3）国外设计及技术资料费、专利和专有技术费、延期或分期付款利息。

4）引进设备检验及商检费。我国商品检验管理局及其各分支机构的主要业务内容是：①进行法定检验，即根据国家规定，对进出口商品进行的强制性检验；②进行公证检验，即根据对外贸易关系（买方、卖方、承运人、托运人或保险人）的申请，受理与对外贸易有关的各项鉴定业务，并出具鉴定证明；③进行委托检验，即接受工农业生产单位的委托，对进口原材料和成品进行检验。

### 2.4.3　与项目投入使用或生产后有关的其他费用

（1）联合试运转费

联合试运转费是指新建企业或新增加生产工艺过程的扩建企业在竣工验收前，按照设计规定的工程质量标准，进行整个车间的负荷或无负荷联合试运转发生的费用支出大于试运转收入的亏损部分。联合试运转费的费用内容包括试运转所需的原料、燃料、油料和动力的费用，机械使用费用，低值易耗品及其他物品的购置费用和施工单位参加联合试运转人员的工资等。试运转收入包括试运转产品销售和其他收入，但不包括应由设备安装工程费项下开支的单台设备调试费及试车费用。

（2）生产准备费

生产准备费是指新建企业或新增生产能力的企业，为保证竣工交付使用进行必要的生产准备所发生的费用，其费用内容包括：

1）生产人员培训费，自行培训、委托其他单位培训人员的工资、工资性补贴、职工福利费、差旅交通费、学习资料费、学习费、劳动保护费；

2）生产单位提前进厂参加施工、设备安装、调试等以及熟悉工艺流程及设备性能等人员的工资、工资性补贴、职工福利费、差旅交通费、劳动保护费等。应该指出，生产准备费在实际执行中是一笔在时间上、人数上、培训深度上很难划分的、活口很大的支出，尤其要严格掌握。

（3）办公和生活家具购置费

办公和生活家具购置费是指为保证新建、改建、扩建项目初期正常生产、使用和管理所必需购置的办公和生活家具、用具的费用。改、扩建项目所需的办公和生活用具购置费，应低于新建项目。其范围包括办公室、会议室、资料档案室、阅览室、文娱室、食堂、浴室、理发室、单身宿舍和设计规定必须建设的托儿所、卫生所、招待所、中小学校等家具用具购置费。应本着勤俭节约的精神，严格控制其购置范围。

## 2.5 预备费

按我国现行规定，预备费包括基本预备费和涨价预备费。

（1）基本预备费

基本预备费是指在初步设计及概算内难以预料的工程费用，费用内容包括：

1）在批准的初步设计范围内，技术设计、施工图设计及施工过程中所增加的工程费用，设计变更、局部地基处理等增加的费用；

2）一般自然灾害造成的损失和预防自然灾害所采取的措施费用，实行工程保险的工程项目费用应适当降低；

3）竣工验收时为鉴定工程质量对隐蔽工程进行必要的挖掘和修复费用。

基本预备费是按设备及工器具购置费、建筑安装工程费用和工程建设其他费用三者之和为计取基础，乘以基本预备费费率进行计算。

基本预备费 =（设备及工器具购置费 + 建筑安装工程费用 +
工程建设其他费用）× 基本预备费费率

基本预备费费率的取值应执行国家及部门的有关规定。

（2）涨价预备费

涨价预备费是指建设项目在建设期间内，由于价格等变化引起工程造价变化的预测预留费用。涨价预备费的费用内容包括：人工、设备、材料、施工机械的价差费，建筑安装工程费及工程建设其他费用调整，利率、汇率调整等增加的费用。

涨价预备费的测算方法，一般根据国家规定的投资综合价格指数，按估算年份价格水平的投资额为基数，采用复利方法计算，计算公式为：

$$PF = \sum_{t=1}^{n} I_t \times \{(1+f)^t - 1\}$$

式中 $PF$——涨价预备费；

$n$——建设期年份数；

$I_t$——建设期中第 $t$ 年的投资计划额，包括设备及工器具购置费、建筑安装工程费、工程建设其他费用及基本预备费；

$f$——年均投资价格上涨率。

## 2.6　建设期贷款利息

建设期贷款利息包括向国内银行和其他非银行金融机构贷款、出口信贷、外国政府贷款、国际商业银行贷款以及在境内外发行的债券等在建设期间内应偿还的借款利息。

当总贷款是分年均衡发放时，建设期利息的计算可按当年借款在年中支用考虑，即当年贷款按半年计息，上年贷款按全年计息，计算公式为：

$$q_i = \left(P_{j-1} + \frac{1}{2}A_j\right) \times i$$

式中　$q_i$——建设期第 $j$ 年应计利息；

$P_{j-1}$——建设期第（$j-1$）年末贷款累计金额与利息累计金额之和；

$A_j$——建设期第 $j$ 年贷款金额；

$i$——年利率。

## 2.7　其他税费

工程造价中还包括其他可能的税费，如固定资产投资方向调节税[1]等。

为了贯彻国家产业政策，控制投资规模，引导投资方向，调整投资结构，加强重点建设，促进国民经济持续稳定协调发展，国家将根据国民经济的运行趋势和全社会固定资产投资的状况，对进行固定资产投资的单位和个人开征或暂缓征收与固定资产投资有关的相应税收，如固定资产投资方的调节税（该税征收对象不含中外合资经营企业、中外合作经营企业和外资企业）。

投资方向调节税根据国家产业政策和项目经济规模实行差别税率，税率分为0，5%，10%，15%，30%五个档次，各固定资产投资项目按其单位工程分别确定适用的税率。计税依据为固定资产投资项目实际完成的投资额，其中更新改造项目为建筑工程实际完成的投资额。投资方向调节税按固定资产投资项目的单位工程年度计划投资额预缴。年度终了后，按年度实际投资结算，多退少补。项目竣工后按全部实际投资进行清算，多退少补。

[1] 为贯彻国家宏观调控政策，扩大内需，鼓励投资，根据国务院的决定，对《中华人民共和国固定资产投资方向调节税暂行条例》规定的纳税义务人，其固定资产投资应税项目自2000年1月1日起新发生的投资额，暂停征收固定资产投资方向调节税。但该税种并未取消。

## 复习思考题

1. 工程造价一般由几大部分费用所组成?
2. 试述建筑安装工程费用的构成和计算方法。
3. 试述设备、工器具购置费用的构成。
4. 试述进口设备抵岸价的构成和计算方法。
5. 试述工程建设其他费用的构成和计算方法。
6. 设置预备费的主要目的是什么?
7. 试述建设期贷款利息的计算特点和方法。

# 3 工程造价计价原理

工程造价的计价包括计算或确定工程建设各个阶段工程造价的费用目标，即工程造价目标值的确定（或称工程估价），以及对实际工程造价的计算确定。工程估价是工程造价计价的最主要的工作。工程造价的计价要合理确定和有效控制工程造价，提高投资效益，就必须在整个建设过程中，由宏观到微观、由粗到细分阶段预先定价，是按照项目建设程序的划分，在影响工程造价的各主要阶段，分阶段事先定价，上阶段控制下阶段，层层控制，这样才能充分、有效地使用有限的人力、物力和财力资源，这也是由工程建设客观规律和建筑业生产方式特殊性决定的。

## 3.1 工程分解结构

由于工程项目及其建设所具有的固有特点，进行工程造价的计价，开展工程造价的规划和控制工作，一个重要的基础工作就是要确定工程分解结构，即首先是要将工程项目进行分解，建立项目的工程分解结构。工程分解结构是工程计价的基础，也是进行工程造价规划与控制的基础。

工程分解结构是由工程项目各组成部分构成的“树”，“树”的结构确定了工程的整个范围。“树”中每下降一层，就表示对工程组成部分说明和定义的详细程度提高了一层。对一个具体的工程项目，其结构的分解如图 3-1 所示，它是将工程项目分解成若干个子项目，再将这些子项目又进一步分解成主要的工作单元或项目单元。

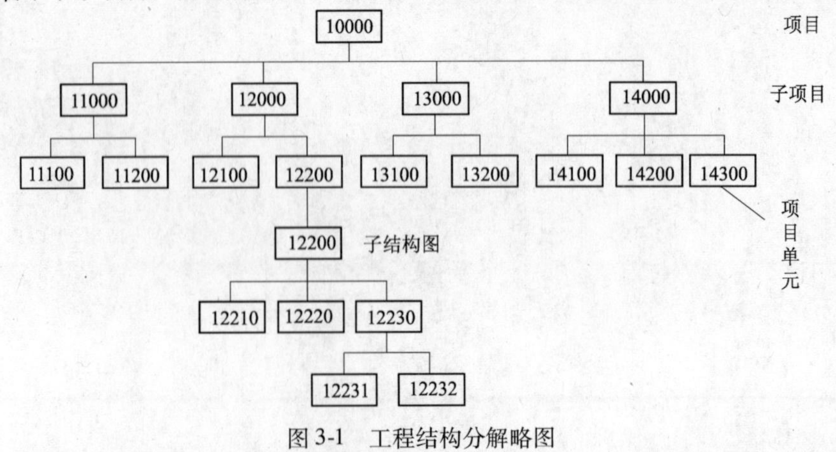


图 3-1　工程结构分解略图

### 3.1.1 工程分解结构的目的

工程项目分解结构源于工作分解结构（WBS——Work Breakdown Structure）。关于 WBS 的定义，最早可从美国国防部对于国防系统开发工作的手册中的定义看到。

“工作分解结构：工作分解结构是由硬件、服务和数据组成的、面向产品的树状结构，它来源于开发和生产某种国防材料过程中的项目开展情况，它也完全确定了该项目或作业的内容。工作分解结构列出并明确需要开发或生产的一项或多项产品，同时给出应完成的各工作单元相互之间以及它们与最终产品之间的关系。”

工程项目分解结构是为了将工程分解成可以管理和控制的工作单元，从而能够更为容易也更为准确地确定这些单元的费用和进度，明确定义其质量要求。工程项目分解结构采用的编码系统也为对工程项目进展情况进行阶段性跟踪和控制提供了便利。

（1）工程分解的基本目的

工程项目分解的基本目的包括以下内容。

1）将整个项目划分成可以进行管理的较小部分，同时确定工作内容和工作流程。

只有通过将项目分解成较小的、人们对其具有控制能力和经验的部分，才能对整个项目进行规划与控制。如要控制一个工程项目的进度，只有将其分解成设计阶段、招投标阶段和施工阶段等，同时，设计阶段又分解为方案设计阶段、初步设计阶段、技术设计阶段和施工图设计阶段等。如果对于这些子阶段的进度也无法控制的话，自然也就谈不上控制整个项目的进度了。

对项目的分解不仅仅是将其分解成便于管理的单元，并且通过这种分解，能清楚地认识到项目实施各单元之间的技术联系和组织联系。如在工程项目中，如果只是简单地将施工阶段分解成地下结构、主体结构、安装工程、装修工程等，而未认识到这些分部分项工程之间的一些联系，就失去了项目分解的意义。通过项目分解，就可能认识到这些分部分项工程之间的相互配合关系，如土建结构浇捣之前要为安装预留管道洞口，有些结构部分需设备就位后才能封闭，以及安装中水、电、风与装修的密切配合等，甚至在一些高级宾馆的装修过程中，有明确的关于各工序“五进五出”的工作流程。工作流程设计所包括的工作内容及其顺序都依赖于项目的分解。

同时，只有通过工程项目分解，才有可能准确地识别完成项目所需的各项工作。尤其对于一个较新的或者缺乏足够经验的建设项目，经过项目分解过程，能够明确项目的范围，并对项目实施的所有工作进行规划和控制。

2）自上而下地将总体目标划分成一些具体的任务，划分不同单元的相应职责，由不同的组织单元来完成，并将工作与组织结构相联系。

项目的总体目标必须落实在每一个工作单元中实现，各工作单元的目标基本能得以实现是整个项目目标实现的基础。同时，这些子目标在工作单元中不再是一个个目标值，而是要实现这些目标值所应完成的工作和任务内容。当明确项目的范围、各项工作的内容和程序时，就应从组织角度落实人员及责任分工。

3）针对较小单元，进一步对时间、资金和资源等作出估计。

在建设工程项目规划阶段，任何人都很难对项目的进度、资金和其他资源作出精确的估计，因此，提高估计精度的唯一办法就是对项目进行必要的分解。人们往往可以借助自身的经验和类似项目的数据对新的项目进行预测，但每一个项目和它所存在的环境都具有其独特性，因此，这种预测就有可能发生很大偏离。但如果将一个整体项目分解成若干较小的部分时，这些小单元就与其他类似项目的小单元具有更多的共性，同时也能更加切合实际地估计不同因素对其的影响，估算的精度也将得到提高。例如，估算一幢大楼的进度和造价远比估算其中某一层结构施工的进度和造价复杂得多，偏差也大得多。

4）为计划、预算、进度安排和造价控制提供共同的基础和结构。

项目管理最为重要的和最为核心的两个职能就是项目规划和项目控制。但是，在日常的项目管理工作中，项目规划和项目控制的对象是明确的各项工作单元，项目的目标控制也落实到控制具体工作单元的进度、资金和质量。既然每一项工作单元都是目标的具体体现，是控制的对象，而计划工作、预算工作和进度安排等一般都分别属于不同的工作部门，因此，有必要将其进行统一的编码。这个编码系统就来自项目的工程分解结构工作。

（2）工程分解结构的形式

对于一个系统来说，存在多种系统分解的方式，只要这些子系统是相互关联的并且其综合构成系统的整体。项目是一个系统，同样也有多种分解的方式。

1）按项目组成结构进行分解

根据项目组成结构进行分解是一种常用的方式，其分解可以是根据物理的结构或功能的结构进行划分，图 3-2 示意了按项目组成结构进行分解的方式。

2）按项目的阶段进行分解

根据建设工程项目实施的阶段性对项目进行分解也是工程结构分解的一种方式。例如，工程项目的分解可按图 3-3 所示的方式进行。这种阶段的划分并非是随意性的，而是要根据项目实施的特点进行，有时为突出某一阶段的重要性，也可将其进一步细分。

3）按费用的构成进行分解

对建设工程项目进行分解的另一种方式是按工程造价的构成划分，以对工程造价从费用组成的内容实施控制，如图3-4所示。

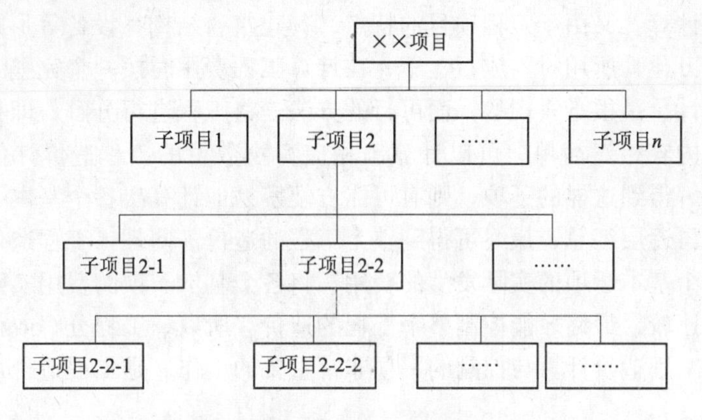


图3-2 根据项目组成结构分解

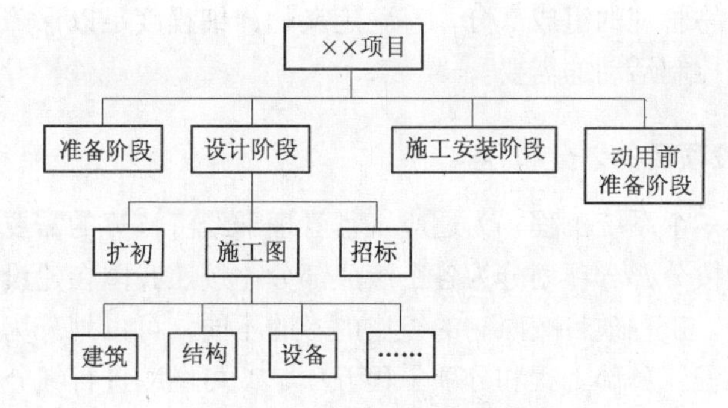


图3-3 根据项目阶段分解

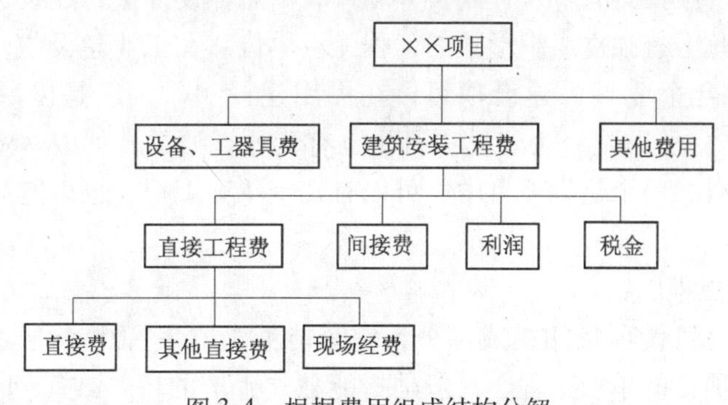


图3-4 根据费用组成结构分解

### 3.1.2 工程分解结构的意义

任何工程项目的建设都是根据业主特殊的功能要求与使用要求，单独进行设计，单独进行施工，每一个项目均有自己的特点，各不相同。从建设过程的角度来看，可以说，不存在两个完全相同的工程，因而，对每一个工程的造价也需要单独地进行计算。又由于工程项目的特点，其建筑、结构、设备等形式各异，体量大小千变万化，所用材料成百上千，在计算工程费用时按一个完整工程作为计量单位进行计价是很难实现的，而可行的方法是将工程进行分解，即将整个工程分解为组成内容相对简单、可以计算出相应实物数量的工程造价计价的基本子项。如果分解得到这样的子项，则有可能方便容易地计算出各个基本子项的价格费用，然后再逐层汇总，最终可得到整个工程的造价。同理，工程造价的控制也应控制至各个基本子项的实际发生的费用，将各个基本子项的费用实际值与相应的计划值作比较，最终才能控制整个工程的造价。所以，工程分解或称工程结构分解是进行工程造价计算与控制的一项非常重要的工作，是工程造价规划与控制的基础。

工程的分解有多种途径，分解结构的意义在于其能够把整体的、复杂的工程分成较小的、更易管理的组成部分，直到定义的详细程度足以保障和满足工程造价的规划活动和控制活动的需要。

### 3.1.3　建设项目的划分和分解

建设项目是一个系统工程，为适应工程管理和经济核算的需要，可以将建设项目由大到小，按分部分项划分为各个组成部分。按照我国在建设领域内的有关规定和习惯做法，工程项目按照它的组成内容的不同，可以划分为建设项目、单项工程、单位工程、分部工程和分项工程五项，或可继续进行细分。

（1）建设项目

建设项目一般指具有一个计划文件和按一个总体设计进行建设、经济上实行统一核算、行政上有独立组织形式的工程建设单位。在工业建设中，一般是以一个企业（或联合企业）为建设项目；在民用建设中，一般是以一个事业单位（如一所学校、一所医院）为建设项目；也有营业性质的，如以一座宾馆、一所商场为建设项目。一个建设项目中，可以有几个单项工程，也可能只有一个单项工程。

（2）单项工程

单项工程是建设项目的组成部分，它是能够独立发挥生产能力或效益的工程。工业建设项目的单项工程，一般是指能独立生产的厂（或车间）、矿或一个完整的、独立的生产系统；非工业项目的单项工程是指建设项目中能够发挥设计规定的主要效益的各个独立工程。单项工程是具有独立存在意义的一个完整工程，也是一个复杂的综合体，它由若干单位工程组成。

（3）单位工程

单位工程是单项工程的组成部分，通常按照单项工程所包含的不同性质的工程内容，根据能否独立施工的要求，将一个单项工程划分为若干单位工程。如某车间是一个单项工程，构成车间的一般土建工程、特殊构筑物工程、工业管道工程、卫生工程、电气照明工程等，就分别为单位工程。

（4）分部工程

分部工程是单位工程的组成部分，在建设工程中，分部工程是按照工程结构的性质或部位划分的。例如，一般土建工程（单位工程）可以分为基础、墙身、柱梁、楼地屋面、装饰、门窗、金属结构等，其中每一部分称为分部工程。

（5）分项工程

在分部工程中，由于还包括不同的施工内容，按其施工方法、工料消耗、材料种类还可以分解成更小的部分，即建筑或安装工程的一种基本的构成单元——分项工程。分项工程是通过简单的施工过程就能完成的工程内容，它是工程造价计价工作中一个基本的计量单元，也是工程定额的编制对象。它与单项工程是完整的产品有所不同，一般说，它没有独立存在的意义，它只是建筑安装工程的一种基本的构成因素，是为了确定建筑安装工程造价而设定的一种中间产品。如砖石工程中的标准砖基础、混凝土及钢筋混凝土工程中的现浇钢筋混凝土矩形梁等。

综上所述，一个建设项目通常是由一个或几个单项工程组成的，一个单项工程是由几个单位工程组成的，而一个单位工程又是由若干个分部工程组成的，一个分部工程可按照选用的施工方法、所使用的材料、结构构件规格的不同等因素划分为若干个分项工程。建设项目划分的过程和它们之间的相互关系，如图 3-5 所示。

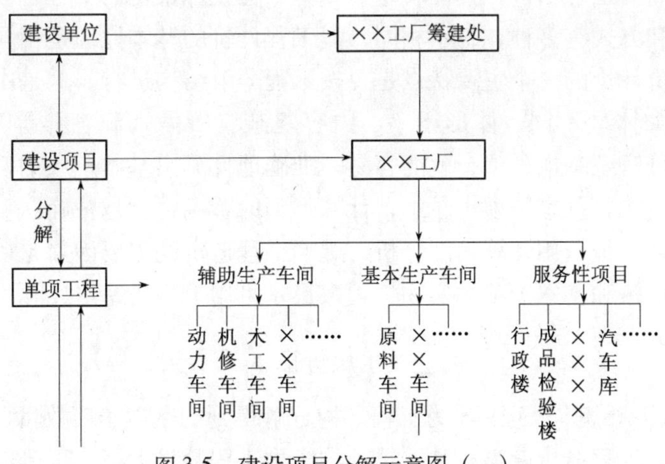


图 3-5 建设项目分解示意图（一）

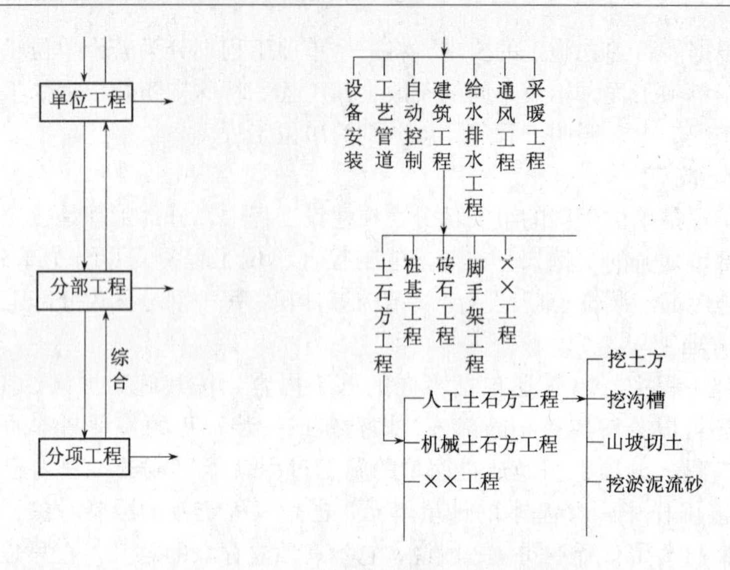


图 3-5　建设项目分解示意图（二）

## 3.2　计价的基本原理

一般而言，工程计价的主要工作是工程估价。工程估价是指工程项目开始施工之前，预先对工程造价的计算和确定。工程估价包括业主方的工程估价，具体表现形式为投资估算、设计概算、施工图预算、招标工程标底或工程合同价等；也包括承包商的工程估价，具体表现形式为工程投标报价、工程合同价等。工程计价的形式和方式有多种，各不相同，但工程计价的基本原理是相同的。

工程造价计价的一个主要特点是要按工程分解结构进行，这是由工程项目的固有特性（如体量不同、体形不一、内容复杂、所需资源各异等）所决定的。将整个工程分解至基本子项，就能容易、准确地计算出基本子项的费用，且分解结构的层次越多，基本子项也越细，计算得到的费用也就越精确。

如果仅从工程费用计算角度分析，影响工程造价的主要因素是两个，即基本子项的单位价格和基本子项的实物工程数量，可用下列的基本计算式表达：

$$\text{工程费用} = \sum_{i=1}^{n}(\text{单位价格} \times \text{工程实物量})_i$$

式中，$i$ 为第 $i$ 个基本子项；$n$ 为工程结构分解得到的基本子项数目。基本子项的单位价格高，工程造价就高；基本子项的实物工程数量大，工程造价也就大。

（1）工程实物数量

在进行工程估价时，实物工程量的计量单位是由单位价格的计量单位决定的。编制投资估算时，单位价格计量单位的对象取得较大，如可能是单项工程或单位工程，甚至是建设项目，即可能以整幢建筑物为计量单位，这时基本子项的数目 $n$ 可能就等于1，得到的工程估价也就较粗。编制设计概算时，计量单位的对象可以取到单位工程或扩大分部分项工程。编制施工图预算时，则是以分项工程作为计量单位的基本对象，此时工程分解结构的基本子项数目会远远超过投资估算或设计概算的基本子项数目，得到的工程估价也就较细较准确。计量单位的对象取得越小，说明工程分解结构的层次越多，得到的工程估价也就越准确。工程结构分解的差异，是因为人的认识不能超越客观条件，在项目建设前期工作中，特别是在项目决策阶段，人们对拟建项目的筹划难以详尽和具体，因而对工程造价的估价计算也不会很精确，随着工程建设各阶段工作的深化且愈接近后期，可掌握的资料愈多，人们的认识也就愈接近实际，估价计算的工程造价也就愈接近实际造价。由此可见，工程造价预先定价的准确性，取决于人们认识建设项目和掌握实际资料的深度、完整性、可靠性以及计价工作的科学性。

基本子项的工程实物数量可以通过项目定义及项目策划的结果或设计图纸计算（工程计量）而得，它可以直接反映工程项目的规模和内容。

（2）单位价格

对基本子项的单位价格再作分析，其主要由两大要素构成，即完成基本子项所需资源的数量和相应资源的价格。这里的资源主要是指人工、材料和施工机械的使用。因此，单位价格的确定可用下列计算式表示：

$$\text{单位价格} = \sum_{j=1}^{m}(\text{资源消耗量} \times \text{资源价格})_j$$

式中，$j$ 为第 $j$ 种资源；$m$ 为完成某一基本子项所需资源的数目。如果将资源按工料机消耗三大类划分，则资源消耗量包括人工消耗量、材料消耗量和机械台班消耗量；资源价格包括人工价格、材料价格和机械台班价格。

1）资源消耗量

资源消耗量可以通过历史数据资料或通过实测计算等方法获得，它与劳动生产率、社会生产力水平、技术和管理水平密切相关。经过长期的收集、整理和积累，可以形成资源消耗量的数据库，通常称为工程定额。工程定额，包括概算定额、预算定额或企业定额等，是工程估价的重要依据。工程项目业主方进行的工程估价主要是依据国家或行业的指导性定额，如概算定额和预算定额等，其反映的是社会平均生产力水平；而工程项目承包方进行的工程估价则应依据反映本企业技术与管理水平的企业定额。资源消耗量随着生产力的发展而发生变化，因此，工程定额也应不断地进行修订和完善。

2）资源价格

资源价格是影响工程造价的关键要素，工程估价时采用的资源价格应是市场价格。在市场经济体制下，由市场形成价格。市场供求变化、物价变动等，会引起资源价格的变化，从而也会导致工程造价发生变化。

单位价格又可分为工料单位价格（工料单价）和综合单位价格（综合单价）。单位价格如果单由资源消耗量和资源价格形成，其实质上仅为直接费单位价格，即工料单价。假如在单位价格中再考虑直接费以外的其他各类费用，则构成的是综合单位价格，即综合单价。

## 3.3　工程计价的依据

工程计价依据是据以进行建设工程计价的各类基础数据和资料的总称。由于影响工程计价的因素很多，工程估价又是在工程开始施工之前预先对工程造价的计算和确定，因此，每一项工程的建造费用都要根据工程的类别、规模、建设标准、结构特征、所在地环境和条件、市场价格信息和变化趋势等作具体的估算。不同建设阶段工程估价的方法和方式各不相同，不同参与方工程估价的方法和方式也不相同，采用何种工程估价的方法和方式主要取决于对建设工程的了解程度，与工程建设工作的深度相适应，或是取决于工程参与方各自的视角，很重要的区别就是反映在所采用的工程估价依据上。所以，工程计价就需要有确定各类要素和资源的各种量化的定额等作为计价的基础资料。

工程计价的正确与否，关键因素之一就在于工程计价依据的科学与合理。因此，工程计价依据必须满足一定的要求。

- 工程计价依据必须符合实际，与生产力水平相适应。
- 工程计价依据的可信度要高，准确可靠，有权威性。
- 工程计价依据应尽量以数据化表达，便于计算。
- 工程计价依据的定性描述清晰，便于正确理解和使用。

工程计价的依据是进行工程计价所必需的基础资料，主要包括工程技术文件（设计图纸）、工程定额、市场价格信息、环境条件、建设实施的组织技术方案、相关的法规和政策等。

（1）工程技术文件

工程计价的对象是建设工程，而反映一个建设工程的规模、内容、标准、功能等的是工程技术文件。根据工程技术文件，就能对工程的分部组合、即工程结构作出分解，得到计价的基本项目。依据工程技术文件及其反映的工程内容和尺寸，才能测算或计算出工程实体数量，得到分部分项工程的工程量。因此，工程技术文件是计算工程量、计算设备数量等的依据，是工程计价的重要依据之一。

在工程建设的不同阶段所产生的工程技术文件是不同的。

1）在项目决策阶段，包括项目意向、项目建议书、可行性研究等阶段，工程技术文件表现为项目策划文件、功能描述书、项目建议书、可行性研究报告和资料等。在此阶段的工程计价，即投资估算的编制依据，主要就是上述的工程技术文件。

2）在初步设计阶段，工程技术文件主要表现为初步设计所产生的初步设计图纸及相关设计资料。此时的工程计价，即设计概算的编制，主要是以初步设计图纸等有关设计资料作为依据。

3）随着工程设计的深入，进入详细设计也即施工图设计阶段，工程技术文件又表现为施工图设计资料，包括建筑施工图纸、结构施工图纸、设备施工图纸和其他施工图纸和设计资料。因此，在施工图设计阶段的工程计价，即施工图预算的编制又必须以施工图纸等有关设计资料为依据。

4）在工程招标阶段，工程技术文件主要是以招标文件、建设单位的特殊要求、相应的工程设计文件等来体现。

工程建设各个阶段对应的工程计价文件的差异，是因为人的认识不能超越客观条件。在建设前期工作中，特别是项目决策阶段，人们对拟建项目的筹划难以详尽、具体，因而对工程的计价也不可能很精确；随着工程建设各个阶段工作的深化且愈接近后期，可掌握的工程资料愈多，人们对工程建设的认识就愈接近实际，工程的计价也就会愈接近工程的实际建造费用。由此可见，工程计价的准确性，影响因素之一是人们掌握工程技术文件的深度、完整性和可靠性。

（2）工程计价数据及数据库

工程计价数据是指工程估价时所必需的资源消耗量数据、资源价格数据，有时也指单位价格数据，而一般来说，通常主要是指资源消耗量数据。如前所述，工程估价数据的长期积累，就可构成工程估价数据库，或称工程定额，其又是工程估价的一个重要依据。

工程定额主要是指工程计价时所必需的用于构成工程实体和有助于工程实体形成的各种资源消耗的数量标准，也包括工程建设管理方面的费用标准等。工程定额种类繁多，是工程计价非常重要的依据。

工程定额，一般来说主要是反映工程建设中人工、材料和机械使用等生产要素的消耗量数据。资源消耗量数据可以通过历史项目数据资料或通过实测计算等方法获得，它与劳动生产率、社会生产力水平、技术和管理水平密切相关。生产要素和资源消耗量数据的长期收集和积累，数据的测定计算和保存，就可构成消耗量数据库，即定额。

工程定额，包括施工定额、预算定额、概算定额和指标、企业定额等。工程项目业主方进行的工程计价主要是依据国家或行业的指导性定额，其反映的是社会平均生产力水平；而工程承包方进行的工程计价则应依据反映本企业技术与管理水平的企业定额。资源消耗量随着生产力的发展而发生变化，因此，工程定额应随着新技术、新工艺、新材料的发展情况不断地进行修订和补充。

同工程技术文件一样，工程估价数据的粗细程度、精度等也是与工程建设的阶段密切对应的。或者说，工程估价数据库是与工程技术文件相配合、相对应的。在不同的阶段，工程估价采用的估价数据或数据库是不相同的。

1）在投资决策阶段，因只有建设工程的构思和构想、项目建议书、可行性研究资料等工程技术文件，编制投资估算时只能采用估算指标、历史数据、类似工程数据资料等作为计价依据。

2）在初步设计阶段，编制设计概算的依据是概算定额或概算指标。

3）在施工图设计阶段，编制施工图预算时采用的是预算定额。

4）在工程招投标阶段，工程承包商编制和确定投标报价的基础和依据是本企业的企业定额、施工定额等。

进行工程计价时，采用反映资源消耗量的估价数据，则主要是将其作为计算基本子项资源用量的依据；如果采用的是反映单位价格的估价数据，则其主要是被用作计算基本子项工程费用的依据。

(3) 市场价格信息

工程计价主要是计算拟建工程的建造费用，在按资源消耗量数据计算取得工程建造所需各种生产要素和资源的需要量以后，需再按相应资源的价格数据，即相应的人工价格、材料价格、机械台班价格，计算得到工程的造价费用。因此，生产要素和资源的价格，也是工程计价的重要依据。

资源价格是由市场形成的，生产要素和资源价格是影响工程造价的关键因素。工程计价时选用的资源价格来自市场，随着市场的变化，资源价格亦随之发生变化。因此，工程计价必须随时掌握市场价格信息，了解市场价格行情，熟悉市场上各类资源的供求变化及价格动态。这样，得到的工程计价才能反映市场，反映工程建造所需的真实费用。

资源价格数据也需收集和积累，建立资源价格数据库。由于资源价格随市场的变化而变化，因此资源价格数据库也应随市场的变化而不断进行调整、修改和补充。

如果将分部分项工程的资源消耗量数据与资源价格数据相乘，则得到分部分项工程的单位价格，即单价。通常，由分部分项工程单价构成的单价表称为单位计价表。

分部分项工程单位价格如果仅由资源消耗量和资源价格形成，即由人工费、材料费、机械费所组成，其实质上只是直接工程费单位价格，即直接工程费单价，或称工料单价。假如在单位价格中除含直接工程费以外，再综合了其余各类费用包括措施费、间接费、利润和税金等，则构成的是综合单位价格，即综合单价。

进行工程计价时，采用反映资源消耗量的计价数据，则主要是将其作为计算分部分项工程资源需用量的依据；如果采用的是反映单位价格的计价数据，则其主要是被用作计算分部分项工程费用的依据。

影响价格实际形成的因素是多方面的，除了商品价值之外，还有货币的价值、供求关系、级差收益以及国家政策等，有历史的、自然的甚至心理等方面因素的影响，也有社会经济条件的影响。进行工程估价，一般是按现行资源价格估计的。由于工程建设周期较长，实际工程造价会随时间因价格影响因素的变化而变化。因此，除按现行价格估价外，还需分析物价总水平的变化趋势，物价变化的方向、幅度等。不同时期物价的相对变化趋势和程度是工程造价动态管理的重要依据。

(4) 工程量计算规则

进行工程计价，是以工程项目所包含的工程实体数量为基础，需要对工程实体的数量作出正确的计算，并以一定的计量单位表述，这就需要进行工程计量，即工程量的计算。工程量是以物理计量单位或自然计量单位表示的各个分部分项工程和结构构件的数量。

工程量的计算是以设计文件为依据，必须按设计图纸规定的内容和所注尺寸进行计算；与此同时，设计图纸中内容和尺寸的摘取和确定又必须按一定的方法来进行，规定如何摘取设计图纸内容和尺寸的方法就是所谓的工程量计算规则。工程量计算规则是规定各个分部分项工程实体数量计算的法则，据此可以统一完整地反映分部分项工程的实物量大小，进而计算相应费用。工程量计算规则一般在工程定额中或在招标文件中详细说明，具体计算时必须按相应规定执行，计算规则规定怎样计算就应怎样计算，不可自行其是。工程量计算规则是进行工程量计算的重要依据，工程计价时必须按照工程量的计算规则来计取每一分部分项工程在设计图纸中的尺寸数值。

如前所述，工程量计算规则是规定在计算分部分项工程实体数量时，从设计图纸中摘取数值的取定原则和方法。工程量计算规则随定额的编制而制定，定额不同，相应的工程量计算规则可能也不同，这是因为定额中的各种消耗量数据是按定额中所附的工程量计算规则测定的。因此，在计算工程量时，必须按照所采用的定额及其规定的计算规则进行计算，这样才能套用该定额中的定额消耗量数据，正确进行工程计价。

1957 年原国家建委在颁发全国统一的建筑工程预算定额的同时，颁发了全国统一的《建筑工程预算工程量计算规则》。1958 年以后，预算管理权限下放给地方，定额及其相应的工程量计算规则也由地方规定，造成至今各地区（部门）的计算规则仍然不统一的现象。为有利于全国统一市场的建立和规范，有利于市场竞争，建设部于 1995 年在发布《全国统一建筑工程基础定额》(土建工程)(GJD—101—95) 的同时，发布了《全国统一建筑工程预算工程量计算规则》(土建工程)(GJDGz—101—95)。2008 年，为了规范建设工程工程量清单计价行为，统一建设工程工程量的编制和计价方法，住房和城乡建设部发布了国家标准《建设工程工程量清单计价规范》(GB 50500—2008)，《建设工程工程量清单计价规范》规定了全国统一的工程量计算规则，以作为计算分部分项工程量的依据。

(5) 环境条件

建设工程所处的环境和条件，也是影响工程计价的重要因素。环境和条件的差异或变化，会导致工程造价费用大小的变化。工程的环境和条件，包括工程地质条件、气象条件、现场环境与周边条件，也包括工程建设的实施方案、建设组织方案、建设技术方案等。例如国际工程承包，承包商在进行工程计价时，需通过充分的现场环境和条件调查，了解和掌握对工程计价结果产生影响的内容和方面，如工程所在国的政治情况、经济情况、法律情况，交通、运输、通讯情况，生产要素市场情况，历史、文化、宗教情况；气象资料、水文资料、地质资料等自然条件，工程现场地形地貌、周围道路、临近建筑物、市政设施等施工条件，其他条件等；工程业主情况、设计单位情况、咨询单位情况、竞争对手情况等。只有在掌握了工程的环境和条件以后，才能确定在如此的条件下工程建设所需要的费用，进而确定有竞争力的投标价格。此外，在招投标价格以及合同价格的计算确定中，还需要根据业主的特殊要求、招投标文件和合同约定或规定等。

(6) 其他

国家对建设工程费用计算的有关规定，按国家税法规定须计取的相关税费标准等。

## 3.4　设计参数对工程造价的影响

设计是在技术和经济上对拟建工程的实施进行的全面安排，也是对工程建设进行规划的过程。建筑设计对于项目的建设工程造价、质量以及建成以后能否获得预期的经济效果起着决定性作用。其中建筑设计参数的变动会对最终的工程造价产生直接的影响，而这类影响往往是在工程施工阶段所无法改变的。

### 3.4.1　平面设计参数与造价关系

(1) 平面形状

建筑物平面形状即可定义为建筑物所占地块的平面形状。在平面设计中，建筑物的平面形状是影响建筑造价的一个重要因素。通常，建筑物的平面形状越简单，其单位造价就越低。当建筑物的平面形状又长又窄，或者其平面形状做得复杂而不规则时，其周长与建筑面积的比率必将增加，伴随而来的是较高的单位造价。如外墙、窗户、门、室外配套工程等几乎都是比较复杂而费钱的。如图 3-6 是建筑面积相同的两栋建筑的首层平面图，A 建筑平面形状较为规则，B 建筑平面形状较为复杂。通常在拥有同样建筑面积的情况下，B 方案需要多用约 6% 的外墙；在其他条件相同的情况下，采用 B 方案则成本将增加。

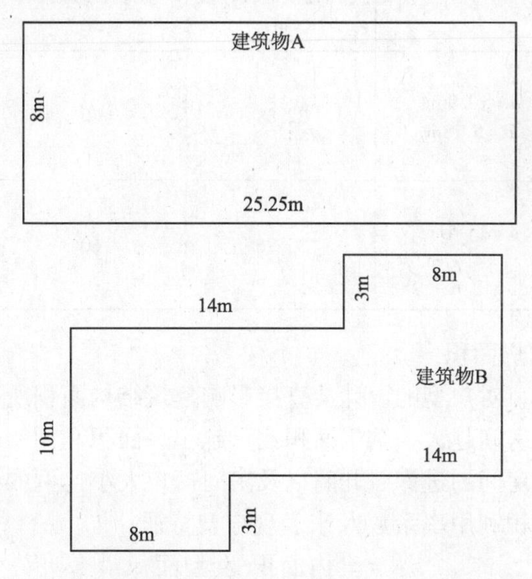


图 3-6　相同建筑面积不同平面形状的建筑物平面

建筑周长指标是建筑物外墙周长与建筑占地面积之比例，建筑周长指标可以很好地反映建筑物平面形状对造价的影响，其关系为：

建筑周长指标 = 建筑周长/建筑占地面积（$m/m^2$）

由于立面装修及建筑保温隔热等要求，通常来讲建筑外墙造价较高，故缩短外墙周长的经济效果比较显著，由此建筑周长指标越小，往往设计方案越经济，表 3-1 给出了几种不同建筑平面形状的建筑周长指标。从表 3-1 可见，圆形建筑具有最小的建筑周长指标，但因圆形工程比直线形工程在施工过程中更为复杂，会导致成本增加，所以矩形是经常采用的建筑平面形式。

**几种不同建筑平面形状的建筑周长指标**　　**表 3-1**

| 平面形状 | | 建筑周长（m） | 建筑占地面积（$m^2$） | 建筑周长指标（$m/m^2$） |
|---|---|---|---|---|
| | $R=4.37$m | 27.44 | 60 | 0.457 |
| | $a=b=7.75$m | 31 | 60 | 0.516 |

续表

| 平面形状 | | 建筑周长（m） | 建筑占地面积（$m^2$） | 建筑周长指标（$m/m^2$） |
|---|---|---|---|---|
| | $a=10.96m$<br>$b=5.48m$ | 32.88 | 60 | 0.548 |
| | $a=13.41m$<br>$b=4.47m$ | 35.76 | 60 | 0.596 |

（2）户型和住户面积

在住宅建筑中，对户型的设计会直接影响建筑结构面积所占的比重，通常当建筑面积一定时，房间越大，结构面积比重越小、面积利用率越高。同时，对户型的设计还会涉及房间的进深、开间以及房间窗户大小比例的设计等。通常在民用建筑中，利用面积利用率系数 $K$ 来表现户型特征：

$$K=套内面积/套型面积$$

通常 $K$ 越大，造价越低。

（3）进深和开间

建筑物的进深对造价也有较大的影响，一般开间、进深小，房间面积小，墙体面积系数相应增大，造价就提高。面积相近的住宅，开间、进深小时，造价偏高。加大进深不仅可以节约用地，而且可以减少建筑物的外墙面积，节约采暖费以及道路和管网设施。同时，在对待进深时必须要考虑建筑物内部的自然采光以及内部布局的实用性，若增加建筑的进深过大，户型设计中就会出现不合理的地方，导致部分的自然采光量减少。如出现暗室或暗卫生间等，因采用大量的人工采光而使运营费用增加。

（4）柱网布置

柱网布置是确定柱的行距（跨度）和间距的依据。柱网布置对建筑面积的利用程度及建筑造价都有很重要的影响，尤其是在厂房建筑的设计中。

柱网布置形式主要通过跨度与柱距来表现，当柱距不变时，跨度越大则单位面积造价越低，如 24m 跨度的厂房比 12m 跨度的可以大幅降低造价。厂房建设中，对于无吊车或吊车吨位不大的厂房，柱距越小则造价越低；若柱距增大，虽然柱子和基础的工程量有所减少，但大型屋面板的费用却相应增加，使得整体造价上升。对于单跨厂房，当柱间距不变时，跨度越大单位面积造价越低。这是因为除屋架外，其他结构分摊在单位面积上的平均造价随跨度的增大而减小；对于多跨厂房，当跨度不变时，中跨数目越多越经济。这是因为柱子和基础分摊在单位面积上的造价减少。

### 3.4.2　立体设计参数与造价关系

(1) 建筑规模

建筑规模的增大通常会使单方造价降低，这主要是由于对于一个较大的项目而言，间接费可能在总成本中占较小的比例，且间接费不随建筑物规模的增加而同比例提高。某些固定成本，如现场运输、架设和拆卸临时建筑的费用以及用于材料和部件的储存、临时供水、供电、临时道路等费用，对于一个较大规模的工程来说，不会随着建筑物规模的扩大而发生明显的变化。建筑规模通常以建筑物的总建筑面积（$m^2$）来表示，其可对建筑物的平面形状、层数、层高等设计参数产生直接的影响。

(2) 建筑总高度

通常，建设项目的工程造价随着建筑物高度的增加而提高，但是有时为了更好地利用昂贵的土地和减少外部流通空间的费用，增加高度也可能使得项目的单方造价有下降的趋势。建筑总高度的变化会直接带来建筑层数、结构形式、基础形式等的变化，同时，建设项目运营期间的维修费用也可能随着高度的增加而增加。

(3) 结构形式

建筑结构是指建筑工程中由基础、梁、板、柱、墙、屋架等构件所组成的起骨架作用的、能承受直接和间接“作用”的体系。住宅建筑主要的结构形式有混合结构、框架结构、剪力墙结构及框架剪力墙结构等。这些结构形式各有特点，如混合结构取材容易，构造简单，施工方便，造价便宜，但其抗震抗拉强度较差；框架结构布置灵活，强度高，延性好，整体性和抗震性也较好，但其在超高状态下，侧向刚度大大降低，抗风及抗震能力就会降低；而剪力墙结构，除了能抵抗水平荷载和竖向荷载外，还对房屋起到围护和分割作用，安全性能大大提高，但工程造价也会大幅增加。

(4) 层高和净高

建筑物的层高是根据室内设备家具、人体活动、采光通风、照明等要求，综合考虑诸因素而确定的。一般来说层高降低，相应也减少墙体材料、减轻自重、改善结构受力，又能缩小房屋间距、节约用地，在严寒地区可减少采暖费、炎热地区可降低空调费，建筑物的造价也会相应降低。

建筑物层高对造价有着十分敏感的影响，但并不是说最低的层高、最低的价格是最可取的，建筑物受到造价、功能、美观等多方面因素制约，其价格应该是多方面因素的平衡，这样，建筑物应有的价值才能充分地体现出来。在工业建筑中，由于要考虑大量的管道铺设的空间等因素，会对建筑物的层高提出要求；在住宅建筑中，住宅建筑设计应为住户创造良好的室内环境，在声、光、热等方面满足卫生、舒适及节能的基本要求，也会对层高提出要求。这就要求在设计过程中，进行方案比选均衡各类因素，并努力达到最佳的功能造价比，获取最大的经济效益。

（5）层数

建筑层数的变化对造价有直接的影响，且其规律较为复杂。在住宅建筑中，通常按层数将住宅划分为不同类型而分别讨论层数的经济问题。一般来讲，当层数增加时，基础、地坪、屋顶等工程的单方造价相应降低；楼板工程的单方造价会随层数增加而增加；而内墙体、门窗、粉饰装修等工程的单方造价则随层数增加而基本不变。

### 3.4.3　其他设计参数与造价关系

（1）电梯

电梯的购置是建筑设备及工器具购置费中的重要组成部分，同时电梯的数量、布置以及使用形式都与建筑标准、建筑功能性、使用舒适度等方面紧密相关。在一定的建筑标准下，建筑总高度、建筑层数都会对电梯的数量有着直接的影响，同时，电梯的布置以及对电梯间的设计都会对建筑的流通空间产生直接影响。

（2）管线布置

建筑物的各种设备管线布置会直接影响建筑物的面积利用率，从而影响到建筑的造价。各种设备管线如卫生设备、煤气管道、电线电缆等应尽可能地集中布置，这就需要在设计过程中做充分的考虑，同时建筑的层高以及净高要求都会对管线布置方式产生影响。

（3）门和窗户

在一些现代的建筑中，窗户是建筑很重要的组成部分，通常占造价的比重也很大。不同建筑中窗户分项工程价格的差别主要是由于对窗户的功能要求不同，比如是否考虑双层玻璃、窗户材料的选择等。窗户的选择过程中需要考虑的因素如下。

- 窗户大小：小窗户的平方米造价通常会很高，因为窗户本身的复杂程度提高，同时在外墙中留空的难度也会提高。
- 窗格玻璃的大小：小窗格会使每平方米造价上升。
- 窗户的开启比例：这可能是窗户造价中最重要的一个因素，在一定的玻璃窗户面积及一定的保温隔热要求条件下，需要比较不同建筑窗户的可开启最佳比例。
- 使用特殊功能的玻璃，一些建筑规范要求的在某些窗户中使用反射太阳光或薄片玻璃。

通常，门的造价占建筑总造价的比例并不大，选择不同的门对造价的影响也并不明显，但在一些将建筑划分成很多小空间屋子的建筑中，如宿舍、公寓等类型建筑中，由于门的用量很大，其对建筑总造价会有直接的影响。

(4) 单元数

住宅建筑中，通常单元数越多越好，因为单元数越多，共用的墙体越多，建筑周长系数越小，单方造价就越小，但是当房屋长度增加到一定程度时，就要设置带有二层隔墙的变温伸缩缝，或必须有贯通式过道，这反而增加了工程造价。

(5) 绿色节能设计

通常，对建筑进行绿色节能设计并采用一些绿色节能技术会使项目的造价有所上升，但其运营期间的运营费用就会大幅下降，从而降低建设项目的全生命周期费用。目前常采用的绿色节能设计包括：外墙外保温结构体系保温隔热；绿化保温屋顶；断热铝合金中空玻璃；遮阳系统；太阳能热水系统；节能电梯；雨水回收利用系统；中水处理回用系统等。在对建筑进行绿色节能设计考虑的同时，会直接影响到关于建筑墙体、窗户体系等的设计。

(6) 流通空间

建筑的流通空间由水平的流通空间和垂直交通空间组成，通常包括：门厅、候梯厅、楼梯、坡道、走道、门前过渡空间等。流通面积过少，会影响使用要求；流通面积过大会影响建筑物的造价，提高面积利用率应在不影响使用要求的前提下去挖掘潜力。流通面积的大小，与建筑物的类型、层数等因素有关。在高层建筑中，由于要增设电梯间，流通面积比重会增大。

设计参数的变动不仅会直接影响到所对应的分部分项工程的造价，同时也会影响到一些其他参数，进而影响工程造价。在建设项目前期阶段，依据建筑设计参数对工程造价进行估计，是提高估算准确性的有效途径。通过对设计参数的分析，找出影响特定类型建筑造价程度较高的设计参数，从而可以应用有限的设计的信息对工程造价作出快速大致的估算。

## 3.5 工程估价文件

工程估价文件主要有项目决策阶段的投资估算、初步设计阶段的设计概算和施工图设计阶段的施工图预算等

### 3.5.1 项目决策阶段的投资估算

投资估算是在建设项目的投资决策阶段，确定拟建项目所需投资数量的费用计算成果文件。与投资决策过程中的各个工作阶段相对应，投资估算也需按相应阶段进行编制。编制投资估算的主要目的，一是作为拟建项目投资决策的依据；

二是若决定建设项目以后，则其将成为拟建项目实施阶段投资控制的目标值。

(1) 投资估算的阶段划分

投资估算是依据现有的资料和一定的估算方法对建设项目的投资数额进行的估计。由于项目建设投资决策过程可进一步划分为规划阶段、项目建议书阶段、可行性研究阶段、评审阶段，所以投资估算工作也相应分为若干个阶段。不同阶段所具备的条件和掌握的资料、工程技术文件不同，因而投资估算的准确程度不同，进而各个阶段投资估算所起的作用也不同。随着阶段的不断发展，调查研究的不断深入，掌握的资料越来越丰富，工程技术文件越来越完善，投资估算逐步准确，其所起的作用也越来越重要。投资估算的阶段划分如表 3-2 所示。投资估算的准确性应达到规定的深度，否则，必将影响到拟建项目前期的投资决策，而且也直接关系到下一阶段初步设计概算、施工图预算的编制以及项目建设期的造价管理和控制。

**投资估算的阶段划分** **表 3-2**

<table>
<tr><th></th><th>投资估算阶段划分</th><th>投资估算误差率</th><th>投资估算的主要作用</th></tr>
<tr><td rowspan="4">投资决策过程</td><td>1. 规划阶段的投资估算</td><td>≥ ±30%</td><td>1. 说明有关的各项目之间的相互关系；<br>2. 作为否定或决定一个项目是否继续进行研究的依据之一</td></tr>
<tr><td>2. 项目建议书阶段的投资估算</td><td>±30% 以内</td><td>1. 从经济上判断项目是否应列入投资计划；<br>2. 作为领导机关审批项目建议书的依据之一；<br>3. 可否定一个项目，但不能完全肯定一个项目是否真正可行</td></tr>
<tr><td>3. 可行性研究阶段的投资估算</td><td>±20% 以内</td><td>可对项目是否真正可行作出初步的决定</td></tr>
<tr><td>4. 评价阶段的投资估算</td><td>±10% 以内</td><td>1. 可作为对可行性研究结果进行最后评价的依据；<br>2. 可作为对拟建项目是否真正可行进行最后决定的依据</td></tr>
</table>

(2) 投资估算的作用

对任何一个拟建项目，都要通过全面的技术性、经济性论证后，才能决定其是否正式立项。在拟建项目全面论证过程中，除考虑国家经济发展上的需要和技术上的可行性外，还要考虑经济上的合理性。建设项目的投资估算是在拟建项目前期各阶段工作中，作为论证拟建项目在经济上是否合理的重要经济文件。因此，它具有下列各项作用。

1) 项目建议书阶段的投资估算，是项目主管部门审批项目建议书的依据之一，并对项目的规划、规模控制起参考作用。

2）项目可行性研究阶段的投资估算是项目投资决策的重要依据，也是研究、分析、计算项目投资经济效果的重要条件。当可行性研究报告被批准之后，其投资估算额就作为设计任务中下达的投资限额，即作为建设项目投资的限额，不得随意突破。

3）项目投资估算对工程设计概算起控制作用，设计概算不得突破批准的投资估算额，并应控制在投资估算额以内。

4）项目投资估算可作为项目资金筹措及制订建设贷款计划的依据，建设单位可根据批准的投资估算额，进行资金筹措和向银行申请贷款。

5）项目投资估算是核算建设项目固定资产投资需要额和编制固定资产投资计划的重要依据。

6）项目投资估算是进行工程设计招标、优选设计单位和设计方案的依据。在进行工程设计招标时，投标单位报送的标书中，除了具有设计方案的图纸说明、建设工期等外，还包括项目的投资估算和经济性分析，以便衡量设计方案的经济合理性。

7）项目投资估算是实行工程限额设计的依据。实行建设项目限额设计，要求设计者必须在一定的投资额范围内确定设计方案，以便控制项目建设和装饰的标准。

（3）投资估算的特点

投资估算是拟建项目前期工作的重要内容之一。一个建设项目在确定建设之前，总是要对其进行规划、构思和可行性论证。经综合论证后，如果拟建项目的技术是先进、适用和可靠的，建设条件是可能的和协调的，经济上的效益是较佳的，这时才能正式立项列入建设计划。投资估算是项目建设前期各个阶段工作中作为论证拟建项目在经济上是否合理的重要文件和基础。但是，在建设前期工作阶段，由于条件限制、未能预见因素多、技术条件不具体等，所以拟建项目投资估算具有以下特点：

1）估算条件轮廓性大，假设因素多，技术条件内容粗浅；

2）估算技术条件伸缩性大，估算工作难度也大，而且反复次数多；

3）估算数值误差性大，准确程度低；

4）估算工作涉及面广，政策性强，对估算人员的业务素质要求高。

由于拟建项目前期工作条件的限制，投资估算的难度较大。

### 3.5.2 初步设计阶段的设计概算

在作出项目投资决策以后，建设项目就进入实施阶段。首先是开始工程设计的工作。设计阶段工程造价的管理是要用项目决策阶段的投资估算，指导工程设计的进行，控制与工程设计结果相对应的工程造价费用，使设计阶段形成的项目投资费用数能够被控制在投资估算允许的浮动范围以内。

对应工程的设计阶段，有确定工程造价费用的成果文件：在初步设计阶段，需要编制设计概算；在技术设计阶段，需要编制修正概算；在施工图设计阶段，需要编制施工图预算。设计概算、修正概算、施工图预算均是工程设计文件的重要组成部分，是确定和反映建设项目在各相应设计阶段的内容以及工程建造所需费用的文件。

设计概算是确定与初步设计文件结果相对应的工程造价费用的文件。设计概算的作用主要如下。

① 设计概算是确定建设项目、各单项工程及各单位工程造价的依据。按照规定报请主管部门或单位批准的初步设计及总概算，一经批准，即作为建设项目总造价的最高限额，不得任意突破，必须突破时，须报原审批部门（单位）批准。

② 设计概算是编制投资计划的依据。计划部门根据批准的设计概算编制建设项目年度固定资产投资计划，并严格控制投资计划的实施。若建设项目实际投资数额超过了总概算，那么，必须在原设计单位和建设单位共同提出追加投资的申请报告基础上，经上级主管部门审核批准后，方能追加投资。

③ 设计概算是进行拨款和贷款的依据。商业银行根据批准的设计概算和年度投资计划进行拨款和贷款，并严格实行监督控制。对超出概算的部分，未经主管部门批准，银行不得追加拨款和贷款。

④ 设计概算是考核设计方案的经济合理性和控制施工图预算的依据。设计单位根据设计概算进行技术经济分析和多方案评价，以提高设计质量和经济效益。同时保证施工图预算控制在设计概算的范围以内。

### 3.5.3　施工图设计阶段的施工图预算

施工图预算是根据施工图设计文件，确定相应的实现建设项目所需工程造价费用的文件。施工图预算是在施工图设计完成后，以施工图为对象，根据预算定额、人工、材料、机械台班的市场价格或预算价格、取费标准等，以一定的方法进行编制的。施工图预算的主要作用如下。

① 施工图预算是落实或调整年度建设计划的依据。由于施工图预算比设计概算更具体和切合实际，因此，可据以落实或调整年度投资计划。

② 在委托工程承包时，施工图预算是签订工程承包合同的依据。建设单位和施工承包单位双方以施工图预算为基础，签订工程承包合同，明确甲、乙双方的经济责任。

③ 在委托工程承包时，施工图预算是办理财务拨款、工程贷款和工程结算的依据。建设单位和施工单位在施工期间按施工图预算或合同价款，以及工程实

际进度等办理工程款项支付和结算。单项工程或建设项目竣工后，也以施工图预算为主要依据，办理竣工结算。

④ 施工图预算是施工单位编制施工计划的参考。施工图预算工料统计表，列出了单位工程的各类人工和材料的需要量，施工单位据以编制施工计划，控制工程成本，进行施工准备活动。

⑤ 施工图预算是加强施工企业实行经济核算的依据。施工图预算所确定的工程预算造价，是建筑安装施工企业生产产品的预算价格。建筑安装施工企业必须在施工图预算范围内加强经济核算，降低成本，才能增加盈利。

⑥ 施工图预算是实行招标、投标的重要依据。一方面，施工图预算是建设单位在实行工程招标时确定“标底”的基础；另一方面，也是施工单位参加投标时报价的参照。

## 复习思考题

1. 什么是工程分解结构，一般有哪些分解的方法?
2. 试述工程分解结构的目的和意义。
3. 工程造价的计价为什么首先要对工程结构进行分解?
4. 对工程造价的基本计算式进行分析，阐述计价的基本原理。
5. 工程计价的主要依据有哪些，各自在计价中起什么作用?
6. 简述建筑物平面形状与工程造价的关系。
7. 项目投资估算可进一步划分为那几个阶段?
8. 什么是设计概算，其主要作用是什么?
9. 什么是施工图预算，其主要作用是什么?

# 4 工程定额

所谓定额，就是进行生产经营活动时，在人力、物力和财力消耗方面所应遵守或达到的数量标准。在建筑业生产中，为了完成建筑产品，必须消耗一定数量的劳动力、材料和机械台班以及相应的资金，在一定的生产条件下，用科学方法制定出的生产质量合格的单位建筑产品所需要的劳动力、材料和机械台班等的数量标准，就称为工程定额。

从事生产经济活动，必须具备劳动力、劳动手段和劳动对象，这就是要有一定技能的人工、原材料、机具工具和设备等。此外，还须有健全的组织管理，合理地组织劳动力，充分运用劳动手段，有效地进行生产和经济活动，以便用最小的劳动消耗获得最大的经济效益。定额以及定额管理，便是进行生产活动和经济活动的一项基础性管理工作。

## 4.1 工程定额的作用

定额成为管理的一门科学，始于19世纪末，它是与管理科学的形成和发展紧密地联系在一起的。定额和企业管理成为学科是从泰勒制开始的，它的创始人是美国工程师泰勒（F. W. Taylor，1856～1915年）。泰勒根据当时美国工业发展很快，但又由于传统的旧的管理方法的制约，工人的劳动生产率低、劳动强度很高等情况，着手开始企业管理的研究。泰勒进行了各种有效的试验，努力把当时科学技术的最新成就应用于企业管理。通过研究，泰勒提出了一整套系统的标准的科学管理方法，其核心是制定科学的工时定额，实行标准的操作方法，强化和协调职能管理，以及有差别的计件工资。泰勒制的产生给企业管理带来了根本性变革。

在工程建设和企业管理中，确定和执行先进合理的定额是技术和经济管理工作中的重要一环。在工程项目建设的计划、设计和施工过程中，定额具有以下几方面的作用。

（1）定额是编制计划的基础

工程建设活动需要编制各种计划来组织与指导生产，而计划编制中又需要各种定额来作为计算人力、物力、财力等资源需要量的依据。因此，定额是编制计划的重要基础。

（2）定额是确定工程造价的依据和评价设计方案经济合理性的尺度

工程造价是根据由设计规定的工程规模、工程数量及相应需要的劳动力、材料、机械设备消耗量及其他必须消耗的资金确定的。其中，劳动力、材料、机械设备的消耗量，主要又是需要依据定额进行计算，所以工程定额是确定工程造价的重要依据之一。同时，建设项目投资的大小又反映了各种不同设计方案技术经济水平的高低，因此，定额又是比较和评价设计方案经济合理性的尺度。

(3) 定额是组织和管理施工的工具

建筑企业要计算和平衡资源需要量、组织材料供应、调配劳动力、签发任务单、组织劳动竞赛、调动人的积极因素、考核工程消耗和劳动生产率、贯彻按劳分配工资制度、计算工人报酬等，都要利用定额。因此，从组织施工和管理生产的角度来说，定额又是建筑企业组织和管理施工的重要工具。

(4) 定额是总结先进生产方法的手段

定额是在平均先进的条件下，通过对生产流程的观察、分析、综合等过程制定的，它可以最严格地反映出生产技术和劳动组织的先进合理程度。因此，人们就可以以定额方法为手段，对同一产品在同一操作条件下的不同的生产方法进行观察、分析和总结，从而得到一套比较完整的、高效的生产方法，作为生产中推广的范例。

由此可见，工程定额是实现建设工程项目，确定人力、物力和财力等资源需要量，有计划地组织生产，提高劳动生产率，降低工程造价，完成计划的重要的技术经济工具，是工程管理和企业管理的重要基础。

## 4.2 工程定额体系

由于工程建设及其管理的具体目的、要求、内容等的不同，在工程管理中使用的定额种类较多，按其内容、形式和用途的不同，有下列几种划分方法如图 4-1 所示。

第一，按其生产要素内容，可分为人工定额、机械台班定额和材料消耗定额等。

第二，按其编制程序和用途，可分为工序定额、施工定额、预算定额、概算定额和概算指标等。

第三，按其主编单位和执行范围，可分为国家定额、地区定额、企业定额和临时定额等。

第四，按专业划分，可分为建筑工程定额、安装工程定额、市政工程定额等专业定额。

各类定额，虽然适用于不同的情况和用途，但它们是一个互相联系的、有机的整体，在实际工作中需要配合起来使用。

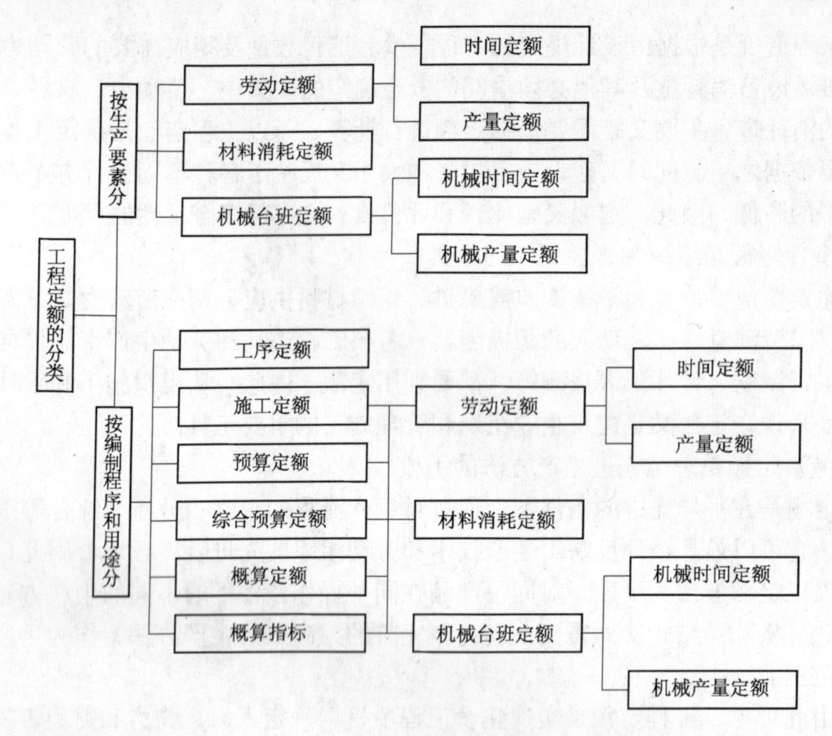


图 4-1　工程定额的分类

### 4.2.1　按生产要素内容

生产要素定额，就是在完成质量合格的单位产品条件下所消耗生产要素的数量标准。生产要素定额有人工定额、机械台班定额、材料消耗定额。

（1）人工定额

人工定额也称劳动定额，它反映建筑工人在正常施工条件下的劳动效率，表明每个工人在单位时间内为生产合格产品所必须消耗的劳动时间，或者在一定的劳动时间中所生产的合格产品数量。

按表示形式不同，人工定额分为时间定额和产量定额。

人工定额反映产品生产中劳动消耗的数量标准，是建筑安装定额中重要的一部分，它不仅关系到施工生产中劳动的计划、组织和调配，而且关系到按劳分配原则的贯彻，在生产和分配两个方面都起着很大的作用，是组织生产、编制施工作业计划、签发施工任务书、考核工效、计算超额奖、计件工资和编制预算定额的依据。

（2）机械台班定额

机械台班定额或称机械使用定额，是指在正常施工条件下完成单位合格产品所必需的工作时间，其表示形式分时间定额和产量定额两种。

机械台班定额就是台班内小组成员总工日完成的合格产品数。它是编制机械需要计划、考核机械效率和签发施工任务书、评定奖励等方面的依据。

(3) 材料消耗定额

材料消耗定额是指在节约和合理使用材料的条件下，生产单位合格产品所必须消耗的一定品种规格的材料、燃料、半成品、配件和水、电、动力资源的数量标准。

在建筑工程中，材料消耗量的多少，节约还是浪费，对产品价格和工程成本有着直接的影响。

生产要素定额是计算工人劳动报酬的根据。按劳分配中，“劳”是指劳动的数量和质量、劳动的成果和效益。生产要素定额是衡量工人劳动数量和质量、产出成果和效益的标准。所以，生产要素定额是计算人工计件工资的基础，是计算奖励工资的依据，是确定工程建设中各种资源消耗的最基本的根据。

### 4.2.2 按编制程序和用途

工程定额按编制程序，首先是编制分部定额和施工定额，以施工定额为基础，进一步编制预算定额，而概算定额又以预算定额为基础。施工定额、预算定额和概算定额的各自作用和用途各不相同。

(1) 分部定额

分部定额是以个别工序（或个别操作）为制定对象，表示生产产品数量与时间消耗关系的定额，它是定额体系组成的基础，因此又称为基本定额或称工序定额。例如，在砌砖工程中可以分别制定出铺灰、砌砖、勾缝等分部定额；钢筋制作过程可以分别制定出整直、剪切、弯曲等分部定额。

分部定额，由于比较细碎，所以除用作编制个别工序的施工任务单外，很少直接用于施工中，而主要是在制定或重新审查施工定额时作为原始材料。

(2) 施工定额

施工定额是以同一性质的施工过程为标定对象，表示生产产品数量与时间消耗综合关系的定额。例如，砌砖工程的施工定额包括调制砂浆、运送砂浆及铺灰浆、砌砖等所有个别工序及辅助工作在内所需要消耗的时间；混凝土工程施工定额包括混凝土搅拌、运输、浇灌、振捣、抹平等所有个别工序及辅助工作在内所需要消耗的时间。

施工定额是以分部定额作基础，由分部定额综合而成。

施工定额本身分为人工定额、施工机械台班定额和材料消耗定额三类，主要直接用于工程的施工管理，作为编制工程施工设计、施工预算、施工作业计划、签发施工任务单、限额领料卡及结算计件工资或计量奖励工资等用。

施工定额同时是编制预算定额的基础。

(3) 预算定额

预算定额是分别以房屋或构筑物各个分部分项工程为对象（某些小型的独立的构筑物，如给水排水检查井等也以整个构筑物为单位）编制的。内容包括人工定额、机械台班定额及材料消耗定额三个基本部分，并列有工程费用。例如，每 $10m^3$ 砖砌体需要的人工、材料、机械台班数量及费用等。

预算定额是以施工定额为基础综合扩大编制而成的。

预算定额是编制和调整施工图预算和相应工程造价的重要基础，同时，它也可以用为编制施工组织设计、施工技术财务计划的参考。

预算定额也是编制概算定额的基础。

(4) 概算定额和概算指标

概算定额是以扩大的分部分项工程为对象编制的，用来确定该工程的人工、材料和机械台班的消耗数量。它是编制初步设计概算、确定建设项目投资额的依据。概算定额是在预算定额的基础上综合而成的，每一分项概算定额都包括了数项预算定额。

概算指标是概算定额的扩大与合并，它是以整个房屋或构筑物为对象，以更为扩大的计量单位来编制的，也包括人工、材料和机械台班定额三个基本部分。同时，概算指标一般还列出了各结构分部的工程量及单位建筑工程（以体积计或以面积计）的造价。例如每 $1000m^3$ 房屋或构筑物、每 1000m 管道或道路、每座小型独立构筑物所需要的人工、材料和机械台班的数量等。

为了增加指标的适用性，也以房屋或构筑物的扩大的分部工程或结构构件为对象编制，称为扩大结构定额。

为了满足按基本建设建筑安装工程投资额计算人工、材料和机械台班需要量的要求，也有以每 10000 元建筑安装工程投资（工作量）为计量单位的定额，这种定额称为万元定额。

由于各种性质建设工程所需要的人工、材料和机械台班的数量不同，概算指标通常按工业建筑和民用建筑分别编制。工业建筑中又按各工业部门类别、企业大小、车间结构编制，民用建筑中又按用途性质、建筑层高、结构类别编制。

概算指标是设计单位编制设计概算或建设单位编制年度任务计划、施工准备期间编制材料和机械设备供应计划的依据，也可供国家编制年度建设计划参考。

### 4.2.3 按颁发部门和执行范围

目前，我国现行的工程定额主要是由各级政府建设主管部门颁发的。随着我国市场经济体制的建立和不断完善，建筑业企业定额的作用和重要性将越来越明显。

(1) 国家定额

国家定额是由代表国家的国家建设主管部门或中央各职能部（局）制定和

颁发的定额，国家定额是全国与工程建设有关的单位必须共同执行和贯彻的定额，并由各省、市（通过省、市建设厅或建设委员会）负责督促、检查和管理。

（2）地方定额

地方定额是由省、市建设主管部门制定，由省、市地方政府批准颁发的，仅在所属地方范围内适用。

地方定额主要是由于考虑到地方条件同国家定额规定条件相差较远或为国家定额中所缺项而补充编制的。地方定额编制时，应连同有关资料及说明报送国家主管部门备案，以供编制国家定额时参考。

（3）企业定额

企业定额是由建筑安装施工企业自行编制的定额，用于企业内部的施工生产与管理以及对外的经营管理活动。

企业定额主要应根据企业自身的情况、特点和素质进行编制，代表企业的技术水平和管理水平，反映企业的综合实力。

在市场经济条件下，国家或地方政府部门颁布的定额，主要是起宏观管理和指导性作用。而企业定额则是建筑企业生产与经营活动的基础，地位更为重要。企业定额是反映本企业在完成合格产品生产过程中必须消耗的人工、材料和施工机械台班的数量标准，代表了本企业的生产力水平。按企业定额计算出的工程费用是本企业生产和经营中所需支出的成本。因此，从某种意义上讲，企业定额是本企业的“商业秘密”。在投标过程中，企业首先是按自己的企业定额计算出完成拟投标工程的成本，在此基础上再考虑拟获得的利润和可能的工程风险费用，即在确定工程成本的基础上制定该工程的投标报价。由此，企业应非常重视企业定额的编制和管理，做好企业工程估价数据及数据库的建立和管理工作。

### 4.2.4 按专业划分

由于工程建设涉及众多的专业，不同的专业所含的内容也不同，因此就确定人工、材料和机械台班消耗数量标准的工程定额来说，也需按不同的专业分别进行编制和执行。

（1）建筑工程定额

- 建筑工程定额（亦称土建定额）；
- 装饰工程定额（亦称装饰定额）；
- 房屋修缮工程定额（亦称房修定额）。

（2）安装工程定额

- 机械设备安装工程定额；
- 电气设备安装工程定额；
- 送电线路工程定额；

- 通信设备安装工程定额；
- 通信线路工程定额；
- 工艺管道工程定额；
- 长距离输送管道工程定额；
- 给水排水、采暖、燃气工程定额；
- 通风、空调工程定额；
- 自动化控制装置及仪表工程定额；
- 工艺金属结构工程定额；
- 炉窑砌筑工程定额；
- 刷油、绝热、防腐蚀工程定额；
- 热力设备安装工程定额；
- 化学工业设备安装工程定额；
- 非标设备制作工程定额。

(3) 市政工程定额

(4) 人防工程定额

(5) 园林、绿化工程定额

(6) 公用管线工程定额

(7) 沿海港口建设工程定额

- 沿海港口水工建筑工程定额；
- 沿海港口装卸机械设备安装定额。

(8) 水利工程定额

除上述这些专业定额外，还有如铁路工程、矿山工程等专业定额。

## 4.3 施工定额

施工定额是完成一定计量单位所必需的人工、材料和施工机械台班消耗量的标准。施工定额是确定施工成本、编制施工预算的参考依据，也是编制施工组织设计和施工计划的参考依据。

施工定额是施工成本管理、经济核算和投标报价的参考与基础。施工预算以施工定额为编制依据，用以确定单位工程的人工、材料、机械和资金等的需用量计划，其既反映设计图纸的要求，也考虑施工生产的水平。这就能够更合理地组织施工生产，有效确定和控制施工中人力、物力消耗，节约成本开支。施工定额和生产结合最紧密，施工定额的定额水平反映出施工生产的技术水平和管理水平，根据施工定额计算得到的施工计划成本是确定投标报价的基础。

施工定额是由劳动定额、材料消耗定额和机械台班消耗定额所构成。

### 4.3.1 劳动定额

劳动定额，也称人工定额，它是在正常的施工技术组织条件下，完成单位合格产品所必需的劳动消耗量标准。这个标准是对生产工人在单位时间内完成产品数量和质量的综合要求。

(1) 劳动定额的编制

编制劳动定额主要包括需拟定正常的施工条件以及拟定定额时间两项工作。

1) 拟定正常的施工作业条件

拟定施工的正常条件，就是要规定执行定额时应该具备的条件，正常条件若不能满足，则就可能达不到定额中的劳动消耗量标准。因此，正确拟定施工的正常条件有利于定额的实施。拟定施工的正常条件包括：拟定施工作业的内容；拟定施工作业的方法；拟定施工作业地点的组织；拟定施工作业人员的组织等。

2) 拟定施工作业的定额时间

施工作业的定额时间，是在拟定基本工作时间、辅助工作时间、准备与结束时间、不可避免的中断时间以及休息时间的基础上编制的。

上述各项时间是以时间研究为基础，通过时间测定方法，得出相应的观测数据，经加工整理计算后得到的。计时测定的方法有许多种，如测时法、写时记录法、工作日写实法等。

(2) 劳动定额的形式

劳动定额根据表现形式的不同，可分为时间定额和产量定额两种。

1) 时间定额

时间定额，就是某种专业、某种技术等级工人班组或个人，在合理的劳动组织和合理使用材料的条件下，完成单位合格产品所必需的工作时间，包括准备与结束时间、基本生产时间、辅助生产时间、不可避免的中断时间及工人必需的休息时间。时间定额以工日为单位，每一工日按8h计算。其计算方法如下：

$$\text{单位产品时间定额(工日)}=\frac{1}{\text{每工产量}}$$

$$\text{或单位产品时间定额(工日)}=\frac{\text{小组成员工日数总和}}{\text{机械台班产量}}$$

2) 产量定额

产量定额，就是在合理的劳动组织和合理使用材料的条件下，某种专业、某种技术等级的工人班组或个人在单位工日中所应完成的合格产品的数量。其计算方法如下：

$$\text{每工产量}=\frac{1}{\text{单位产品时间定额（工日）}}$$

产量定额的计量单位有：米（m）、平方米（$m^2$）、立方米（$m^3$）、吨（t）、块、根、件、扇等。

时间定额与产量定额互为倒数，即：

$$时间定额 \times 产量定额 = 1$$

$$时间定额 = \frac{1}{产量定额}$$

$$产量定额 = \frac{1}{时间定额}$$

按定额的标定对象不同，劳动定额又分单项工序定额和综合定额两种。综合定额表示完成同一产品中的各单项（工序或工种）定额的综合。按工序综合的用“综合”表示（表4-1），按工种综合的一般用“合计”表示，其计算方法如下：

$$综合时间定额 = \sum 各单项（工序）时间定额$$

$$综合产量定额 = \frac{1}{综合时间定额（工日）}$$

时间定额和产量定额都表示同一劳动定额项目，它们是同一劳动定额项目的两种不同的表现形式。时间定额以工日为单位，综合计算方便，时间概念明确。产量定额则以产品数量为单位，单位表示具体、形象，劳动者的工作目标一目了然，便于分配任务。劳动定额用复式表示法同时列出时间定额和产量定额，以便于各部门、企业根据各自的生产条件和要求选择使用。

复式表示法有如下形式：

$$\frac{时间定额}{每工产量} 或 \frac{人工时间定额}{机械台班产量}$$

**每 $1m^3$ 砌体的劳动定额**　　**表 4-1**

| 项目 | | 混水内墙 | | | | | 混水外墙 | | | | | 序号 |
|---|---|---|---|---|---|---|---|---|---|---|---|---|
| | | 0.25砖 | 0.5砖 | 0.75砖 | 1砖 | 1.5砖及1.5砖以外 | 0.5砖 | 0.75砖 | 1砖 | 1.5砖 | 2砖及2砖以外 | |
| 综合 | 塔吊 | $\frac{2.05}{0.488}$ | $\frac{1.32}{0.758}$ | $\frac{1.27}{0.787}$ | $\frac{0.972}{1.03}$ | $\frac{0.945}{1.06}$ | $\frac{1.42}{0.704}$ | $\frac{1.37}{0.73}$ | $\frac{1.94}{0.962}$ | $\frac{0.985}{1.02}$ | $\frac{0.955}{1.05}$ | 一 |
| | 机吊 | $\frac{2.26}{0.442}$ | $\frac{1.51}{0.662}$ | $\frac{1.47}{0.68}$ | $\frac{1.18}{0.847}$ | $\frac{1.15}{0.87}$ | $\frac{1.62}{0.617}$ | $\frac{1.57}{0.637}$ | $\frac{1.24}{0.806}$ | $\frac{1.19}{0.84}$ | $\frac{1.16}{0.862}$ | 二 |
| 砌砖 | | $\frac{1.54}{0.65}$ | $\frac{0.822}{1.22}$ | $\frac{0.774}{1.29}$ | $\frac{0.458}{2.18}$ | $\frac{0.426}{2.35}$ | $\frac{0.931}{1.07}$ | $\frac{0.869}{1.15}$ | $\frac{0.522}{1.92}$ | $\frac{0.466}{2.15}$ | $\frac{0.435}{2.3}$ | 三 |
| 运输 | 塔吊 | $\frac{0.433}{2.31}$ | $\frac{0.412}{2.43}$ | $\frac{0.415}{2.41}$ | $\frac{0.418}{2.39}$ | $\frac{0.418}{2.39}$ | $\frac{0.412}{2.43}$ | $\frac{0.415}{2.41}$ | $\frac{0.418}{2.39}$ | $\frac{0.418}{2.39}$ | $\frac{0.418}{2.39}$ | 四 |
| | 机吊 | $\frac{0.64}{1.56}$ | $\frac{0.61}{1.64}$ | $\frac{0.613}{1.63}$ | $\frac{0.621}{1.61}$ | $\frac{0.621}{1.61}$ | $\frac{0.61}{1.64}$ | $\frac{0.613}{1.63}$ | $\frac{0.619}{1.62}$ | $\frac{0.619}{1.62}$ | $\frac{0.619}{1.62}$ | 五 |

续表

| 项目 | 混水内墙 | | | | | 混水外墙 | | | | | 序号 |
|---|---|---|---|---|---|---|---|---|---|---|---|
| | 0.25砖 | 0.5砖 | 0.75砖 | 1砖 | 1.5砖及1.5砖以外 | 0.5砖 | 0.75砖 | 1砖 | 1.5砖 | 2砖及2砖以外 | |
| 调制砂浆 | $\frac{0.081}{12.3}$ | $\frac{0.081}{12.3}$ | $\frac{0.085}{11.8}$ | $\frac{0.096}{10.4}$ | $\frac{0.101}{9.9}$ | $\frac{0.081}{12.3}$ | $\frac{0.085}{11.8}$ | $\frac{0.096}{10.4}$ | $\frac{0.101}{9.9}$ | $\frac{0.102}{9.8}$ | 六 |
| 编号 | 13 | 14 | 15 | 16 | 17 | 18 | 19 | 20 | 21 | 22 | |

### 4.3.2 材料消耗定额

材料消耗定额是在合理和节约使用材料的条件下，生产单位质量合格产品所消耗的一定规格的材料、成品、半成品和水、电等资源的数量。

(1) 定额材料消耗指标的组成

定额材料消耗指标的组成，按其使用性质、用途和用量大小划分为四类，即：

主要材料：是指直接构成工程实体的材料；

辅助材料：也是指直接构成工程实体但比重较小的材料；

周转性材料：又称工具性材料，是指施工中多次使用但并不构成工程实体的材料，如模板、脚手架等；

次要材料：是指用量小，价值不大，不便计算的零星用材料，可用估算法计算。

(2) 主要材料消耗定额

主要材料消耗定额包括直接使用在工程上的材料净用量和在施工现场内运输及操作过程中的不可避免的废料和损耗。

1) 材料净用量的确定

材料净用量的确定，一般有以下几种方法。

① 理论计算法，是根据设计、施工验收规范和材料规格等，从理论上计算材料的净用量。

② 测定法，即根据试验情况和现场测定的资料数据确定材料的净用量。

③ 图纸计算法，是根据选定的图纸，计算各种材料的体积、面积、延长米或质量。

④ 经验法，是根据历史上同类的经验进行估算。

2) 材料损耗量的确定

材料的损耗一般以损耗率表示。材料损耗率可以通过观察法或统计法计算确定。材料损耗率可有两种不同定义，由此，材料消耗量计算有两个不同的公式。

① $损耗率 = \frac{损耗量}{总损耗量} \times 100\%$

$$总损耗率 = 净用量 + 损耗量 = \frac{净用量}{1 - 损耗率}$$

② $损耗率 = \frac{损耗量}{净用量} \times 100\%$

$$总消耗量 = 净用量 + 损耗量 = 净用量 \times (1 + 损耗率)$$

### 4.3.3　机械台班使用定额

机械台班使用定额，也称机械台班定额，它反映了施工机械在正常的施工条件下，合理地、均衡地组织劳动和使用机械时该机械在单位时间内的生产效率。

(1) 机械台班使用定额的编制

编制施工机械定额，主要包括以下内容。

1) 拟定机械工作的正常施工条件

拟定机械工作的正常施工条件，包括工作地点的合理组织、施工机械作业方法的拟定、确定配合机械作业的施工小组的组织以及机械工作班制度等。

2) 确定机械净工作率

确定机械净工作率，即确定出机械纯工作1小时的正常劳动生产率。

3) 确定机械的利用系数

机械的正常利用系数是指机械在施工作业班内对作业时间的利用率。

$$机械利用系数 = \frac{工作班净工作时间}{机械工作班时间}$$

4) 计算施工机械定额台班

施工机械定额台班的计算如下：

施工机械台班产量定额 = 机械生产率 × 工作班延续时间 × 机械利用系数

$$施工机械时间定额 = \frac{1}{施工机械台班产量定额}$$

5) 拟定工人小组的定额时间

工人小组的定额时间是指配合施工机械作业的工人小组的工作时间总和。

$$工人小组定额时间 = 施工机械时间定额 \times 工人小组的人数$$

(2) 机械台班使用定额的形式

机械台班使用定额的形式按其表现形式不同，可分为时间定额和产量定额。

1) 机械时间定额

机械时间定额是指在合理劳动组织与合理使用机械条件下，完成单位合格产品所必需的工作时间，包括有效工作时间（正常负荷下的工作时间和降低负荷下的工作时间）、不可避免的中断时间、不可避免的无负荷工作时间。机械时间定额以“台班”表示，即一台机械工作一个作业班时间。一个作业班时间为8h。

$$\text{单位产品机械时间定额(台班)}=\frac{1}{\text{台班产量}}$$

由于机械必须由工人小组配合，所以完成单位合格产品的时间定额，同时列出人工时间定额。即：

$$\text{单位产品人工时间定额(工日)}=\frac{\text{小组成员总人数}}{\text{台班产量}}$$

2）机械产量定额

机械产量定额是指在合理劳动组织与合理使用机械条件下，机械在每个台班时间内应完成合格产品的数量：

$$\text{机械台班产量定额}=\frac{1}{\text{机械时间定额（台班）}}$$

机械时间定额和机械产量定额互为倒数关系。复式表示法有如下形式：

$$\frac{\text{人工时间定额}}{\text{机械台班产量}}\text{或}\frac{\text{人工时间定额}}{\text{机械台班产量}}\Big|\text{台班车次}$$

## 4.4 预算定额

预算定额是确定一定计量单位分项工程或结构构件的人工、材料、施工机械台班消耗的数量标准。预算定额的主要用途是作为编制施工图预算的主要依据，是编制施工图预算的基础，也是确定工程造价、控制工程造价的基础。在现阶段，预算定额是决定建设单位的工程费用支出和决定施工单位企业收入的重要因素。

预算定额是在施工定额的基础上进行综合扩大编制而成的。预算定额中的人工、材料和施工机械台班的消耗水平根据施工定额综合取定，定额子目的综合程度大于施工定额，从而可以简化施工图预算的编制工作。预算定额项目中的人工、材料和施工机械台班消耗量指标，应根据编制预算定额的原则和依据，采用理论与实际相结合，图纸计算与施工现场测算相结合，编制定额人员与现场工作人员相结合等方法进行计算。

### 4.4.1 人工消耗量指标的确定

预算定额中人工消耗量水平和技工、普工比例，以劳动定额为基础，通过有关图纸规定，计算定额人工的工日数。

（1）人工消耗指标的组成

预算定额中人工消耗量指标包括完成该分项工程必需的各种用工量。

1）基本用工，指完成分项工程的主要用工量。例如，砌筑各种墙体工程的砌砖、调制砂浆以及运输砖和砂浆的用工量。

2）其他用工，指辅助基本用工消耗的工日。按其工作内容不同又分为以下三类。

① 超运距用工，指超过劳动定额规定的材料、半成品运距的用工。

② 辅助用工，指材料须在现场加工的用工。如筛砂子、淋石灰膏等增加的用工量。

③ 人工幅度差用工，指劳动定额中未包括的、而在一般正常施工情况下又不可避免的一些零星用工，其内容如下：A为各种专业工种之间的工序搭接及土建工程与安装工程的交叉、配合中不可避免的停歇时间；B为施工机械在场内单位工程之间变换位置及在施工过程中移动临时水电线路引起的临时停水、停电所发生的不可避免的间歇时间；C为施工过程中水电维修用工；D为隐蔽工程验收等工程质量检查影响的操作时间；E为现场内单位工程之间操作地点转移影响的操作时间；F为施工过程中工种之间交叉作业造成的不可避免的剔凿、修复、清理等用工；G为施工过程中不可避免的直接少量零星用工。

(2) 人工消耗指标的计算依据

预算定额各种用工量，是根据测算后综合取定的工程数量和劳动定额计算，其是一项综合性定额，是按组成分项工程内容的各工序综合而成。

编制分项定额时，要按工序划分的要求测算、综合取定工程量。例如，砌墙工程除了主体砌墙外，还需综合砌筑门窗洞口、附墙烟囱、弧形及圆形旋、垃圾道、预留抗震柱孔等含量。综合取定工程量，是指按照一个地区历年实际设计房屋的情况，选用多份设计图纸，进行测算取定数量。

(3) 人工消耗指标的计算方法

人工消耗量的计算

按照综合取定的工程量或单位工程量和劳动定额中的时间定额，计算出各种用工的工日数量。

① 基本用工的计算

基本用工的计算为：

$$基本用工日数量 = \Sigma(工序工程量 \times 时间定额)$$

② 超运距用工的计算

超运距用工的计算为：

$$超运距用工数量 = \Sigma(超运距材料数量 \times 时间定额)$$

其中：超运距 = 预算定额规定的运距 - 劳动定额规定的运距

③ 辅助用工的计算

辅助用工的计算为：

$$辅助用工数量 = \Sigma(加工材料数量 \times 时间定额)$$

④ 人工幅度差用工的计算

人工幅度差用工的计算为：

$$人工幅度差用工数量 = \Sigma(基本用工 + 超运距用工 + 辅助用工) \times 人工幅度差系数$$

### 4.4.2 材料消耗量指标的确定

(1) 材料消耗量的确定

材料耗用量指标是在节约和合理使用材料的条件下，生产单位合格产品所必需消耗的一定品种规格的材料、燃料、半成品或配件数量标准。

(2) 周转性材料消耗量的确定

周转性材料即工具性材料，如挡土板、脚手架、模板等。这类材料在施工中不是一次消耗完，而是随着使用次数增多，逐渐消耗，多次使用，反复周转，故称作周转性材料。

列入预算定额中的周转性材料消耗指标有两个：

① 一次使用量；

② 摊销量。

一次使用量是指周转材料一次使用的基本量（即一次投入量）。摊销量是指定额规定的平均一次消耗量。

### 4.4.3 机械台班消耗指标的确定

预算定额中的建筑施工机械消耗指标，是以台班为单位进行计算，每一台班为8小时工作制。预算定额的机械化水平，应以多数施工企业采用的和已推广的先进施工方法为标准。预算定额中的机械台班消耗量按合理的施工方法取定，并考虑了增加机械幅度差。

(1) 机械幅度差

机械幅度差是指在劳动定额（机械台班量）中未曾包括的，而机械在合理的施工组织条件下所必需的停歇时间，在编制预算定额时，应予以考虑。其内容包括：

① 施工机械转移工作面及配套机械互相影响损失的时间；

② 在正常的施工情况下，机械施工中不可避免的工序间歇；

③ 检查工程质量影响机械操作的时间；

④ 临时水、电线路在施工中移动位置所发生的机械停歇时间；

⑤ 工程结尾时，工作量不饱满所损失的时间。

由于垂直运输用的塔吊、卷扬机及砂浆、混凝土搅拌机是按小组配合，应以小组产量计算机械台班产量，不另增加机械幅度差。

(2) 机械台班消耗指标的计算

① 小组产量计算法

按小组日产量大小来计算耗用机械台班多少。计算公式如下：

$$分项定额机械台班使用量=\frac{分项定额计量单位值}{小组产量}$$

② 台班产量计算法

按台班产量大小来计算定额内机械消耗量大小。计算公式如下：

$$定额台班用量=\frac{定额单位}{台班产量}\times 机械幅度差系数$$

### 4.4.4 基础定额

为了适应社会主义市场经济体制的要求，有利于建立全国统一市场、有利于市场竞争，规范工程造价计价行为，国务院建设行政主管部门于1995年正式颁布了《全国统一建筑工程基础定额（土建）》(GJD 101—95)(以下简称基础定额)。

基础定额是确定一定计量单位分项工程或结构构件的人工、材料和施工机械台班消耗的数量标准，它的主要用途是取代传统的预算定额作为确定工程造价的重要基础和依据。基础定额的编制和定额形式与传统的预算定额相类似，它主要是在施工定额的基础上进行综合扩大编制而成的，基础定额中的人工、材料和施工机械台班的消耗水平根据施工定额综合取定，定额子目的综合程度大于施工定额。

(1) 基础定额的作用

基础定额的作用为：

1) 是完成规定计量单位分项工程计价的人工、材料、施工机械台班消耗量标准；

2) 是统一全国建筑工程预算工程量计划规则、项目划分、计量单位的依据；

3) 是编制建筑工程（土建工程）地区单位估价表、确定工程造价、编制概算定额及投资估算指标的依据；

4) 是编制招标工程标底、制定企业定额和投标报价的基础。

(2) 基础定额中人工、材料和机械台班消耗量的确定

1) 定额人工工日消耗量计算

① 定额人工工日不分工程，技术等级一律以综合工日表示。内容包括基本用工、超运距用工、人工幅度差及辅助用工等。

基本用工以1985年全国统一劳动定额的劳动组织和时间定额为基础按工序计算。凡依据劳动定额的时间定额计算用工数的，均应按规定计入人工幅度差，根据施工实际采用估工增加的辅助用工，不计算人工幅度差。

② 机械土、石方工程，打桩工程，构件运输及安装工程等，人工随机械产

量计算的人工幅度差，按机械幅度差计算。

③ 1985 年劳动定额允许各省、自治区、直辖市调整部分，基础定额未予考虑。1995 年全国统一劳动定额发布后经与 1985 年劳动定额水平对比基本持平，基础定额编制中又适当加大了幅度差，可以弥补不做调整。

④ 定额人工综合工日数按下式计算，即：

综合工日 = Σ(劳动定额基本用工 + 超运距用工 + 辅助用工) ×(1 + 人工幅度差率)

材料、成品、半成品超运距及人工、机械幅度差率，详见各章编制说明。

⑤ 人工幅度差内容包括：

- 工序交叉、搭接停歇的时间损失；
- 机械临时维修、小修、移动不可避免的时间损失；
- 工程检验影响的时间损失；
- 施工收尾及工作面小影响工效的时间损失；
- 施工用水、电管线移动影响的时间损失；
- 工程完工、工作面转移造成的时间损失。

2) 材料消耗量的确定

① 基础定额中的材料消耗包括主要材料、辅助材料、零星材料，凡能计量的材料、成品、半成品均按品种、规格逐一列出数量，并计入了相应损耗，其内容包括：从工地仓库或现场集中堆放地点至现场加工地点或操作地点以及加工地点至安装地点的运输损耗、施工操作损耗、施工现场堆放损耗。难以计量的材料的其他材料费以占该项目材料费之和的百分率表示。

② 施工用周转性定额项目按不同施工方法、不同材质列出一次使用摊销量。其一次使用量详见本章定额附录或有关章节编制说明。

③ 混凝土、砌筑砂浆、抹灰砂浆及各种胶泥定额均按半成品包括损耗量以 $m^3$ 表示，其配合比是按现行规范（或常用资料）计算的。各地区可按当地的材质及地方标准调整配合比及材料用量。

④ 施工工具性消耗材料及单位价值在 2000 元以下的小型机具，应计入建筑安装工程费用定额中工具用具使用费项下，不再列入定额消耗量之中。

3) 施工机械台班消耗量的确定

① 挖掘机械、打桩机械、吊运机、各种运输车辆（包括推土机、铲土机、各种运输车辆）分别按机械功能和容量，区别单机或主机配合辅助机械作业，包括机械幅度差以项目机械费之和列出。

② 机械幅度差，区别机械类型、功能及作业对象不同确定（详见各章节编制说明）。幅度差的内容包括：

- 配套机械相互影响的时间损失；

- 工程开工或结尾工作量不饱满的损失时间；
- 临时停水停电影响的时间；
- 检查工程质量影响的时间；
- 施工中不可避免的故障排除、维修及工序交叉影响的时间间歇。

③ 垂直运输机械区分建筑类型高度、垂直运输机械种类以每 100m$^2$ 建筑面积列出台班量。

（3）基础定额手册的组成

基础定额手册是由总说明、章说明、定额项目表、附录等所组成。

1）总说明

在总说明中，主要阐述了基础定额的作用、适应范围；基础定额的编制原则、依据；确定人工工日消耗量、材料消耗量、施工机械台班消耗量的说明；其他有关问题的说明等。

2）章说明

基础定额按施工程序分部工程划章，共设置有 15 章，它们是：第 1 章土、石方工程；第 2 章桩基础工程；第 3 章脚手架工程；第 4 章砌筑工程；第 5 章钢筋混凝土工程；第 6 章构件运输安装工程；第 7 章门窗及木结构工程；第 8 章楼地面工程；第 9 章屋面及防水工程；第 10 章防腐、保温、隔热工程；第 11 章装饰工程；第 12 章金属结构制作工程；第 13 章建筑工程垂直运输定额；第 14 章建筑物超高增加人工、机械定额；第 15 章附录。

在每一章的前面都给出相应章的编制说明，主要是对本章的内容及其使用进行说明，包括本章定额项目的列项原则、定额项目相应包括的工作内容、定额项目综合的内容、定额换算的规定及其他注意事项等。

3）定额项目表

定额项目表是反映完成规定计量单位的各个分项工程的人工、材料、机械定额消耗量数值的表格，是定额手册的主要组成部分。定额项目表的栏目通常按分项工程设定，并按一定规则给予相应的定额编号。经测定、统计和计算确定的分项工程人工、材料、机械消耗的数量标准，即定额数值，按一定的表现形式列入定额项目表格中。

定额的应用，就是按照具体建设工程的分解结果，按项目划分所得到的分项工程，从相应定额项目表中套用对应分项工程的人工、材料、机械定额消耗量标准，作为造价计算的依据。

基础定额手册中的定额项目表按章、节排序。每一定额项目表的表头上部列有相应的工作内容、计量单位；项目表按项目分别列出对应的人工综合工日、各种材料消耗量、所用机械台班量，表 4-2 为基础定额项目表的示例。

基础定额项目表 表4-2

工作内容：1. 混凝土水平运输。

2. 混凝土搅拌、捣固、养护。 计量单位：$10m^3$

| 定额编号 | | | 5-401 | 5-402 | 5-403 | 5-404 |
|---|---|---|---|---|---|---|
| 项目 | | 单位 | 柱 | | | 升板柱帽 |
| | | | 矩形 | 圆形多边形 | 构造柱 | |
| 人工 | 综合工日 | 工日 | 21.64 | 22.43 | 25.62 | 30.9 |
| 材料 | 现浇混凝土 C25 | $m^3$ | 9.86 | 9.86 | 9.86 | 9.86 |
| | 草袋子 | $m^2$ | 1.00 | 0.86 | 0.84 | |
| | 水 | $m^3$ | 9.09 | 8.91 | 8.99 | 8.52 |
| | 水泥砂浆 1:2 | $m^3$ | 0.31 | 0.31 | 0.31 | 0.31 |
| 机械 | 混凝土搅拌机 400L | 台班 | 0.62 | 0.62 | 0.62 | 0.62 |
| | 混凝土振捣器（插入式） | 台班 | 1.24 | 1.24 | 1.24 | 1.24 |
| | 灰浆搅拌机 200L | 台班 | 0.04 | 0.04 | 0.04 | 0.04 |

4）附录

在附录中，基础定额给出与混凝土、砂浆相关的配合比表，具体包括：附录一混凝土配合比表；附录二耐酸防腐、特种砂浆、混凝土配合比表；附录三抹灰砂浆配合比表；附录四砌筑砂浆配合比表。

（4）基础定额的表现形式

基础定额的编排按章、节、项进行划分，以章、节、项形式表现。

1）章，按施工顺序分部工程划章。

2）节，按分项工程划节。

3）项，按结构不同、材质品种、机械类型、使用要求不同划项。

基础定额设定的每一分项工程的定额项目，均有唯一的定额编号与之对应。定额编号按“章－项”编排确定，如定额编号5-401表示的是定额的第5章“混凝土及钢筋混凝土工程”中的第401项“矩形柱”，即现浇混凝土矩形柱（表4-2）。

# 4.5 概算定额与概算指标

## 4.5.1 概算定额

建筑安装工程概算定额是确定建筑安装工程一定计量单位扩大结构分部的人工、材料、机械消耗量的标准。

（1）概算定额的作用

概算定额是编制初步设计概算和技术设计修正概算的依据，是进行设计方案技术经济比较的依据，是编制概算指标的依据，也是编制建筑安装工程主要材料申请计划的依据。

（2）编制概算定额的一般要求

1）概算定额的编制深度，要适应设计深度的要求。由于概算定额是在初步设计阶段使用的，受初步设计的设计深度所限制，因此，定额项目划分应坚持简化、准确和适用的原则。

2）概算定额水平的确定，应与预算定额、综合预算定额的水平基本一致。它必须是反映在正常条件下大多数企业的设计、生产、施工和管理水平。

由于概算定额是在综合预算定额的基础上适当地再一次扩大、综合和简化，因而在工程标准、施工方法和工程量取值等方面进行综合、测算时，概算定额与综合预算定额之间必将产生并允许留有一定的幅度差，以便根据概算定额编制的概算能够控制住施工图预算。

（3）概算定额的编制方法

1）直接利用综合预算定额。如砖基础、钢筋混凝土基础、楼梯、阳台、雨篷等。

2）在综合预算定额的基础上再合并其他次要项目。如墙身再包括伸缩缝；地面包括平整场地、回填土、明沟、垫层、找平层、面层及踢脚。

3）改变计量单位。如屋架、天窗架等不再按立方米体积计算，而按屋面水平投影面积计算。

4）采用标准设计图纸的项目，可以根据预先编好的标准预算计算。如构筑物中的烟囱、水塔、水池等，以每座为单位。

5）工程量计算规则进一步简化。如砖基础、带形基础以轴线（或中心线）长度乘断面积计算；内外墙也均以轴线（或中心线）长乘高扣门窗洞口面积计算；屋架按屋面投影面积计算；烟囱、水塔按座计算；细小零星占造价比重很小的项目，不计算工程量，按占主要工程费用的百分比计算。

（4）概算定额的内容

概算定额手册的基本内容是由文字说明、定额项目表格和附录组成。

概算定额的文字说明，包括总说明、分章说明，有的还有分册说明。在总说明中，通常是说明编制的目的和依据，包括的内容和用途，使用的范围和应遵守的规定；建筑面积的计算规则；分章说明；分部分项工程的工程量计算规则。章节说明中，一般是规定分部的工程量计算规则，所包括的定额项目和工程内容等。

定额项目表的内容一般包括项目编码，项目名称，计量单位，人工、主要材料和机械台班的单位消耗量。

### 4.5.2 概算指标

概算指标是以每 100$m^2$ 建筑面积、每 1000$m^3$ 建筑体积或每座构筑物为计量单位，规定人工、材料、机械及造价的定额指标。它比概算定额进一步扩大、综合，所以，依据概算指标来估算造价就更为简便了。

概算指标是概算定额的扩大与合并，它是以整个房屋或构筑物为对象，以更为扩大的计量单位来编制的，也包括劳动力、材料和机械台班定额三个基本部分。同时，还列出了各结构分部的工程量及单位工程（以体积计或以面积计）的造价。例如每1000立方米房屋或构筑物、每1000米管道或道路、每座小型独立构筑物所需要的劳动力、材料和机械台班的消耗数量等。

(1) 概算指标的作用

概算指标的作用同概算定额，在设计深度不够的情况下，往往用概算指标来编制初步设计概算。

因为概算指标比概算定额进一步扩大与综合，所以依据概算指标来估算投资就更为简便，但精确度也随之降低。

(2) 概算指标的编制方法

由于各种性质建设工程所需要的劳动力、材料和机械台班的数量不同，概算指标通常按工业建筑和民用建筑分别编制。工业建筑中又按各工业部门类别、企业大小、车间结构编制，民用建筑中又按用途性质、建筑层高、结构类别编制。

单位工程概算指标，一般选择常见的工业建筑的辅助车间（如机修车间、金工车间、装配车间、锅炉房、变电站、空压机房、成品仓库、危险品仓库等）和一般民用建筑项目（如工房、单身宿舍、办公楼、教学楼、浴室、门卫室等）为编制对象，根据设计图纸和现行的概算定额等，测算出每$100m^2$建筑面积或每$1000m^3$建筑体积所需的人工、主要材料、机械台班的消耗量指标和相应的费用指标等。

(3) 概算指标的内容和形式

单位工程概算指标应说明结构类型、层数、适用范围、结构构造特征、单位面积直接费指标（可附主要分项工程量指标）及主要材料消耗指标。

概算指标的组成内容一般分为文字说明、指标列表和附录等几部分。

1) 说明和分册说明

概算指标的文字说明，其内容通常包括，概算指标的编制范围、编制的依据、分册情况、指标包括的内容、指标未包括的内容、指标的使用范围、指标允许调整的范围及调整方法等。

2) 概算指标项目表

建筑工程的列表形式中，房屋建筑、构筑物一般以建筑面积、建筑体积、“座”、“个”等为计量单位，附以必要的示意图，给出建筑物的轮廓示意或单线平面图；列有自然条件、建筑物类型、结构形式、各部位中结构的主要特点、主要工程量；列出综合指标：人工、主要材料、机械台班的消耗量。

建筑工程的列表形式中，设备以“t”或“台”为计量单位，也有以设备购置费或设备的百分比表示；列出指标编号、项目名称、规格、综合指标等。

## 4.6　企业定额

企业定额是工程施工单位根据本企业的技术水平和管理水平，编制制定的完成单位合格产品所必需的人工、材料和施工机械台班消耗量，以及其他生产经营要素消耗的数量标准。企业定额反映企业的施工生产与生产消费之间的数量关系，是施工企业生产力水平的体现。每个企业均应拥有反映自己企业能力与水平的企业定额，企业的技术和管理水平不同，企业定额的定额水平也就不同。因此，企业定额是施工企业进行施工管理和投标报价的基础和依据，从一定意义上讲，企业定额是企业的商业秘密，是企业市场竞争的核心竞争能力的具体表现。

(1) 企业定额的作用

随着我国社会主义市场经济体制的不断完善，工程造价管理制度改革的不断深入，企业定额将日益成为工程施工企业进行管理的重要工具。

1) 企业定额是施工企业计算和确定工程施工成本的依据，是施工企业进行成本管理、经济核算的基础。企业定额是根据本企业的人员技能、施工机械装备程度、现场管理和企业管理水平制定的，按企业定额计算得到的工程费用是企业进行施工生产所需的成本。在施工过程中，对实际施工成本的控制和管理，就应以企业定额作为控制的计划目标数，开展相应的工作。

2) 企业定额是施工企业进行工程投标、编制工程投标价格的基础和主要依据。企业定额的定额水平反映出企业施工生产的技术水平和管理水平。在确定工程投标价格时，首先是依据企业定额计算出施工企业拟完成投标工程需发生的计划成本。在掌握工程成本的基础上，再根据所处的环境和条件，确定在该工程上拟获得的利润、预计的工程风险费用和其他应考虑的因素，从而确定投标价格。因此，企业定额是施工企业编制计算投标报价的根基。

3) 企业定额是施工企业编制施工组织设计和工程施工设计、制定施工计划和作业计划的依据。企业定额可以应用于工程的施工管理，用于签发施工任务单、签发限额领料单以及结算计件工资或计量奖励工资等。企业定额直接反映本企业的施工生产力水平，运用企业定额，可以更合理地组织施工生产，有效确定和控制施工中人力、物力消耗，节约成本开支。

(2) 企业定额的编制原则

工程施工企业在编制企业定额时应依据本企业的技术能力和管理水平，以基础定额为参照和指导，测定计算完成分项工程或工序所必需的人工、材料和机械台班的消耗量，准确反映本企业的施工生产力水平。

目前，为适应国家推行的工程量清单计价办法，企业定额可采用基础定额的形式，按统一的工程量计算规则、按统一划分的项目、统一的计量单位进行编制。

在确定人工、材料和机械台班消耗量以后，需按选定的市场价格，包括人工价格、材料价格和机械台班价格等编制分项工程基价，并确定工程间接成本、利润、其他费用项目等的计费原则，编制分项工程成本的综合单价。

(3) 企业定额的编制方法

编制企业定额最关键的工作是确定人工、材料和机械台班的消耗量，计算分项工程单价或综合单价。具体测定和计算方法同前述施工定额及基础定额的编制。

人工消耗量的确定，首先是根据企业环境，拟定正常的施工作业条件，分别计算测定基本用工和其他用工的工日数，进而拟定施工作业的定额时间。

确定材料消耗量，是通过企业历史数据的统计分析、理论计算、实验试验、实地考察等方法计算确定材料包括周转材料的净用量和损耗量，从而拟定材料消耗的定额指标。

机械台班消耗量的确定，同样需要按照企业的环境，拟定机械工作的正常施工条件，确定机械净工作率和利用系数，据此拟定施工机械作业的定额台班和与机械作业相关的工人小组的定额时间。

## 4.7 单位估价表

在拟定的工程定额的基础上，有时还需要根据所在地区的工资、物价水平计算确定相应于人工、材料和施工机械台班的价格，即相应的人工工资价格、材料价格和施工机械台班价格，计算拟定工程定额中每一分项工程的单位价格，这一过程称为单位估价表的编制。

工程定额主要是确定一定计量单位的分部分项工程的人工、材料、机械台班消耗的数量标准，即定额给出的是工料机三个量的消耗标准，其是工程造价计价的重要依据和基础。但是，工程造价的计价除了需要定额之外，还需要依据与定额人工、材料和机械台班等资源相应的价格，即人工、材料和机械台班的价格。工料机等资源的价格是影响工程造价的关键要素，在市场经济条件下，资源价格由市场形成，并随市场供求等因素的变化而变化。

在分别获得某一分部分项工程的人工、材料、机械台班消耗的数量标准（定额），以及相应的人工、材料和机械台班的价格以后，即可形成该分部分项工程的单位价格，或称工料单价（简称单价），其计算式表示如下：

$$单位价格=\sum_{j}^{m}\left(\begin{bmatrix}工\\料\\机\end{bmatrix}-消耗量\times\begin{bmatrix}工\\料\\机\end{bmatrix}-价格\right)_j$$

如此，单位价格就成为工程造价计价的重要要素。

通常，可以依据定额以及采集到的资源价格，建立单位价格数据库，或称单位估价表，以方便工程造价的计价。当然，单位价格数据库中工料机等资源的价格应是动态的，必须随着市场价格的变化而及时不断地进行调整。

此外，某些情况如在进行招标投标时，需要对分部分项工程的单位价格组成进行分析，此时，则是反过来要对构成单位价格的两大要素，即完成分部分项工程所需资源的数量和相应资源的价格进行拆分分析。

因此，虽然资源价格来自市场，但不管是编制单位估价表，还是进行单位价格的拆分分析，均需要了解和掌握单位价格的基本构成，确定单位估价表中的人工价格、材料价格和机械台班价格。

人工价格也即劳动力价格，一般情况下就按地区劳务市场价格计算确定。人工单价最常见的是日工资，通常是根据工种和技术等级的不同分别计算人工单价，有时可以简单地按专业工种将人工粗略划分为结构、精装修、机电三大类，然后按每个专业需要的不同等级人工的比例综合计算人工单价。承包国际工程时，劳动力人工单价包括的主要内容为：工人预期净收入、生活费、交通费、个人所得税、保险费和其他费用等。

材料价格按市场价格计算确定，其应是供货方将材料运至工地现场堆放地或工地仓库的价格，包括材料的生产成本、包装费、利润、税金、运输费、装卸费和其他相关的所有费用。进口材料的价格，也应是材料到达施工现场的价格，包括材料出厂价、运输费、运输保险费、装卸费、进口税、采购费、仓储费及其他相关的费用。

施工机械使用价格最常用的是台班价格，包括机械设备的折旧费、安装拆卸费、燃料动力费、操作人工费、维修保养费、辅助工具和材料消耗费等。施工机械使用费根据具体情况，可以在开办费中单独列项，也可以摊入分部分项工程的费用之中。

单位估价表是由分部分项工程单价构成的单价表，具体的表现形式可分为工料单价和综合单价等。

(1) 工料单价单位估价表

工料单价是确定定额计量单位的分部分项工程的人工费、材料费和机械费的费用标准，即直接工程费单价。

分部分项工程的单价，是用定额规定的分部分项工程的人工、材料、机械的消耗量，分别乘以相应的人工价格、材料价格、机械台班价格，从而得到分部分项工程的人工费、材料费和机械费，并将三者汇总而成的。因此，单位估价表是以定额为基本依据，根据相应地区和市场的资源价格，即既需要人工、材料、机械消耗的三个量，又需人工、材料、机械价格的三个价，经汇总得到分部分项工程的单价。

由于资源价格，即人工价格、材料价格和机械台班价格是随地区的不同而不同，随市场的变化而变化。所以，单位估价表应是地区单位估价表，应按当地的资源价格来编制地区单位估价表。同时，单位估价表应是动态变化的，应随着市场价格的变化，及时不断地对单位估价表中的分部分项工程单价进行调整、修改和补充，使单位估价表能够正确反映市场的变化。

通常，单位估价表是以一个城市或一个地区为范围进行编制，在该地区范围内适用。因此单位估价表的编制依据如下：

1）全国统一或地区通用的概算定额、预算定额或基础定额，以确定人工、材料、机械台班消耗的三个量。

2）本地区或市场上的资源实际价格或市场价格，以确定人工、材料、机械台班价格的三个价。

单位估价表的编制公式为：

$$
\begin{aligned}
\text{分部分项工程单价} &= \text{人工费单价} + \text{材料费单价} + \text{机械费单价} \\
&= \sum(\text{定额人工消耗量} \times \text{人工价格}) \\
&+ \sum(\text{定额材料消耗量} \times \text{材料价格}) \\
&+ \sum(\text{定额机械台班消耗量} \times \text{机械台班价格})
\end{aligned}
$$

编制单位估价表时，在项目的划分、项目名称、项目编号、计量单位和工程量计算规则上应尽量与定额保持一致。

编制单位估价表，可以简化和便于设计概算、施工图预算的编制。在编制概预算时，将各个分部分项工程的工程量分别乘以单位估价表中的相应单价后，即可计算得出分部分项工程的直接费，经累加汇总就可得到整个工程的直接费。

以预算单价为例，在拟定预算定额的基础上，还要根据所在地区的人工工资、物价水平确定相应于人工、材料和施工机械台班三个消耗量的三个价格，即相应的人工工资价格、材料预算价格和施工机械台班价格，计算拟定预算定额中每一分项工程的单位预算价格，也即预算单价。

（2）综合单价单位估价表

编制单位估价表时，在汇集分部分项工程人工、材料、机械台班使用费用，得到直接工程费单价以后，再按取定的措施费和间接费等费用比重，取定的利润率和税率，计算出各项相应费用，汇总直接费、间接费、利润和税金，就构成一定计量单位的分部分项工程的综合单价。通过综合单价与计算所得的分部分项工程量，直接就可得到分部分项工程的造价费用。

（3）企业单位估价表

作为工程施工企业，则应依据本企业定额中的人工、材料、机械台班消耗量，按相应人工、材料、机械台班的市场价格，计算确定一定计量单位的分部分项工程的工料单价或综合单价，形成本企业的单位估价表。

## 复习思考题

1. 工程定额在造价管理中的主要作用是什么？
2. 试述工程定额体系的组成。
3. 按编制程序和用途划分，有哪些定额，它们之间有怎样的关系？
4. 试述施工定额的组成以及编制原理。
5. 试述劳动定额的组成及其表达方式。
6. 试述预算定额中的人工、材料和机械台班消耗量的确定方法。
7. 简述概算定额与概算指标及其作用。
8. 什么是企业定额及其作用？
9. 单位估价表是由什么基本要素构成的？

# 5 工程计量

工程造价的确定，应该以该工程所包含及要完成的各个分部分项工程的实体数量为依据，对工程实体的数量作出正确的计算，并以一定的计量单位表述，这就需要进行工程计量，即工程量的计算，以此作为确定工程造价的基础。工程实体数量的大小，或是计量准确与否，直接影响建设项目的工程造价，因此工程计量是工程造价计价的一项重要工作。

## 5.1 工程计量的基本原理和方法

### 5.1.1 工程计量

工程造价的确定，应该以该工程所要完成的工程实体数量为依据，对工程实体的数量作出正确的计算，并以一定的计量单位表述，这就需要进行工程计量，即工程量的计算，以此作为确定工程造价的基础。

工程量是以物理计量单位或自然计量单位表示的各个分项工程和结构构件的数量。物理计量单位一般是指以公制度量表示的长度、面积、体积和重量等。如楼梯扶手以“米”（m）为计量单位；墙面抹灰以“平方米”（$m^2$）为计量单位；混凝土以“立方米”（$m^3$）为计量单位；钢筋的加工、绑扎和安装以“吨”（t）为计量单位等。自然计量单位主要是指以物体自身为计量单位来表示工程量。如砖砌污水斗以“个”为计量单位；设备安装工程以“台”、“套”、“组”、“个”、“件”等为计量单位。

工程量计算是编制概预算的重要环节。工程概预算的编制基础，主要取决于两个因素，一是工程量，二是预算单价。直接费就是这两个因素相乘汇总的结果，而直接费又是施工管理费等间接费的计算基础。在编制工程概预算工作中，工程量计算所花费的劳动量约占整个预算工作劳动量的2/3以上，在普遍使用概预算软件的今天，更是如此。

工程量的计算必须以设计文件为依据，并按一定的方法来摘取图纸尺寸。由于我国工程造价管理体制的特点，我国现行各地区（部门）对如何摘取图纸尺寸的规定——工程量计算规则存在着差异。例如，砖墙工程量的计算，如按全国统一工程量计算规则的规定应以 $m^3$ 计算，而若采用上海市建筑工程综合预算定额的规定，则应该按 $m^2$ 计算。因此，工程量的计算必须依据所使用定额规定的工程量计算规则来进行，这样才能利用该定额中的各种数据，正确确定工程造价，因为定额中的各种数据是按其规则来测定的。

### 5.1.2　工程量计算规则

工程量计算规则，是规定在计算分项工程实物数量时，从施工图纸中摘取数值的取定原则的方法。定额不同，相应的工程量计算规则可能也不同。在计算工程量时，必须按照所采用的定额及其规定的计算规则进行计算。

1957年原国家建委在颁发全国统一的建筑工程预算定额的同时，颁发了全国统一的《建筑工程预算工程量计算规则》。1958年以后，预算管理权限下放给地方，定额及其相应的工程量计算规则也由地方规定，造成至今仍然各地区（部门）不统一的现象。工程量计算规则，各省市都将其附在定额的每个分部的开头。

为统一工业与民用建筑工程预算工程量的计算，建设部于1995年组织制订了《全国统一建筑工程基础定额》(土建)(GJD 101—95)和《全国统一建筑工程预算工程量计算规则》(土建工程)(GJD GZ—101—95)。随着工程造价改革的深入，2003年建设部公布了《建设工程工程量清单计价规范》(GB 50500—2003)。2008年7月，住房和城乡建设部发布了《建设工程工程量清单计价规范》(GB 50500—2008),自2008年12月1日起实施。本章将按2008版工程量清单工程量计算规则展开。

### 5.1.3　计算工程量的注意事项

工程量计算是工程造价计价的基础工作，计算的工作量大且繁琐，需要细心和耐心。计算工程量时，一般需注意如下事项。

(1) 计算前要熟悉设计图纸和设计说明。对其中的错漏、尺寸不符、用料及做法不清等问题，应及时请设计单位解决。

(2) 计算前要熟悉定额的内容及使用方法。工程量计算单位，应以定额的计量单位为准。在列出工程量计算项目同时，要确定定额项目，并写出定额编号，以利于下一步套用单价和工料分析。工程量的小数位，应按规定的位数保留。

(3) 计算前要了解现场情况、施工方案和施工方法等。这样，才能使预算更接近实际。

(4) 在计算过程中，要按照规定的工程量计算方法进行计算，写出的计算式要清楚明了，准确无误。计算以后，要仔细复核，检查项目、单位、算式、数字及小数点等，如发现错误，应及时更正。

(5) 看清图示各部位的尺寸。严格按照定额各分部工程量计算规则进行计算，不得人为地扩大或缩小构件尺寸。

（6）计算底稿（一般称工程量计算书）要整齐，数字书写清楚，计算书内要注明轴线的编号及部位（或断面编号），便于核对。

（7）在计算每一分项的工程量时，应按一定的顺序进行，以免发生遗漏、重复等现象。一般可采用以下方法：

1）先外后内，从图纸左上角开始，按顺时针方向依次计算，最后回到左上角的起始点，如图 5-1 所示。这种方法适用于计算外墙、室内楼地面工程、顶棚等。

2）按先横后竖、先上后下、先左后右的顺序计算。有些项目如内墙及内墙基础、间隔墙等，都是互相交错的，如图 5-2 所示。按照这个原则，可依次计算①—⑨的工程量。

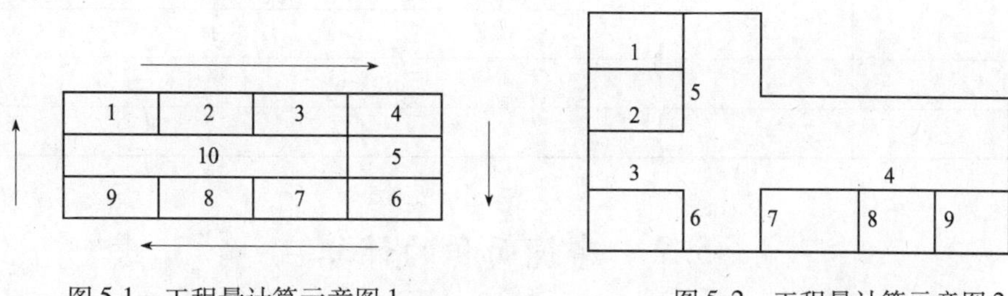


图 5-1　工程量计算示意图 1　　图 5-2　工程量计算示意图 2

3）按照图纸上所注明不同类别的构件、配件的编号顺序进行计算。如计算钢筋混凝土柱、梁及门、窗、屋架等都可按这种顺序进行。如图 5-3 所示，可按柱 Z1，Z2，Z3，…，梁 L1，L2，L3，…，依次计算。

在实际工作中，上述几种计算工程量的方法可根据具体情况灵活运用，或混合使用。对于某些结构简单的房屋，如建筑物形体较简单或房间进深、开间完全相同时，计算可以简化，不一定受这些框框约束。不论采用哪种方法计算，都不能有漏项少算或重复多算的现象发生。此外，在计算工程数量的同时，一般将需外加工的构件型号、尺寸、数量逐一统计汇总。

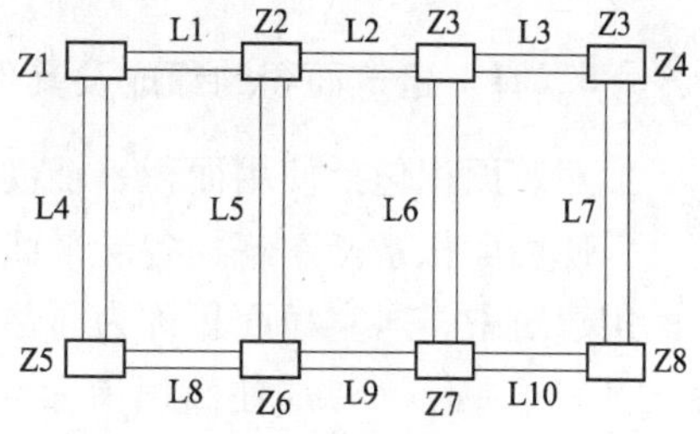


图 5-3　工程量计算示意图 3

### 5.1.4　工程量计算书

工程量计算书一般以表格形式表达，如表 5-1 所示。

**工程量计算表**　　　　**表 5-1**

工程编号________　　　　　　　　　　____年____月____日

工程名称________　　　　　　　　　　第　　页　共　　页

| 序号 | 项目编码 | 项目名称 | 单位 | 工程部位 | 计算式 | 工程量 |
|---|---|---|---|---|---|---|
| 1 | | …… | | | | |
| 2 | | …… | | | | |
| 3 | | 单排脚手架 | $m^2$ | Ⓗ轴上，③～⑧轴（底层） | $L=25+0.24=25.24$（m）<br>$H=4.61$（m）<br>$S=L\times H=25.24\times4.61$ | 116.10 |
| | | | | Ⓗ轴上，③～⑧轴（三层） | $L=25.24$（m）<br>$H=4.6$（m）<br>$S=25.24\times4.61$ | 116.10 |
| | | | | …… | | |
| | | | | | 合计 | 539.50 |
| 4 | | …… | | | | |
| 5 | | …… | | | | |

## 5.2　建筑面积的计算

建筑面积是指建筑物各层外围水平投影面积的总和，是建筑物的一项重要技术特征指标。建筑面积用以表现建筑物的大小规模，是评价投资效益、确定投资规模、对设计方案的经济性和合理性进行评价、考核和分析技术经济指标的重要数据。

### 5.2.1　建筑面积的组成及其作用

建筑面积包括使用面积、辅助面积和结构面积。

使用面积系指建筑物各层平面中可直接为生产或生活使用的净面积总和。在民用建筑中，居室净面积称为居住面积。居住面积指标为：

$$居住面积指标=居住面积/建筑面积\times100\%$$

辅助面积系指建筑物各层平面中辅助生产或生活所占的净面积总和，如楼梯、走道、厨房、卫生间等。其指标为：

$$辅助面积指标=辅助面积/建筑面积\times100\%$$

使用面积与辅助面积之和称有效面积。

结构面积系指建筑物各层平面布置中的墙体、柱等结构所占面积的总和（不包括抹灰厚度所占面积）。

在城市规划中，还涉及建筑基地面积。基地面积计算必须以城市规划管理部门划定的用地范围为准。基地周围、道路红线以内的面积，不计算基地面积。基地内如有不同性质的建筑，应分别划定建筑基地范围。

建筑占地面积系指建筑物占用建筑基地地面部分的面积。它与层数、高度无关，一般按底层建筑面积计算：

建筑密度(%)=建筑底层占地面积/建筑用地面积

建筑面积密度(容积率)=建筑总面积/建筑用地面积($m^2/hm^2$)

需注意，建筑面积密度计算式中建筑总面积不包括地下室、半地下室建筑面积，屋顶建筑面积不超过标准层建筑面积10%的也不计。

### 5.2.2 建筑面积计算规则

我国的《建筑面积计算规则》是在20世纪70年代依据前苏联的做法结合我国的情况制订的。1982年国家经委基本建设办公室（82）经基设字58号印发的《建筑面积计算规则》是对20世纪70年代制订的《建筑面积计算规则》的修订。1995年建设部发布《全国统一建筑工程预算工程量计算规则》（土建工程）(GJI GZ—101—95)，其中含《建筑面积计算规则》，是对1982年的《建筑面积计算规则》的修订。

随着我国建筑市场发展，建筑的新结构、新材料、新技术、新的施工方法层出不穷，为了解决建筑技术的发展产生的面积计算问题，使建筑面积的计算更加科学合理，完善和统一建筑面积的计算范围和计算方法，对建筑市场发挥更大的作用，于2005年对1995年的《建筑面积计算规则》重新做了修订。考虑到《建筑面积计算规则》的重要作用，此次将修订的《建筑面积计算规则》改为《建筑工程建筑面积计算规范》(GB/T 50353—2005)。其适用范围是新建、扩建、改建的工业与民用建筑工程的建筑面积的计算，包括工业厂房、仓库，公共建筑、居住建筑，农业生产使用的房屋、粮种仓库、地铁车站等的建筑面积的计算。

1. 有关术语和用词说明

(1) 有关术语说明

1）层高。上下两层楼面或楼面与地面之间的垂直距离。

2）自然层。按楼板、地板结构分层的楼层。

3）架空层。建筑物深基础或坡地建筑吊脚架空部位不回填土石方形成的建筑空间。

4）走廊。建筑物的水平交通空间。

5）挑廊。挑出建筑物外墙的水平交通空间。

6）檐廊。设置在建筑物底层出檐下的水平交通空间。

7）回廊。在建筑物门厅、大厅内设置在二层或二层以上的回形走廊。

8）门斗。在建筑物出入口设置的起分隔、挡风、御寒等作用的建筑过渡空间。

9）建筑物通道。为道路穿过建筑物而设置的建筑空间。

10）架空走廊。建筑物与建筑物之间，在二层或二层以上专门为水平交通设置的走廊。

11）勒脚。建筑物的外墙与室外地面或散水接触部位墙体的加厚部分。

12）围护结构。围合建筑空间四周的墙体、门、窗等。

13）围护性幕墙。直接作为外墙起围护作用的幕墙。

14）装饰性幕墙。设置在建筑物墙体外起装饰作用的幕墙。

15）落地橱窗。突出外墙面根基落地的橱窗。

16）阳台。供使用者进行活动和晾晒衣物的建筑空间。

17）眺望间。设置在建筑物顶层或挑出房间的供人们远眺或观察周围情况的建筑空间。

18）雨篷。设置在建筑物进出口上部的遮雨、遮阳篷。

19）地下室。房间地平面低于室外地平面的高度超过该房间净高的1/2者为地下室。

20）半地下室。房间地平面低于室外地平面的高度超过该房间净高的1/3，且不超过1/2者为半地下室。

21）变形缝。伸缩缝（温度缝）、沉降缝和抗震缝的总称。

22）永久性顶盖。经规划批准设计的永久使用的顶盖。

23）飘窗。为房间采光和美化造型而设置的突出外墙的窗。

24）骑楼。楼层部分跨在人行道上的临街楼房。

25）过街楼。有道路穿过建筑空间的楼房。

（2）有关用词说明

1）表示很严格，非这样做不可的用词：

正面词采用“必须”，反面词采用“严禁”。

2）表示严格，在正常情况下均应这样做的用词：

正面词采用“应”，反面词采用“不应”或“不得”。

3）表示允许稍有选择，在条件许可时首先应这样做的用词：

正面词采用“宜”，反面词采用“不宜”。

表示有选择，在一定条件下可以这样做的用词，采用“可”。

4）规范中指明应按其他有关标准、规范执行的写法为“应符合……的规定”或“应按……执行”。

2. 计算建筑面积的范围

（1）单层建筑物的建筑面积，应按其外墙勒脚以上结构外围水平面积计算（图5-4），并应符合下列规定：

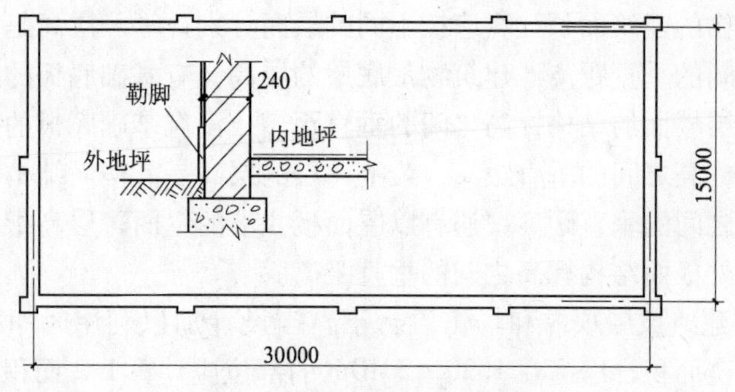

图 5-4 建筑面积计算示意图

① 单层建筑物高度在 2.20m 及以上者应计算全面积；高度不足 2.20m 者应计算 1/2 面积。

② 利用坡屋顶内空间时净高超过 2.10m 的部位应计算全面积；净高在 1.20 ~2.10m的部位应计算 1/2 面积；净高不足 1.20m 的部位不应计算面积。

建筑面积的计算是以勒脚以上外墙结构外边线计算。勒脚是墙根部很矮的一部分墙体加厚，不能代表整个外墙结构，因此要扣除勒脚墙体加厚的部分。

（2）单层建筑物内设有局部楼层者（图 5-5），局部楼层的二层及以上楼层，有围护结构的应按其围护结构外围水平面积计算，无围护结构的应按其结构底板水平面积计算。层高在 2.20m 及以上者应计算全面积；层高不足 2.20m 者应计算 1/2 面积。

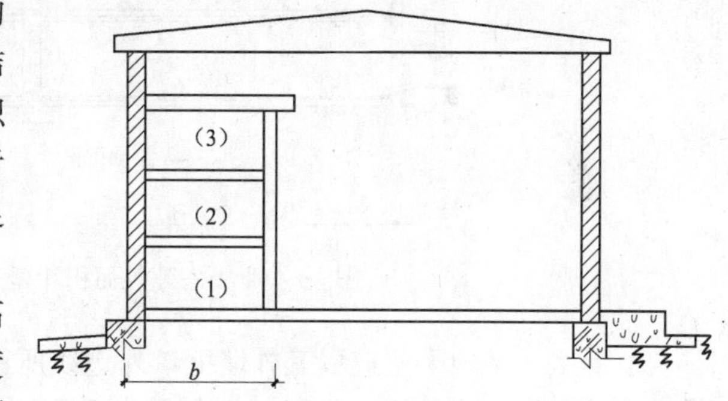

图 5-5 单层建筑物内设局部楼层

单层建筑物应按不同的高度确定其面积的计算。其高度指室内地面标高至屋面板板面结构标高之间的垂直距离。遇有以屋面板找坡的平屋顶单层建筑物，其高度指室内地面标高至屋面板最低处板面结构标高之间的垂直距离。

关于坡屋顶内空间如何计算建筑面积，我们参照了《住宅设计规范》的有关规定，将坡屋顶的建筑按不同净高确定其面积的计算，净高指楼面或地面至上部楼板底或吊顶底面之间垂直距离。

（3）多层建筑物首层应按其外墙勒脚以上结构外围水平面积计算；二层及以上楼层应按其外墙结构外围水平面积计算。层高在 2.20m 及以上者应计算全面积；层高不足 2.20m 者应计算 1/2 面积。

多层建筑物的建筑面积计算应按不同的层高分别计算。层高是指上下两层楼面结构标高之间的垂直距离。建筑物最底层的层高，有基础底板的按基础底板上表面结构至上层楼面的结构标高之间的垂直距离；没有基础底板的按地面标高至上层楼面结构标高之间的垂直距离，最上一层的层高是其楼面结构标高至屋面板板面结构标高之间的垂直距离，遇有以屋面板找坡的屋面，层高指楼面结构标高至屋面板最低处板面结构标高之间的垂直距离。

（4）多层建筑坡屋顶内和场馆看台下，当设计加以利用时净高超过 2. 10m 的部位应计算全面积；净高在 1. 20 ~2. 10m 的部位应计算 1/2 面积；当设计不利用或室内净高不足 1. 20m 时不应计算面积。

多层建筑坡屋顶内和场馆看台下的空间应视为坡屋顶内的空间，设计加以利用时，应按其净高确定其面积的计算。设计不利用的空间，不应计算建筑面积。

（5）地下室、半地下室（车间、商店、车站、车库、仓库等），包括相应的有永久性顶盖的出入口，应按其外墙上口（不包括采光井、外墙防潮层及其保护墙）外边线所围水平面积计算（图 5-6）。层高在 2. 20m 及以上者应计算全面积；层高不足 2. 20m 者应计算 1/2 面积。

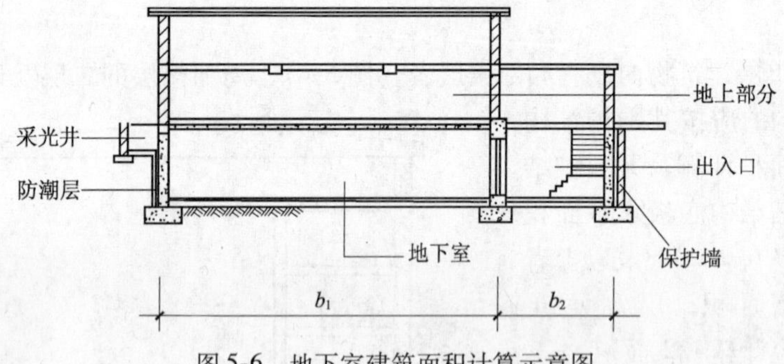


图 5-6　地下室建筑面积计算示意图

地下室、半地下室应以其外墙上口外边线所围水平面积计算。原计算规则规定按地下室、半地下室上口外墙外围水平面积计算，文字上不甚严密，“上口外墙”容易理解为地下室、半地下室的上一层建筑的外墙。由于上一层建筑外墙与地下室墙的中心线不一定完全重叠，多数情况是凸出或凹进地下室外墙中心线。

（6）坡地的建筑物吊脚架空层（图 5-7）、深基础架空层（图 5-8），设计加以利用并有围护结构的，层高在 2. 20m 及以上的部位应计算全面积；层高不足 2. 20m 的部位应计算 1/2 面积。设计加以利用、无围护结构的建筑吊脚架空层，应按其利用部位水平面积的 1/2 计算；设计不利用的深基础架空层、坡地吊脚架空层、多层建筑坡屋顶内、场馆看台下的空间不应计算面积。

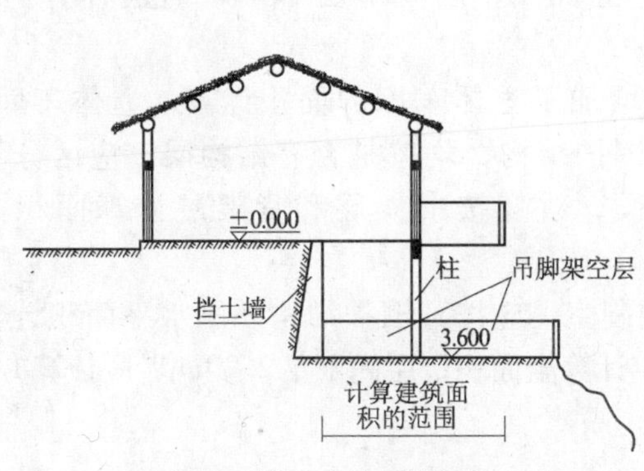


图5-7　坡地建筑物吊脚架空层

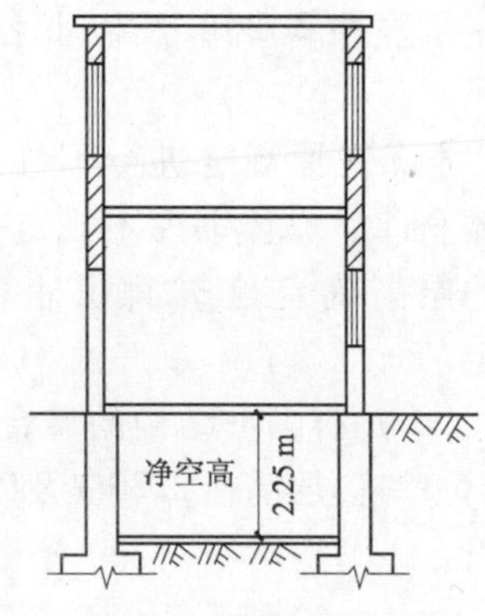


图5-8　深基础架空层

（7）建筑物的门厅、大厅按一层计算建筑面积。门厅、大厅内设有回廊时，应按其结构底板水平面积计算（图5-9）。层高在2.20m及以上者应计算全面积；层高不足2.20m者应计算1/2面积。

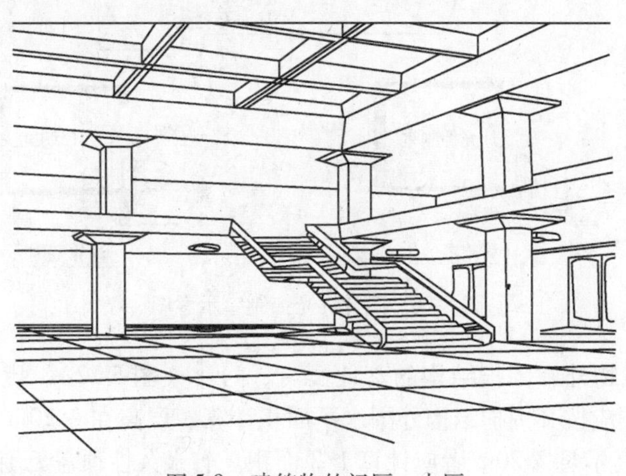

图5-9　建筑物的门厅、大厅

（8）建筑物间有围护结构的架空走廊，应按其围护结构外围水平面积计算（图5-10）。层高在2.20m及以上者应计算全面积；层高不足2.20m者应计算1/2面积。有永久性顶盖无围护结构的应按其结构底板水平面积的1/2计算。

（9）立体书库、立体仓库、立体车库，无结构层的应按一层计算，有结构层的应按其结构层面积分别计

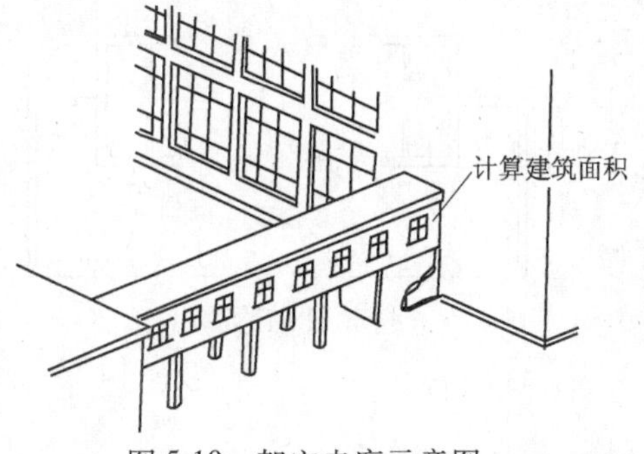


图5-10　架空走廊示意图

算。层高在 2. 20m 及以上者应计算全面积；层高不足 2. 20m 者应计算 1/2 面积。

本条对原规定进行了修订，并增加了立体车库的面积计算。立体车库、立体仓库、立体书库不规定是否有围护结构，均按是否有结构层。应区分不同的层高确定建筑面积计算的范围，改变按书架层和货架层计算面积的规定。

(10) 有围护结构的舞台灯光控制室，应按其围护结构外围水平面积计算 (图 5-11)。层高在 2. 20m 及以上者应计算全面积；层高不足 2. 20m 者应计算 1/2 面积。

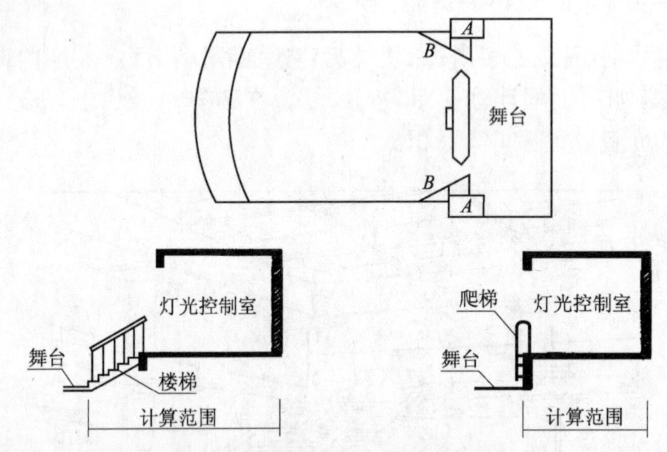


图 5-11　舞台灯光控制室示意图

(11) 建筑物外有围护结构的落地橱窗、门斗 (图 5-12)、挑廊、走廊、檐廊 (图 5-13)，应按其围护结构外围水平面积计算。层高在 2. 20m 及以上者应计算全面积；层高不足 2. 20m 者应计算 1/2 面积。有永久性顶盖无围护结构的应按其结构底板水平面积的 1/2 计算。

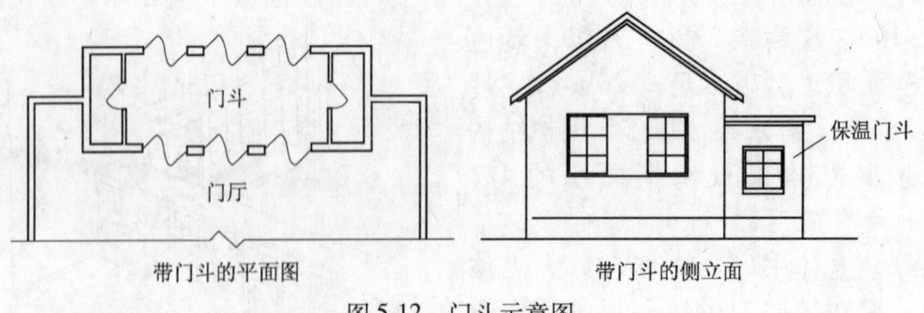


图 5-12　门斗示意图

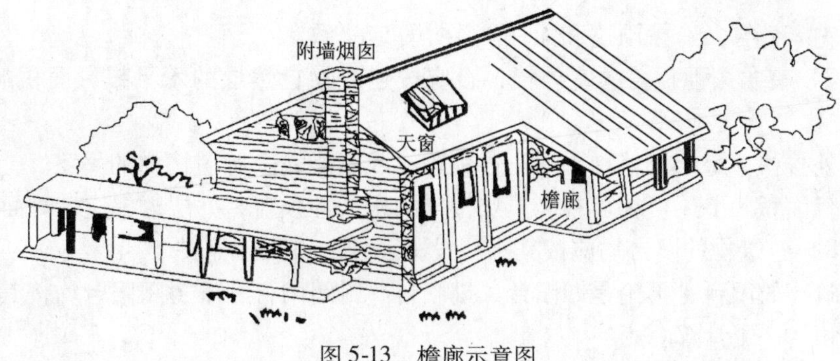

图 5-13 檐廊示意图

（12）有永久性顶盖无围护结构的场馆看台应按其顶盖水平投影面积的 1/2 计算。

“场馆”实质上是指“场”（如：足球场、网球场等）看台上有永久性顶盖部分。“馆”应是有永久性顶盖和围护结构的，应按单层或多层建筑相关规定计算面积。

（13）建筑物顶部有围护结构的楼梯间、水箱间、电梯机房等，层高在 2.20m 及以上者应计算全面积；层高不足 2.20m 者应计算 1/2 面积。

如遇建筑物屋顶的楼梯间是坡屋顶，应按坡屋顶的相关规定计算面积。

（14）设有围护结构不垂直于水平面而超出底板外沿的建筑物，应按其底板面的外围水平面积计算。层高在 2.20m 及以上者应计算全面积；层高不足 2.20m 者应计算 1/2 面积。

设有围护结构不垂直于水平面而超出底板外沿的建筑物是指向建筑物外倾斜的墙体。若遇有向建筑物内倾斜的墙体，应视为坡屋顶，应按坡屋顶有关规定计算面积。

（15）建筑物内的室内楼梯间、电梯井、观光电梯井、提物井、管道井、通风排气竖井、垃圾道、附墙烟囱应按建筑物的自然层计算。

室内楼梯间的面积计算，应按楼梯依附的建筑物的自然层数计算并在建筑物面积内。遇跃层建筑，其共用的室内楼梯应按自然层计算面积；上下两错层户室共用的室内楼梯，应选上一层的自然层计算面积（图 5-14）。

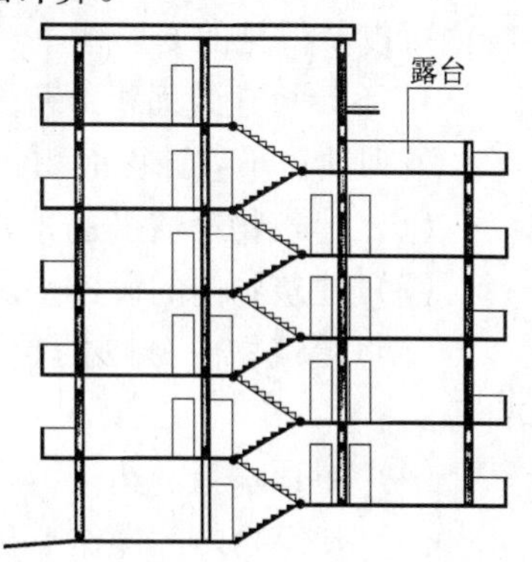

图 5-14 户室错层剖面示意图

（16）雨篷结构的外边线至外墙结构外边线的宽度超过 2.10m 者，应按雨篷结构板的水平投影面积的 1/2 计算。

雨篷均以其宽度超过 2.10m 或不超过 2.10m 衡量，超过 2.10m 者应按雨篷的结构板水平投影面积的 1/2 计算。有柱雨篷和无柱雨篷计算应一致。

（17）有永久性顶盖的室外楼梯，应按建筑物自然层的水平投影面积的 1/2 计算。

室外楼梯，最上层楼梯无永久性顶盖，或不能完全遮盖楼梯的雨篷，上层楼梯不计算面积。上层楼梯可视为下层楼梯的永久性顶盖，下层楼梯应计算面积。

（18）建筑物的阳台均应按其水平投影面积的 1/2 计算。

建筑物的阳台，不论是凹阳台、挑阳台、封闭阳台、不封闭阳台均按其水平投影面积的一半计算。

（19）有永久性顶盖无围护结构的车棚、货棚、站台、加油站、收费站等，应按其顶盖水平投影面积的 1/2 计算。

车棚、货棚、站台、加油站、收费站等的面积计算。由于建筑技术的发展，出现许多新型结构，如柱不再是单纯的直立的柱，而出现正 V 形柱、倒 V 形柱等不同类型的柱，给面积计算带来许多争议，为此，不以柱来确定面积的计算，而依据顶盖的水平投影面积计算。在车棚、货棚、站台、加油站、收费站内设有围护结构的管理室、休息室等，另按相关条款计算面积。

（20）高低联跨的建筑物（图 5-15），应以高跨结构外边线为界分别计算建筑面积；其高低跨内部连通时，其变形缝应计算在低跨面积内。

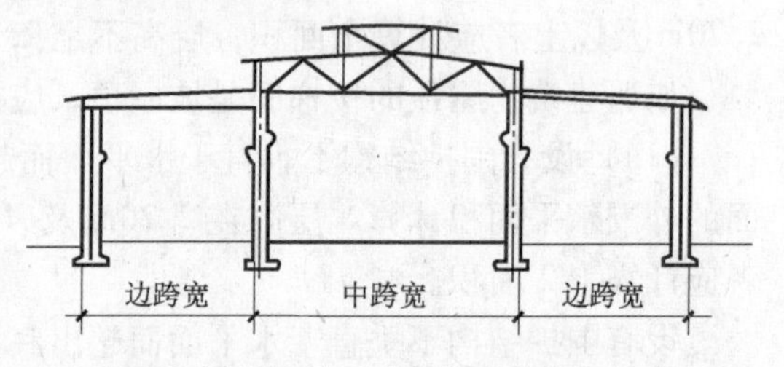

图 5-15　高低联跨单层建筑物建筑面积示意图

（21）以幕墙作为围护结构的建筑物，应按幕墙外边线计算建筑面积。

（22）建筑物外墙外侧有保温隔热层的，应按保温隔热层外边线计算建筑面积。

（23）建筑物内的变形缝，应按其自然层合并在建筑物面积内计算。

建筑物内的变形缝是与建筑物相连通的变形缝，即暴露在建筑物内，在建筑物内可以看得见的变形缝。

3. 不计算建筑面积的范围

下列项目不应计算面积：

（1）建筑物通道（骑楼、过街楼的底层）。

（2）建筑物内的设备管道夹层。

（3）建筑物内分隔的单层房间，舞台及后台悬挂幕布、布景的天桥、挑台等。

（4）屋顶水箱、花架、凉棚、露台、露天游泳池。

（5）建筑物内的操作平台、上料平台、安装箱和罐体的平台。

（6）勒脚、附墙柱、垛、台阶、墙面抹灰、装饰面、镶贴块料面层、装饰性幕墙、空调机外机搁板（箱）、飘窗、构件、配件、宽度在2.10m及以内的雨篷以及与建筑物内不相连通的装饰性阳台、挑廊。

突出墙外的勒脚、附墙柱垛、台阶、墙面抹灰、装饰面、镶贴块料面层、装饰性幕墙、空调室外机搁板（箱）、飘窗、构件、配件、宽度在2.10m及以内的雨篷以及与建筑物内不相连通的装饰性阳台、挑廊等均不属于建筑结构，不应计算建筑面积。

（7）无永久性顶盖的架空走廊、室外楼梯和用于检修、消防等的室外钢楼梯、爬梯。

（8）自动扶梯、自动人行道。

自动扶梯（斜步道滚梯），除两端固定在楼层板或梁之外，扶梯本身属于设备。为此扶梯不宜计算建筑面积。水平步道（滚梯）属于安装在楼板上的设备，不应单独计算建筑面积。

（9）独立烟囱、烟道、地沟、油（水）罐、气柜、水塔、贮油（水）池、贮仓、栈桥、地下人防通道、地铁隧道。

## 5.3 工程量清单项目工程量的计算

### 5.3.1 与定额工程量计算规则的区别与联系

《建设工程工程量清单计价规范》（GB 50500—2008）是以现行的全国统一工程预算定额为基础，特别是项目划分、计量单位、工程量计算规则等方面，尽可能多地与定额衔接。在编制工程量计算规则时，对基础定额工程量计算规则中不适用于工程量清单项目的，以及不能满足工程量清单项目设置要求的部分进行了修改和调整。主要调整如下：

（1）编制对象与综合内容不同

工程量清单项目的工程内容是以最终产品为对象，按实际完成一个综合实体项目所需工程内容列项。其工程量计算规则是根据主体工程项目设置的，综合了清单项目的全部工程内容。基础定额项目主要是以施工过程为对象划分的，工程量计算规则仅是单一的工程内容。

（2）计算口径的调整

工程量清单项目工程量计算规则是按工程实体尺寸的净量计算，不考虑施工方法和加工余量；基础定额项目计量则考虑了不同施工方法和加工余量的施工过程的实际数量。

如土方工程中的“挖基础土方”。按计价规范规定，工程量清单项目计量是按图示尺寸数量计算的净量（垫层底面积乘以室外地坪至垫层底的深度），不包括放坡及工作面等的开挖量。基础定额项目计量则是按实际开挖量计算，包括放坡及工作面等的开挖量，即包含了为满足施工工艺要求而增加的加工余量。

在工程量清单计价规范中，挖基础土方的工程内容综合了排地表水、土方开挖、挡土板支拆、截桩头、钎探、运输等内容。而在基础定额中则将上述的工程内容都作为单独的定额子目处理。

（3）计量单位的调整

工程量清单项目的计量单位一般采用基本的物理计量单位或自然计量单位，如 $m^2$，$m^3$，m，kg，t 等，基础定额中的计量单位还包括扩大的物理计量单位，如 $100m^2$，$1000m^3$，100m 等。

### 5.3.2　建筑工程清单工程量的计算

根据《建设工程工程量清单计价规范》（GB 50500—2008）附录 A，主要的建筑工程工程量计算规则如下（详细内容请参照计价规范）。

1. 土石方工程工程量计算

（1）平整场地（010101001）

平整场地厚度在 ±30cm 以内的挖、填、运、找平，应按平整场地项目编码列项。±30cm 以外的竖向布置挖土或山坡切土，应按挖土方项目编码列项。按设计图示尺寸以建筑物首层面积计算。

（2）挖土方（010101002）

挖土方按设计图示尺寸以体积计算。

土石方体积应按挖掘前的天然密实体积计算。如需按天然密实体积折算时，应按表 5-2 系数计算。

**土石方体积折算系数**　　**表 5-2**

| 天然密实度体积 | 虚方体积 | 夯实后体积 | 松填体积 |
|---|---|---|---|
| 1.00 | 1.30 | 0.87 | 1.08 |
| 0.77 | 1.00 | 0.67 | 0.83 |
| 1.15 | 1.49 | 1.00 | 1.24 |
| 0.93 | 1.20 | 0.81 | 1.00 |

挖土方平均厚度应按自然地面测量标高至设计地坪标高间的平均厚度确定。

（3）挖基础土方（010101003）

挖基础土方按设计图示尺寸以基础垫层底面积乘以挖土深度计算。挖基础土方包括带形基础、独立基础、满堂基础（包括地下室基础）及设备基础、人工挖孔桩等的挖方。带形基础应按不同底宽和深度，独立基础和满堂基础应按不同底面积和深度分别编码列项。

基础土方、石方开挖深度应按基础垫层底表面标高至交付施工场地标高确定。无交付施工场地标高时，应按自然地面标高确定。

（4）冻土开挖（010101004）

按设计图示尺寸开挖面积乘以厚度以体积计算。

（5）挖淤泥、流砂（010101005）

按设计图示位置、界限以体积计算。挖方出现流砂、淤泥时，可根据实际情况由发包人与承包人双方认证。

（6）管沟土（石）方（010101006，010102003）

管沟土（石）方工程应按设计图示以管道中心线长度计算。有管沟设计时，平均深度以沟垫层底表面标高至交付施工场地标高计算；无管沟设计时，直埋管深度应按管底外表面标高至交付施工场地标高的平均高度计算。

（7）预裂爆破（010102001）

按设计图示以钻孔总长度计算。设计要求采用减震孔方式减弱爆破震动波时，应按预裂爆破项目编码列项。

（8）石方开挖（010102002）

按设计图示尺寸以体积计算。石方开挖深度应按基础垫层底表面标高至交付施工场地标高确定，无交付施工场地标高时，应按自然地面标高确定。

（9）土（石）方回填（010103001）

土石方回填按设计图示尺寸以体积计算。对于场地回填土以回填面积乘以平均回填厚度计算；对于室内回填土应按主墙间净面积乘以回填厚度；基础回填土应按挖方体积减去设计室外地坪以下埋设的基础体积（包括基础垫层及其他构筑物）。

2. 桩与地基处理

（1）预制钢筋混凝土桩（010201001）

预制钢筋混凝土桩按设计图示尺寸以桩长（包括桩尖）或根数计算。

（2）接桩（010201002）

接桩按设计图示规定以接头数量（板桩按接头长度）计算。

（3）混凝土灌注桩（010201003）

混凝土灌注桩按设计图示尺寸以桩长（包括桩尖）或根数计算。混凝土灌注桩的钢筋笼、地下连续墙的钢筋网制作、安装，应按钢筋工程中相关项目编码列项。

（4）其他桩

其他桩包括砂石灌注桩（010202001）、灰土挤密桩（010202002）、旋喷桩（010202003）和喷粉桩（010202004）。

其他桩按设计图示尺寸以桩长（包括桩尖）计算。

(5) 地下连续墙（010203001）

地下连续墙按设计图示墙中心线长乘以厚度乘以槽深以体积计算。

(6) 振冲灌注碎石（010203002）

按设计图示孔深乘以孔截面积以体积计算。

(7) 地基强夯（010203003）

地基强夯按设计图示尺寸以面积计算。

(8) 锚杆支护（010203004）和土钉支护（010203005）

锚杆支护和土钉支护按设计图示尺寸以支护面积计算。

3. 砌筑工程

(1) 砖基础（010301001）

砖基础按设计图示尺寸以体积计算。

1）包括附墙垛基础宽出部分体积，扣除地梁（圈梁）、构造柱所占体积，不扣除基础大放脚T形接头处的重叠部分及嵌入基础内的钢筋、铁件、管道、基础砂浆防潮层和单个面积 $0.3m^2$ 以内的孔洞所占体积，靠墙暖气沟的挑檐不增加。

2）基础长度：外墙按中心线，内墙按净长线计算。

3）基础与砖墙（身）划分应以设计室内地坪为界（有地下室的按地下室室内设计地坪为界），以下为基础，以上为墙（柱）身。基础与墙身使用不同材料，位于设计室内地坪 ±300mm 以内时以不同材料为界，超过 ±300mm，应以设计室内地坪为界。砖围墙应以设计室外地坪为界，以下为基础，以上为墙身。

4）基础垫层包括在基础项目内。

(2) 实心砖墙（010302001）、空心砖墙、砌块墙（010304001）和石墙（010305003）

实心砖墙、空心砖墙、砌块墙按设计图示尺寸以体积计算。

1）扣除门窗洞口、过人洞、空圈、嵌入墙内的钢筋混凝土柱、梁、圈梁、挑梁、过梁及凹进墙内的壁龛、管槽、暖气槽、消火栓箱所占体积。不扣除梁头、板头、檩头、垫木、木楞头、沿椽木、木砖、门窗走头、砖墙内加固钢筋、木筋、铁件、钢管及单个面积 $0.3m^2$ 以内的孔洞所占体积。凸出墙面的腰线、挑檐、压顶、窗台线、虎头砖、门窗套的体积亦不增加。凸出墙面的砖垛并入墙体体积内计算。

2）墙长度。外墙按中心线，内墙按净长。

3）墙高度

① 外墙：斜（坡）屋面无檐口天棚者算至屋面板底；有屋架且室内外均有天棚者算至屋架下弦底另加 200mm；无天棚者算至屋架下弦底另加 300mm，出檐宽度超过 600mm 时按实砌高度计算；平屋面算至钢筋混凝土板底。

② 内墙：位于屋架下弦者，算至屋架下弦底；无屋架者算至天棚底另加100mm；有钢筋混凝土楼板隔层者算至楼板顶；有框架梁时算至梁底。

③ 女儿墙：从屋面板上表面算至女儿墙顶面（如有混凝土压顶时算至压顶下表面）。

④ 内、外山墙：按其平均高度计算。

4）围墙。高度算至压顶上表面（如有混凝土压顶时算至压顶下表面），围墙柱并入围墙体积内。

5）附墙烟囱、通风道、垃圾道，应按设计图示尺寸以体积（扣除孔洞所占体积）计算，并入所依附的墙体体积内。

6）砌体内加筋的制作、安装，应按钢筋工程相关项目编码列项。

标准砖尺寸应为240mm×115mm×53mm。标准砖墙厚度应按表5-3计算：

**标准砖墙厚度表** 表5-3

| 砖数（厚度） | 1/4 | 1/2 | 3/4 | 1 | $1\frac{1}{2}$ | 2 | $2\frac{1}{2}$ | 3 |
|---|---|---|---|---|---|---|---|---|
| 计算厚度（mm） | 53 | 115 | 180 | 240 | 365 | 490 | 615 | 740 |

（3）空斗墙（010302002）

空斗墙按设计图示尺寸以空斗墙外形体积计算，墙角、内外墙交接处、门窗洞口立边、窗台砖、屋檐处的实砌部分体积并入空斗墙体积内。附墙烟囱、通风道、垃圾道，应按设计图示尺寸以体积（扣除孔洞所占体积）计算，并入所依附的墙体体积内。

（4）空花墙（010302003）

空花墙按设计图示尺寸以空花部分外形体积计算，不扣除空洞部分体积。附墙烟囱、通风道、垃圾道，应按设计图示尺寸以体积（扣除孔洞所占体积）计算，并入所依附的墙体体积内。

（5）填充墙（010302004）

填充墙按设计图示尺寸以填充墙外形体积计算。附墙烟囱、通风道、垃圾道，应按设计图示尺寸以体积（扣除孔洞所占体积）计算，并入所依附的墙体体积内。

（6）实心砖柱（010302005）

按设计图示尺寸以体积计算。扣除混凝土及钢筋混凝土梁垫、梁头、板头所占体积。

（7）零星砌砖（010302006）

零星砌砖按设计图示尺寸以体积计算。扣除混凝土及钢筋混凝土梁垫、梁头、板头所占体积。框架外表面的镶贴砖部分，应单独按相关零星项目编码列项。空斗墙的窗间墙、窗台下、楼板下等的实砌部分，应按零星砌砖项目编码列项。台阶、台阶挡墙、梯带、锅台、炉灶、蹲台、池槽、池槽腿、花台、花池、楼梯栏板、阳台栏板、地垄墙、屋面隔热板下的砖墩、0.3m² 孔洞填塞等，应按零星砌砖项目编码列项。砖砌锅台与炉灶可按外形尺寸以个计算，砖砌台阶可按水平投影面积以平方米计算，小便槽、地垄墙可按长度计算，其他工程量按立方米计算。

(8) 砖烟囱、水塔（010303001）

砖烟囱、水塔按设计图示筒壁平均中心线周长乘以厚度乘以高度以体积计算。扣除各种孔洞、钢筋混凝土圈梁、过梁等的体积。砖烟囱应按设计室外地坪为界，以下为基础，以上为筒身。砖烟囱体积可按下式分段计算：$V=\sum H\times C\times \pi D$。式中：$V$ 表示筒身体积，$H$ 表示每段筒身垂直高度，$C$ 表示每段筒壁厚度，$D$ 表示每段筒壁平均直径。水塔基础与塔身划分应以砖砌体的扩大部分顶面为界，以上为塔身，以下为基础。

(9) 砖烟道（010303002）

砖烟道按图示尺寸以体积计算。砖烟道与炉体的划分应按第一道闸门为界。

(10) 砖窨井、检查井（010303003）和砖水池、化粪池（010303004）

砖窨井、检查井、砖水池和化粪池按设计图示数量计算。

(11) 空心砖柱、砌块柱（010304002）

空心砖柱、砌块柱按设计图示尺寸以体积计算。扣除混凝土及钢筋混凝土梁垫、梁头、板头所占体积。

(12) 石基础（010305001）

石基础按设计图示尺寸以体积计算。包括附墙垛基础宽出部分体积，不扣除基础砂浆防潮层及单个面积 0.3m² 以内的孔洞所占体积，靠墙暖气沟的挑檐不增加体积。基础与勒脚应以设计室外地坪为界。石围墙内外地坪标高不同时，应以较低地坪标高为界，以下为基础。

基础长度：外墙按中心线，内墙按净长计算。

(13) 石勒脚（010305002）

石勒脚按设计图示尺寸以体积计算。扣除单个 0.3m² 以外的孔洞所占的体积。勒脚与墙身应以设计室内地坪为界。

(14) 石挡土墙（010305004）和石柱（010305005）

石挡土墙和石柱按设计图示尺寸以体积计算。石围墙内外标高之差为挡土墙时，挡土墙以上为墙身。石梯膀应按石挡土墙项目编码列项。

(15) 石栏杆（010305006）

石栏杆按设计图示以长度计算。

(16) 石护坡（010305007）

石护坡按设计图示尺寸以体积计算。

(17) 石台阶 (010305008)

石台阶按设计图示尺寸以体积计算。石梯带工程量应计算在石台阶工程量内。

(18) 石坡道 (010305009)

石坡道按设计图示尺寸以水平投影面积计算。

(19) 石地沟、石明沟 (010305010) 和砖地沟、明沟 (010306002)

石地沟、石明沟、砖地沟、明沟按设计图示以中心线长度计算。

(20) 砖散水、地坪 (010306001)

砖散水、地坪按设计图示尺寸以面积计算。

4. 混凝土及钢筋混凝土工程

(1) 现浇混凝土基础

包括带形基础(010401001)、独立基础(010401002)、满堂基础(010401003)、设备基础(010401004)、桩承台基础(010401005)和垫层(010401006)。

按设计图示尺寸以体积计算,不扣除构件内钢筋、预埋铁件和伸入承台基础的桩头所占体积。

有肋带形基础、无肋带形基础应分别编码列项,并注明肋高。

箱式满堂基础,可按现浇混凝土基础、现浇混凝土柱、现浇混凝土梁、现浇混凝土墙、现浇混凝土板中满堂基础、柱、梁、墙、板分别编码列项;也可利用现浇混凝土基础的第五级编码分别列项。

框架式设备基础,可按现浇混凝土基础、现浇混凝土柱、现浇混凝土梁、现浇混凝土墙、现浇混凝土板中设备基础、柱、梁、墙、板分别编码列项;也可利用现浇混凝土基础的第五级编码分别列项。

(2) 现浇混凝土柱

包括矩形柱(010402001)、异形柱(010402002)。

按设计图示尺寸以体积计算。不扣除构件内钢筋、预埋铁件所占体积。构造柱应按现浇混凝土柱中矩形柱项目编码列项。柱高按以下规定计算:

① 有梁板的柱高,应自柱基上表面(或楼板上表面)至上一层楼板上表面之间的高度计算。

② 无梁板的柱高,应自柱基上表面(或楼板上表面)至柱帽下表面之间的高度计算。

③ 框架柱的柱高应自柱基上表面至柱顶高度计算。

④ 构造柱按全高计算,嵌接部分的体积并入柱身体积。

⑤ 依附柱上的牛腿和升板的柱帽,并入柱身体积内计算。

(3) 现浇混凝土梁

包括基础梁(010403001)、矩形梁(010403002)、异形梁(010403003)、圈梁

(010403004)、过梁(010403005)、弧形、拱形梁(010403006)。

按设计图示尺寸以体积计算。不扣除构件内钢筋、预埋铁件所占体积，伸入墙内的梁头、梁垫体积并入梁体积内计算。梁长按以下规定计算：

① 梁与柱连接时，梁长算至柱侧面。

② 主梁与次梁连接时，次梁长算至主梁侧面。

(4) 现浇混凝土墙

包括直形墙(010404001)、弧形墙(010404002)。

按设计图示尺寸以体积计算。不扣除构件内钢筋，预埋铁件所占体积，扣除门窗洞口及单个面积0.3m² 以外孔洞所占体积，墙垛及突出部分并入墙体积内计算。

(5) 现浇混凝土板

包括有梁板(010405001)、无梁板(010405002)、平板(010405003)、拱板(010405004)、薄壳板(010405005)、栏板(010405006)、天沟、挑檐板(010405007)、雨篷、阳台板(010405008)、其他板(010405009)。

有梁板、无梁板、平板、拱板、薄壳板、栏板按设计图示尺寸以体积计算。不扣除构件内钢筋、预埋铁件及单个面积0.3m² 以内孔洞所占体积。有梁板（包括主、次梁与板）按梁、板体积之和计算，无梁板按板和柱帽体积之和计算，各类板伸入墙内的板头并入板体积内计算，薄壳板的肋、基梁并入薄壳体积内计算。

天沟、挑檐板、其他板按设计图示尺寸以体积计算。雨篷、阳台板按设计图示尺寸以墙外部分体积计算。包括伸出墙外的牛腿和雨篷反挑檐的体积。现浇挑檐、天沟板、雨篷、阳台与板（包括屋面板、楼板）连接时，以外墙外边线为分界线；与圈梁（包括其他梁）连接时，以梁外边线为分界线。外边线以外为挑檐、天沟、雨篷或阳台。

(6) 现浇混凝土楼梯

包括直形楼梯(010406001)、弧形楼梯(010406002)。

按设计图示尺寸以水平投影面积计算，不扣除宽度小于500mm 的楼梯井，伸入墙内部分不计算。整体楼梯（包括直形楼梯、弧形楼梯）水平投影面积包括休息平台、平台梁、斜梁和楼梯的连接梁。当整体楼梯与现浇楼板无梯梁连接时，以楼梯的最后一个踏步边缘加300mm 为界。

(7) 现浇混凝土其他构件

包括其他构件(010407001)、散水、坡道(010407002)、电缆沟、地沟(010407003)。

其他构件按设计图示尺寸以体积计算。不扣除构件内钢筋、预埋铁件所占体积。散水、坡道按设计图示尺寸以面积计算。不扣除单个0.3m² 以内的孔洞所占面积。电缆沟、地沟按设计图示以中心线长度计算。

现浇混凝土小型池槽、压顶、扶手、垫块、台阶、门框等，应按现浇混凝土其他构件中其他构件项目编码列项。其中扶手、压顶（包括伸入墙内的长度）应按延长米计算，台阶应按水平投影面积计算。

(8) 后浇带（010408001）

后浇带按设计图示尺寸以体积计算。

(9) 预制混凝土柱

包括矩形柱(010409001)、异形柱(010409002)。

1) 按设计图示尺寸以体积计算。不扣除构件内钢筋、预埋铁件所占体积。

2) 按设计图示尺寸以“数量”计算。

(10) 预制混凝土梁

包括矩形梁(010410001)、异形梁(010410002)、过梁(010410003)、拱形梁(010410004)、鱼腹式吊车梁(010410005)、风道梁(010410006)。

按设计图示尺寸以体积计算。不扣除构件内钢筋、预埋铁件所占体积。

(11) 预制混凝土屋架

包括折线型屋架(010411001)、组合屋架(010411002)、薄腹屋架(010411003)、门式刚架屋架(010411004)、天窗架屋架(010411005)。

按设计图示尺寸以体积计算。不扣除构件内钢筋、预埋铁件所占体积。三角形屋架应按预制混凝土屋架中折线型屋架项目编码列项。

(12) 预制混凝土板

包括平板(010412001)、空心板(010412002)、槽形板(010412003)、网架板(010412004)、折线板(010412005)、带肋板(010412006)、大型板(010412007)、沟盖板、井盖板、井圈(010412008)。

沟盖板、井盖板、井圈按设计图示尺寸以体积计算。不扣除构件内钢筋、预埋铁件所占体积。其余板按设计图示尺寸以体积计算。不扣除构件内钢筋、预埋铁件及单个尺寸300mm×300mm以内的孔洞所占体积，扣除空心板空洞体积。

不带肋的预制遮阳板、雨篷板、挑檐板、栏板等，应按预制混凝土板中平板项目编码列项。预制F形板、双T形板、单肋板和带反挑檐的雨篷板、挑檐板、遮阳板等，应按预制混凝土板中带肋板项目编码列项。预制大型墙板、大型楼板、大型屋面板等，应按预制混凝土板中大型板项目编码列项。

(13) 预制混凝土楼梯（010413001）

预制混凝土楼梯按设计图示尺寸以体积计算。不扣除构件内钢筋、预埋铁件所占体积，扣除空心踏步板空洞体积。预制钢筋混凝土楼梯，可按斜梁、踏步分别编码列项。

(14) 其他预制构件

包括烟道、垃圾道、通风道(010414001)、其他构件(010414002)、水磨石构件(010414003)。

按设计图示尺寸以体积计算。不扣除构件内钢筋、预埋铁件及单个尺寸300mm×300mm以内的孔洞所占体积，扣除烟道、垃圾道、通风道的孔洞所占体积。

预制钢筋混凝土小型池槽、压顶、扶手、垫块、隔热板、花格等，应按其他预制构件中其他构件项目编码列项。

(15）混凝土构筑物

包括贮水(油)池(010415001)、贮仓(010415002)、水塔(010415003)、烟囱(010415004)。

1）按设计图示尺寸以体积计算。不扣除构件内钢筋、预埋铁件及单个面积0.3$m^2$以内的孔洞所占体积。

2）贮水（油）池的池底、池壁、池盖可分别编码列项。有壁基梁的，应以壁基梁底为界，以上为池壁、以下为池底；无壁基梁的，锥形坡底应算至其上口，池壁下部的八字靴脚应并入池底体积内。无梁池盖的柱高应从池底上表面算至池盖下表面，柱帽和柱座应并在柱体积内。肋形池盖应包括主、次梁体积；球形池盖应以池壁顶面为界，边侧梁应并入球形池盖体积内。

3）贮仓立壁和贮仓漏斗可分别编码列项，应以相互交点水平线为界，壁上圈梁应并入漏斗体积内。

4）滑模筒仓按混凝土构筑物中贮仓项目编码列项。

5）水塔基础、塔身、水箱可分别编码列项。筒式塔身应以筒座上表面或基础底板上表面为界；柱式（框架式）塔身应以柱脚与基础底板或梁顶为界，与基础板连接的梁应并入基础体积内。塔身与水箱应以箱底相连接的圈梁下表面为界，以上为水箱，以下为塔身。依附于塔身的过梁、雨篷、挑檐等，应并入塔身体积内；柱式塔身应不分柱、梁合并计算。依附于水箱壁的柱、梁，应并入水箱壁体积内。

(16）钢筋工程

包括现浇混凝土钢筋(010416001)、预制构件钢筋(010416002)、钢筋网片(010416003)、钢筋笼(010416004)、先张法预应力钢筋(010416005)、后张法预应力钢筋(010416006)、预应力钢丝(010416007)、预应力钢绞线(010416008)。

现浇混凝土钢筋、预制构件钢筋、钢筋网片、钢筋笼按设计图示钢筋（网）长度（面积）乘以单位理论质量计算。

先张法预应力钢筋按设计图示钢筋长度乘以单位理论质量计算。

后张法预应力钢筋、预应力钢丝、预应力钢绞线按设计图示钢筋（丝束、绞线）长度乘以单位理论质量计算。

1）低合金钢筋两端均采用螺杆锚具时，钢筋长度按孔道长度减0.35m计算，螺杆另行计算。

2）低合金钢筋一端采用镦头插片、另一端采用螺杆锚具时，钢筋长度按孔道长度计算，螺杆另行计算。

3）低合金钢筋一端采用镦头插片、另一端采用帮条锚具时，钢筋增加0.15m计算；两端均采用帮条锚具时，钢筋长度按孔道长度增加0.3m计算。

4）低合金钢筋采用后张混凝土自锚时，钢筋长度按孔道长度增加0.35m计算。

5）低合金钢筋（钢绞线）采用JM、XM、QM型锚具，孔道长度在20m以内时，钢筋长度增加1m计算；孔道长度20m以外时，钢筋（钢绞线）长度按孔道长度增加1.8m计算。

6）碳素钢丝采用锥形锚具，孔道长度在20m以内时，钢丝束长度按孔道长度增加1m计算；孔道长在20m以上时，钢丝束长度按孔道长度增加1.8m计算。

7）碳素钢丝束采用镦头锚具时，钢丝束长度按孔道长度增加0.35m计算。

现浇构件中固定位置的支撑钢筋、双层钢筋用的“铁马”、伸出构件的锚固钢筋、预制构件的吊钩等，应并入钢筋工程量内。

(17) 螺栓、铁件

包括螺栓（010417001）、预埋铁件（010417002）。

按设计图示尺寸以质量计算。

5. 厂库房大门、特种门、木结构工程

(1) 厂库房大门、特种门

包括木板大门（010501001）、钢木大门（010501002）、全钢板大门（010501003）、特种门（010501004）、围墙铁丝门（010501005）。

按设计图示数量计算或设计图示洞口尺寸以面积计算。冷藏门、冷冻间门、保温门、变电室门、隔音门、防射线门、人防门、金库门等，应按厂库房大门、特种门中特种门项目编码列项。

(2) 木屋架

包括木屋架（010502001）、钢木屋架（010502002）。

按设计图示数量计算。屋架的跨度应以上、下弦中心线两交点之间的距离计算。带气楼的屋架和马尾、折角以及正交部分的半屋架，应按相关屋架项目编码列项。

(3) 木构件

包括木柱（010503001）、木梁（010503002）、木楼梯（010503003）、其他木构件（010503004）。

木柱、木梁按设计图示尺寸以体积计算。木楼梯按设计图示尺寸以水平投影面积计算。不扣除宽度小于300mm的楼梯井，伸入墙内部分不计算。其他木构件按设计图示尺寸以体积或长度计算。

6. 金属结构工程

（1）钢屋架（010601001）、钢网架（010601002）

按设计图示尺寸以质量计算。不扣除孔眼、切边、切肢的质量，焊条、铆钉、螺栓等不另增加质量，不规则或多边形钢板以其外接矩形面积乘以厚度乘以单位理论质量计算。

（2）钢托架（010602001）、钢桁架（010602002）

按设计图示尺寸以质量计算。不扣除孔眼、切边、切肢的质量，焊条、铆钉、螺栓等不另增加质量，不规则或多边形钢板，以其外接矩形面积乘以厚度乘以单位理论质量计算。

（3）钢柱

包括实腹柱（010603001）、空腹柱（010603002）、钢管柱（010603003）。

实腹柱、空腹柱按设计图示尺寸以质量计算。不扣除孔眼、切边、切肢的质量，焊条、铆钉、螺栓等不另增加质量，不规则或多边形钢板以其外接矩形面积乘以厚度乘以单位理论质量计算，依附在钢柱上的牛腿及悬臂梁等并入钢柱工程量内。

钢管柱按设计图示尺寸以质量计算。不扣除孔眼、切边、切肢的质量，焊条、铆钉、螺栓等不另增加质量，不规则或多边形钢板以其外接矩形面积乘以厚度乘以单位理论质量计算，钢管柱上的节点板，加强环、内衬管、牛腿等并入钢管柱工程量内。

（4）钢梁

包括钢梁（010604001）、钢吊车梁（010604002）。

按设计图示尺寸以质量计算。不扣除孔眼、切边、切肢的质量，焊条、铆钉、螺栓等不另增加质量，不规则或多边形钢板以其外接矩形面积乘以厚度乘以单位理论质量计算，制动梁、制动板、制动桁架、车挡并入钢吊车梁工程量内。

（5）压型钢板楼板、墙板

包括压型钢板楼板（010605001）、压型钢板墙板（010605002）。

压型钢板楼板按设计图示尺寸铺设水平投影面积计算。不扣除柱、垛以及单个 $0.3m^2$ 以内孔洞所占面积。

压型钢板墙板按设计图示尺寸铺挂面积计算。不扣除单个 $0.3m^2$ 以内孔洞所占面积，包角、包边、窗台泛水等不另增加面积。

（6）钢构件

包括钢支撑（010606001）、钢檩条（010606002）、钢天窗架（010606003）、钢挡风架（010606004）、钢墙架（010606005）、钢平台（010606006）、钢走道（010606007）、钢梯（010606008）、钢栏杆（010606009）、钢漏斗（010606010）、钢

支架(010606011)、零星钢构件(010606012)。

钢支撑、钢檩条、钢天窗架、钢挡风架、钢墙架、钢平台、钢走道、钢梯、钢栏杆按设计图示尺寸以质量计算。不扣除孔眼、切边、切肢的质量，焊条、铆钉、螺栓等不另增加质量，不规则或多边形钢板以其外接矩形面积乘以厚度乘以单位理论质量计算。

钢漏斗按设计图示尺寸以重量计算。不扣除扎眼、切边、切肢的质量，焊条、铆钉、螺栓等不另增加质量，不规则或多边形钢板以其外接矩形面积乘以厚度乘以单位理论质量计算，依附漏斗的型钢并入漏斗工程量内。

钢支架、零星钢构件按设计图示尺寸以质量计算。不扣除孔眼、切边、切肢的质量，焊条、铆钉、螺栓等不另增加质量，不规则或多边形钢板以其外接矩形面积乘以厚度乘以单位理论质量计算。

钢墙架项目包括墙架柱、墙架梁和连接杆件。加工铁件等小型构件，应按钢构件中零星钢构件项目编码列项。

(7) 金属网 (010607001)

金属网按设计图示尺寸以面积计算。

7. 屋面及防水工程

(1) 瓦、型材屋面

包括瓦屋面(010701001)、型材屋面(010701002)、膜结构屋面(010701003)。

瓦屋面和型材屋面按设计图示尺寸以斜面积计算。不扣除房上烟囱、风帽底座、风道、小气窗、斜沟等所占面积，小气窗的出檐部分不增加面积。瓦屋面斜面积按屋面水平投影面积乘屋面延尺系数。膜结构屋面按设计图示尺寸以需要覆盖的水平面积计算。

小青瓦、水泥平瓦、琉璃瓦等，应按瓦、型材屋面中瓦屋面项目编码列项。压型钢板、阳光板、玻璃钢等，应按瓦、型材屋面中型材屋面编码列项。

(2) 屋面防水

包括屋面卷材防水 (010702001)、屋面涂膜防水 (010702002)、屋面刚性防水 (010702003)、屋面排水管 (010702004)、屋面天沟、沿沟 (010702005)。

屋面卷材防水、屋面涂膜防水按设计图示尺寸以面积计算。斜屋顶 (不包括平屋顶找坡) 按斜面积计算；平屋顶按水平投影面积计算。不扣除房上烟囱、风帽底座、风道、屋面小气窗和斜沟所占的面积。屋面的女儿墙、伸缩缝和天窗等处的弯起部分，并入屋面工程量内。

屋面刚性防水按设计图示尺寸以面积计算。不扣除房上烟囱、风帽底座、风道等所占的面积。

屋面排水管按设计图示尺寸以长度计算。设计未标注尺寸的，以檐口至设计室外散水上表面垂直距离计算。

屋面天沟、檐沟按设计图示尺寸以面积计算。铁皮和卷材天沟按展开面积计算。

(3) 墙、地面防水

包括卷材防水(010703001)、涂膜防水(010703002)、砂浆防水(潮)(010703003)、变形缝(010703004)。

卷材防水、涂膜防水、砂浆防水。按设计图示尺寸以面积计算。地面防水：按主墙间净空面积计算，扣除凸出地面的构筑物、设备基础等所占面积，不扣除间壁墙及单个0.3$m^2$以内的柱、垛、烟囱和孔洞所占面积。墙基防水：外墙按中心线，内墙按净长乘以宽度计算。

变形缝按设计图示尺寸以长度计算。

8. 防腐、隔热、保温工程

(1) 防腐面层

包括防腐混凝土面层(010801001)、防腐砂浆面层(010801002)、防腐胶泥面层(010801003)、玻璃钢防腐面层(010801004)、聚氯乙烯板面层(010801005)、块料防腐面层(010801006)。

防腐混凝土面层、防腐砂浆面层、防腐胶泥面层、玻璃钢防腐面层按设计图示尺寸以面积计算。

1) 平面防腐：扣除凸出地面的构筑物、设备基础等所占面积。

2) 立面防腐：砖垛等突出部分按展开面积并入墙面积内。

聚氯乙烯板面层、块料防腐面层按设计图示尺寸以面积计算。

1) 平面防腐：扣除凸出地面的构筑物、设备基础等所占面积。

2) 立面防腐：砖垛等突出部分按展开面积并入墙面积内。

3) 踢脚板防腐：扣除门洞所占面积并相应增加门洞侧壁面积。

(2) 其他防腐

包括隔离层、砌筑沥青浸渍砖、防腐涂料。

隔离层、防腐涂料按设计图示尺寸以面积计算。

1) 平面防腐：扣除凸出地面的构筑物、设备基础等所占面积。

2) 立面防腐：砖垛等突出部分按展开面积并入墙面积内。

砌筑沥青浸渍砖按设计图示尺寸以体积计算。

(3) 隔热、保温

包括保温隔热屋面、保温隔热天棚、保温隔热墙、保温柱、隔热楼地面。

保温隔热屋面、保温隔热天棚、隔热楼地面按设计图示尺寸以面积计算。不扣除柱、垛所占面积。保温隔热墙按设计图示尺寸以面积计算。扣除门窗洞口所占面积；门窗洞口侧壁需做保温时，并入保温墙体工程量内。保温柱按设计图示以保温层中心线展开长度乘以保温层高度计算。

柱帽保温隔热应并入天棚保温隔热工程量内。池槽保温隔热，池壁、池底应分别编码列项，池壁应并入墙面保温隔热工程量内，池底应并入地面保温隔热工程量内。

### 5.3.3 装饰装修工程清单工程量的计算

根据《建设工程工程量清单计价规范》(GB 50500—2008) 附录 B，主要的装饰工程工程量计算规则如下（详细请参见计价规范）。

1. 楼地面工程

(1) 整体面层

包括水泥砂浆楼地面（020101001）、现浇水磨石楼地面（020101002）、细石混凝土楼地面（020101003）、菱苦土楼地面（020101004）。

按设计图示尺寸以面积计算。扣除凸出地面的构筑物、设备基础、室内铁道、地沟等所占面积，不扣除间壁墙和 $0.3m^2$ 以内的柱、垛、附墙烟囱及孔洞所占面积。门洞、空圈、暖气包槽、壁龛的开口部分不增加面积。

(2) 块料面层

包括石材楼地面（020102001）、块料楼地面（020102002）。

按设计图示尺寸以面积计算。扣除凸出地面构筑物、设备基础、室内铁道、地沟等所占面积，不扣除间壁墙和 $0.3m^2$ 以内的柱、垛、附墙烟囱及孔洞所占面积。门洞、空圈、暖气包槽、壁龛的开口部分不增加面积。

(3) 橡塑面层

包括橡胶板楼地面（020103001）、橡胶卷材楼地面（020103002）、塑料板楼地面（020103003）、塑料卷材楼地面（020103004）。

按设计图示尺寸以面积计算。门洞、空圈、暖气包槽、壁龛的开口部分并入相应的工程量内。

(4) 其他材料面层

包括楼地面地毯（020104001）、竹木地板（020104002）、防静电活动地板（020104003）、金属复合地板（020104004）。

按设计图示尺寸以面积计算。门洞、空圈、暖气包槽、壁龛的开口部分并入相应的工程量内。

(5) 踢脚线

包括水泥砂浆踢脚线（020105001）、石材踢脚线（020105002）、块料踢脚线（020105003）、现浇水磨石踢脚线（020105004）、塑料板踢脚线（020105005）、木质踢脚线（020105006）、金属踢脚线（020105007）、防静电踢脚线（020105008）。

按设计图示长度乘以高度以面积计算。

(6) 楼梯装饰

包括石材楼梯面层（020106001）、块料楼梯面层（020106002）、水泥砂浆楼梯面（020106003）、现浇水磨石楼梯面（020106004）、地毯楼梯面（020106005）、木板楼梯面（020106006）。

按设计图示尺寸以楼梯（包括踏步、休息平台及500mm以内的楼梯井）水平投影面积计算，楼梯与楼地面相连时，算至梯口梁内侧边沿；无梯口梁者，算至最上一层踏步边沿加300mm。

(7) 扶手、栏杆、栏板装饰

包括金属扶手带栏杆、栏板(020107001)；硬木扶手带栏杆、栏板(020107002)；塑料扶手带栏杆、栏板(020107003)；金属靠墙扶手(020107004)；硬木靠墙扶手(020107005)；塑料靠墙扶手(020107006)。

按设计图示扶手中心线以长度（包括弯头长度）计算。

(8) 台阶装饰

包括石材台阶面(020108001)、块料台阶面(020108002)、水泥砂浆台阶面(020108003)、现浇水磨石台阶面(020108004)、剁假石台阶面(020108005)。

按设计图示尺寸以台阶（包括最上层踏步边沿加300mm）水平投影面积计算。

(9) 零星装饰项目

包括石材零星项目(020109001)、碎拼石材零星项目(020109002)、块料零星项目(020109003)、水泥砂浆零星项目(020109004)。

按设计图示尺寸以面积计算。楼梯、台阶侧面装饰，$0.5m^2$以内少量分散的楼地面装修，应按零星装饰项目中项目编码列项。

2. 墙、柱面工程

(1) 墙面抹灰

包括墙面一般抹灰(020201001)、墙面装饰抹灰(020201002)、墙面勾缝(020201003)。

按设计图示尺寸以面积计算。扣除墙裙、门窗洞口及单个$0.3m^2$以外的孔洞面积，不扣除踢脚线、挂镜线和墙与构件交界处的面积，门窗洞口和孔洞的侧壁及顶面不增加面积。附墙柱、梁、垛、烟囱侧壁并入相应的墙面面积内。

外墙抹灰面积按外墙垂直投影面积计算；外墙裙抹灰面积按其长度乘以高度计算；内墙抹灰面积按主墙间的净长乘以高度计算；无墙裙的内墙高度按室内楼地面至天棚底面计算。有墙裙的内墙高度按墙裙顶至天棚底面计算；内墙裙抹灰面按内墙净长乘以高度计算。

石灰砂浆、水泥砂浆、水泥混合砂浆、聚合物水泥砂浆、麻刀石灰、纸筋石灰、石膏灰等的抹灰应按墙面抹灰中一般抹灰项目编码列项；水刷石、斩假石

(剁斧石、剁假石)、干粘石、假面砖等的抹灰应按墙面抹灰中装饰抹灰项目编码列项。$0.5m^2$ 以内少量分散的抹灰应按墙面抹灰中相关项目编码列项。

(2) 柱面抹灰

包括柱面一般抹灰(020202001)、柱面装饰抹面(020202002)、柱面勾缝(020202003)。

按设计图示柱断面周长乘以高度以面积计算。

(3) 零星抹灰

包括零星项目一般抹灰(020203001)、零星项目装饰抹灰(020203001)。

按设计图示尺寸以面积计算。

(4) 墙面镶贴块料

包括石材墙面(020204001)、碎拼石材墙面(020204002)、块料墙面(020204003)、干挂石材钢骨架(020204004)。

石材墙面、碎拼石材墙面、块料墙面按设计图示尺寸以面积计算。干挂石材钢骨架按设计图示尺寸以质量计算。

(5) 柱面镶贴块料

包括石材柱面(020205001)、碎拼石材柱面(020205002)、块料柱面(020205003)、石材梁面(020205004)、块料梁面(020205005)。

按设计图示尺寸以实贴面积计算。

(6) 零星镶贴块料

包括石材零星项目(020206001)、碎拼石材零星项目(020206002)、块料零星项目(020206003)。

按设计图示尺寸以面积计算。$0.5m^2$ 以内少量分散的镶贴块料面层,应按零星镶贴块料中相关项目编码列项。

(7) 装饰板墙面(020207001)

装饰板墙面按设计图示墙净长乘以净高以面积计算,扣除门窗洞口及单个 $0.3m^2$ 以上的孔洞所占面积。

(8) 柱(梁)饰面(020208001)

柱(梁)饰面按设计图示饰面外围尺寸以相应面积计算。柱帽、柱墩并入相应柱饰面工程量内。

(9) 隔断(020209001)

隔断按设计图示框外围尺寸以面积计算。扣除单个 $0.3m^2$ 以上的孔洞所占面积;浴厕门的材质与隔断相同时,门的面积并入隔断面积内。

(10) 幕墙

包括带骨架幕墙(020210001)、全玻幕墙(020210002)。

带骨架幕墙按设计图示框外围尺寸以面积计算。与幕墙同种材质的窗所占面积不扣除。全玻幕墙按设计图示尺寸以面积计算。带肋全玻幕墙按展开尺寸以面积计算。

3. 天棚工程

（1）天棚抹灰（020301001）

天棚抹灰按设计图示尺寸以水平投影面积计算。不扣除间壁墙、垛、柱、附墙烟囱、检查口和管道所占的面积，带梁天棚、梁两侧抹灰面积并入天棚面积内，板式楼梯底面抹灰按斜面积计算，锯齿形楼梯底板抹灰按展开面积计算。

（2）天棚吊顶

包括天棚吊顶(020302001)、格栅吊顶(020302002)、吊筒吊顶(020302003)、藤条造型悬挂吊顶(020302004)、织物软雕吊顶(020302005)、网架(装饰)吊顶(020302006)。

天棚吊顶按设计图示尺寸以水平投影面积计算。天棚面中的灯槽及跌级、锯齿形、吊挂式、藻井式天棚面积不展开计算。不扣除间壁墙、检查口、附墙烟囱、柱垛和管道所占面积，扣除单个 $0.3m^2$ 以外的孔洞、独立柱及与天棚相连的窗帘盒所占的面积。

格栅吊顶、吊筒吊顶、藤条造型悬挂吊顶、织物软雕吊顶、网架（装饰）吊顶，按图示尺寸以水平投影以面积计算。

（3）天棚其他装饰

包括灯带（020303001）、送风口、回风口（020303002）。

灯带按设计图示尺寸以框外围面积计算；送风口、回风口，按设计图示规定数量计算。

4. 门窗工程

（1）木门

包括镶板木门(020401001)、企口木板门(020401002)、实木装饰门(020401003)、胶合板门(020401004)、夹板装饰门(020401005)、木质防火门(020401006)、木纱门(020401007)、连窗门(020401008)。

按设计图示数量或设计图示洞口尺寸以面积计算。木门五金应包括：折页、插销、风钩、弓背拉手、搭扣、木螺丝、弹簧折页（自动门）、管子拉手（自由门、地弹门）、地弹簧（地弹门）、角铁、门轧头（地弹门、自由门）等。

（2）金属门

包括金属平开门(020402001)、金属推拉门(020402002)、金属地弹门(020402003)、彩板门(020402004)、塑钢门(020402005)、防盗门(020402006)、钢质防火门(020402007)。

按设计图示数量或设计图示洞口尺寸以面积计算。铝合门五金应包括：地弹簧、门锁、拉手、门插、门铰、螺丝等。

(3) 金属卷帘门

包括金属卷闸门(020403001)、金属格栅门(020403002)、防火卷帘门(020403003)。

按设计图示数量或设计图示洞口尺寸以面积计算。

(4) 其他门

包括电子感应门(020404001)、转门(020404002)、电子对讲门(020404003)、电动伸缩门(020404004)、全玻门(带扇框)(020404005)、全玻自由门(无扇框)(020404006)、半玻门(带扇框)(020404007)、镜面不锈钢饰面门(020404008)。

按设计图示数量或设计图示洞口尺寸以面积计算。玻璃、百叶面积占其门扇面积一半以内者应为半玻门或半百叶门，超过一半时应为全玻门或全百叶门。其他门五金应包括L形执手插锁（双舌)、球形执手锁（单舌)、门轧头、地锁、防盗门扣、门眼（猫眼)、门碰珠、电子销（磁卡销)、闭门器、装饰拉手等。

(5) 木窗

包括木质平开窗(020405001)、木质推拉窗(020405002)、矩形木百叶窗(020405003)、异形木百叶窗(020405004)、木组合窗(020405005)、木天窗(020405006)、矩形木固定窗(020405007)、异形木固定窗(020405008)、装饰空花木窗(020405009)。

按设计图示数量或设计图示洞口尺寸以面积计算。木窗五金应包括：折页、插销、风钩、木螺丝、滑轮滑轨（推拉窗）等。

(6) 金属窗及其他门窗。

包括金属推拉窗(020406001)、金属平开窗(020406002)、金属固定窗(020406003)、金属百叶窗(020406004)、金属组合窗(020406005)、彩板窗(020406006)、塑钢窗(020406007)、金属防盗窗(020406008)、金属格栅窗(020406009)、特殊五金(020406010)。

特殊五金按设计图示数量计算。其余按设计图示数量或设计图示洞口尺寸以面积计算。铝合金窗五金应包括：卡锁、滑轮、铰拉、执手、拉把、拉手、风撑、角码、牛角制等。

(7) 门窗套

包括木门窗套(020407001)、金属门窗套(020407002)、石材门窗套(020407003)、门窗木贴脸(020407004)、硬木筒子板(020407005)、饰面夹板筒子板(020407006)。

按设计图示尺寸以展开面积计算。

(8) 窗帘盒、窗帘轨

包括木窗帘盒(020408001)、饰面夹板、塑料窗帘盒(020408002)、铝合金窗帘盒(020408003)、窗帘轨(020408004)。

按设计图示尺寸以长度计算。

(9) 窗台板

包括木窗台板（020409001）、铝塑窗台板（020409002）、石材窗台板（020409003）、金属窗台板（020409004）。

按设计图示尺寸以长度计算。

5. 油漆、涂料、裱糊工程

(1) 门油漆

门油漆（020501001）按设计图示数量或设计图示单面洞口面积计算。门油漆应区分单层木门、双层（一玻一纱）木门、双层（单裁口）木门、全玻自由门、半玻自由门、装饰门及有框门或无框门等，分别编码列项。

(2) 窗油漆

窗油漆（020502001）按设计图示数量或设计图示单面洞口面积计算。窗油漆应区分单层玻璃窗、双层（一玻一纱）木窗、双层框扇（单裁口）木窗、双层框三层（二玻一纱）木窗、单层组合窗、双层组合窗、木百叶窗、木推拉窗等，分别编码列项。

(3) 木扶手油漆及其他板条线条油漆

包括木扶手油漆（020503001）、窗帘盒油漆（020503002）、封檐板、顺水板油漆（020503003）、挂衣板、黑板框油漆（020503004）、挂镜线、窗帘棍、单独木线油漆（020503005）。

按设计图示尺寸以长度计算。木扶手应区分带托板与不带托板，分别编码列项。

(4) 木材面油漆

包括木板、纤维板、胶合板油漆（020504001）；木护墙、木墙裙油漆（020504002）；窗台板、筒子板、盖板、门窗套、踢脚线油漆（020504003）；清水板条天棚、檐口油漆（020504004）；木方格吊顶天棚油漆（020504005）；吸音板墙面、天棚面油漆（020504006）；暖气罩油漆（020504007）；木间壁、木隔断油漆（020504008）；玻璃间壁露明墙筋油漆（020504009）；木栅栏、木栏杆（带扶手）油漆（020504010）；衣柜、壁柜油漆（020504011）；梁柱饰面油漆（020504012）；零星木装修油漆（020504013）；木地板油漆（020504014）；木地板烫硬蜡面（020504015）。

木间壁、木隔断油漆；玻璃间壁露明墙筋油漆；木栅栏、木栏杆（带扶手）油漆按设计图示尺寸以单面外围面积计算。衣柜、壁柜油漆；梁柱饰面油漆；零星木装修油漆按设计图示尺寸以油漆部分展开面积计算。木地板油漆；木地板烫硬蜡面按设计图示尺寸以面积计算。空洞、空圈、暖气包槽、壁龛的开口部分并入相应的工程量内。其余按设计图示尺寸以面积计算。

（5）金属面油漆

金属面油漆（020505001）按设计图示尺寸以质量计算。

（6）抹灰面油漆

包括抹灰面油漆（020506001）、抹灰线条油漆（020506002）。

抹灰面油漆按设计图示尺寸以面积计算。抹灰线条油漆按设计图示尺寸以长度计算。

（7）刷喷涂料

刷喷涂料（020507001）按设计图示尺寸以面积计算。

（8）花饰、线条刷涂料

包括空花格、栏杆刷涂料（020508001）、线条刷涂料（020508002）。

空花格、栏杆刷涂料按设计图示尺寸以单面外围面积计算。线条刷涂料按设计图示尺寸以长度计算。

（9）裱糊

包括墙纸裱糊（020509001）、织锦缎裱糊（020509002）。

按设计图示尺寸以面积计算。

6. 其他工程

（1）柜类、货架

包括柜台（020601001）、酒柜（020601002）、衣柜（020601003）、存包柜（020601004）、鞋柜（020601005）、书柜（020601006）、厨房壁柜（020601007）、木壁柜（020601008）、厨房低柜（020601009）、厨房吊柜（020601010）、矮柜（020601011）、吧台背柜（020601012）、酒吧吊柜（020601013）、酒吧台（020601014）、展台（020601015）、收银台（020601016）、试衣间（020601017）、货架（020601018）、书架（020601019）、服务台（020601020）。

按设计图示数量计算。

（2）暖气罩

包括饰面板暖气罩（020602001）、塑料板暖气罩（020602002）、金属暖气罩（020602003）。

按设计图示尺寸以垂直投影面积（不展开）计算。

（3）浴厕配件

包括洗漱台（020603001）、晒衣架（020603002）、帘子杆（020603003）、浴缸拉手（020603004）、毛巾杆（架）（020603005）、毛巾环（020603006）、卫生纸盒（020603007）、肥皂盒（020603008）、镜面玻璃（020603009）、镜箱（020603010）。

洗漱台按设计图示尺寸以台面外接矩形面积计算。不扣除孔洞、挖弯、削角所占面积，挡板、吊沿板面积并入台面面积内。晒衣架、帘子杆、浴缸拉手、毛巾杆（架）、毛巾环、卫生纸盒、肥皂盒按设计图示数量计算。镜面玻璃按设计图示尺寸以边框外围面积计算。镜箱按设计图示数量计算。

(4) 压条、装饰线

包括金属装饰线（020604001）、木质装饰线（020604002）、石材装饰线（020604003）、石膏装饰线（020604004）、镜面玻璃线（020604005）、铝塑装饰线（020604006）、塑料装饰线（020604007）。

按设计图示尺寸以长度计算。

(5) 雨篷、旗杆

包括雨篷吊挂饰面（020605001）、金属旗杆（020605002）。

雨篷吊挂饰面按设计图示尺寸以水平投影面积计算。金属旗杆按设计图示数量计算。

(6) 招牌、灯箱

包括平面、箱式招牌(020606001)、竖式标箱(020606002)、灯箱(020606003)。

平面、箱式招牌按设计图示尺寸以正立面边框外围面积计算。复杂形的凸凹造型部分不增加面积。竖式标箱、灯箱按设计图示数量计算。

(7) 美术字

包括泡沫塑料字（020607001）、有机玻璃字（020607002）、木质字（020607003）、金属字（020607004）。

按设计图示数量计算。

## 复习思考题

1. 什么是工程计量，工程计量的作用是什么?
2. 什么是工程量? 计算工程量的依据是什么?
3. 什么是工程量计算规则，计算工程量时有哪些注意事项?
4. 什么是建筑面积，建筑面积有哪些作用?
5. 建筑面积计算规则有哪些规定?
6. 工程量清单计算规则有哪些规定?
7. 工程量清单计算规则与定额工程量计算规则有哪些区别?

# 6 工程估价

一般而言，工程估价是指建设工程施工之前，即工程主要费用实际发生之前，预先对工程造价进行的计算，通常包括项目决策阶段的投资估算、初步设计阶段的设计概算、施工图设计阶段的施工图预算、招标阶段的招标控制价或标底、工程合同价以及施工准备阶段的资金使用计划等。

## 6.1 项目决策阶段的投资估算

投资估算是在建设项目的前期阶段，依据现有资料和一定的方法，计算确定建设项目总投资额的文件。投资估算对建设项目的投资决策有重要影响，在固定资产形成过程中起着投资预测、投资控制和投资效益分析的作用。投资估算是建设项目控制投资的依据，其对设计概算有严格的控制，不允许突破规定的幅度。

### 6.1.1 投资估算的编制依据

从体现建设项目投资规模的角度，根据工程造价的构成，建设项目投资的估算包括固定资产投资估算和流动资金估算。

固定资产投资估算的内容按照费用的性质划分，包括设备及工器具购置费、建筑安装工程费用、工程建设其他费用、预备费（分为基本预备费和涨价预备费）、建设期贷款利息。

除了建设期贷款利息、涨价预备费之外，上述其他费用的估算构成了固定资产静态投资估算。

铺底流动资金的估算是项目总投资估算中的一部分。根据现行规定的要求，新建、扩建和技术改造项目，必须将项目建成投产后所需的铺底流动资金列入投资计划。

估算建设项目投资的主要依据有：

（1）项目建议书；

（2）项目建设规模、产品方案；

（3）工程项目、辅助工程一览表；

（4）工程设计方案、图纸及主要设备、材料表；

（5）设备价格、运杂费率，当地材料预算价格；

（6）同类型建设项目的投资资料；

（7）有关规定，如对项目建设投资的要求、银行贷款利息等。

### 6.1.2 投资估算的阶段划分及精度要求

由于投资决策过程可进一步划分为投资机会研究或项目建议书阶段、初步可行性研究阶段、详细可行性研究阶段，所以投资估算工作也相应分为三个阶段。不同阶段所具备的条件和掌握的资料不同，因而投资估算的准确程度不同，进而每个阶段投资估算所起的作用也不同。但是，随着阶段的不断发展，调查研究不断深入，掌握的资料越来越丰富，投资估算逐步准确，其所起的作用也越来越重要。

（1）投资机会研究或项目建议书阶段的投资估算

这一阶段主要是选择有利的投资机会，明确投资方向，提出概略的项目投资建议，并编制项目建议书。该阶段工作比较粗略，投资额的估计一般是通过与已建类似项目的对比得来的，因而投资估算的误差率可在±30%左右。

这一阶段的投资估算是作为领导部门审批项目建议书、初步选择投资项目的主要依据之一，对初步可行性研究及投资估算起指导作用。

（2）初步可行性研究阶段的投资估算

这一阶段主要是在投资机会研究结论的基础上，进一步弄清项目的投资规模、原材料来源、工艺技术、厂址、组织机构和建设进度等情况，进行经济效益评价，判断项目的可行性，作出初步投资评价。该阶段是介于项目建议书和详细可行性研究之间的中间阶段，投资估算的误差率一般要求控制在±20%左右。

这一阶段的投资估算是作为决定是否进行详细可行性研究的依据之一，同时也是确定哪些关键问题需要进行辅助性专题研究的依据之一。

（3）详细可行性研究阶段的投资估算

详细可行性研究阶段也称为最终可行性研究阶段，主要是进行全面、详细、深入的技术经济分析论证阶段，要评价选择拟建项目的最佳投资方案，对项目的可行性提出结论性意见。该阶段研究内容详尽，投资估算的误差率应控制在±10%以内。

这一阶段的投资估算是进行详尽经济评价、决定项目可行性、选择最佳投资方案的主要依据，也是编制设计文件、控制初步设计及概算的主要依据。

### 6.1.3 投资估算的准确性

投资估算是拟建项目前期可行性研究的一个重要内容，是经济效益评价的基础，是项目决策的重要依据。投资估算质量如何，将决定着拟建项目能否纳入建设计划的前途“命运”。因此，投资估算不能太粗糙，必须达到国家或部门规定的深度要求，如果误差太大，必然导致投资者决策失误，带来不良后果。

每一工程在不同的建设阶段，由于条件不同，对估算准确度的要求也就有所不同。人们不可能超越客观条件，把建设项目投资估算编制得与最终实际投资（决算价）完全一致。但可以肯定，如果能充分地掌握市场变动信息，并全面加以分析，那么投资估算准确性就能提高。一般说来，建设阶段愈接近后期，可掌握因素愈多，也就愈接近实际，投资估算也就愈接近于实际投资。在设计前期，由于诸多因素的不确定性，所编估算投资偏离实际投资较远是在所难免的。各阶段投资估算的准确度如图 6-1 所示。

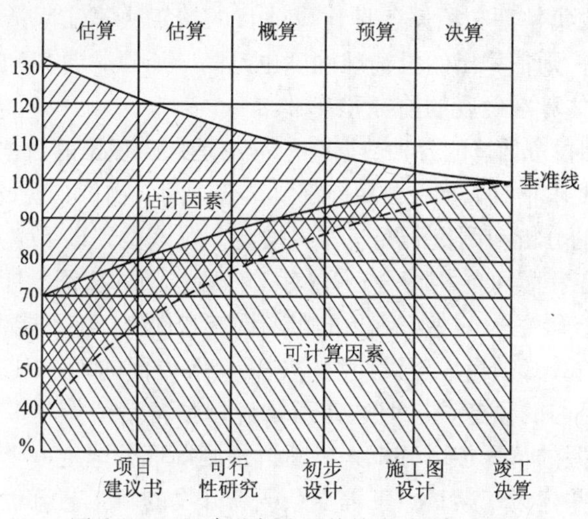


图 6-1　工程建设各阶段估算准确度示意图

投资估算的各种客观因素可科学地划分为“可计算因素”和“估计因素”两大类。可计算因素系指估算的基础单价（如扩大指标和技术数据、概算指标、估算指标以及各种费率标准等）乘其相应的工程量求得的造价或费用；估计因素则是对各种不确定性因素加以分析判断、逻辑推理、主观估计而求得，这在很大程度上依赖于工程估算师的水平和经验。

（1）投资估算精度的影响因素

建设项目投资估算是一项很复杂的工作，因为有很多因素会影响项目投资估算的准确性，其主要影响因素有：

1）项目投资估算所需资料的可靠程度。如已运行项目的实际投资额、有关单元指标、物价指数、项目拟建规模、建筑材料、设备价格等数据和资料的可靠性。

2）项目本身的内容和复杂程度。如拟建项目本身比较复杂，内容很多时，那么在估算项目所需投资额时，就容易发生漏项和重复计算。

3）项目所在地的自然条件，如建设场地条件、工程地质、水文地质、地震烈度等情况和有关数据的可靠性。

4）项目所在地的建筑材料供应情况、价格水平、施工协作条件等。

5）项目的建设工期和有关建筑材料、设备价格的浮动幅度。

6）项目所在地的城市基础设施情况。如给水排水、通信、燃气供应、热力供应、公共交通、消防等基础设施是否齐备。

7）项目设计深度和详细程度。

8）项目投资估算人员的经验和水平等。

（2）投资估算的注意事项

要提高工程造价估算的准确性，应注意做到以下几点：

1）要认真收集整理和积累各种建设项目的竣工决算实际造价资料。这些资料的可靠性越高，则估算出的投资准确度也越高。所以，收集和积累可靠的技术资料是提高投资估算准确度的前提和基础。

2）选择使用投资估算的各种数据时，不论是自己积累的数据，还是来源于其他方面的数据，要求估算人员在使用前都要结合时间、物价、现场条件、装备水平等因素作出充分的分析和调查研究工作。据此，应该做到以下三点：① 造价指标的工程特征与本工程尽可能相符合；② 对工程所在地的交通、能源、材料供应等条件做周密的调查研究；③ 做好细致的市场调查和预测。绝不能生搬硬套。

3）投资的估算必须考虑建设期物价、工资等方面的动态因素变化。

4）应留有足够的预备费。但这并不是说，预备费留得越多越保险，而是依据估算人员所掌握的情况加以分析、判断、预测等环节选定一个适度的系数。一般说来，对于那些建设工期长、工程复杂或新开发的新工艺流程，预备费所占比例可高一些；建设工期短、工程结构简单或在很大程度上带有非开发并在国内已有建成的工艺生产项目和已定型的项目，预备费所占的比例就可以低一些。

5）对引进国外设备或技术项目要考虑汇率的变化。

进口设备、引进国外先进技术的建设项目和涉外建设项目，其建设投资的估算额与外汇兑换率关系密切。

6）注意项目投资总额的综合平衡。实际进行项目投资估算时，常常会有从局部上对各单位工程的投资估算来看似乎是合理的，但从估算的建设项目所需的总投资额来看显得并不一定适当。因此，必须从总体上衡量工程的性质、项目所包括的内容和建筑标准等，是否与当前同类工程的投资额相称。还可以检查各单位工程的经济指标是否合适，从而再作一次必要的调整，使得整个建设项目所需的投资估算额更为合理。

7）进行项目投资估算要认真负责、实事求是。进行项目投资估算时，应加强责任感，要认真负责地、实事求是地、科学地进行投资估算。既不可有意高估冒算，以免积压和浪费资金；也不应故意压价少估，而后进行投资追加，打乱项目投资计划。

总之，对拟建项目投资估算在深入调查研究和已掌握条件的基础上，应尽量地做到估算投资与现实相符合，估足投资，不留缺口，以便拟建项目立项后在各阶段的实施过程中，使估算投资真正能够起到控制投资最高限额的作用。

### 6.1.4 投资估算的内容及要求

从体现建设项目投资规模的角度，根据工程造价的构成，建设项目投资的估算包括固定资产投资估算和流动资金估算。

固定资产投资估算的内容按照费用的性质划分，包括设备及工器具购置费、建筑安装工程费用、工程建设其他费用、预备费（分为基本预备费和涨价预备费)、建设期贷款利息。

除了建设期贷款利息、涨价预备费之外，上述其他费用的估算构成了固定资产静态投资估算。

### 6.1.5 投资估算的编制方法

投资估算应按静态投资和动态投资分别进行估算，由于编制投资估算的方法众多，应按项目的性质、技术资料和数据的具体情况，有针对性地选用适宜的方法。

静态投资部分的估算，又因民用项目与工业生产项目的出发点及具体方法有着显著的区别，一般情况下，工业生产项目的投资估算从设备费用入手，而民用项目则往往从建筑工程投资估算入手，故本部分内容将按工业生产项目、民用项目的投资估算分别展开。

需要指出的是静态投资的估算，要按某一确定的时间来进行，一般以开工的前一年为基准年，以这一年的价格为依据计算，否则就会失去基准作用，影响投资估算的准确性。

(1) 工业生产项目静态投资估算的常用方法

1) 资金周转率法

这是一种用资金周转率来推测投资额的简便方法。其公式如下：

资金周转率 = 年销售总额/总投资 = 产品的年产量 × 产品单价/总投资

投资额 = 产品的年产量 × 产品单价/资金周转率

拟建项目的资金周转率可以根据已建相似项目的有关数据进行估计，然后再根据拟建项目预计的产品年产量及单价，进行估算拟建项目的投资额。

这种方法比较简便，计算速度快，但精确度较低，可用于投资机会研究及项目建议书阶段的投资估算。

2) 生产规模指数法

这种方法根据已建成的、性质类似的建设项目或生产装置的投资额和生产能力及拟建项目或生产装置的生产能力估算拟建项目的投资额。计算公式如下：

$$C_2 = C_1(Q_2/Q_1)^n \cdot f$$

式中 $C_1$——已建类似项目或装置的投资额；

$C_2$——拟建项目或装置的投资额；

$Q_1$——已建类似项目或装置的生产规模；

$Q_2$——拟建项目或装置的生产规模；

$f$——不同时期、不同地点的定额、单价、费用变更等的综合调整系数；

$n$——生产规模指数，$0 \leqslant n \leqslant 1$。

若已建类似项目或装置的规模和拟建项目或装置的规模相差不大，生产规模比值在0.5～2之间，则指数$n$的取值近似为1。

若已建类似项目或装置与拟建项目或装置的规模相差不大于50倍，且拟建项目规模的扩大仅靠增大设备规模来达到时，则$n$取值约在0.6～0.7之间；若是靠增加相同规格设备的数量达到时，$n$的取值约在0.8～0.9之间。

采用这种方法，计算简单、速度快；但要求类似工程的资料可靠，条件基本相同，否则误差就会增大。

3）比例估算法

比例估算法又可分为三种：

① 分项比例估算法

该法是将项目的固定资产投资分为设备投资、建筑物与构筑物投资、其他投资三部分，先估出设备的投资额，然后再按一定比例估出建筑物与构筑物的投资及其他投资，最后将三部分投资加在一起。

• 设备投资估算

设备投资按其出厂价格加上运输费、安装费等，其估算公式如下：

$$K_1 = \sum_{i=1}^{n} Q_i P_i (1 + L_i)$$

式中 $K_1$——设备的投资估算值；

$Q_i$——第$i$种设备所需数量；

$P_i$——第$i$种设备的出厂价格；

$L_i$——同类项目同类设备的运输、安装费系数；

$n$——所需设备的种数。

• 建筑物与构筑物投资估算：

$$K_2 = K_1 L_b$$

式中 $K_2$——建筑物与构筑物的投资估算值；

$L_b$——同类项目中建筑物与构筑物投资占设备投资的比例，露天工程取0.1～0.2，室内工程取0.6～1.0。

- 其他投资估算

$$K_3 = K_1 L_w$$

式中 $K_3$——其他投资的估算值；

$L_w$——同类项目其他投资占设备投资的比例。

项目固定资产投资总额的估算值 $K$ 则为

$$K = (K_1 + K_2 + K_3)(1 + S\%)$$

式中，$S\%$ 为考虑不可预见因素而设定的费用系数，一般为 10% ~15%。

② 以拟建项目或装置的设备费为基数，根据已建成的同类项目或装置的建筑安装费和其他工程费用等占设备价值的百分比，求出相应的建筑安装费及其他工程费用等，再加上拟建项目的其他有关费用，其总和即为项目或装置的投资。公式如下：

$$C = E(1 + f_1P_1 + f_2P_2 + f_3P_3 + \cdots) + I$$

式中 $C$——拟建项目或装置的投资额；

$E$——根据拟建项目或装置的设备清单按当时当地价格计算的设备费（包括运杂费）的总和。

$P_1$，$P_2$，$P_3$，…——已建项目中建筑、安装及其他工程费用等占设备费百分比；

$f_1$，$f_2$，$f_3$，…——由于时间因素引起的定额、价格、费用标准等变化的综合调整系数；

$I$——拟建项目的其他费用。

③ 以拟建项目中的最主要、投资比重较大并与生产规模直接相关的工艺设备的投资（包括运杂费及安装费）为基数，根据同类型的已建项目的有关统计资料，计算出拟建项目的各专业工程（总图、土建、暖通、给水排水、管道、电气及电信、自控及其他工程费用等）占工艺设备投资的百分比，据以求出各专业的投资，然后把各部分投资费用（包括工艺设备费）相加求和，再加上工程其他有关费用，即为项目的总费用。其表达式为：

$$C = E(1 + f_1P_1' + f_2P_2' + f_3P_3' + \cdots) + I$$

式中，$P_1'$，$P_2'$，$P_3'$，…为各专业工程费用占工艺设备费用的百分比。

4）朗格系数法

这种方法是以设备费为基础，乘以适当系数来推算项目的建设费用。基本公式如下：

$$D = C(1 + \sum K_i)K_c$$

式中 $D$——总建设费用；

$C$——主要设备费用；

$K_i$——管线、仪表、建筑物等项费用的估算系数；

$K_c$——管理费、合同费、应急费等间接费在内的总估算系数。

总建设费用与设备费用之比为朗格系数 $K_L$。即

$$K_L = (1 + \sum K_i) \cdot K_c$$

表6-1所示是国外的流体加工系统的典型经验系数值。

这种方法比较简单，但没有考虑设备规格、材质的差异，所以精确度不高。

**流体加工系统的典型经验系数** **表6-1**

| 主设备缴获费用 | $C$ |
| --- | --- |
| 附属其他直接费用与 $C$ 之比（$K_i$） | |
| 主设备安装人工费 | 0.10～0.20 |
| 保温费 | 0.10～0.25 |
| 管线（碳钢）费 | 0.50～1.00 |
| 基础 | 0.03～0.13 |
| 建筑物 | 0.07 |
| 构架 | 0.05 |
| 防火 | 0.06～0.10 |
| 电气 | 0.07～0.15 |
| 油漆粉刷 | 0.06～0.10 |
| | $\sum K_i = 1.04 \sim 2.05$ |
| 直接费用之和 $[(1 + \sum K_i) C]$ | |
| 通过直接费表示的间接费 | |
| 日常管理、合同费和利息 | 0.30 |
| 工程费 | 0.13 |
| 不可预见费 | 0.13 |
| | $K_c = 1 + 0.56 = 1.56$ |
| 总费用 $D = (1 + \sum K_i) K_c C = (3.18 \sim 4.76)\ C$ | |

(2) 民用项目静态投资估算的常用方法

1) 指标估算法

根据编制的各种具体的投资估算指标，进行单位工程投资的估算。投资估算指标的表示形式较多，如以元/m、元/$m^2$、元/$m^3$、元/t、元/(kV·A) 表示。根据这些投资估算指标，乘以所需的面积、体积、容量等，就可以求出相应的土建工程、给水排水工程、照明工程、采暖工程、变配电工程等各单位工程的投资。在此基础上，可汇总成某一单项工程的投资。另外，再估算工程建设其他费用及预备费，即求得所需的投资。

对于房屋、构筑物等投资的估算，经常采用指标估算法，以元/$m^2$ 或元/$m^3$ 表示。

采用这种方法时，要根据国家有关规定、投资主管部门或地区颁布的估算指标，结合工程的具体情况编制。一方面要注意，若套用的指标与具体工程之间的标准或条件有差异时，应加以必要的换算或调整；另一方面要注意，使用的指标单位应密切结合每个单位工程的特点，能正确反映其设计参数，切勿盲目地单纯

套用一种单位指标。

① 单位面积综合指标估算法。该法适用于单项工程的投资估算，投资包括土建、给水排水、采暖、通风、空调、电气、动力管道等所需费用。其数学计算式如下：

单项工程投资额 = 建筑面积 × 单位面积造价 × 价格浮动指数 ± 结构和建筑标准部分的价差

② 单元指标估算法。该法在实际工作中使用较多，可按如下公式计算：

项目投资额 = 单元指标 × 民用建筑功能 × 物价浮动指数

单元指标是指每个估算单位的投资额。例如：饭店单位客房投资指标、医院每个床位投资指标等。

2）模拟概算法

该法与编制概算的思想一致，故称模拟概算法。在实际工作中应用较多，具有可操作性，因此与其他方法比，具有较高的准确性，当然，该法的前提是该项目的方案要达到一定的深度。

（3）涨价预备费的估算

可按如下公式估算：

$$PF = \sum_{t=1}^{n} I_t[(1+f)^t - 1]$$

式中 $PF$——涨价预备费估算额；

$I_t$——建设期中第 $t$ 年的投资计划额（按建设期前一年价格水平估算）；

$n$——建设期年份数；

$f$——年平均价格预计上涨率。

**【例 6-1】** 某项目的静态投资为 22310 万元，按本项目进度计划，项目建设期为 3 年，3 年的投资分年使用比例为第一年 20%，第二年 55%，第三年 25%，建设期内年平均价格变动率预测为 6%，估计该项目建设期的涨价预备费。

**【解】** 第一年投资计划用款额：

$I_1 = 22310 \times 20\% = 4462$（万元）

第一年涨价预备费：

$PF_1 = I_1[(1+f)^1 - 1] = 4462 \times [(1+6\%)^1 - 1] = 267.72$（万元）

第二年投资计划用款额：

$I_2 = 22310 \times 55\% = 12270.5$（万元）

第二年涨价预备费：

$PF_2 = I_2[(1+f)^2 - 1] = 12270.5 \times [(1+6\%)^2 - 1] = 1516.63$（万元）

第三年投资计划用款额：

$I_3 = 22310 \times 25\% = 5577.5$（万元）

第三年涨价预备费：

$$PF_3 = I_3[(1+f)^3 - 1] = 5577.5 \times [(1+6\%)^3 - 1] = 1065.39(\text{万元})$$

所以，建设期的涨价预备费：

$$PF = PF_1 + PF_2 + PF_3 = 267.72 + 1516.63 + 1065.39 = 2849.74(\text{万元})$$

(4) 建设期利息的估算

在建设投资分年计划的基础上可设定初步融资方案，对采用债务融资的项目应估算建设期利息。建设期利息是指筹措债务资金时在建设期内发生并按规定允许在投产后计入固定资产原值的利息，即资本化利息。

建设期利息包括银行借款和其他债务资金的利息，以及其他融资费用。其他融资费用是指某些债务融资中发生的手续费、承诺费、管理费、信贷保险费等融资费用，一般情况下应将其单独计算并计入建设期利息；在项目前期研究的初期阶段，也可作粗略估算并计入建设投资；对于不涉及国外贷款的项目，在可行性研究阶段，也可作粗略估算并计入建设投资。

估算建设期利息，需要根据项目进度计划，提出建设投资分年计划，列出各年投资应算建设期利息时，为了简化计算，通常假定借款均在每年的年中支用，借款当年按半年计息，其余各年份按全年计息，计算公式如下：

各年应计利息 =（年初借款本息累计 + 本年借款额/2）× 有效年利率

对于多种借款资金来源，每笔借款的年利率各不相同的项目，既可分别计算每笔借款的利息，也可先计算出各笔借款加权平均的年利率，并以此利率计算全部借款的利息。

在估算建设期利息时需编制建设期利息估算表，见表 6-2。

**建设期利息估算表** **表 6-2**

人民币单位：万元

| 序号 | 项目 | 合计 | 建设期 | | | | | |
|---|---|---|---|---|---|---|---|---|
| | | | 1 | 2 | 3 | 4 | … | $n$ |
| 1 | 借款 | | | | | | | |
| 1.1 | 建设期利息 | | | | | | | |
| 1.1.1 | 期初借款余额 | | | | | | | |
| 1.1.2 | 当期借款 | | | | | | | |
| 1.1.3 | 当期应计利息 | | | | | | | |
| 1.1.4 | 期末借款余额 | | | | | | | |
| 1.2 | 其他融资费用 | | | | | | | |
| 1.3 | 小计（1.1+1.2） | | | | | | | |

续表

| 序 号 | 项 目 | 合计 | 建设期 | | | | | |
|---|---|---|---|---|---|---|---|---|
| | | | 1 | 2 | 3 | 4 | … | $n$ |
| 2 | 债券 | | | | | | | |
| 2.1 | 建设期利息 | | | | | | | |
| 2.1.1 | 期初债务余额 | | | | | | | |
| 2.1.2 | 当期债务金额 | | | | | | | |
| 2.1.3 | 当期应计利息 | | | | | | | |
| 2.1.4 | 期末债务余额 | | | | | | | |
| 2.2 | 其他融资费用 | | | | | | | |
| 2.3 | 小计（2.1+2.2） | | | | | | | |
| 3 | 合计（1.3+2.3） | | | | | | | |
| 3.1 | 建设期利息合计（1.1+2.1） | | | | | | | |
| 3.2 | 其他融资费用合计（1.2+2.2） | | | | | | | |

（5）流动资金的估算

项目运营需要流动资产投资，是指生产经营性项目投产后，为进行正常生产运营，用于购买原材料、燃料，支付工资及其他经营费用等所需的周转资金。流动资金估算一般采用分项详细估算法。个别情况或者小型项目可采用扩大指标法。

1）分项详细估算法

流动资金的显著特点是在生产过程中不断周转，其周转额的大小与生产规模及周转速度直接相关。分项详细估算法是根据周转额与周转速度之间的关系，对构成流动资金的各项流动资产和流动负债分别进行估算。流动资产的构成要素一般包括存货、库存现金、应收账款和预付账款；流动负债的构成要素一般包括应付账款和预收账款。流动资金等于流动资产和流动负债的差额，计算公式为：

流动资金＝流动资产－流动负债

流动资产＝应收账款＋预付账款＋存货＋现金

流动负债＝应付账款＋预收账款

流动资金本年增加额＝本年流动资金－上年流动资金

估算的具体步骤，首先计算各类流动资产和流动负债的年周转次数，然后再分项估算占用资金额。

① 周转次数计算。周转次数是指流动资金的各个构成项目在一年内完成多少个生产过程。周转次数可用1年天数（通常按360天计算）除以流动资金的最低周转天数计算，则各项流动资金年平均占用额度为流动资金的年周转额度除以流动资金的年周转次数。

即：

周转次数＝360/流动资金最低周转天数

各类流动资产和流动负债的最低周转天数，可参照同类企业的平均周转天数并结合项目特点确定，或按部门（行业）规定。在确定最低周转天数时应考虑储存天数、在途天数，并考虑适当的保险系数。

② 应收账款估算。应收账款是指企业对外赊销商品、提供劳务尚未收回的资金。计算公式为：

应收账款＝年经营成本/应收账款周转次数

③ 预付账款估算。预付账款是指企业为购买各类材料、半成品或服务所预先支付的款项，计算公式为：

预付账款＝外购商品或服务年费用金额/预付账款周转次数

④ 存货估算。存货是企业为销售或者生产耗用而储备的各种物资，主要有原材料、辅助材料、燃料、低值易耗品、维修备件、包装物、商品、在产品、自制半成品和产成品等。为简化计算，仅考虑外购原材料、燃料、其他材料、在产品和产成品，并分项进行计算。计算公式为：

存货＝外购原材料、燃料＋其他材料＋在产品＋产成品

外购原材料、燃料＝年外购原材料、燃料费用/分项周转次数

其他材料＝年其他材料费用/其他材料周转次数

在产品＝(年外购原材料、燃料＋年工资及福利费＋年修理费＋年其他制造费）/在产品周转次数

产成品＝(年经营成本－年其他营业费用)/产成品周转次数

⑤ 现金需要量估算。项目流动资金中的现金是指货币资金，即企业生产运营活动中停留于货币形态的那部分资金，包括企业库存现金和银行存款。计算公式为：

现金＝(年工资及福利费＋年其他费用)/现金周转次数

年其他费用＝制造费用＋管理费用＋营业费用－(以上三项费用中所含的工资及福利费、折旧费、摊销费、修理费)

⑥ 流动负债估算。流动负债是指在一年或者超过一年的一个营业周期内，需要偿还的各种债务，包括短期借款、应付票据、应付账款、预收账款、应付工资、应付福利费、应付股利、应交税金、其他暂收应付款、预提费用和一年内到期的长期借款等。在可行性研究中，流动负债的估算可以只考虑应付账款和预收账款两项。计算公式为：

应付账款＝外购原材料、燃料动力费及其他材料年费用/应付账款周转次数

预收账款＝预收的营业收入年金额/预收账款周转次数

2）扩大指标估算法

扩大指标估算法是根据现有同类企业的实际资料，求得各种流动资金率指

标，亦可依据行业或部门给定的参考值或经验确定比率。将各类流动资金率乘以相对应的费用基数来估算流动资金。一般常用的基数有营业收入、经营成本、总成本费用和建设投资等，究竟采用何种基数依行业习惯而定。扩大指标估算法简便易行，但准确度不高，适用于项目建议书阶段的估算。扩大指标估算法计算流动资金的公式为：

年流动资金额 = 年费用基数 × 各类流动资金率（%）

3）估算流动资金应注意的问题

① 在采用分项详细估算法时，应根据项目实际情况分别确定现金、应收账款、预付账款、存货、应付账款和预收账款的最低周转天数，并考虑一定的保险系数。因为最低周转天数减少，将增加周转次数，从而减少流动资金需用量，因此，必须切合实际地选用最低周转天数。对于存货中的外购原材料和燃料，要分品种和来源，考虑运输方式和运输距离，以及占用流动资金的比重大小等因素。

② 流动资金属于长期性（永久性）流动资产，流动资金的筹措可通过长期负债和资本金（一般要求占30%）的方式解决。流动资金一般要求在投产前一年开始筹措，为简化计算，可规定在投产的第一年开始按生产负荷安排流动资金需用量，其借款部分按全年计算利息，流动资金利息应计入生产期间财务费用，项目计算期末收回全部流动资金（不含利息）。

③ 用详细估算法计算流动资金，需以经营成本及其中的某些科目为基数，因此实际上流动资金估算应在经营成本估算之后进行。

4）流动资金估算表的编制

根据流动资金各项估算的结果，编制流动资金估算表，见表6-3。

**流动资金估算表** **表6-3**

人民币单位：万元

| 序号 | 项目 | 最低周转天数 | 周转次数 | 计算期 | | | | | |
|---|---|---|---|---|---|---|---|---|---|
| | | | | 1 | 2 | 3 | 4 | … | *n* |
| 1 | 流动资金 | | | | | | | | |
| 1.1 | 应收账款 | | | | | | | | |
| 1.2 | 存货 | | | | | | | | |
| 1.2.1 | 原材料 | | | | | | | | |
| 1.2.2 | ××× | | | | | | | | |
| | …… | | | | | | | | |
| 1.2.3 | 燃料 | | | | | | | | |
| | ××× | | | | | | | | |
| | …… | | | | | | | | |

续表

| 序 号 | 项 目 | 最低周转天数 | 周转次数 | 计算期 | | | | | |
|---|---|---|---|---|---|---|---|---|---|
| | | | | 1 | 2 | 3 | 4 | … | *n* |
| 1.2.4 | 在产品 | | | | | | | | |
| 1.2.5 | 产成品 | | | | | | | | |
| 1.3 | 现金 | | | | | | | | |
| 1.4 | 预付账款 | | | | | | | | |
| 2 | 流动负债 | | | | | | | | |
| 2.1 | 应付账款 | | | | | | | | |
| 2.2 | 预收账款 | | | | | | | | |
| 3 | 流动资金（1-2） | | | | | | | | |
| 4 | 流动资金当期增加额 | | | | | | | | |

（6）投资估算表

建设投资是项目费用的重要组成部分，是项目财务分析的基础数据。根据项目前期研究各阶段对投资估算精度的要求、行业的特点和相关规定，可选用相应的投资估算方法。在估算出了建设投资后需编制建设投资估算表，为后期的融资决策提供依据。按照费用归集形式，建设投资可按概算法或按形成资产法分类。

1）按概算法分类

建设投资由工程费用、工程建设其他费用和预备费三部分构成。

其中工程费用又由建筑工程费、设备购置费（含工器具及生产家具购置费）和安装工程费构成；工程建设其他费用内容较多，且随行业和项目的不同而有所区别。预备费包括基本预备费和涨价预备费。按照概算法编制的建设投资估算表如表6-4所示。

**建设投资估算表**（概算法） **表 6-4**

人民币单位：万元，外币单位：

| 序号 | 工程或费用名称 | 建筑工程费 | 设备购置费 | 安装工程费 | 其他费用 | 合计 | 其中：外币 | 比例（%） |
|---|---|---|---|---|---|---|---|---|
| 1 | 工程费用 | | | | | | | |
| 1.1 | 主体工程 | | | | | | | |
| 1.1.1 | ××× | | | | | | | |
| | …… | | | | | | | |
| 1.2 | 辅助工程 | | | | | | | |
| 1.2.1 | ××× | | | | | | | |
| | …… | | | | | | | |

续表

| 序号 | 工程或费用名称 | 建筑工程费 | 设备购置费 | 安装工程费 | 其他费用 | 合计 | 其中：外币 | 比例（%） |
|---|---|---|---|---|---|---|---|---|
| 1.3 | 公用工程 | | | | | | | |
| 1.3.1 | ××× | | | | | | | |
| | …… | | | | | | | |
| 1.4 | 服务性工程 | | | | | | | |
| 1.4.1 | ××× | | | | | | | |
| | …… | | | | | | | |
| 1.5 | 厂外工程 | | | | | | | |
| 1.5.1 | ××× | | | | | | | |
| | …… | | | | | | | |
| 1.6 | ××× | | | | | | | |
| 2 | 工程建设其他费用 | | | | | | | |
| 2.1 | ××× | | | | | | | |
| | …… | | | | | | | |
| 3 | 预备费 | | | | | | | |
| 3.1 | 基本预备费 | | | | | | | |
| 3.2 | 涨价预备费 | | | | | | | |
| 4 | 建设投资合计 | | | | | | | |
| | 比例（%） | | | | | | | |

2）按形成资产法分类

建设投资由形成固定资产的费用、形成无形资产的费用、形成其他资产的费用和预备费四部分组成。固定资产费用系指项目投产时将直接形成固定资产的建设投资，包括工程费用和工程建设其他费用中按规定将形成固定资产的费用，后者被称为固定资产其他费用，主要包括建设管理费、可行性研究费、研究试验费、勘察设计费、环境影响评价费、场地准备及临时设施费、引进技术和引进设备其他费、工程保险费、联合试运转费、特殊设备安全监督检验费和市政公用设施建设及绿化费等无形资产，形成无形资产的费用是指将直接形成无形资产的建设投资，主要是专利权、非专利技术、商标权、土地使用权和商誉等。其他资产费用是指建设投资中除形成固定资产和无形资产以外的部分，如生产准备及开办费等。

对于土地使用权的特殊处理：按照有关规定，在尚未开发或建造自用项目前，土地使用权作为无形资产核算，房地产开发企业开发商品房时，将其账面价值转入开发成本；企业建造自用项目时将其账面价值转入在建工程成本。因此，为了与以后的折旧和摊销计算相协调，在建设投资估算表中通常可将土地使用权直接列入固定资产其他费用中。按形成资产法编制的建设投资估算表如表6-5所示。

建设投资估算表（形成资产法）　　表 6-5

人民币单位：万元，外币单位：

| 序号 | 工程或费用名称 | 建筑工程费 | 设备购置费 | 安装工程费 | 其他费用 | 合计 | 其中：外币 | 比例（%） |
|---|---|---|---|---|---|---|---|---|
| 1 | 固定资产费用 | | | | | | | |
| 1.1 | 工程费用 | | | | | | | |
| 1.1.1 | ××× | | | | | | | |
| 1.1.2 | ××× | | | | | | | |
| 1.1.3 | ××× | | | | | | | |
| | …… | | | | | | | |
| 1.2 | 固定资产其他费用 | | | | | | | |
| | ××× | | | | | | | |
| | …… | | | | | | | |
| 2 | 无形资产费用 | | | | | | | |
| 2.1 | ××× | | | | | | | |
| | …… | | | | | | | |
| 3 | 其他资产费用 | | | | | | | |
| 3.1 | ××× | | | | | | | |
| | …… | | | | | | | |
| 4 | 预备费 | | | | | | | |
| 4.1 | 基本预备费 | | | | | | | |
| 4.2 | 涨价预备费 | | | | | | | |
| 5 | 建设投资合计 | | | | | | | |
| | 比例（%） | | | | | | | |

## 6.2　初步设计阶段的设计概算

设计概算是在初步设计阶段编制的确定工程造价的文件，是初步设计文件的重要组成部分。设计概算根据初步设计图纸、概算定额或指标、相关资源的市场价格以及有关取费标准进行编制，是确定和反映对应初步设计成果进行工程建设所需的所有费用。设计概算有着较为重要的地位，按照有关规定，初步设计包括设计概算经主管部门批准后，设计概算就成为拟建项目投资费用的最高限额。

### 6.2.1　设计概算文件的组成和内容

设计概算分为三级概算，即单位工程概算、单项工程综合概算和建设项目总概算。设计概算的编制内容及相互关系如图 6-2 所示。

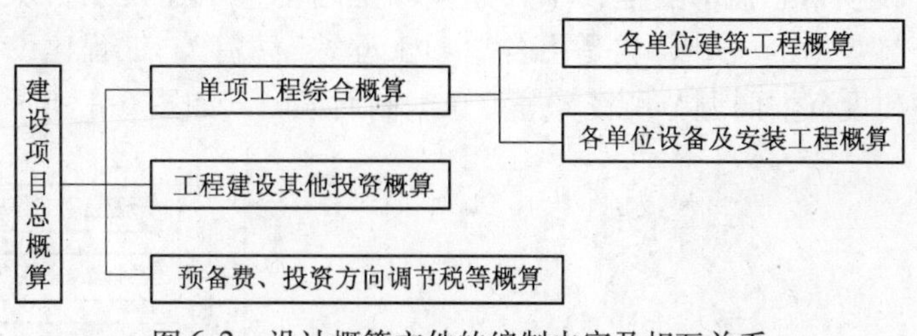


图 6-2 设计概算文件的编制内容及相互关系

(1) 单位工程概算。单位工程概算是确定各单位工程建设费用的文件，是编制单项工程综合概算的依据，是单项工程综合概算的组成部分。单位工程概算按其工程性质分为建筑工程概算和设备及安装工程概算两大类。建筑工程概算包括土建工程概算，给水排水、采暖工程概算，通风、空调工程概算，电气照明工程概算，弱电工程概算，特殊构筑物工程概算等；设备及安装工程概算包括机械设备及安装工程概算，电气设备及安装工程概算等，以及工具、器具及生产家具购置费概算等。

(2) 单项工程概算。单项工程概算是确定一个单项工程所需建设费用的文件，它是由单项工程中的各单位工程概算汇总编制而成的，是建设项目总概算的组成部分。单项工程综合概算的组成内容如图 6-3 所示。

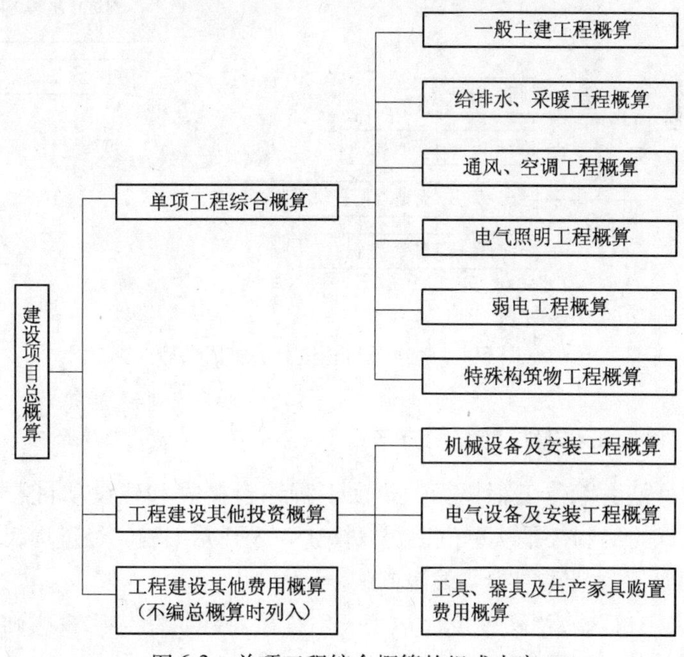


图 6-3 单项工程综合概算的组成内容

（3）建设项目总概算。建设项目总概算是确定整个建设项目从筹建到竣工验收所需全部费用的文件，它是由各单项工程综合概算、工程建设其他费用概算、预备费和投资方向调节税概算等汇总编制而成的，如图6-4所示。

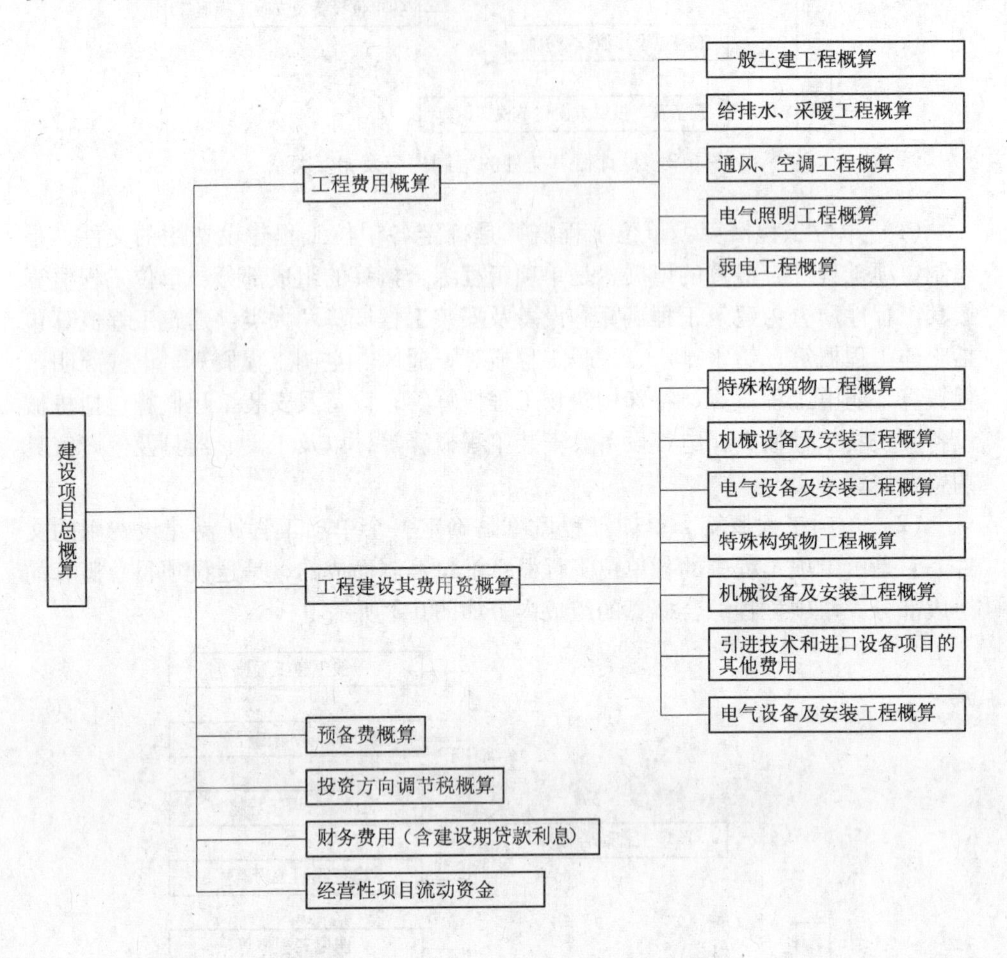


图6-4 建设项目总概算的组成内容

### 6.2.2 单位工程概算的编制方法

设计概算是由单位工程概算、单项工程综合概算和建设项目总概算三级组成，设计概算的编制，是从单位工程概算这一级开始编制，经过逐级汇总而成。

（1）建筑工程概算的主要编制方法

1）扩大单价法。当初步设计达到一定深度，建筑结构比较明确时，可采用这种方法编制建筑工程概算。

采用扩大单价法编制概算，首先根据概算定额编制成扩大单位估价表（概算定额单价)。概算定额是按一定计量单位规定的、扩大分部分项工程或扩大结构构件的劳动、材料和机械台班的消耗量标准。扩大单位估价表是确定单位工程中各扩大分部分项工程或扩大的结构构件所需全部材料费、人工费、施工机械使用费之和的文件,计算公式为:

概算定额单价 = 概算定额单位材料费 + 概算定额单位人工费 + 概算定额单位施工机械使用费
= Σ(概算定额中材料消耗量 × 材料预算价格) + Σ(概算定额中人工消耗量 × 人工工资单价) + Σ(概算定额中施工机械台班消耗量 × 机械台班费用单价)

然后用算出的扩大分部分项工程的工程量,乘以概算定额单价,进行具体计算。其中工程量的计算,必须根据定额中规定的各个扩大分部分项工程内容,遵守定额中规定的计量单位、工程量计算规则及方法来进行。完整的编制步骤如下:

① 根据初步设计图纸和说明书,按概算定额中划分的项目计算工程量。

② 根据计算的工程量套用相应的概算定额单价,计算出材料费、人工费、施工机械使用费三者费用之和。有些无法直接计算工程量的零星工程,如散水、台阶、厕所蹲台等,可根据概算定额的规定,按主要工程费用的百分比(一般为 5% ~8%)计算。

③ 根据有关取费标准计算其他直接费、间接费、计划利润和税金。

④ 将上述各项费用加在一起,其和为建筑工程概算造价。

⑤ 将概算造价除以建筑面积可求出有关技术经济指标。

采用扩大单价法编制建筑工程概算比较准确,但计算比较繁琐。只有具备一定的设计基本知识,熟悉概算定额,才能弄清分部分项的扩大综合内容,才能正确地计算扩大分部分项的工程量。同时在套用概算定额单价时,如果所在地区的工资标准及材料预算价格与概算定额不一致,则需要重新编制概算定额单价或测定系数加以调整。

2) 概算指标法。当初步设计深度不够,不能准确地计算工程量,但工程采用的技术比较成熟而又有类似概算指标可以利用时,可采用概算指标来编制概算。

概算指标,是按一定计量单位规定的,比概算定额更综合扩大的分部工程或单位工程等人工、材料和机械台班的消耗量标准和造价指标。在建筑工程中,它往往按完整的建筑物、构筑物以 $m^2$、$m^3$ 或座等为计量单位。

当设计对象在结构特征、地质及自然条件上与概算指标完全相同,如基础埋深及形式、层高、墙体、楼板等主要承重构件相同,就可直接套用概算指标编制概算。计算公式如下:

$1000m^3$ 建筑物体积的人工费 = 指标规定的人工工日数 × 本地区日工资单价

$1000m^3$ 建筑物体积的主要材料费

= Σ(指标规定的主要材料数量 × 相应的地区材料预算价格)

$1000m^3$ 建筑物体积的其他材料费

= Σ(主要材料费 × 其他材料费占主要材料费的百分比)

$1000m^3$ 建筑物体积的机械使用费

= Σ(人工费 + 主要材料费 + 其他材料费) × 机械使用费占百分比

每 $1m^3$ 建筑体积的直接工程费

=(人工费 + 主要材料费 + 其他材料费 + 机械使用费)

÷1000 ×(1 + 其他直接费率) ×(1 + 现场经费率)

每 $1m^3$ 建筑体积的概算单价 = 直接工程费 + 间接费 + 计划利润 + 税金

单位工程概算造价 = 设计对象的建筑体积 × 概算单价

当设计对象的结构特征与某个概算指标有局部不同时，则需要对该概算指标进行修正，然后用修正后的概算指标进行计算。

第一种修正方法如下：

单位造价修正指标 = 原指标单价 - 换出结构构件价值/1000 + 换入结构构件价值/1000

换出(入)结构单价 = 换出(入)结构构件工程量 × 相应的概算定额单价

另一种修正方法是从原指标的工料数量中减去与设计对象不同的结构构件的人工、材料数量和机械使用台班，再加上所需的结构构件的人工、材料数量和机械使用台班。换入和换出的结构构件的人工、材料数量和机械使用台班，是根据换入和换出的结构构件的工程量，乘以相应的定额中的人工、材料数量和机械使用台班计算出来的。这种方法不是从概算单价着手修正，而是直接修正指标中的工料数量。

3）类似工程预算法。当工程设计对象与已建或在建工程相类似，结构特征基本相同，或者概算定额和概算指标不全，就可以采用这种方法编制单位工程概算。

类似工程预算法就是以原有的相似工程的预算为基础，按编制概算指标方法，求出单位工程的概算指标，再按概算指标法编制建筑工程概算。

利用类似预算，应考虑以下条件：

① 设计对象与类似预算的设计在结构上的差异；

② 设计对象与类似预算的设计在建筑上的差异；

③ 地区工资的差异；

④ 材料预算价格的差异；

⑤ 施工机械使用费的差异；

⑥ 间接费用的差异等。

其中，①、② 两项差异可参考修正概算指标的方法加以修正，③ ~⑥ 的调整常有两种方法：一是类似工程造价资料有具体的人工、材料、机械台班的用量时，可按类似工程造价资料中的主要材料用量、工日数量、机械台班用量乘以拟建工程所在地的主要材料预算价格、人工单价、机械台班单价，计算出直接费，再按当地取费标准计取其他各项费用，即可得出所需的造价指标；二是类似工程造价资料只有人工、材料、机械台班费用和其他直接费、现场经费、间接费时，须编制修正系数。计算修正系数时，先求类似预算的人工工资、材料费、机械使用费、间接费在全部价值中所占比重，然后分别求其修正系数，最后求出总的修正系数。用总修正系数乘以类似预算的价值，就可以得到概算价值。可按下面公式调整：

$$D = AK$$

$$K = a\% K_1 + b\% K_2 + c\% K_3 + d\% K_4 + e\% K_5 + f\% K_6$$

式中 $D$——拟建工程单方概算造价；

$A$——类似工程单方预算造价；

$K$——综合调整系数；

$a\%, b\%, c\%, d\%, e\%, f\%$——类似工程预算的人工费、材料费、机械台班费、其他直接费、现场经费、间接费占预算造价的比重：

$a\%$ = 类似工程人工费/类似工程预算造价 ×100%

$b\%, c\%, d\%, e\%, f\%$ 类同；

$K_1 \sim K_6$——拟建工程地区与类似工程地区预算造价在人工费、材料费、机械台班费、其他直接费、现场经费和间接费之间的差异系数：

$K_1$ = 拟建工程预算的人工费（或工资标准）/类似工程预算的人工费（或工资标准）

$K_2 \sim K_6$ 类同。

4）利用预算定额编制概算

这种编制概算的方法与扩大单价法的思想及步骤完全一样，区别在于此法是根据初步设计文件和预算定额及工程量计算规则计算工程量，套用预算定额单价。在没有概算定额的地区，可利用此法编制概算。

（2）设备及安装工程概算的编制方法

1）设备购置费概算。设备购置费由设备原价和运杂费两项组成。

国产标准设备原价可根据设备型号、规格、性能、材质、数量及附带的配件，向制造厂家询价或向设备、材料信息部门查询或按主管部门规定的现行价格逐项计算。非主要标准设备和工器具、生产家具的原价可按主要标准设备原价的百分比计算，百分比指标按主管部门或地区有关规定执行。

国产非标准设备原价在设计概算时可按下列两种方法确定：

① 非标准设备台（件）估价指标法。根据非标准设备的类别、重量、性能、材质等情况，以每台设备规定的估价指标计算，即：

非标准设备原价 = 设备台数 × 每台设备估价指标

② 非标准设备吨重估价指标法。根据非标准设备的类别、性能、质量、材质等情况，以某类设备所规定吨重估价指标计算，即：

非标准设备原价 = 设备吨重 × 每吨重设备估价指标

设备运杂费按有关规定的运杂费率计算，即：

设备运杂费 = 设备原价 × 运杂费率（%）

2）设备安装工程概算的编制方法。设备安装工程概算的编制方法有：

① 预算单价法。当初步设计较深，有详细的设备清单时，可直接按安装工程预算定额单价编制设备安装工程概算，概算程序基本同于安装工程施工图预算。

② 扩大单价法。当初步设计深度不够，设备清单不完备，只有主体设备或仅有成套设备重量时，可采用主体设备、成套设备的综合扩大安装单价来编制概算。

③ 设备价值百分比法又称安装设备百分比法。当初步设计深度不够，只有设备出厂价而无详细规格、重量时，安装费可按占设备费的百分比计算。其百分比值（即安装费率）由主管部门制定或由设计单位根据已完类似工程确定。该法常用于价格波动不大的定型产品和通用设备产品。数学表达式为

设备安装费 = 设备原价 × 安装费率（%）

④ 综合吨位指标法。当初步设计提供的设备清单有规格和设备重量时，可采用综合吨位指标编制概算，其综合吨位指标由主管部门或由设计单位根据已完类似工程资料确定。该法常用于设备价格波动较大的非标准设备和引进设备的安装工程概算。数学表达式为

设备安装费 = 设备吨重 × 每吨设备安装费指标

一般土建工程概算表如表 6-6 所示。

**一般土建工程概算表** **表 6-6**

工程名称________

概算价值________ 技术经济指标____元/$m^2$

| 序号 | 编制依据或定额编号 | 工程或费用名称 | 单位 | 数量 | 概算价值 | | 备注 |
|---|---|---|---|---|---|---|---|
| | | | | | 单位（元） | 合价（元） | |
| | | 建筑面积 | $m^2$ | ××× | ××× | ×××× | |
| | | 一、土石方工程 | | | | | |

续表

| 序号 | 编制依据或定额编号 | 工程或费用名称 | 单位 | 数量 | 概算价值 | | 备注 |
|---|---|---|---|---|---|---|---|
| | | | | | 单位（元） | 合价（元） | |
| × | ×——×× | …… | × | ××× | ××× | ×××× | |
| | | 二、砖石工程 | | | | | |
| × | ×——×× | 1.…… | × | ××× | ××× | ×××× | |
| × | ×——×× | 2.…… | × | ××× | ××× | ×××× | |
| | | 三、钢筋混凝土工程 | | | | | |
| × | ×——×× | …… | × | ××× | ××× | ×××× | |
| | | | | | | | |
| | | | | | | | |
| | | | | | | | |
| | | 直接工程费 | 元 | | | ×××× | |
| | | 措施费 | 元 | | | ×××× | |
| | | 间接费 | 元 | | | ×××× | |
| | | 利润 | 元 | | | ×××× | |
| | | 税金 | 元 | | | ×××× | |
| | | 概算价值 | 元 | | | ×××× | |

审核________编制________　　　　日期____年____月____日

### 6.2.3 单项工程综合概算的编制方法

单项工程综合概算是以其所辖的建筑工程概算表和设备安装概算表为基础汇总编制的。当建设项目只有一个单项工程时，单项工程综合概算（实为总概算）还应包括工程建设其他费用、预备费概算。

单项工程综合概算文件一般包括编制说明（不编制总概算时列入）和综合概算表。

（1）编制说明。主要包括：编制依据；编制方法；主要设备和材料的数量；其他有关问题。

（2）综合概算表。综合概算表是根据单项工程所辖范围内的各单位工程概算等基础资料，按照统一表格进行编制。表 6-7 所示为一示例。

综合概算表 表6-7

建设项目________

单项工程________ 综合概算价值____元

| 序号 | 工程或费用名称 | 概算价值 | | | | | | 指标 | | | 占投资额（%） | 备注 |
|---|---|---|---|---|---|---|---|---|---|---|---|---|
| | | 建筑工程费 | 安装工程费 | 设备购置费 | 工具器具及生产家具购置费 | 工程建设其他费用 | 合计 | 单位 | 数量 | 指标 | | |
| 1 | 2 | 3 | 4 | 5 | 6 | 7 | 8 | 9 | 10 | 11 | 12 | 13 |
| (1) | 一般土建工程 | ××× | | | | | ××× | × | ×× | ×× | | |
| (2) | 给水排水工程 | ××× | | | | | ××× | × | ×× | ×× | | |
| (3) | 电器照明工程 | ××× | | | | | ××× | × | ×× | ×× | | |
| | 合计 | ××× | | | | | ××× | × | ×× | ×× | | |

审核________ 核对________ 编制________ ____年____月____日

### 6.2.4 建设项目总概算的编制方法

建设项目总概算是设计文件的重要组成部分，是确定整个建设项目从筹建到竣工交付使用所预计花费的全部费用的文件。它是由各单项工程综合概算、工程建设其他费用、预备费和经营性项目的流动资金，按照主管部门规定的统一表格进行编制而成的。

设计概算文件一般应包括：封面及目录、编制说明、总概算表、工程建设其他费用概算表、单项工程综合概算表、单位工程概算表、工程量计算表、分年度投资汇总表与分年度资金流量汇总表以及主要材料汇总表与工日数量表等。现将有关主要问题说明如下：

（1）编制说明。编制说明应包括下列内容：

1）工程概况。简述建设项目性质、特点、生产规模、建设周期、建设地点等主要情况。引进项目要说明引进内容以及与国内配套工程等主要情况。

2）资金来源及投资方式。

3）编制依据及编制原则。

4）编制方法。说明设计概算是采用扩大单价法，还是采用概算指标法等。

5）投资分析。主要分析各项投资的比重、各专业投资的比重等经济指标。

6）其他需要说明的问题。

（2）总概算表。总概算表应反映静态投资和动态投资两个部分。静态投资是按设计概算编制期价格、费率、利率、汇率等确定的投资；动态投资是指概算编制期到竣工验收前的工程和价格变化等多种因素所需的投资。如表6-8所示。

表 6-8

某建设项目总概算表

| 序号 | 项目分类 | 单位 | 数量 | 单价（万元） | 金额（万元） | 平米指标（万元） | 占总投资（%） | 备注 |
|---|---|---|---|---|---|---|---|---|
| 一 | 建安工程费 | | | | 22131.86 | | 54.14 | |
| 1.1 | 土建工程 | $m^2$ | 41461.29 | | 8008.94 | 0.1932 | | |
| 1.1.1 | 桩基、维护工程 | | | | 1638.50 | | | |
| 1.1.2 | 主体工程（不含二次装饰） | | | | 6370.44 | | | |
| 1.2 | 装饰工程 | $m^2$ | 41461.29 | | 5766.93 | 0.1391 | | |
| 1.3 | 安装工程 | $m^2$ | 41461.29 | | 1451.60 | 0.0350 | | |
| 1.3.1 | 给排水工程 | | | | 197.50 | | | |
| 1.3.2 | 电气工程 | | | | 752.74 | | | |
| 1.3.3 | 通风空调工程 | | | | 501.36 | | | |
| 1.4 | 专业设备及安装工程 | $m^2$ | 41461.29 | | 3037.29 | 0.0733 | | |
| 1.5 | 弱电系统工程 | $m^2$ | 41461.29 | | 2678.00 | 0.0646 | | |
| 1.6 | 环境绿化费 | $m^2$ | 2604.86 | 0.0100 | 26.05 | | | 按（1－建筑密度）×基地面积计算 |
| 1.7 | 附属工程 | 项 | 1 | | 85.05 | | | |
| 1.8 | 市政配套工程 | 项 | 1 | | 1078.00 | 0.0260 | | |
| 二 | 其他建设费 | | | | 10055.53 | | | |
| 2.1 | 土地费用 | $m^2$ | 4859.81 | | 6317.91 | 0.1524 | 15.46 | |
| 2.1.1 | 土地出让金 | $m^2$ | 18304.12 | 0.0434 | 794.40 | | | |
| 2.1.2 | 建设期土地使用费 | $m^2$·年 | 4859.81 | 0.0001 | 1.26 | | | 建设期 2 年零 7 个月 |
| 2.1.3 | 住家动迁费 | 户 | 231 | 21 | 4851.00 | | | |
| 2.1.4 | 个体商户动迁费 | 户 | 18 | 35 | 630.00 | | | |
| 2.1.5 | 三通一平 | 项 | | | 41.25 | | | |
| 2.2 | 各种增容与配套费 | | | | 757.25 | 0.0183 | 1.85 | |

续表

| 序号 | 项目分类 | 单位 | 数量 | 单价（万元） | 金额（万元） | 平米指标（万元） | 占总投资（%） | 备注 |
|---|---|---|---|---|---|---|---|---|
| 2.2.1 | 人防建设费 | $m^2$ | 36608.24 | 0.0060 | 219.65 | | | 根据[沪价房(96)179号]、[沪财综(96)46号]文 |
| 2.2.2 | 上水增容费 | t | 600 | 0.0825 | 49.50 | | | 根据[沪府发(94)29号]文 |
| 2.2.3 | 排污废水增容费 | t | 540 | 0.0850 | 45.90 | | | 根据[沪府发(87)70号]、[沪府办(88)161号]文 |
| 2.2.4 | 煤气增容费 | $m^3$ | 160 | 0.0450 | 7.20 | | | 根据[沪府发(94)29号]文 |
| 2.2.5 | 供配电贴费 | kA·V | 4000 | 0.0900 | 360.00 | | | 根据[沪计投(95)200号]文 |
| 2.2.6 | 电话初装费 | 对 | 750 | 0.1000 | 75.00 | | | |
| 2.3 | 勘察设计费 | | | | 800.00 | | | 匡算投资的2% |
| 2.4 | 管理费 | 项 | 1 | | 584.00 | | | (一+2.1+2.2)×2% |
| 2.5 | 可行性研究费 | 项 | 1 | | 40.00 | | | 匡算投资的0.1% |
| 2.6 | 勘察设计监理费 | 项 | 1 | | 80.00 | | | 匡算投资的0.2% |
| 2.7 | 施工监理费 | 项 | 1 | | 216.89 | | | 一×0.98% |
| 2.8 | 招投标咨询费 | 项 | 1 | | 132.79 | | | 一×0.6% |
| 2.9 | 工程审计费 | 项 | 1 | | 100.00 | | | |
| 2.10 | 建筑工程执照费及手续费 | 项 | 1 | | 23.35 | | | 根据[沪府发(1985)28号]文 |
| 2.11 | 工程保险费 | 项 | 1 | | 33.20 | | | 一×0.15% |
| 2.12 | 开办费 | | | | 970.00 | 0.0234 | 2.37 | |
| 三 | 预备费 | | | | 5008.37 | 0.1208 | 12.25 | |
| 3.1 | 基本预备费 | 项 | 1 | | 2574.99 | | | (一+二)×8% |
| 3.2 | 涨价预备费 | 项 | 1 | | 2433.38 | | | 以各年完成量为基数，年递增6% |
| 四 | 建设期利息 | 项 | 1 | | 3683.27 | 0.0888 | 9.01 | |
| 五 | 固定资产投资 | $m^2$ | 41461.29 | | 40879.03 | 0.9860 | 100 | |

(3) 工程建设其他费用概算表。工程建设其他费用概算按国家或地区或部委所规定的项目和标准确定，并按统一表式编制。

(4) 单项工程综合概算表和单位工程概算表。

(5) 工程量计算表和工、料、机数量汇总表。

### 6.2.5 设计概算的审查

(1) 审查设计概算的编制依据

1) 设计概算编制依据的分类

① 国家有关部门的文件。包括：设计概算编制办法、设计概算的管理办法和设计标准等有关规定。

② 国务院主管部门和各省、市、自治区根据国家规定或授权制定的各种规定及办法等。

③ 建设项目的有关文件。如批准的可行性研究报告以及批准的有关文件等。

2) 设计概算编制依据的审查重点

① 审查编制依据的合法性。采用的各种编制依据必须经过国家或授权机关的批准，符合国家的编制规定，未经批准的不能采用。也不能强调情况特殊，擅自提高概算定额、指标或费用标准。

② 审查编制依据的时效性。各种依据，如定额、指标、价格、取费标准等，都应根据国家有关部门的现行规定进行，注意有无调整和新的规定。有的虽然颁发时间较长，但不能全部适用，有的应按有关部门作的调整系数执行。

③ 审查编制依据的适用范围。各种编制依据都有规定的适用范围，如各主管部门规定的各种专业定额及其取费标准只适用于该部门的专业工程；各地区规定的各种定额及其取费标准只适用于该地区的范围以内。

(2) 审查设计概算的构成

1) 单位工程概算的审查

审查单位工程概算，首先，要熟悉各地区和各部门编制概算的有关规定，了解其项目划分及其取费规定，掌握其编制依据、编制程序和编制方法。其次，要从分析技术经济指标入手，选好审查重点，依次进行。

① 建筑工程概算的审查内容：

• 审查工程量。根据初步设计文件、概算定额、工程量计算规则和施工组织设计的要求，进行审查。

• 采用的定额或指标的审查。包括定额或指标的适用范围，定额基价或指标的调整，定额或指标中缺项的补充。其中，进行定额或指标的补充时，要求补充定额的项目划分、内容组成、编制原则等要与现行的定额精神相一致。

• 材料预算价格的审查。要着重对材料原价和运输费用进行审查。在审查材料运输费的同时，要审查节约材料运输费用的措施，以努力降低材料费用。为了有效地做好材料预算价格的审查工作，首先要根据设计文件确定材料耗用量，以耗用量大的主要材料作为审查的重点。

• 其他各项费用的审查。审查时，结合项目的特点，搞清其他各项费用所包含的具体内容，避免重复计算或遗漏。取费标准根据国家有关部门或地方规定标准执行。一般要求：国务院各部局直属施工企业在地方承担工程任务，如主管部门有规定的，按其规定办理，无规定的，按地方规定标准执行；外省、市施工企业承担当地工程任务时，应执行当地标准；施工企业承担专业性工程时，地方已有规定的，按地方规定执行，地方无规定的，可执行有关主管部门规定的专业工程取费标准和相应的定额。另外，按规定调整材料预算价格以外的价差或议价材料的价差，不能计取各项费用（税金除外）。

② 设备及安装工程概算的审查。审查设备及安装工程概算时，应把注意力集中在设备清单和安装费用的计算方面。

标准设备原价的审查，根据设备被管辖的范围，以相应各级规定的统一价格为标准。

非标准设备原价的审查，包括价格的估算依据、估计方法等。同时还要分析研究非标准设备估价准确度的有关因素及价格变动因素，提高审查工作的质量。

审查设备运杂费，须注意：第一，设备运杂费率一般要按主管部门或省、自治区、直辖市规定的标准执行；第二，如果设备价格中已包括包装费和供销部门手续费的，不应重复进行计算，应相应降低设备运杂费率。

对进口设备费用的审查，根据设备费用各组成部分及我国设备进口公司、外汇管理局、海关、税务局等有关部门不同时期的规定进行。

设备安装工程概算的审查，包括编制方法、编制依据等。当采用预算单价或扩大综合单价计算安装费时，要审查采用的各种单位是否合适，计算的安装工程量是否符合规则要求，是否准确无误，当采用概算指标计算安装费时，要审查采用的概算指标是否合理，计算结果是否达到精度要求。另外，还要审查计算安装费的设备数量及种类是否符合设计要求，避免一些不需要安装的设备也计算了安装费。

2）综合概算和总概算的审查

① 审查概算的编制是否符合国家的方针、政策的要求。坚持实事求是，根据工程所在地的条件（包括自然条件、施工条件和影响造价的各种因素），反对大而全、铺张浪费和弄虚作假，不许任意扩大投资额或留有缺口。

② 审查概算文件的组成。概算文件反映的设计内容必须完整，概算包括的工程项目必须按照设计要求确定，设计文件内的项目不能遗漏；概算所反映的建设规模、建筑结构、建筑面积、建筑标准、总投资是否符合可行性研究报告和设

计文件的要求；非生产性建设项目是否符合规定的面积和定额，是否采用最经济的结构和适用材料，不要超前选用进口、高级、豪华的装饰、家具等；概算投资是否完整地包括建设项目从筹建到竣工投产的全部费用等。

③ 审查总图设计和工艺流程。总图布置应根据生产和工艺的要求，全面规划，紧凑合理。厂区运输和仓库布置要避免迂回运输。分期建设的工程项目要统筹考虑，合理安排，留有发展余地。总图占地面积应符合“规划指标”要求。不应多征多占，也不能多征少用或不用，以利支援农业，节约投资。

按照生产要求和工艺流程合理安排工程项目，主要车间工艺生产要形成合理的流水线，避免工艺倒流，造成生产运输和管理上的困难和人力、物力的浪费。

④ 审查经济效果。概算是设计的经济反映，对投资的经济效果要进行全面考虑，不仅要看投资的多少，还要看社会效果，并从建设周期、原材料来源、生产条件、产品销路、资金回收和盈利等因素综合考虑，全面衡量。

⑤ 审查项目的“三废”治理。设计的项目必须同时安排“三废”（废水、废气、废渣）的治理方案和投资，对于未作安排或漏列的项目，应按国家规定要求列入项目内容和投资。

⑥ 审查一些具体项目：

• 审查各项技术经济指标是否经济合理。技术经济指标包括综合指标和单项指标，是概算价值的综合反映，可按同类工程的经济指标对比，分析投资高低的原因。

• 审查建筑工程费。生产性建设项目的建筑面积和造价指标，要根据设计要求和同类工程计算确定。做到主要生产项目与辅助生产项目相适应，建筑面积与工艺设备安装相吻合。对非生产性项目，要按照国家和所在地区的主管部门规定的建筑标准，审查建筑面积标准和造价指标。

• 审查设备及安装工程费。审查设备数量是否符合设计要求，详细核对设备清单，防止采购计划外设备和设备的规格、数量、种类不对；审查设备价格的计算是否符合规定，标准设备的价格与国家规定的价格是否相符，非标准设备的价格计算的依据是否合理；安装工程费要与需要安装的设备相符合。不能只列设备费而不列安装费，或只列安装费而不列设备费。安装工程费必须按国家规定的安装工程概算定额或概算指标计算。

⑦ 审查各项其他费用。这一部分费用包括的内容较多，要按照国家和地区的规定，逐项详细审查，不属于基建范围内的费用不能列入概算，没有具体规定的费用要根据实际情况核实后再列入。

(3) 设计概算审查的方法

采用适当方法审查设计概算，是确保审查质量、提高生产效率的关键，较常用方法如下。

1）对比分析法

对比分析法主要是通过建设规模、标准与批文对比；工程数量与设计图纸对比；综合范围、内容与编制方法、规定对比；各项取费与规定标准对比；材料、人工单价与市场信息对比；引进设备、技术投资与报价要求对比；技术经济指标与同类工程对比等，以发现设计概算存在的主要问题和偏差。

2）查询核实法

查询核实法是对一些关键设备和设施、重要装置、引进工程图纸不全、难以核算的较大投资进行多方查询核对，逐项落实的方法。主要设备的市场价向设备供应部门或招标代理公司查询核实；重要生产装置、设施向同类企业（工程）查询了解；引进设备价格及有关税费向进出口公司调查落实；复杂的建筑安装工程向同类工程的建设、承包、施工单位征求意见；深度不够或不清楚的问题直接向原概算编制人员、设计者询问清楚。

3）联合会审法

联合会审前，可先采取多种形式分头审查，包括设计单位自审，主管、建设单位初审，工程造价咨询公司评审，邀请同行专家预审，审批部门复审等，经层层审查把关后，由有关单位和专家进行联合会审。在会审会上，由设计单位介绍概算编制情况及有关问题，各有关单位、专家汇报初审和预审意见。然后进行认真分析和讨论，结合对各专业技术方案的审查意见所产生的投资增减，逐一核实原概算出现的问题。经过充分协商，认证听取设计单位意见后，实事求是地处理、调整。

通过以上复审后，对审查中发现的问题和偏差，按照单项、单位工程的顺序，先按设备费、安装费、建筑费和工程建设其他费用分类整理。然后按照静态投资部分、动态投资部分和流动资金三大类，汇总核增或核减的项目及其投资额。最后将具体审核数据，按照“原编概算”、“审核结果”、“增减投资”、“增减幅度”四栏列表，并按照原总概算表汇总顺序，将增减项目逐一列出，相应调整所属项目投资合计数，再依次汇总审核后的总投资及增减投资额。对于差错较多、问题较大或不能满足要求的，责成按会审意见修改返工后，重新报批；对于无重大原则问题，深度基本满足要求，投资增减不多的，当场核定概算投资额，并提交审批部门复核后，正式下达审批概算。

## 6.3 施工图设计阶段的施工图预算

施工图预算是在施工图设计阶段，根据施工图设计文件和图纸，编制和确定工程造价费用的文件。施工图设计完成后，工程施工的详细内容和规模基本确定，此时，根据施工图设计图纸、预算定额以及材料、人工、施工机械台班等价格计算得到的工程造价，就相对较为准确。因此，施工图预算是设计阶段控制工程造价的重要环节，是控制施工图设计不突破设计概算的重要措施。对于某些施工招标的工程，可用施工图预算作为建设单位编制标底的依据，同时它也可作为施工承包单位投标报价的参考。施工图预算可作为确定施工合同价款的基础和参考依据，也是控制施工阶段工程结算的参考依据。

### 6.3.1 施工图预算的内容及编制依据

（1）施工图预算的内容

施工图预算有单位工程预算、单项工程预算和建设项目总预算。一般首先是根据施工图设计文件、现行预算定额、费用标准以及人工、材料、机械台班等预算价格资料，以一定的方法，编制单位工程的施工图预算；然后汇总所有各单位工程施工图预算，成为单项工程施工图预算；再汇总所有各单项工程施工图预算，便是一个建设项目建筑安装工程的总预算。

单位工程预算包括建筑工程预算和设备安装工程预算。建筑工程预算按其工程性质分为一般土建工程预算、卫生工程预算（包括室内外给水排水工程预算、采暖通风工程预算、煤气工程预算、电气照明工程预算、特殊构筑物如炉窑、烟囱、水塔等工程预算和工业管道工程预算等）。设备安装工程预算可分为机械设备安装工程预算、电气设备安装工程预算和化工设备、热力设备安装工程预算等。

（2）施工图预算的编制依据

1）施工图纸、说明书和标准图集。经审定的施工图纸、说明书和标准图集，完整地反映了工程的具体内容、各部分的具体做法、结构尺寸、技术特征以及施工方法，是编制施工图预算的直接依据。

2）现行预算定额及单位估价表。国家和地区都颁发有现行建筑、安装工程预算定额及单位估价表，并有相应的工程量计算规则，是编制施工图预算确定分项工程子目、计算工程量、选用单位估价表、计算直接工程费的重要依据。

3）施工组织设计或施工方案。因为施工组织设计或施工方案中包括了编制施工图预算必不可少的有关资料，如建设地点的土质、地质情况、土石方开挖的施工方法及余土外运方式与运距，施工机械使用情况、结构构件预制加工方法及运距、重要的梁板柱的施工方案、重要或特殊机械设备的安装方案等

4）材料、人工、机械台班预算价格及调价规定。材料、人工、机械台班预算价格是预算定额的三要素，是构成直接工程费的主要因素。尤其是材料费在工程成本中占的比重大，而且在市场经济条件下，材料、人工、机械台班的价格是随市场而变化的。为使预算造价尽可能接近实际，各地区主管部门对此都有明确的调价规定。因此，合理确定材料、人工、机械台班预算价格及其调价规定是编

制施工图预算的重要依据。

5）建筑安装工程费用定额。各省、市、自治区和各专业部门规定的费用定额及计算程序。

6）预算工作手册及有关工具书。预算员工作手册和工具书包括了计算各种结构构件面积和体积的公式，钢材、木材等各种材料规格、型号及用量数据，各种单位换算比例，特殊断面、结构构件的工程量的速算方法，金属材料重量表等。显然，以上这些公式、资料、数据是施工图预算中常常要用到的。所以它是编制施工图预算必不可少的依据。

### 6.3.2　施工图预算的编制方法

施工图预算就是确定建安工程造价，工程造价的确定应与建安产品的形成过程直接相关，即应由直接成本、间接成本及盈利构成。施工图预算的编制就是首先确定工程成本，包括直接成本和间接成本，在此基础上确定一个合理的盈利水平，从而构成预算造价。

（1）定额单价法

定额单价法是根据建筑安装工程施工图设计文件和预算定额，按分部分项工程顺序，先算出分项工程量，然后再乘以对应的定额单价，求出分项工程直接工程费。将分项工程直接工程费汇总为单位工程直接工程费，直接工程费汇总后另加措施费、间接费、利润、税金，生成工程承发包价。

用定额单价法编制施工图预算的完整步骤如图6-5所示。

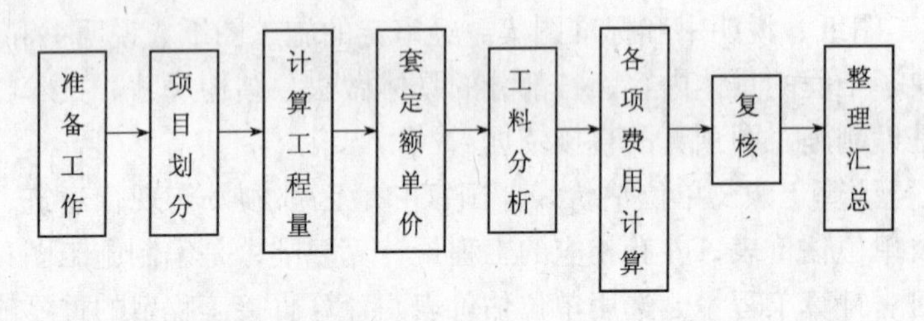


图6-5　定额单价法编制施工图预算的步骤

详细步骤如下：

1）准备资料，熟悉施工图纸

广泛搜集、准备各种资料，包括施工图纸、施工组织设计、施工方案、现行的建筑安装预算定额、取费标准、统一的工程量计算规则和地区材料预算价格、工程预算软件等。

在准备资料的基础上，关键而重要的一环是熟悉施工图纸。施工图纸是了解设计意图和工程全貌，从而准确计算工程量的基础资料。只有对施工图纸有较全面详细的了解，才能结合预算划分项目，正确而全面地分析该工程中各分部分项工程，才能有步骤地计算工程量。另外，还要充分了解施工组织设计和施工方案，以便编制预算时注意其影响工程费用的因素。如土方工程中的余土外运或缺土的来源、深基础的施工方法、放坡的坡度、大宗材料的堆放地点、预制构件的运输距离及吊装方法等。必要时，还须深入现场实地观察，以补充有关资料的不足。例如，了解土方工程的土的类别、现场有无施工障碍需要拆除清理、现场有无足够的材料堆放场、超重设备的运输路线和路基的状况等。

2）计算工程量

计算工程量工作，在整个预算编制过程中是最繁重、花费时间最长的一个环节，它直接影响预算的及时性。同时，工程量是预算的主要数据，它的准确与否又直接影响预算的准确性。因此，必须在工程量计算上狠下工夫，才能保证预算的质量。

计算工程量一般按下列具体步骤进行：

① 根据工程内容和定额项目，列出计算工程量分部分项工程。

② 根据一定的计算顺序和计算规则，列出计算式。

③ 根据施工图纸上的设计尺寸及有关数据，代入计算式进行数值计算。

④ 对计算结果的计量单位进行调整，使之与定额中相应的分部分项工程的计量单位保持一致。

3）套单价（预算定额基价）

工程量计算完毕核对无误后，用所得到的各分项工程量与工程定额（单位估价表）中的对应分项工程单价相乘，并把各相乘的结果再相加，求得单位工程的人工费、材料费和机械使用费之和。

4）编制工料分析表

根据各分部分项工程项目的实物工程量和相应定额中的项目所列的人工、材料、机械台班的数量，算出各分部分项工程所需的人工、材料机械数量，进行汇总计算后，算出该单位工程所需的各类人工、材料和机械的数量。

5）计算其他费用、利税并汇总造价

有关的取费方法如表6-9～表6-11所示。计费基础有三种，即直接费、人工费加机械费和人工费。

① 以直接费为计算基础的计算程序：

**以直接费为基础的计算程序** **表6-9**

| 序　列 | 费用项目 | 计算方法 | 备　注 |
|---|---|---|---|
| 1 | 直接工程费 | 按预算表 | |
| 2 | 措施费 | 按规定标准计算 | |

续表

| 序　列 | 费用项目 | 计算方法 | 备　注 |
|---|---|---|---|
| 3 | 小计 | (1) + (2) | |
| 4 | 间接费 | (3) ×相应费率 | |
| 5 | 利润 | [(3) +(4)] ×相应利润率 | |
| 6 | 合计 | (3) + (4) + (5) | |
| 7 | 含税造价 | (6) × (1+相应税率) | |

② 以人工费和机械费为计算基础：

以人工费和机械费为基础的计算程序　　**表 6-10**

| 序　号 | 费用项目 | 计算方法 | 备　注 |
|---|---|---|---|
| 1 | 直接工程费 | 按预算表 | |
| 2 | 其中人工费和机械费 | 按预算表 | |
| 3 | 措施费 | 按规定标准计算 | |
| 4 | 其中人工费和机械费 | 按规定标准计算 | |
| 5 | 工程直接费小计 | (1) + (3) | |
| 6 | 人工费和机械费小计 | (2) + (4) | |
| 7 | 间接费 | (6) ×相应费率 | |
| 8 | 利润 | (6) ×相应利润率 | |
| 9 | 合计 | (5) + (7) + (8) | |
| 10 | 含税造价 | (9) × (1+相应税率) | |

③ 以人工费为计算基础：

以人工费为基础的计算程序　　**表 6-11**

| 序　号 | 费用项目 | 计算方法 | 备　注 |
|---|---|---|---|
| 1 | 直接工程费 | 按预算表 | |
| 2 | 直接工程费中人工费 | 按预算表 | |
| 3 | 措施费 | 按规定标准计算 | |
| 4 | 措施费中人工费 | 按规定标准计算 | |
| 5 | 小计 | (1) + (3) | |
| 6 | 人工费小计 | (2) + (4) | |
| 7 | 间接费 | (6) ×相应费率 | |
| 8 | 利润 | (6) ×相应利润率 | |
| 9 | 合计 | (5) + (7) + (8) | |
| 10 | 含税利润 | (9) × (1+相应税率) | |

6）复核

当单位工程预算编制完后，由有关人员对编制的主要内容及计算情况进行核对检查，以便及时发现差错，及时修改，从而提高预算的准确性。在复核中，应对项目填列、工程量计算公式、计算结果、套用的单价、采用的各项取费费率、数字计算和数据精确度等进行全面复核。

7）编制说明，填写封面

编制说明是编制方向审核方交代编制的依据，可以逐条分述。主要应写明预算所包括的工程内容范围，不包括哪些内容，依据的图纸号，有关部门现行的调价文件号，套用单价需要补充说明的问题及其他需说明的问题。

封面应写明工程编号、工程名称、建筑面积、预算总造价和单方造价、编制单位名称、负责人和编制日期以及审核单位的名称、负责人和审核日期等。

定额单价法具有计算简单、工作量较小和编制速度较快、便于工程造价管理部门集中统一管理的优点。但由于是采用事先编制好的统一的单位估价表，其价格水平只能反映定额编制年份的价格水平。在市场经济价格波动较大的情况下，单价法的计算结果会偏离实际价格水平，虽然可采用调价，但调价系数和指数从测定到颁布不仅滞后且计算也较繁琐。

（2）实物量法

用实物量法编制施工图预算，主要是先用计算出的各分项工程的实物工程量，分别套取预算定额中工、料、机消耗指标，并按类相加，求出单位工程所需的各种人工、材料、施工机械台班的总消耗量，然后分别乘以当时当地各种人工、材料、施工机械台班的单价，求得人工费、材料费和施工机械使用费，再汇总求和。对于措施费、利润和税金等费用的计算则根据当时当地建筑市场供求情况予以具体确定。

用实物量法编制施工图预算的完整步骤如图6-6所示。

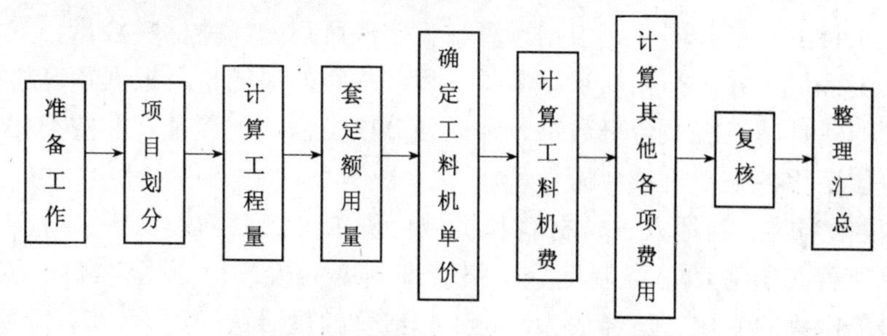


图6-6 实物量法编制施工图预算步骤

图6-6中可以看出，实物法编制施工图预算的首尾步骤与定额单价法相似，

但在具体内容上有一些区别，另外，两种方法在编制步骤中的最大区别在于中间的步骤，也就是计算人工费、材料费和施工机械使用费及汇总三者费用之和的方法不同。

下面就与定额单价法不同的实物量法步骤加以说明。

1）准备资料、熟悉施工图纸

针对实物量法的特点，在此阶段中需要全面地搜集各种人工、材料、机械的当时当地的实际价格，包括：不同品种、不同规格的材料预算价格，不同工种、不同等级的人工工资单价，不同种类、不同型号的机械台班单价等。要求获得的各种实际价格全面、系统、真实、可靠。本步骤的其他内容可以参考定额单价法相应步骤的内容。

2）计算工程量

本步骤的内容与单价法相同，不再重复。

3）套预算人工、材料、机械台班定额

我国目前定额（包括全国统一、专业统一和地区统一定额）的实物消耗量是完成计量单位符合国家技术规范、质量标准并反映一定时期施工工艺水平的分项工程计价所需的人工、材料、施工机械的消耗量标准。在建材产品、标准、设计、施工技术及其相关规范和工艺水平等未有大的突破性的变化之前，定额的"量"具有相对稳定性，因而作为定额的消耗量，应由工程造价主管部门按照定额管理分工进行统一制定，并适应技术的发展适时地补充修改，为合理确定和有效控制造价提供依据。

从长远角度看，特别从承包商角度，实物消耗量应根据企业自身消耗水平确定。

4）统计汇总单位工程所需的各类人工消耗量、材料消耗量、机械台班消耗量根据预算人工定额所列的各类人工工日的数量，乘以各分项工程的工程量，算出各分项工程所需的各类人工工日的数量，然后统计汇总，获得单位工程所需的各类人工工日消耗量。同样，根据预算材料定额所列的各种材料数量，乘以各分项工程的工程量，并按类相加求出单位工程各材料的消耗量。根据预算机械台班定额所列的各种施工机械台班数量，乘以各分项工程的工程量，并按类相加，从而求出单位工程各施工机械台班数量。

5）根据当时、当地人工、材料和机械台班单价，汇总人工费、材料费和机械使用费随着我国劳动工资制度、价格管理制度的改革，预算定额中的人工单价、材料价格等的变化，已经成为影响工程造价的最活跃的因素，因此，对人工单价，设备、材料的预算价格和施工机械台班单价，可由工程造价主管部门定期发布价格、造价信息，为基层提供服务。企业也可以根据自己的情况，自行确定人工单价、材料价格、施工机械台班单价。人工单价可按各专业、各地区企业一定时期实际发放的平均工资（奖金除外）水平合理确定，并按规定加入相应的工资性补贴计算。材料预算价格可分解为原价（或供应价）和运杂费及采购保管费两部分，材料原价格可按各地生产资料交易市场或销售部门一定时间销售量和销售价格综合确定。

用当时当地的各类实际工料机单价乘以相应的工料机消耗量，即得单位工程人工费、材料费和机械使用费。

6）计算其他各项费用，汇总造价，这里，其他各项费用包括措施费、间接费、利润、税金等，一般讲，其他直接费、税金相对比较稳定，而间接费、利润则要根据建筑市场供求状况，随行就市，浮动较大。

7）复核

要求认真检查人工、材料、机械台班的消耗数量计算得是否准确，有没有漏算或多算的，套取的定额是否正确。另外，还要检查采用的实际价格是否合理等。其他的内容，可参考定额单价法相应步骤的介绍。

8）编制说明，填写封面

本步骤的内容与定额单价法相同，这里不再重复。

在市场经济条件下，人工、材料和机械台班单价是随市场而变化的，而且它们是影响工程造价最活跃、最主要的因素。用实物量法编制施工预算，是采用工程所在地的当时人工、材料、机械台班价格，较好地反映实际价格水平，工程造价的准确性高。虽然计算过程较定额单价法繁琐，但用计算机来计算也就快捷了。因此，实物量法是与市场经济体制相适应的预算编制方法。

**【例6-2】** 根据某基础工程工程量和《全国统一建筑工程基础定额》消耗指标，进行工料分析计算得出各项资源消耗及该地区相应的市场价格如表6-12所示。各项费用的费率为：措施费率8%，间接费率10%，利润率4.5%，税率3.41%。试用实物量法编制该基础工程的施工图预算。

**资源消耗量及预算价格表** **表6-12**

| 资源名称 | 单位 | 消耗量 | 单价（元） | 资源名称 | 单位 | 消耗量 | 单价（元） |
|---|---|---|---|---|---|---|---|
| 水泥32.5级 | kg | 1740.82 | 0.32 | 木门窗料 | $m^3$ | 5.00 | 2480.00 |
| 水泥42.5级 | kg | 18101.65 | 0.34 | 木模 | $m^3$ | 1.232 | 2200.00 |
| 水泥52.5级 | kg | 20349.76 | 0.36 | 镀锌钢丝 | kg | 146.58 | 10.48 |
| 净砂 | $m^3$ | 70.76 | 30.00 | 灰土 | $m^3$ | 54.74 | 50.48 |
| 碎石 | $m^3$ | 40.23 | 41.20 | 水 | $m^3$ | 42.90 | 2.00 |
| 钢模 | kg | 152.96 | 9.95 | 电焊条 | kg | 12.98 | 6.67 |
| 草袋子 | $m^3$ | 24.30 | 0.94 | 挖土机 | 台班 | 1.00 | 1060.00 |

续表

| 资源名称 | 单位 | 消耗量 | 单价（元） | 资源名称 | 单位 | 消耗量 | 单价（元） |
|---|---|---|---|---|---|---|---|
| 黏土砖 | 千块 | 109.07 | 150.00 | 混凝土搅拌机 | 台班 | 4.35 | 152.15 |
| 隔离剂 | kg | 20.22 | 2.00 | 卷扬机 | 台班 | 20.59 | 72.57 |
| 铁钉 | kg | 61.57 | 5.70 | 钢筋切断机 | 台班 | 2.79 | 161.47 |
| 钢筋10以内 | t | 2.307 | 3100.00 | 钢筋弯曲机 | 台班 | 6.67 | 152.22 |
| 钢筋10以上 | t | 5.526 | 3200.00 | 插入式振动器 | 台班 | 32.37 | 11.82 |
| 砂浆搅拌机 | 台班 | 16.24 | 42.84 | 平板式振动器 | 台班 | 4.18 | 13.57 |
| 5t载重汽车 | 台班 | 14.00 | 310.59 | 电动打夯机 | 台班 | 85.03 | 23.12 |
| 木工圆锯 | 台班 | 0.36 | 171.28 | 综合工日 | 工日 | 1207.00 | 20.31 |
| 翻斗车 | 台班 | 16.26 | 101.29 | | | | |

**【解】** 根据表6-12中的各种资源的消耗量和市场价格，列表计算该基础工程的人工费、材料费和机械费，见表6-13。

**××基础工程人、材、机费用计算表** **表6-13**

| 资源名称 | 单位 | 消耗量 | 单价（元） | 合计（元） | 资源名称 | 单位 | 消耗量 | 单价（元） | 合计（元） |
|---|---|---|---|---|---|---|---|---|---|
| 水泥32.5级 | kg | 1740.83 | 0.32 | 557.07 | 钢筋10以上 | t | 5.526 | 3200.00 | 17683.20 |
| 水泥42.5级 | kg | 18101.65 | 0.34 | 6154.56 | 材料费合计 | | | | 80531.62 |
| 水泥52.5级 | kg | 20349.76 | 0.36 | 7325.91 | 砂浆搅拌机 | 台班 | 16.24 | 42.84 | 695.72 |
| 净砂 | $m^3$ | 70.76 | 30.00 | 2122.80 | 5t载重汽车 | 台班 | 14.00 | 310.59 | 4348.26 |
| 碎石 | $m^3$ | 40.23 | 41.20 | 1657.48 | 木工圆锯 | 台班 | 0.36 | 171.28 | 61.66 |
| 钢模 | kg | 152.96 | 9.95 | 1521.95 | 翻斗车 | 台班 | 16.26 | 101.59 | 1651.85 |
| 木门窗料 | $m^3$ | 5.00 | 2480.00 | 12400.00 | 挖土机 | 台班 | 1.00 | 1060.00 | 1060.00 |
| 木模 | $m^3$ | 1.232 | 2200.00 | 2710.40 | 混凝土搅拌机 | 台班 | 4.35 | 152.15 | 661.85 |
| 镀锌钢丝 | kg | 146.58 | 10.48 | 1536.16 | 卷扬机 | 台班 | 20.59 | 72.57 | 1494.22 |
| 灰土 | $m^3$ | 54.74 | 50.48 | 2763.28 | 钢筋切断机 | 台班 | 2.79 | 161.47 | 450.50 |
| 水 | $m^3$ | 42.90 | 2.00 | 85.80 | 钢筋弯曲机 | 台班 | 6.67 | 152.22 | 1015.31 |
| 电焊条 | kg | 12.98 | 6.67 | 86.58 | 插入式振动器 | 台班 | 32.37 | 11.82 | 382.61 |
| 草袋子 | $m^3$ | 24.30 | 0.94 | 22.84 | 平板式振动器 | 台班 | 4.18 | 13.57 | 56.72 |
| 黏土砖 | 千块 | 109.07 | 150.00 | 16360.50 | 电动打夯机 | 台班 | 85.03 | 23.12 | 1965.89 |
| 隔离剂 | kg | 20.22 | 2.00 | 40.44 | 机械费合计 | | | | 13844.59 |
| 铁钉 | kg | 61.57 | 5.70 | 350.95 | 综合工日 | 工日 | 1207.00 | 20.31 | 24514.17 |
| 钢筋10以内 | t | 2.307 | 3100.00 | 7151.70 | 人工费合计 | | | | 24514.17 |

计算结果：人工费 24514.17 元

材料费 80531.62 元

机械费 13844.59 元

预算直接工程费 = 24514.17 + 80531.62 + 13844.59

= 118890.38（元）

根据表 6-13 计算求得的人工费、材料费、机械费和背景材料给定的费率计算该基础工程的施工图预算造价，见表 6-14。

**×××基础工程施工图预算费用计算表** **表 6-14**

| 序号 | 费用名称 | 费用计算表达式 | 金额（元） | 备 注 |
|---|---|---|---|---|
| 1 | 直接工程费 | 人工费 + 材料费 + 机械费 | 118890.38 | |
| 2 | 措施费 | [1] ×8% | 9511.23 | |
| 3 | 直接费 | [1] + [2] | 128401.61 | |
| 4 | 间接费 | [3] ×10% | 12840.16 | |
| 5 | 利润 | ([3] + [4]) ×4.5% | 6355.88 | |
| 6 | 税金 | ([3] + [4] + [5]) ×3.41% | 5033.08 | |
| 7 | 基础工程预算造价 | [3] + [4] + [5] + [6] | 152630.73 | |

（3）综合单价法

综合单价法是分部分项工程单价经综合计算后生成，其内容包括直接工程费、企业管理费、利润和风险。各分项工程量乘以综合单价的合价汇总后形成分部分项工程量清单合价。措施项目的综合单价也依此方法计算，综合单价中不包括规费和税金，规费和税金在单位工程合价中计算。

综合单价法与前述两种方法的主要区别在于：将企业管理费、利润和风险分摊到分部分项工程单价中，从而组成分部分项工程综合单价，某分项工程综合单价乘以工程量即为该分项工程的价格。

由于各分部分项工程中的人工、材料、机械各项费用所占比例不同，各分项工程造价可根据其材料费占分项直接工程费的比例（以字母“$C$”代表该项比值）在以下三种计算程序（表 6-15 ~ 表 6-17）中选择一种计算其综合单价。

1）当 $C > C_0$（$C_0$ 为本地区原费用定额测算所选典型工程材料费占分项直接工程费的比例）时，可采用以分项直接工程费为基数计算该分项工程的间接费和利润（表 6-15）。

以直接费为计算基础 表6-15

| 序号 | 费用项目 | 计算方法 | 备注 |
| --- | --- | --- | --- |
| 1 | 分项直接工程费 | 人工费+材料费+机械费 | |
| 2 | 间接费 | (1)×相应费率 | |
| 3 | 利润 | [(1)+(2)]×相应利润率 | |
| 4 | 合计 | (1)+(2)+(3) | |
| 5 | 含税造价 | (4)×(1+相应税率) | |

2）当 $C < C_0$ 值的下限时，可采用以人工费和机械费合计为基数计算该分项工程的间接费和利润（表6-16）。

以人工费和机械费为计算基础 表6-16

| 序号 | 费用项目 | 计算方法 | 备注 |
| --- | --- | --- | --- |
| 1 | 分项直接工程费 | 人工费+材料费+机械费 | |
| 2 | 其中人工费和机械费 | 人工费+机械费 | |
| 3 | 间接费 | (2)×相应费率 | |
| 4 | 利润 | (2)×相应利润率 | |
| 5 | 合计 | (1)+(3)+(4) | |
| 6 | 含税造价 | (5)×(1+相应税率) | |

3）如该分项的直接工程费仅为人工费，无材料费和机械费时，可采用以人工费为基数计算该分项工程的间接费和利润，如安装工程（表6-17）。

以人工费为计算基础 表6-17

| 序号 | 费用项目 | 计算方法 | 备注 |
| --- | --- | --- | --- |
| 1 | 分项直接工程费 | 人工费+材料费+机械费 | |
| 2 | 直接工程费中人工费 | 人工费 | |
| 3 | 间接费 | (2)×相应费率 | |
| 4 | 利润 | (2)×相应利润率 | |
| 5 | 合计 | (1)+(3)+(4) | |
| 6 | 含税造价 | (5)×(1+相应税率) | |

### 6.3.3 施工图预算的审核

施工图预算的审核是合理确定工程造价的必要程序及重要组成部分。审核施工图预算，根据审核对象的不同、要求的进度不同、或投资规模的不同，可采用不同的审核方法。

施工图设计阶段是对初步设计确定的技术方案的进一步细化，施工图设计的完善与否，涉及施工期间设计图纸范围内的变更等问题。初步设计阶段的技术审核已经将项目定位的技术方案、构造和装修用材、设备等确定下来，工程造价已有了完整的包容性。施工图设计是按初步设计确定的原则进行进一步的完善、执行和细化，以满足施工的要求。因此，施工图预算的审核应严格以初步设计概算为控制依据，施工图预算不可轻易突破设计概算。

（1）审核施工图预算的意义

施工图预算编制完成后，需要认真进行审核。加强施工图预算的审核，对于提高预算的准确性，降低工程造价具有重要的现实意义。

1）有利于控制工程造价，克服和防止预算超概算。

2）有利于加强固定资产投资管理，节约建设资金。

3）有利于施工承包合同价的合理确定和控制。因为对于招标工程，施工图预算是编制标底的依据；对于不宜招标工程，它是合同价款结算的基础。

4）有利于积累和分析各项技术经济指标，不断提高设计水平。通过审核施工图预算，核实了预算价值，为积累和分析技术经济指标，提供了准确数据，进而通过有关指标的比较，找出设计中的薄弱环节。以便及时改进，不断提高设计水平。

（2）施工图预算审核的主要内容

施工图设计及其预算完成后，建设单位应组织相关单位进行审核，从建筑技术、图纸完善性、项目定位和品质、施工技术操作、预算费用的复核等方面进行审核，工程造价人员的审核目标以初步设计概算为控制限额，按分部分项工程进行核算，将审核拟修改的内容、设计漏项的内容等进行造价费用的分析与调整，核算在满足项目定位的标准下是否突破了初步设计概算，对突破的内容应寻求替代方案。

施工图预算审核时，要充分发挥专业人员的技术优势，对施工图设计文件和预算文件进行会审。施工图预算具体审核的重点，应该放在工程量计算、预算单价套用、设备材料预算价格取定是否正确，各项费用标准是否符合现行规定等方面。

1）审核工程量。一般针对各个分部分项工程，如分别对土方工程、打桩工程、砖石工程、混凝土及钢筋混凝土工程、木结构工程、楼地面工程、屋面工程、构筑物工程、装饰工程、金属构件制作工程、水暖工程、电气照明工程、设备及其他安装工程等，按照施工图设计文件、图纸内容和尺寸，以及相应的工程量计算规则，审核工程量的计算是否正确。重点是审核其中的项目和工程数量的计算是否符合设计要求和工程量计算规则的要求。

2）审核资源预算价格。人工、材料和设备、机械台班预算价格在施工图预算造价中变化最大、影响最大，需重点审核。要审核各类资源预算价格是否符合工程所在地的真实价格及价格水平；审核材料、设备等原价的确定方法是否正确；非标准设备原价的计价依据、计价方法是否正确合理；材料预算价的各项费用计算是否符合规定，计算结果是否正确。

3）审核预算单价的套用。审核时应注意以下几个方面：预算中所列各分部分项工程预算单价是否与现行定额的预算单价相符，其编码、项目名称、特征、计量单位和所包括的工程内容是否与单位估价表一致。审核预算单价时，首先要审核换算的分部分项工程是否是定额中允许换算的，其次审核换算是否正确。审核补充定额和单位估价表的编制是否符合编制原则，单位估价表计算是否正确。

4）审核有关费用项目及其计取。有关费用项目计取的审核应注意以下几个方面：措施费的计算是否符合有关的规定标准，间接费和利润的计取基础是否符合现行规定，有无不能作为计费基础的费用列入计费的基础。预算外调增的材料差价是否计取了间接费。直接工程费或人工费增减后，有关费用是否相应做了调整。有无巧立名目，乱计、乱摊费用现象。

(3）施工图预算审核的主要方法

审核施工图预算的方法很多，主要有全面审核法、标准预算审核法、分组计算审核法、筛选审核法、重点抽查法、对比审核法、利用手册审核法和分解对比审核法等。每一种审核方法都有不同的特点和适用范围，应根据工程规模特点、难易程度等具体运用。

1）全面审核法又称逐项审核法，是按预算定额顺序或施工的先后顺序，逐一地全部进行审核的方法。这种方法实际上是审核人重新编制施工图预算。首先，根据施工图全面计算工程量。然后，将计算的工程量与审核对象的工程量一一进行对比。同时，根据定额或单位估价表逐项核实审核对象的单价，这种方法常常适用于以下情况：

- 初学者审核的施工图预算；
- 投资不大的项目，如维修工程；
- 工程内容比较简单（分项工程不多）的项目，如围墙、道路挡土墙、排水沟等；
- 建设单位审核施工单位的预算，或施工单位审核设计单位编制的预算。

这种方法的优点是审核后的施工图预算准确度较高；缺点是工作量大，可能出现重复劳动。在投资规模较大、审核进度要求较紧的情况下，这种方法是不太可取，但建设单位为严格控制工程造价，仍常常采用这种方法。

2）重点审核法，是抓住施工图预算中的重点进行审核的方法。审核的重点一般是：工程量大或造价较高、工程结构复杂的工程，补充单位估价表，计取的各项费用（计费基础、取费标准等）。重点抽查法的优点是重点突出，审核时间短、效果好。例如，有选择地根据施工图计算部分价值较高或占投资比例较大的分项工程量，像砖石结构（基础、墙体）、钢筋混凝土结构（梁、板、柱）、木结构（门窗）、钢结构（屋架、檩条、支撑），以及高级装饰等。而对其他价值较低或占投资比例较小的分项目工程，如普通装饰项目、零星项目（雨篷、散水、坡道、明沟、水池、垃圾箱）等，审核者往往有意忽略不计。这种方法在审核进度较紧张的情况下，常常适用于建设单位审核施工单位的预算或施工单位审核设计单位编制的预算。这种方法与全面审核法比较，工作量相对减少。

3）分析对比审核法，是在总结分析预结算资料的基础上，找出同类工程造价及工料消耗的规律性，整理出用途不同、结构形式不同、地区不同的工程造价和工料消耗指标。然后，根据这些指标对审核对象进行分析对比，从中找出不符合规律的分部分项工程，针对这些项目进行重点审核，分析其差异较大的原因。常用的指标有以下几种类型：

- 单方造价指标，如元/$m^3$、元/$m^2$、元/m 等；
- 分部工程比例，如基础、楼板屋面、门窗、围护结构等各占直接工程费的比例；
- 各种结构比例，如砖石、混凝土及钢筋混凝土、木结构、金属结构、装饰、土石方等各占直接工程费的比例；
- 专业投资比例，如土建、给水排水、采暖通风、电气照明等各专业占总造价的比例；
- 工料消耗指标，如钢材、木材、水泥、砂、石、砖、瓦、人工等主要工料的单方消耗指标。

相对于前述两种方法，分析对比审核法的工作量小，审核周期可缩短。

4）筛选审核法，是统筹法的一种，也是一种对比方法。建筑工程虽然有建筑面积和高度的不同，但是它们的各个分部分项工程的工程量、造价、用工量在每个单位面积上的数值变化不大，把这些数据加以汇集、优选，归纳为工程量、造价（价值）、用工三个单方基本值表，并注明其适用的建筑标准。这些基本值犹如“筛子孔”，用来筛选各分部分项工程，筛下去的就不审核了，没有筛下去的就意味着此分部分项的单位建筑面积数值不在基本值范围之内，应对该分部分项工程详细审核。当所审核的预算的建筑面积标准与“基本值”所适用的标准不同，就要对其进行调整。

筛选法的优点是简单易懂，便于掌握，审核速度和发现问题快。但解决差错分析其原因后需继续审核。因此，此法适用于住宅工程或不具备全面审核条件的工程。

5）利用手册审核法，是把工程中常用的构件、配件，事先整理成预算手册，按手册对照审核的方法。如工程常用的预制构配件，如洗脸池、坐便器、检查井、化粪池、碗柜等，几乎每个工程都有，把这些按标准图集计算出工程量，套上单价，编制成预算手册使用，可大大简化预结算的编审工作。

6）“常见病”审核法，是针对施工图预算编制过程经常出现的问题，有针对性地进行审核的方法。由于预算人员所处地位和立场不同，则观点和方法亦不同，在施工图预算编制中，不同程度地出现某些常见病。

① 某些施工单位的施工图预算常常出现以下常见病：

• 工程量计算正误差：毛石、钢筋混凝土基础 T 形交接重叠处重复计算；楼地面孔洞、沟通所占面积不扣；墙体中的圈梁、过梁所占体积不扣；挖地槽、地坑土方常常出现“挖空气”现象；钢筋计算常常不扣保护层；梁、板、柱交接处受力筋或箍筋重复计算；接地面、墙面各种抹灰重复计算等。

• 定额单价高套正误差：混凝土标号、石子粒径；构件断面、单件体积；砌筑、抹灰砂浆标号及配合比；单项脚手架高度界限；装饰工程的级别（普通、中级、高级）；地坑、地槽、土方三者之间的界限；土石方的分类界限等。

• 项目重复正误差：块料面层下找平层；沥青卷材防水层，沥青隔气层下的冷底子油；预制构件的铁件；属于建筑工程范畴的给水排水设施。在采用综合定额预算的项目中，这些现象尤其普遍。

• 综合费用计算正误差：措施手段材料一次摊销；综合费项目内容与定额已考虑的内容重复；综合费项目内容与冬雨季施工增加费，临时设施费中内容重复等。

② 而某些设计单位和建设单位的预算人员或施工单位的初学预算者却常常犯有另一方面的常见病：

• 工程量计算负误差，完全按理论尺寸计算工程量；

• 预算项目遗漏负误差，缺乏现场施工管理经验和施工常识，对图纸说明的理解模糊不清或遗漏等。

上述常见病具有普遍性，审核施工图预算时，可根据这些线索，剔除其不合理部分，补充完善预算内容，准确计算工程量，合理取定定额单价，以达到合理确定工程造价之目的。

7）相关项目、相关数据审核法。施工图预算项目数十、数百，数据成千上万，这些项目、这些数据之间有着千丝万缕的联系。只要认真总结、仔细分析，就可以摸索出它们的规律，并可利用这些规律来审核施工图预算，找出不符合规律的项目及数据，如漏项、重项、工程量数据错误等。然后，针对这些问题进行重点审核，如：与建筑面积相关的项目和工程量数据；与室外净面积相关的项目和工程量数据；与墙体面积相关的项目和工程量数据；与外墙边线相关的项目和工程量数据；其他相关项目与数据等。也有一些工程量数据规律性较差，如柱基与柱身、墙基与墙身、梁与柱等，对此可以采用重点审核法等进行审核。相关项目、相关数据审核法实质是工程量计算统筹法在预算审核工作中的应用。应用这种方法，可使审核工作效率大大提高。

（4）审核施工图预算的步骤

1）准备工作

① 熟悉施工图纸。施工图是编审预算分项数量的重要依据，必须全面熟悉了解。审核施工图预算前，需核对所有图纸，清点无误后，依次识读。

② 了解包括的范围。根据预算编制说明，了解预算包括的工程内容。例如：配套设施、室外管线、道路以及会审图纸后的设计变更等。

③ 了解采用的单位估价表。任何单位估价表或预算定额都有一定的适用范围，应根据工程性质，搜集熟悉相应的单价、定额资料。

2）选择合适的审核方法

由于工程规模、繁简程度不同，施工方法和施工企业情况不一样，所编施工图预算及其质量也不同，因此需选择适当的审核方法，按相应内容进行审核。

3）调整施工图预算

综合整理审核资料，并与编制单位交换意见，定案后编制调整预算。审核后，若需要进行增加或核减的，经与编制单位协商，统一意见后，进行相应的修正和调整。

## 6.4 资金使用计划的编制

投资控制的目的是为了确保投资目标的实现，因此必须编制资金使用计划，合理地确定投资控制目标值，包括投资的总目标值、分目标值、各详细目标值。如果没有明确的投资控制目标，就无法进行项目投资实际支出值与目标值的比较，不能进行比较也就不能找出偏差，不知道偏差程度，就会使控制措施缺乏针对性。在确定投资控制目标时，应有科学的依据。如果投资目标值与人工单价、材料预算价格、设备价格及各项有关费用和各种取费标准不相适应，那么投资控制目标便没有实现的可能，则控制也是徒劳的。

由于人们对客观事物的认识有个过程，也由于人们在一定时间内所占有的经验和知识有限，因此，对工程项目的投资控制目标应辩证地对待，既要维护投资控制目标的严肃性，也要允许对脱离实际的既定投资控制目标进行必要的调整，调整并不意味着可以随意改变项目投资目标值，而必须按照有关的规定和程序进行。

### 6.4.1 施工阶段资金使用计划的作用

资金使用计划的编制与控制在整个工程造价管理中处于重要而独特的地位，

它对工程造价的重要影响表现在以下几方面：

（1）通过编制资金使用计划，合理确定工程造价目标值，使工程造价的控制有所依据，并为资金的筹集与协调打下基础；如果没有明确的造价控制目标，就无法把工程项目的实际支出额与之进行比较，也就不能找出偏差，从而使控制措施缺乏针对性。

（2）通过资金使用计划的科学编制，可以对未来工程项目的资金使用和进度控制有所预测，消除不必要的资金浪费和进度失控，也能够避免在今后工程项目中由于缺乏依据而进行轻率判断所造成的损失，减少了盲目性，使现有资金充分发挥作用。

（3）在建设项目的进行过程中，通过资金使用计划的严格执行，可以有效地控制工程造价上升，最大限度地节约投资，提高投资效益。

对脱离实际的工程造价目标值和资金使用计划，应在科学评估的前提下，允许修订和修改，使工程造价更加趋于合理水平，从而保障发包人和承包人各自的合法利益。

### 6.4.2 投资目标的分解

编制资金使用计划过程中最重要的步骤，就是项目投资目标的分解。根据投资控制目标和要求的不同，投资目标的分解可以分为按投资构成、按子项目、按时间分解 3 种类型。

（1）按投资构成分解的资金使用计划

工程项目的投资主要分为建筑安装工程投资、设备工器具购置投资及工程建设其他投资。由于建筑工程和安装工程在性质上存在着较大差异，投资的计算方法和标准也不尽相同。因此，在实际操作中往往将建筑工程投资和安装工程投资分解开来。这样，工程项目投资的总目标就可以按图 6-7 分解。

图 6-7 中的建筑工程投资、安装工程投资、工器具购置投资可以进一步分解。另外，在按项目投资构成分解时，可以根据以往的经验和建立的数据库来确定适当的比例。必要时也可以作一些适当的调整。例如：如果估计所购置的设备大多包括安装费，则可将安装工程投资和设备购置投资作为一个整体来确定它们所占的比例，然后再根据具体情况决定细分或不细分。按投资的构成来分解的方法比较适合于有大量经验数据的工程项目。

（2）按子项目分解的资金使用计划

大中型的工程项目通常是由若干单项工程构成的，而每个单项工程包括了多个单位工程，每个单位工程又是由若干个分部分项工程构成的，因此，首先要把项目总投资分解到单项工程和单位工程中，如图 6-8 所示。

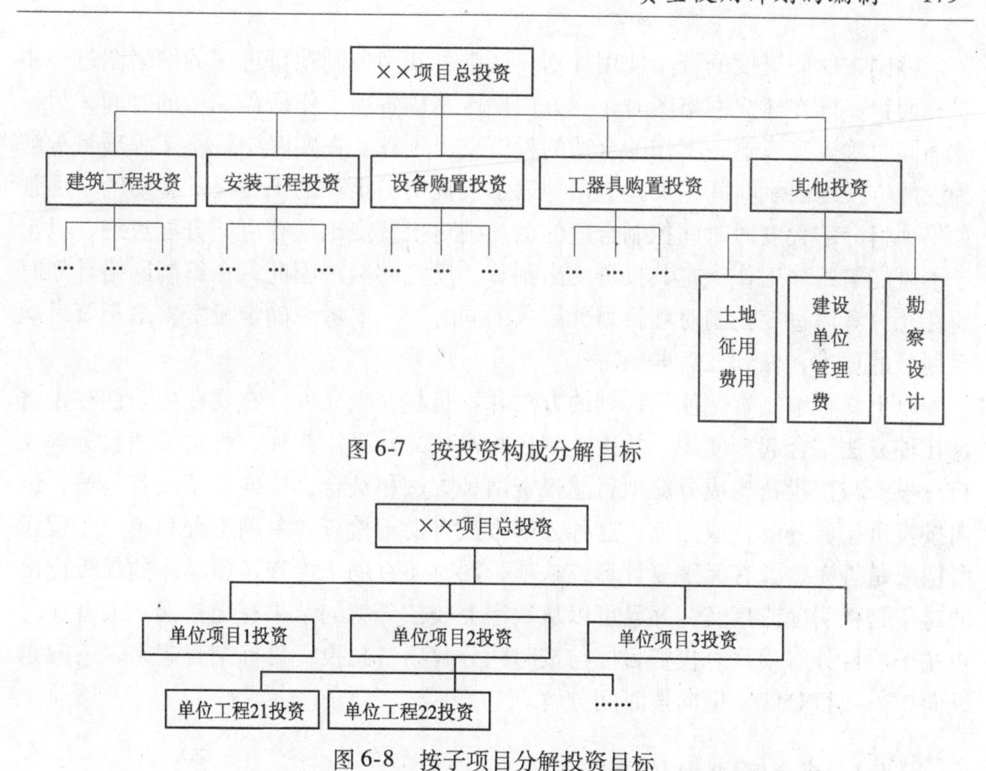


图 6-7　按投资构成分解目标

图 6-8　按子项目分解投资目标

一般来说，由于概算和预算大都是按照单项工程和单位工程来编制的，所以将项目总投资分解到各单项工程和单位工程是比较容易的。需要注意的是，按照这种方法分解项目总投资，不能只是分解建筑工程投资、安装工程投资和设备工器具购置投资，还应该分解项目的其他投资。但项目其他投资所包含的内容既与具体单项工程或单位工程直接有关，也与整个项目建设有关，因此必须采取适当的方法将项目其他投资合理地分解到各个单项工程和单位工程中。最常用的也是最简单的方法就是按照单项工程的建筑安装工程投资和设备工器具购置投资之和的比例分摊。但其结果可能与实际支出的投资相差甚远。因此实践中一般应对工程项目的其他投资的具体内容进行分析，将其中确实与各单项工程和单位工程有关的投资分离出来，按照一定比例分解到相应的工程内容上。其他与整个项目有关的投资则不分解到各单项工程和单位工程上。

另外，对各单位工程的建筑安装工程投资还需要进一步分解，在施工阶段一般可分解到分部分项工程。

（3）按时间进度分解的资金使用计划

工程项目的投资总是分阶段、分期支出的，资金应用是否合理与资金的时间安排有密切关系。为了编制项目资金使用计划，并据此筹措资金，尽可能减少资金占用和利息支出，有必要将项目总投资按其使用时间进行分解。

编制按时间进度的资金使用计划，通常可利用控制项目进度的网络图进一步扩充而得。即在建立网络图时，一方面确定完成各项工作所需花费的时间；另一方面同时确定完成这一工作的合适的投资支出预算。在实践中，将工程项目分解为既能方便地表示时间，又能方便地表示投资支出预算的工作是不容易的，通常如果项目分解程度对时间控制合适的话，则对投资支出预算可能分配过细，以至于不可能对每项工作确定其投资支出预算。反之亦然。因此，在编制网络计划时应在充分考虑进度控制对项目划分要求的同时，还要考虑确定投资支出预算对项目划分的要求，做到二者兼顾。

以上3种编制资金使用计划的方法并不是相互独立的。在实践中，往往是将这几种方法结合起来使用，从而达到扬长避短的效果。例如，将按子项目分解项目总投资与按投资构成分解项目总投资两种方法相结合，横向按子项目分解，纵向按投资构成分解，或相反。这种分解方法有助于检查各单项工程和单位工程投资构成是否完整，有无重复计算或缺项；同时还有助于检查各项具体的投资支出的对象是否明确或落实，并且可以从数字上校核分解的结果有无错误。或者还可将按子项目分解项目总投资目标与按时间分解项目总投资目标结合起来，一般是纵向按子项目分解，横向按时间分解。

### 6.4.3　资金使用计划的形式

（1）按子项目分解得到的资金使用计划表

在完成工程项目投资目标分解之后，接下来就要具体地分配投资，编制工程分项的投资支出计划，从而得到详细的资金使用计划表。其内容一般包括：

1）工程分项编码；

2）工程内容；

3）计量单位；

4）工程数量；

5）计划综合单价；

6）本分项总计。

在编制投资支出计划时，要在项目总的方面考虑总的预备费，也要在主要的工程分项中安排适当的不可预见费，避免在具体编制资金使用计划时，可能发现个别单位工程或工程量表中某项内容的工程量计算有较大出入，使原来的投资预算失实，并在项目实施过程中对其尽可能地采取一些措施。

（2）时间——投资累计曲线

通过对项目投资目标按时间进行分解，在网络计划基础上，可获得项目进度计划的横道图。并在此基础上编制资金使用计划。其表示方式有两种：一种是在总体控制时标网络图上表示，见图6-9；另一种是利用时间——投资曲线（S形曲线）表示，见图6-10。

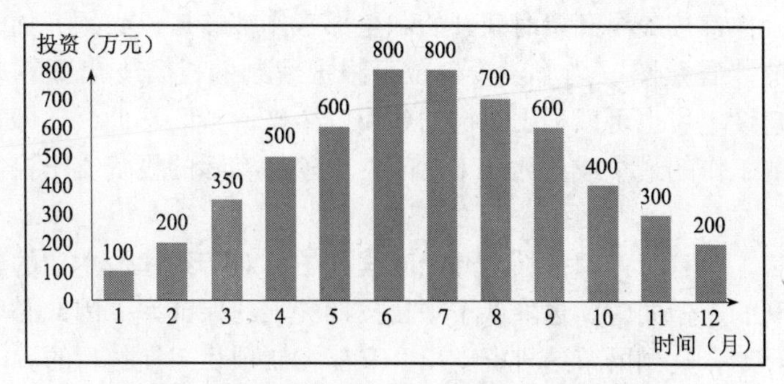


图6-9 时标网络图上按月编制的资金使用计划

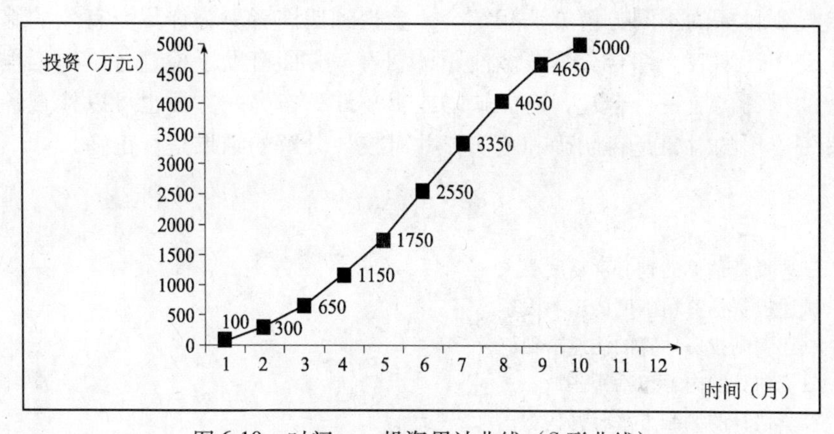


图6-10 时间——投资累计曲线（S形曲线）

时间——投资累计曲线的绘制步骤如下：

1）确定工程项目进度计划，编制进度计划的横道图；

2）根据每单位时间内完成的实物工程量或投入的人力、物力和财力，计算单位时间（月或旬）的投资，在时标网络图上按时间编制投资支出计划，如图6-9所示。

3）计算规定时间 $t$ 计划累计完成的投资额，其计算方法为：各单位时间计划完成的投资额累加求和，可按下式计算：

$$Q_t = \sum_{n=1}^{t} q_n$$

式中 $Q_t$——某时间 $t$ 计划累计完成投资额；

$q_n$——单位时间 $n$ 的计划完成投资额；

$t$——某规定计划时刻。

4）按各规定时间的 $Q_t$ 值，绘制S形曲线，如图6-10所示。

每一条S形曲线都对应某一特定的工程进度计划。因为在进度计划的非关键路线中存在许多有时差的工序或工作，因而S形曲线（投资计划值曲线）必然包括在由全部工作都按最早开始时间开始和全部工作都按最迟必须开始时间开始的曲线所组成的“香蕉图”内。建设单位可根据编制的投资支出预算来合理安排资金，同时建设单位也可以根据筹措的建设资金来调整S形曲线，即通过调整非关键路线上的工作的最早或最迟开工时间，力争将实际的投资支出控制在计划的范围内。

一般而言，所有工作都按最迟开始时间开始，对节约建设单位的建设资金贷款利息是有利的，但同时，也降低了项目按期竣工的保证率。因此必须合理地确定投资支出计划，达到既节约投资支出，又能控制项目工期的目的。

（3）综合分解资金使用计划表

将投资目标的不同分解方法相结合，会得到比前者更为详尽、有效的综合分解资金使用计划表。综合分解资金使用计划表一方面有助于检查各单项工程和单位工程的投资构成是否合理，有无缺陷或重复计算；另一方面也可以检查各项具体的投资支出的对象是否明确和落实，并可校核分解的结果是否正确。

## 复习思考题

1. 试述投资估算的划分和精度要求。
2. 试述投资估算精确度的影响因素。
3. 试述编制投资估算的注意事项。
4. 投资估算的内容包括哪些？
5. 投资估算的编制方法有哪些？
6. 设计概算的组成内容包括哪些，它们之间是什么关系？
7. 建筑工程概算有哪些编制方法，相应的适用条件是什么？
8. 设备及安装工程概算有哪些编制方法，相应的适用条件是什么？
9. 简述建设项目总概算的编制方法。
10. 施工图预算包括哪些内容？
11. 施工图预算的编制方法有哪些？
12. 资金使用计划的作用是什么？

# 7 工程量清单计价

工程量清单是完成设计文件规定的拟建工程的所有内容和工作的名称以及相应数量的明细清单。以工程量清单中的全部项目和内容以及相应数量为依据，计算确定工程造价的计价方式称为工程量清单计价。

## 7.1 工程量清单计价规范

为了适应我国社会主义市场经济发展的需要，规范建设工程造价计价行为，统一建设工程工程量清单的编制和计价方法，维护发包人和承包人的合法权益，根据《中华人民共和国建筑法》、《中华人民共和国合同法》、《中华人民共和国招标投标法》等法律法规，国家住房和城乡建设部制定并发布了国家标准《建设工程工程量清单计价规范》(GB 50500—2008)。

### 7.1.1 工程量清单计价的意义

长期以来，我国工程造价的计价一直以统一的概预算定额和单位估价表作为主要依据。20 世纪 90 年代初，为了适应市场经济的基本要求，针对概预算定额编制和使用中存在的问题，提出了“控制量、指导价、竞争费”的改革措施，将传统定额中人工、材料、机械台班的消耗量与相应的价格分离，变为人工、材料、机械台班的消耗量根据有关规范、标准以及社会的平均水平确定。但是，随着市场经济的深入发展，这种做法仍然难以改变传统定额所具有的指令性特征，不能满足在市场经济条件下工程招标投标与计价的要求。这是因为，概预算定额的消耗量反映的是社会平均水平，不能反映企业的个别消耗量，不能体现企业的技术水平、管理水平和生产效率，不能充分体现市场竞争。工程量清单计价是市场形成工程造价的主要形式，推行工程量清单计价有利于充分发挥施工企业自主报价的能力，实现政府定价到市场定价的转变，真正体现公开、公平、公正竞争的原则，反映市场经济的客观规律。

实行工程量清单计价，有利于促进建设市场的有序竞争和施工企业的健康发展。采用工程量清单计价模式进行招标投标，对发包单位来说，由于工程量清单是招标文件的组成部分，招标人必须编制出准确的工程量清单，并承担相应的风险，可以促进招标单位提高管理水平。对承包企业来说，采用工程量清单报价，必须对单位工程成本、利润进行分析，精心选择施工方案，并根据自身的企业定额，合理确定人工、材料、机械等要素的投入和配置，优化组合，合理控制现场费用和措施费用，确定投标报价。如此，就可改变过去过分依赖国家发布定额的状况，施工企业必须根据自身的条件编制自己的企业定额，这有利于促进技术进步，不断提高工程管理的水平。

### 7.1.2　工程量清单计价规范的主要内容

《建设工程工程量清单计价规范》(GB 50500—2008）是按照我国工程造价管理改革的总体目标，本着国家宏观调控、市场竞争形成价格的原则制定的。《计价规范》总结了2003年颁布的《建设工程工程量清单计价规范》(GB 50500—2003)实施以来的经验，针对执行中存在的问题，主要修编了原规范中不尽合理、可操作性不强的条款及表格格式，特别增加了采用工程量清单计价如何编制工程量清单和招标控制价、投标报价、合同价款约定以及工程计量与价款支付、工程价款调整、索赔、竣工结算、工程计价争议处理等内容，将《计价规范》的内容，即工程量清单计价的适用范围从招投标阶段扩展到工程实施阶段的全过程，基本反映了实行工程量清单计价以来的主要经验和实践成果。

《计价规范》2008版的条文数量由原《计价规范》2003版的45条增加到136条，其中强制性条文由6条增加到15条。新《规范》的内容涵盖了工程实施阶段从招投标开始到工程竣工结算办理的全过程。

《计价规范》规定，全部使用国有资金投资或国有资金投资为主的工程建设项目必须采用工程量清单计价；非国有资金投资的工程建设项目，可采用工程量清单计价。

《计价规范》明确，工程量清单是建设工程的分部分项工程项目、措施项目、其他项目、规费项目和税金项目的名称和相应数量的明细清单。工程量清单应由分部分项工程量清单、措施项目清单、其他项目清单、规范项目清单、税金项目清单组成。工程量清单是工程量清单计价的基础，应作为标准招标控制价、投标报价、计算工程量、支付工程款、调整合同价款、办理竣工结算以及工程索赔等的依据。

《计价规范》由正文、附录和条文说明三部分组成。

《计价规范》正文共5章，分为总则、术语、工程量清单编制、工程量清单计价和工程量清单计价表格。规范正文就《计价规范》的适用范围，工程量清单的编制人、编制依据及内容，工程量清单计价包括招标控制价、投标价、工程合同价款的约定、工程计量与价款支付、索赔与现场签证、工程价款调整、竣工结算、工程计价争议处理，以及工程量清单计价表格等作了明确规定。

《计价规范》附录共有6个，包括附录A、附录B、附录C、附录D、附录E、附录F，其是编制工程量清单的依据。附录A为建筑工程工程量清单项目及计算规则，适用于工业与民用建筑物和构筑物工程；附录B为装饰装修工程工程量清单项目及计算规则，适用于工业与民用建筑物和构筑物的装饰装修工程；附录C为安装工程工程量清单项目及计算规则，适用于工业与民用安装工程；附录D为市政工程工程量清单项目及计算规则，适用于城市市政建设工程；附录E为园林绿化工程工程量清单项目及计算规则，适用于园林绿化工程；附录F为矿山工程工程量清单项目及计算规则，适用于矿山工程。

《计价规范》条文说明是对应于规范正文条文中每个条款的具体说明，详细解释及法律依据。如针对不同阶段的工程造价，条文说明分别就招标控制价、投标价、合同价、竣工结算价等作出专业解释。

## 7.2 工程量清单及其编制

### 7.2.1 工程量清单

工程量清单（Bill of Quantity，简称BQ）是建设工程发包人将准备实施的工程项目的全部工作内容，依据统一的工程量计算规则，按照不同的工程部位和性质，将实物工程量和技术措施以统一的计量单位列出的数量清单。

工程量清单计价方法的采用，起源于英国。1905年英国皇家特许测量师学会（RICS）编制出版了建筑工程量标准计算规则（Standard Method of Measurement，简称SMM），成为英国统一的建筑工程量标准计算规则，用以规范参与建设各方的行为。统一的工程量计算规则为工程量的计算及工程造价管理提供了科学化、规范化的基础。在英国，工程量清单计价方法经过了上百年时间的发展，已经较为完善和成熟。

按照《建设工程工程量清单计价规范》(GB 50500—2008)，工程量清单是建设工程的分部分项工程项目、措施项目、其他项目、规费项目和税金项目的名称和相应数量等的明细清单。工程量清单是建设工程实现工程量清单计价的专用名词，是按照招标要求和施工设计图纸的要求，将拟建招标工程的全部项目和内容，依据规定的工程量计算规则、统一的工程量清单项目编制规则的要求等，计算得到的拟建工程的分部分项工程数量的表格。

在招标投标过程中，招标文件中的工程量清单所列的工程量是一个预计的工程量，它一方面是各投标人进行投标报价的共同基础；另一方面也是对各投标人的投标报价进行评审的共同平台，体现了招投标活动中的公开、公平、公正和诚实信用原则。

### 7.2.2　工程量清单的作用

工程量清单是在发包方与承包方之间，从工程招标投标开始，直至竣工结算，双方进行经济核算、处理经济关系、进行工程管理等活动不可缺少的工程内容及数量依据。工程量清单是工程量清单计价的基础，是计算工程量、编制和确定招标控制价和投标报价、进行工程款支付和合同价款调整、进行工程索赔和编制竣工结算等的依据。

（1）工程量清单为投标人的投标竞争提供了一个平等和共同的基础

招标文件中的工程量清单标明的工程量是投标人投标报价的共同基础，工程量清单使所有投标人均是在拟完成相同的工程项目、相同的工程实体数量和质量要求的条件下进行公平竞争，每一个投标人所掌握的信息和受到的待遇是客观、公正和公平的。

（2）工程量清单是建设工程计价的依据

在招标投标过程中，招标人根据工程量清单编制招标工程的招标控制价；投标人按照工程量清单所表述的内容，依据企业定额自主填报工程量清单所列项目的单价与合价，编制和确定投标价。发、承包人双方并就此可以约定工程合同价款。

（3）工程量清单是工程款支付和结算的依据

在施工阶段，发包人根据承包人是否完成工程量清单规定的内容以及投标时在工程量清单中所报的单价作为支付工程进度款和进行结算的依据。工程结算时，发包人按照工程量清单计价表中的序号对已实施的分部分项工程或计价项目，按合同单价和相关的合同条款计算应支付给承包人的工程款项。

（4）工程量清单是进行工程索赔和现场签证的依据

在发生非承包人原因造成承包人的经济损失等情况时，或应发包人要求完成合同以外的零星工作或非承包人责任事件发生时，可以选用或者参照工程量清单中的分部分项工程或计价项目与合同单价来确定索赔项目的单价和相关费用，据此进行现场签证。

（5）工程量清单是进行工程价款调整和竣工结算的依据

在发生工程变更、增加新的项目等情况时，发、承包双方可按新的项目特征确定相应工程量清单的单价。工程完工后，发、承包双方可以依据双方确认的工程量、合同约定的综合单价等在合同约定时间内办理工程竣工结算。

### 7.2.3　工程量清单的编制

《计价规范》规定，采用工程量清单方式招标，工程量清单必须作为招标文件的组成部分，其准确性和完整性由招标人负责。一个建设工程项目的工程量清单由五个清单组成，分别是分部分项工程量清单、措施项目清单、其他项目清单、规费项目清单和税金项目清单。

编制工程量清单的依据，主要如下：

- 《计价规范》；
- 国家或省级、行业建设主管部门颁发的计价依据和办法；
- 建设工程设计文件；
- 与建设工程项目有关的标准、规范、技术资料；
- 招标文件及其补充通知、答疑纪要；
- 施工现场情况、工程特点及常规施工方案；
- 其他相关资料。

(1) 分部分项工程量清单的编制

分部分项工程量清单，表示的是拟建工程的分部分项工程项目的名称和数量，其格式如表 7-1 所示。

**分部分项工程量清单** **表 7-1**

工程名称： 标段： 第 页 共 页

| 序号 | 项目编码 | 项目名称 | 项目特征描述 | 计量单位 | 工程量 |
|---|---|---|---|---|---|
| | | | | | |
| | | | | | |
| | | | | | |
| | | | | | |

分部分项工程量清单的内容包括项目编码、项目名称、项目特征、计量单位和工程量，这五个要件在分部分项工程量清单的组成中缺一不可。分部分项工程量清单应根据《计价规范》附录规定的项目编码、项目名称、项目特征、计量单位和工程量计算规则进行编制，做到"五个统一"。

1) 分部分项工程量清单的项目编码，应采用十二位阿拉伯数字表示。各位数字的含义是：一、二位为工程分类顺序码；三、四位为专业工程顺序码；五、六位为分部工程顺序码；七、八、九位为分项工程项目名称顺序码；十至十二位为清单项目名称顺序码。一至九位应按附录的规定设置，十至十二位应根据拟建工程的工程量清单项目名称设置，同一招标工程的项目编码不得有重码。

2) 分部分项工程量清单的项目名称，应按附录的项目名称结合拟建工程的实际确定。

在编制工程量清单时，随着工程建设中新材料、新技术、新工艺的不断涌现，附录所列的工程量清单项目不可能包含所有项目。当出现本规范附录中未包括的清单项目时，编制人应作补充，编制分部分项工程量清单的补充项目。

3) 分部分项工程量清单项目特征应按附录中规定的项目特征，结合拟建工程项目的实际予以描述。工程量清单的项目特征是确定一个清单项目综合单价不可缺少的重要依据。在编制工程量清单时，必须对项目特征进行准确和全面地描述。但有些项目特征用文字往往又难以准确和全面地描述清楚。因此，为达到规范、简捷、准确、全面描述项目特征的要求，在描述工程量清单项目特征时应按以下原则进行：

• 项目特征描述的内容应按附录中的规定，结合拟建工程的实际，能满足确定综合单价的需要；

• 若采用标准图集或施工图纸能够全部或部分满足项目特征描述的要求，项目特征描述可直接采用详见××图集或××图号的方式。对不能满足项目特征描述要求的部分，仍应用文字描述。

4）分部分项工程量清单中计量单位，应按附录中规定的计量单位确定。

5）分部分项工程量清单中所列工程量，应按附录中规定的工程量计算规则计算。工程量的有效位数应遵循下列规定：

• 以"t"为单位，应保留三位小数，第四位小数四舍五入；

• 以"$m^3$"、"$m^2$"、"m"、"kg"为单位，应保留两位小数，第三位小数四舍五入；

• "个"、"项"等为单位，应取整数。

编制工程量清单出现附录中未包括的项目，编制人应作补充，并报省级或行业工程造价管理机构备案。补充项目的编码由附录的顺序码与B和三位阿拉伯数字组成，并应从×B001起顺序编制，同一招标工程的项目不得重码。工程量清单中需附有补充项目的名称、项目特征、计量单位、工程量计算规则、工程内容。

（2）措施项目清单的编制

措施项目清单，表示的是为完成工程项目施工，发生于该工程施工准备和施工过程中的技术、生活、安全、环境保护等方面的非工程实体项目的名称和数量，其格式如表7-2所示。

**措施项目清单** **表7-2**

工程名称： 标段： 第 页 共 页

| 序 号 | 项 目 名 称 |
|---|---|
| | |
| | |
| | |

措施项目清单包括通用措施项目和专业工程的措施项目，应根据拟建工程的实际情况列项。措施项目中可以计算工程量的项目清单，采用分部分项工程量清单的方式编制，列出项目编码、项目名称、项目特征、计量单位和计算的工程量；不能计算工程量的项目清单，以"项"为计量单位。

措施项目清单的编制需考虑多种因素，除工程本身的因素以外，还涉及水文、气象、环境、安全等因素。《计价规范》仅提供了"通用措施项目一览表"（表7-3），作为措施项目列项的参考。表中所列内容是各专业工程均可列出的措施项目。各专业工程的"措施项目清单"中可列的措施项目分别在附录中规定，应根据拟建工程的具体情况选择列项。

通用措施项目一览表　　表7-3

| 序　号 | 项　目　名　称 |
| --- | --- |
| 1 | 安全文明施工（含环境保护、文明施工、安全施工、临时设施） |
| 2 | 夜间施工 |
| 3 | 二次搬运 |
| 4 | 冬雨期施工 |
| 5 | 大型机械设备进出场及安拆 |
| 6 | 施工排水 |
| 7 | 施工降水 |
| 8 | 地上、地下设施，建筑物的临时保护设施 |
| 9 | 已完工程及设备保护 |

由于影响措施项目设置的因素太多，《计价规范》不可能将施工中可能出现的措施项目一一列出。在编制措施项目清单时，因工程情况不同，出现《计价规范》及附录中未列的措施项目，可根据工程的实际情况对措施项目清单作补充。

(3) 其他项目清单的编制

其他项目清单的内容一般包括暂列金额；暂估价，含材料暂估价和专业工程暂估价；计日工和总承包服务费，其格式如表7-4所示。

其他项目清单　　表7-4

工程名称：　　　　标段：　　　　第　页共　页

| 序　号 | 项　目　名　称 |
| --- | --- |
| 1 | 暂列金额 |
| 2 | 暂估价 |
| 2.1 | 材料暂估价 |
| 2.2 | 专业工程暂估价 |
| 3 | 计日工 |
| 4 | 总承包服务费 |
| 5 | …… |
|  |  |
|  |  |

工程建设标准的高低、工程的复杂程度、工程的工期长短、工程组成内容、发包人对工程管理要求等都直接影响其他项目清单的具体内容，《计价规范》仅提供了4项内容作为参考。其不足部分，可根据工程的具体情况进行补充。

1）暂列金额是招标人暂定并包括在合同中的一笔款项。不管采用何种合同形式，其理想的标准是，一份合同的价格就是其最终的竣工结算价格，或者至少两者应尽可能接近。我国规定对政府投资工程实行概算管理，经项目审批部门批复的设计概算是工程投资控制的刚性指标，即使商业性开发项目也有成本的预先控制问题，否则，无法相对准确预测投资的收益和科学合理地进行投资控制。但工程建设自身的特性决定了工程的设计需要根据工程进展不断地进行优化和调整，业主需求可能会随着工程建设进展出现变化，工程建设过程还会存在一些不能预见、不能确定的因素。消化这些因素必然会影响合同价格的调整，暂列金额正是为这类不可避免的价格调整而设立，以便达到合理确定和有效控制工程造价的目标。

2）暂估价是指招标阶段直至签订合同协议时，招标人在招标文件中提供的用于支付必然要发生但暂时不能确定价格的材料以及专业工程的金额。暂估价类似于FIDIC合同条款中的Prime Cost Items，在招标阶段预见肯定要发生，只是因为标准不明确或者需要由专业承包人完成，暂时无法确定价格。暂估价数量和拟用项目应当结合工程量清单中的“暂估价表”予以补偿说明。

为方便合同管理，需要纳入分部分项工程量清单项目综合单价中的暂估价应只是材料费，以方便投标人组价。

专业工程的暂估价一般应是综合暂估价，应包括除规费和税金以外的管理费、利润等取费。总承包招标时，专业工程设计深度往往是不够的，一般需要交由专业设计人设计，国际上，出于提高可建造性考虑，一般由专业承包人负责设计，以发挥其专业技能和专业施工经验的优势。这类专业工程交由专业发包人完成是国际工程的良好实践，目前在我国工程建设领域也已经比较普遍。公开透明地合理确定这类暂估价的实际开支金额的最佳途径，就是通过施工总承包人与工程建设项目招标人共同组织的招标。

3）计日工是为了解决现场发生的零星工作的计价而设立的。国际上常见的标准合同条款中，大多数都设立了计日工（Daywork）计价机制。计日工对完成零星工作所消耗的人工工时、材料数量、施工机械台班进行计量，并按照计日工表中填报的适用项目的单价进行计价支付。计日工适用的所谓零星工作一般是指合同约定以外的或者因变更而产生的、工程量清单中没有相应项目的额外工作，尤其是那些时间不允许事先商定价格的额外工作。

4）总承包服务费是为了解决招标人在法律、法规允许的条件下进行专业工程发包，以及自行供应材料、设备，并需要总承包人对发包的专业工程提供协调和配合服务，对供应的材料、设备提供收、发和保管服务以及进行施工现场管理时发生，并向总承包人支付的费用。招标人应预计该项费用并按投标人的投标报价向投标人支付该项费用。

（4）规费、税金项目清单的编制

规费项目清单的内容，包括工程排污费；工程定额测定费；社会保障费，含养老保险费、失业保险费、医疗保险费；住房公积金；危险作业意外伤害保险。规费是政府和有关权力部门规定必须缴纳的费用，编制人对《建筑安装工程费用项目组成》未包括的规费项目，在编制规费项目清单时应根据省级政府或省级有关权力部门的规定列项。

目前我国税法规定应计入建筑安装工程造价的税种包括营业税、城市维护建设税及教育费附加。如国家税法发生变化，税务部门依据职权增加了税种，应对税金项目清单进行补充。

规费、税金项目清单格式，如表 7-5 所示。

**规费、税金项目清单** **表 7-5**

工程名称： 标段： 第 页 共 页

| 序　号 | 项 目 名 称 |
|---|---|
| 1 | 规费 |
| 1.1 | 工程排污费 |
| 1.2 | 社会保障费 |
| (1) | 养老保险费 |
| (2) | 失业保险费 |
| (3) | 医疗保险费 |
| 1.3 | 住房公积金 |
| 1.4 | 危险作业意外伤害保险 |
| 1.5 | 工程定额测定费 |
| 2 | 税金 |

## 7.3 工程量清单计价原理

工程量清单计价的基本原理就是以招标人提供的工程量清单为平台，投标人根据自身的技术、财务、管理能力进行投标报价，招标人根据具体的评标细则进行优选，这种计价方式是市场定价体系的具体表现形式。

工程量清单计价的基本过程如图 7-1 所示。从计价过程的示意图中可以看出，工程量清单计价过程可以分为两个阶段：工程量清单编制和利用工程量清单编制工程造价。

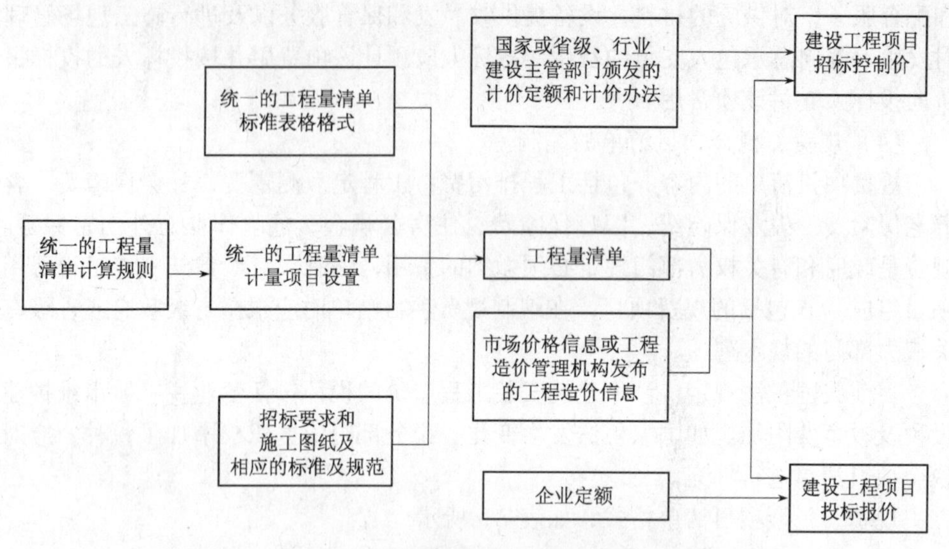


图 7-1　工程量清单计价的基本过程

（1）《计价规范》规定了招标人应负责编制工程量清单，若招标人不具有编制工程量清单的能力时，根据有关规定，可委托具有工程造价咨询资质的工程造价咨询人编制。工程施工招标发包可采用多种方式，但采用工程量清单方式招标发包，招标人必须将工程量清单作为招标文件的组成部分，连同招标文件一并发（或售）给投标人。招标人对编制的工程量清单的准确性和完整性负责，投标人依据工程量清单进行投标报价。

在工程招标发包过程中，招标人拟建工程的招标控制价，则应依据工程量清单；国家或省级、行业建设主管部门颁发的计价办法；国家或省级、行业建设主管部门颁发的计价定额；市场价格信息或工程造价管理机构发布的工程造价信息等进行编制，用以作为招标人对招标工程发包的最高控制限价。

（2）按工程量清单编制投标报价，由投标人根据招标人提供的工程量清单信息及工程设计图纸资料，对拟建工程的有关信息进一步细化、核实，再根据投标人掌握的各种市场信息（包括人工、材料、机械台班价格等）、施工经验，结合企业自身的人工、材料、机械台班等的消耗标准即企业定额，考虑风险因素等进行投标报价。投标价由投标人自主确定。

进行投标报价的编制，投标人是按招标人提供的工程量清单填报价格。投标人必须严格按照招标人提供的工程量清单表填报，不得对招标人提供的工程量清单表进行任何的修改。投标报价编制的依据主要是：工程量清单总说明；国家或省级、行业建设主管部门颁发的计价办法；企业定额；招标文件、工程量清单及其补充通知、答疑纪要；建设工程设计文件、工程标准、规范及相关资料；施工现场情况、工程特点及拟定的投标施工组织设计或施工方案；市场价格信息或工程造价管理机构发布的工程造价信息；其他的相关资料。

投标人的投标报价，应根据招标文件中的工程量清单和有关要求、施工现场实际情况及拟定的施工方案或施工组织设计，依据企业定额和市场价格信息进行编制。企业定额是施工企业根据自身拥有的施工技术、机械装备和具有的管理水平而编制的完成一个工程量清单项目使用的人工、材料、机械台班等的消耗标准，是施工企业只在本企业范围内使用的定额，是施工企业计算和确定投标报价的依据之一。

## 7.4 工程量清单计价方法

### 7.4.1 概述

按照《计价规范》，工程量清单计价活动包括：工程量清单、招标控制价、投标报价的编制，工程合同价款的约定，竣工结算的办理以及施工过程中的工程计量、工程款支付、索赔与现场签证、工程价款调整和工程计价争议处理等活动。因此，工程量清单计价是指实行工程量清单招标的招标人对招标控制价的编制；投标人按招标人提供的工程量清单对投标价的编制和确定；由发、承包人双方依据招标文件和中标人的投标文件在书面合同中对工程合同价款的约定；以及工程完工后发、承包双方对工程竣工结算的确定等。

实行工程量清单计价时，工程造价由分部分项工程费、措施项目费、其他项目费和规费、税金组成。

实行工程量清单计价应采用综合单价法。综合单价是相对于工程量清单计价而言，是一种价格表示。《计价规范》中的工程量清单综合单价是指完成一个规定计量单位的分部分项工程量清单项目或措施清单项目所需的人工费、材料费、施工机械使用费和企业管理费与利润，以及一定范围内的风险费用，即采用的综合单价为不完全费用综合单价。

采用工程量清单计价的工程，应在招标文件或合同中明确风险内容及其范围（幅度），不得采用无限风险、所有风险或类似语句规定风险内容及其范围（幅度）。风险是一种客观存在的、会带来损失的、不确定的状态。它具有客观性、损失性、不确定性的特点，并且风险始终是与损失相联系的。工程施工发包是一种期货交易行为，工程建设本身又具有单件性和建设周期长的特点。在工程施工过程中影响工程施工及工程造价的风险因素很多，但并非所有的风险都是承包人能预测、能控制和应承担其造成损失的。基于市场交易的公平性和工程施工过程中发、承包双方权、责的对等性要求，发、承包双方应合理分摊风险，所以要求招标人在招标文件中或在合同中禁止采用无限风险、所有风险或类似语句规定投标人应承担的风险内容及其风险范围或风险幅度。根据我国工程建设特点，投标人应完全承担的风险是技术风险和管理风险，如管理费和利润；应有限度承担的是市场风险，如材料价格、施工机械使用费等风险；应完全不承担的是法律、法规、规章和政策变化的风险。

工程量清单计价表采用统一的格式，随招标文件发至投标人，由投标人填写。其内容组成如下：

① 封面；

② 总说明；

③ 汇总表；

④ 分部分项工程量清单（与计价）表；

⑤ 措施项目清单（与计价）表；

⑥ 其他项目清单（与计价汇总）表；

⑦ 规费、税金项目清单与计价表；

⑧ 工程款支付申请（核准）表。

采用工程量清单计价，建设工程造价由分部分项工程费、措施项目费、其他项目费、规费和税金组成。因此，投标人投标价的编制，是编制计算投标人完成由招标人提供的工程量清单所列项目的全部费用，包括分部分项工程费、措施项目费、其他项目费、规费和税金。

根据《计价规范》，按工程量清单计价编制投标价的方法如下。

### 7.4.2 投标总价的计算

利用综合单价法计价，需首先计算分部分项工程清单项目费用以及措施项目费用，将其汇总就可得到单位工程投标报价；然后，再将单位工程投标报价进行汇总，就可得到单项工程投标报价；再将单项工程投标报价进行汇总，就得到建设工程的投标总价。各计算公式如下：

$$分部分项工程费 = \sum 分部分项工程量 \times 分部分项工程综合单价$$

$$措施项目费 = \sum 措施项目工程量 \times 措施项目综合单价$$

$$单位工程投标报价 = 分部分项工程费 + 措施项目费 + 其他项目费 + 规费 + 税金$$

$$单项工程投标报价 = \sum 单位工程报价$$

$$投标总价 = \sum 单项工程报价$$

工程量清单计价格式如表7-6~表7-11所示，分别为分部分项工程量清单与计价表、措施项目清单与计价表、其他项目清单与计价汇总表、单位工程投标报价汇总表、单项工程投标报价汇总表和工程项目投标报价汇总表。

**分部分项工程量清单与计价表** **表 7-6**

工程名称： 标段： 第 页 共 页

| 序号 | 项目编码 | 项目名称 | 项目特征描述 | 计量单位 | 工程量 | 金额（元） | | |
|---|---|---|---|---|---|---|---|---|
| | | | | | | 综合单价 | 合价 | 其中：暂估价 |
| | | | | | | | | |
| | | | | | | | | |
| | | | | | | | | |
| | | | | | | | | |
| 本页小计 | | | | | | | | |
| 合　计 | | | | | | | | |

注：根据建设部、财政部发布的《建筑安装工程费用项目组成》(建标［2003］206 号）的规定，为计取规费等的使用，可在表中增设："直接费"、"人工费"或"人工费+机械费"。

**措施项目清单与计价表（一）** **表 7-7-1**

工程名称： 标段： 第 页 共 页

| 序号 | 项 目 名 称 | 计算基础 | 费率（%） | 金额（元） |
|---|---|---|---|---|
| 1 | 安全文明施工费 | | | |
| 2 | 夜间施工费 | | | |
| 3 | 二次搬运费 | | | |
| 4 | 冬雨期施工费 | | | |
| 5 | 大型机械设备进出场及安拆费 | | | |
| 6 | 施工排水费 | | | |
| 7 | 施工降水费 | | | |
| 8 | 地上、地下设施、建筑物的临时保护设施费 | | | |
| 9 | 已完工程及设备保护费 | | | |
| 10 | 各专业工程的措施项目费 | | | |
| 11 | | | | |
| 12 | | | | |
| 合计 | | | | |

注：1. 本表适用于以"项"计价的措施项目。

2. 根据建设部、财政部发布的《建筑安装工程费用项目组成》(建标［2003］206 号）的规定，"计算基础"可为"直接费"、"人工费"或"人工费+机械费"。

## 措施项目清单与计价表（二）

**表 7-7-2**

工程名称：　　　　　　　　　　标段：　　　　　　　　　　第　页　共　页

| 序号 | 项目编码 | 项目名称 | 项目特征描述 | 计量单位 | 工程量 | 金额（元） | |
|---|---|---|---|---|---|---|---|
| | | | | | | 综合单价 | 合价 |
| | | | | | | | |
| | | | | | | | |
| | | | | | | | |
| | | | | | | | |
| | | | | | | | |
| 本页小计 | | | | | | | |
| 合　计 | | | | | | | |

注：本表适用于以综合单价形式计价的措施项目。

## 其他项目清单与计价汇总表

**表 7-8**

工程名称：　　　　　　　　　　标段：　　　　　　　　　　第　页　共　页

| 序号 | 项　目　名　称 | 计量单位 | 金额（元） | 备　注 |
|---|---|---|---|---|
| 1 | 暂列金额 | | | |
| 2 | 暂估价 | | | |
| 2.1 | 材料暂估价 | | — | |
| 2.2 | 专业工程暂估价 | | | |
| 3 | 计日工 | | | |
| 4 | 总承包服务费 | | | |
| 5 | | | | |
| | | | | |
| | | | | |
| 合　计 | | | | |

注：材料暂估单价进入清单项目综合单价，此处不汇总。

## 单位工程投标报价汇总表

**表 7-9**

工程名称：　　　　　　　　　　标段：　　　　　　　　　　第　页　共　页

| 序号 | 汇　总　内　容 | 金额（元） | 其中：暂估价（元） |
|---|---|---|---|
| 1 | 分部分项工程 | | |
| 1.1 | | | |
| 1.2 | | | |

续表

工程名称： 标段： 第 页 共 页

| 序号 | 汇 总 内 容 | 金额（元） | 其中：暂估价（元） |
|---|---|---|---|
| 1.3 | | | |
| 1.4 | | | |
| 1.5 | | | |
| | | | |
| | | | |
| 2 | 措施项目 | | |
| 2.1 | 安全文明施工费 | | |
| 3 | 其他项目 | | |
| 3.1 | 暂列金额 | | |
| 3.2 | 专业工程暂估价 | | |
| 3.3 | 计日工 | | |
| 3.4 | 总承包服务费 | | |
| 4 | 规费 | | |
| 5 | 税金 | | |
| 招标控制价合计 =1 +2 +3 +4 +5 | | | |

注：本表适用于单位工程招标控制价或投标报价的汇总，如无单位工程划分，单项工程也使用本表汇总。

**单项工程投标报价汇总表** **表 7-10**

工程名称： 第 页 共 页

| 序号 | 单位工程名称 | 金额（元） | 其中 | | |
|---|---|---|---|---|---|
| | | | 暂估价（元） | 安全文明施工费（元） | 规费（元） |
| | | | | | |
| 合计 | | | | | |

注：本表适用于单项工程招标控制价或投标报价的汇总。暂估价包括分部分项工程中的暂估价和专业工程暂估价。

工程项目投标报价汇总表　　**表 7-11**

工程名称：　　　　　　　　　　　　　　　　　　　　　第　页　共　页

| 序号 | 单位工程名称 | 金额（元） | 其　中 | | |
|---|---|---|---|---|---|
| | | | 暂估价（元） | 安全文明施工费（元） | 规费（元） |
| | | | | | |
| 合计 | | | | | |

注：本表适用于工程项目招标控制价或投标报价的汇总。

### 7.4.3　分部分项工程费计算

分部分项工程费应依据《计价规范》规定的综合单价的组成内容，按招标文件中分部分项工程量清单项目的特征描述，确定综合单价进行计算。

(1) 计算施工方案工程量

按照《计价规范》进行投标报价的编制，招标人提供的分部分项工程量是按施工图图示尺寸计算得到的工程量净量。在计算直接工程费时，必须考虑施工方案等各种影响因素，重新计算施工作业工程量，以施工作业工程量为基数完成计价。施工方案的不同，施工作业工程量的计算方法与计算结果也不相同。例如，某多层砖混住宅条形基础土方工程，招标人依据《计价规范》的计算规则，按照基础施工图设计图示尺寸以基础垫层底面积乘以挖土深度计算工程量，得到土方挖方总量为 $300m^3$，投标人根据分部分项工程量清单及地质资料，可采用两种施工方案进行施工，方案 1 的工作面宽度各边 0.20m、放坡系数为 0.35；方案 2 则是考虑到土质松散，采用挡土板支护开挖，工作面 0.3m。据此计算实际作业工程量分别为：方案 1 的土方挖方总量为 $735m^3$；方案 2 的土方挖方总量为 $480m^3$。因此，同一工程，由于施工方案的不同，工程造价各异。投标人可根据工程条件选择能发挥自身技术优势的施工方案，力求降低工程造价，确立在投标中的竞争优势。同时，必须注意工程量清单计算规则是针对清单项目的主项的计算方法及计量单位进行确定，对主项以外的工程内容的计算方法及计量单位不作规定，由投标人根据施工图及投标人的经验自行确定，最后综合处理形成分部分项工程量清单综合单价。

(2) 工、料、机数量测算

投标人应依据反映企业自身水平的企业定额，或者参照国家或省级、行业建设主管部门颁发的计价定额确定人工、材料、机械台班等的耗用量。

(3) 市场调查和询价

根据工程项目的具体情况和市场价格信息，考虑市场资源的供求状况，采用市场价格作为参考，考虑一定的调价系数，或者参考工程造价管理机构发布的工程造价信息，确定人工工日价格、材料价格和施工机械台班价格等。

（4）计算清单项目分部分项工程的直接工程费单价

按确定的分部分项工程人工、材料和机械台班的消耗量及询价获得的人工工日价格、材料价格和施工机械台班价格，计算出对应分部分项工程单位数量的人工费、材料费和施工机械使用费。

（5）计算综合单价

综合单价是完成一个规定计量单位的分部分项工程量清单项目或措施清单项目所需的人工费、材料费、施工机械使用费和企业管理费与利润，以及一定范围内的风险费用。在计算综合单价中的管理费和利润时，可以根据每个分项工程的具体情况逐项估算。一般情况下，采用分摊法计算分部分项工程中的管理费和利润，即先计算出工程的全部管理费和利润，然后再分摊到工程量清单中的每个分部分项工程上。分摊计算时，投标人可以根据以往的经验确定一个适当的分摊系数来计算每个分部分项工程应分摊的管理费和利润。

此外，综合单价中应考虑招标文件中要求投标人承担的风险费用。若招标文件中提供了暂估单价的材料，则需将暂估的单价计入综合单价。

（6）计算分部分项工程费

分部分项工程费按分部分项工程量清单的工程量和相应的综合单价进行计算，计算式如下：

$$\text{分部分项工程费} = \sum \text{分部分项工程量} \times \text{分部分项工程综合单价}$$

**【例7-1】** 某多层砖混住宅土方工程，土壤类别为三类土；基础为砖大放脚带形基础；垫层宽度为920mm，挖土深度为1.8m，弃土运距4km。根据建筑工程量清单计算规则计算土方工程的综合单价。

**【解】**

1）招标人根据基础施工图计算清单土方

基础挖土截面积为 $0.92\text{m} \times 1.8\text{m} = 1.656\text{m}^2$；

基础总长度为1590.6m，则：$1.656\text{m}^2 \times 1590.6\text{m} = 2634.034\text{m}^3$；

土方挖方总量为 $2634.034\text{m}^3$。

2）投标人根据地质资料和施工方案计算实际土方

① 基础挖土截面积为 $1.53\text{m} \times 1.8\text{m} = 2.754\text{m}^2$（工作面宽度各边0.25m，放坡系数为0.2）；

基础总长度为1590.6m，则：$2.754\text{m}^2 \times 1590.6\text{m} = 4380.512\text{m}^3$；

土方挖方总量为 $4380.512\text{m}^3$。

② 采用人工挖土方量为 $4380.512\text{m}^3$，根据施工方案除沟边堆土 $1000\text{m}^3$ 外，现场堆土 $2170.5\text{m}^3$，运距60m，采用人工运输。装载机装，自卸汽车运，运距

4km，土方量 1210.012m$^3$。

3）投标人人工挖土费用计算

① 人工费：4380.512m$^3$ ×8.4 元/m$^3$ =36796.30 元。

② 机械费（电动夯土机）：8 元/台班×0.0018 台班/m$^3$ ×1463m$^3$ =21.07 元。

③ 合计：36817.37 元。

4）投标人人工运土（60m 内）费用计算

人工费：2170.5m$^3$ ×7.38 元/m$^3$ =16018.29 元。

5）投标人装卸机装自卸汽车运土（4km）费用计算

① 人工费：25 元/台班×0.006 工日/m$^3$ ×1210.012m$^3$ ×2 =363.0 元。

② 材料费：水 1.8 元/m$^3$ ×0.012m$^3$/m$^3$ ×1210.012m$^3$ =26.14 元。

③ 机械费：

装载机：280 元/台班×0.00398 台班/m$^3$ ×1210.012m$^3$ =1348.44 元；

自卸汽车：340 元/台班×0.04925 台班/m$^3$ ×1210.012m$^3$ =20261.65 元；

推土机：500 元/台班×0.00296 台班/m$^3$ ×1210.012m$^3$ =1790.82 元；

洒水车：300 元/台班×0.0006 台班/m$^3$ ×1210.012m$^3$ =217.80 元；

小计：23618.71 元。

④ 合计：24007.85 元。

6）投标人投标报价综合计算

① 直接工程费合计：76843.51 元。

② 管理费：直接费×34% =26126.79 元。

③ 利润：直接费×8% =6147.48 元。

④ 总计：109117.78 元。

⑤ 综合单价：109117.78 元/2634.034m$^3$ =41.43 元/m$^3$。

表 7-12 为分部分项工程量清单与计价表，表 7-13 为工程量清单综合单价计算表，表 7-14 为工程量清单综合单价分析表。

分部分项工程量清单与计价表 表 7-12

工程名称：某多层砖混住宅工程

| 序号 | 项目编码 | 项目名称 | 项目特征描述 | 计量单位 | 工程量 | 金额（元） | | |
|---|---|---|---|---|---|---|---|---|
| | | | | | | 综合单价 | 合价 | 其中：暂估价 |
| | 010101003001 | 土（石）方工程<br>挖基础土方 | 土壤类别：三类土<br>基础类型：砖放大脚带形基础<br>垫层宽度：920mm<br>挖土深度：1.8m<br>弃土运距：4km | m$^3$ | 2634.03 | 41.43 | 109117.78 | |

工程量清单综合单价计算表 表 7-13

工程名称：某多层砖混住宅工程 项目编码：010101003001

清单工程量：2634.034m³

项目名称：挖基础土方 综合单价：41.43 元

| 序号 | 工程内容 | 施工作业量 | 人工费（元） | | 材料费（元） | | 机械费（元） | | 单位清单工程量管理费（元） | 单位清单工程量利润（元） |
|---|---|---|---|---|---|---|---|---|---|---|
| | | | 合计 | 单位清单工程量费用 | 合计 | 单位清单工程量费用 | 合计 | 单位清单工程量费用 | | |
| ① | 人工挖土方 | 4380.512m³ | 36796.30 | 13.970 | | | 21.07 | 0.008 | 4.752 | 1.118 |
| ② | 人工运土方 | 2170.5m³ | 16018.29 | 6.081 | | | | | 2.068 | 0.487 |
| ③ | 装卸机装自卸汽车运土方 | 1210.012m³ | 363.0 | 0.138 | 26.14 | 0.01 | 23618.71 | 8.967 | 3.099 | 0.729 |
| | 合计 | | | 20.189 | | 0.010 | | 8.975 | 9.919 | 2.334 |

工程量清单综合单价分析表 表 7-14

工程名称：某多层砖混住宅工程 第 页 共 页

| 序号 | 项目编码 | 项目名称 | 工程内容 | 综合单价组成（元） | | | | | 综合单价（元） |
|---|---|---|---|---|---|---|---|---|---|
| | | | | 人工费 | 材料费 | 机械使用费 | 管理费 | 利润 | |
| | 010101003001 | 挖基础土方 | 人工挖土方 | 13.970 | | 0.008 | 4.752 | 1.118 | 41.43 |
| | | | 人工运土方 | 6.081 | | | 2.068 | 0.487 | |
| | | | 装卸机装自卸汽车运土方 | 0.138 | 0.010 | 8.967 | 3.099 | 0.729 | |
| | | | 小计 | 20.189 | 0.010 | 8.975 | 9.919 | 2.334 | |

### 7.4.4 措施项目费计算

措施项目清单是根据拟建工程的实际情况列项，需考虑多种因素，除工程本身的因素以外，还涉及水文、气象、环境、安全等因素。措施项目一般均为非实体性项目，即一般来说，其费用的发生和金额的大小与使用时间、施工方法或者两个以上工序相关，与实际完成的实体工程量的多少关系不大，典型的是大中型施工机械、文明施工和安全防护、临时设施等。但有的非实体性项目，是可以计算工程量的项目，典型的是混凝土浇筑的模板工程等。

措施项目分为通用措施项目和专业工程的措施项目。通用措施项目可以按表

7-3 选择列项；专业工程的措施项目可按《计价规范》附录中规定的项目选择列项。若出现《计价规范》未列的项目，可根据工程实际情况补充。在计算措施项目费时，投标人可根据工程实际情况结合施工组织设计等，对招标人所列的措施项目进行增补。

措施项目费应根据招标文件中的措施项目清单及投标时拟定的施工组织设计或施工方案，由投标人自主确定。措施项目清单中的安全文明施工费应按照国家或省级、行业建设主管部门的规定计价，不得作为竞争性费用。

进行措施项目清单的计价，对于可以计算工程量的措施项目，应按分部分项工程量清单的方式采用综合单价计价；其余的措施项目可以"项"为单位的方式计价，应包括除规费、税金外的全部费用。

对于不能计算工程量的项目清单措施项目，是以"项"为计量单位的。在计价时，应根据拟建工程的施工方案或施工组织设计，首先应详细分析其所包括的全部工程内容，然后确定其金额，计算方法可以采用参数法和分包法等。参数法计价是指按一定的基数乘系数的方法或自定义公式进行计算。这种方法简单明了，但最大的难点是公式的科学性、准确性难以把握。系数高低直接反映投标人的施工水平。这种方法主要适用于施工过程中必须发生，但在投标时很难具体分项预测，又无法单独列出项目内容的措施项目，如夜间施工费、二次搬运费等，可按此方法计价。分包法计价是在分包价格的基础上增加投标人的管理费及风险费进行计价的方法，这种方法适合可以分包的独立项目，如大型机械设备进出场及安拆费的计算等。

### 7.4.5　其他项目费计算

其他项目清单的具体内容，与工程建设标准的高低、工程的复杂程度、工程的工期长短、工程组成内容、发包人对工程管理要求等有直接的关系，但在施工前很难预料在施工过程中会发生什么变更，所以招标人将这部分费用以其他项目费的形式列出，由投标人按规定组价，包括在投标总价内。《计价规范》提供了暂列金额，暂估价，含材料暂估价和专业工程暂估价，计日工，总承包服务费 4 项内容作为参考，投标人可以根据工程的具体情况，对不足部分进行补充。

（1）暂列金额，是招标人暂定并包括在合同中的一笔款项，主要是考虑到可能发生的工程量变化和费用增加而预留的金额。暂列金额的计算应根据设计文件的深度、设计质量的高低、拟建工程的成熟程度及工程风险的性质来确定其额度。设计深度深、设计质量高、已经成熟的工程设计，一般预留工程总造价的 3%～5%。在初步设计阶段，工程设计不成熟的，一般要预留工程总造价的约 10% 作为暂列金额。投标人计算投标报价时，暂列金额应按招标人在其他项目清单中列出的金额填写，不得变动。

(2) 暂估价，是指招标阶段直至签订合同协议时，招标人在招标文件中提供的用于支付必然要发生但暂时不能确定价格的材料以及专业工程的金额。这是在招标阶段预见肯定要发生的，只是因为标准不明确或需要由专业承包人完成，暂时无法确定价格。为方便合同管理，需要纳入分部分项工程量清单项目综合单价中的暂估价主要是材料费，以方便投标人组价。投标报价计算时，材料暂估价应按招标人在其他项目清单中列出的单价计入综合单价。由于某些分部分项工程或单位工程专业性较强，必须由专业承包人承包施工，则发生专业工程费，这部分费用通常可以通过向专业承包人询价（或招标）取得。专业工程的暂估价一般是综合暂估价，包括除规费和税金以外的管理费、利润等取费。投标人计算投标报价时，专业工程暂估价应按招标人在其他项目清单中列出的金额填写。投标报价计算时，暂估价包括材料暂估价和专业工程暂估价，不得变动和更改。

(3) 计日工，是为了解决现场发生的零星工作的计价而设立的。所谓零星工作一般是指合同约定以外的或者因变更而产生的、工程量清单中没有相应项目的额外工作，尤其是那些时间不允许事先商定价格的额外工作。

计日工表应详细列出人工、材料、机械名称和消耗量。人工应按工种列项，材料和机械应按规格、型号列项。计日工表中的工、料、机数量，要根据工程的复杂程度、工程设计质量的优劣以及工程项目设计的成熟程度等因素来确定。一般工程以人工计量为基础，按人工消耗总量的1%取值。材料消耗主要是辅助材料消耗，按不同专业工人消耗材料类别列项，按工人日消耗量计入。机械列项和计量，除了考虑人工因素外，还要参考各单位工程机械消耗的种类，可按机械消耗总量的1%取值。计日工按招标人在其他项目清单中列出的项目和数量，由投标人自主确定综合单价并计算计日工费用。

(4) 总承包服务费是为了解决招标人在法律、法规允许的条件下进行专业工程发包，以及自行供应材料、设备，并需要总承包人对发包的专业工程提供协调和配合服务，对供应的材料、设备提供收、发和保管服务以及进行施工现场管理时发生，由发包人向总承包人支付的费用。总承包服务费是根据招标文件中列出的内容和提出的要求，如分包专业工程内容，供应材料、设备情况，以及招标人提出的协调、配合与服务要求和施工现场管理需要等，由投标人自主确定，但不包括投标人自行分包的费用。

### 7.4.6 规费、税金项目费计算

规费和税金应按国家或省级、行业建设主管部门的规定计算，不得作为竞争性费用。

根据建设部、财政部“关于印发《建筑安装工程费用项目组成》的通知（建标［2003］206）”的规定，规费项目清单包括工程排污费、工程保险测定

费、社会保障费（养老保险、失业保险、医疗保险）、住房公积金、危险作业意外伤害保险等。规费是政府和有关权力部门规定必须缴纳的费用、对《建筑安装工程费用项目组成》未包括的规费项目，在编制规费项目清单时应根据省级政府或省级有关权力部门的规定列项。

税金项目清单包括营业税、城市维护建设税和教育费附加，若出现其他项目，应根据税务部门的规定列项。

投标人的投标报价应当与分部分项工程费、措施项目费、其他项目费和规费、税金的合计金额一致。投标人编制投标报价时，编制人员必须是在投标人单位注册的造价人员。工程投标报价文件，由投标人盖单位公章，法定代表人或其授权人签字或盖章；编制的造价人员（造价工程师或造价员）签字盖执业专用章，方能生效。

## 复习思考题

1. 按《计价规范》(GB 50500—2008)，工程量清单计价的适用范围是什么？
2. 什么是工程量清单？
3. 分部分项工程量清单编制的“五个统一”指什么？
4. 其他项目清单一般包括什么内容，清单如何编制？
5. 什么是综合单价，采用综合单价计价的优点是什么？
6. 简述按工程量清单计价，编制招标控制价和投标报价的异同。
7. 按工程量清单计价，分部分项工程费如何计算？

# 8　建设项目投资规划

投资规划是建设项目投资控制的一项重要工作，编制好投资规划文件，对建设项目实施全过程中的投资控制工作具有重要影响。

## 8.1　投资规划的概念和作用

项目投资规划是在建设项目实施前期对项目投资费用的用途作出的计划和安排，其是依据建设项目的性质、特点和要求等，对可行性研究阶段所提出的投资目标进行论证和必要的调整，将建设项目投资总费用根据拟定的项目组织和项目组成内容或项目实施过程进行合理的分配，进行投资目标的分解。

一般情况下，进行投资规划先要根据工程项目建设意图、项目性质、建设标准、基本功能和要求等进行项目构思和描述分析，进行项目定义，确定项目的基本规划框架，从而确定建设项目每一组成部分投资的控制目标；或是在建设项目的主要内容基本确定的基础上，确定建设项目的投资费用和项目各个组成部分的投资费用控制目标。

项目投资规划随着建设项目的进展需要可以进行调整。建设项目实施过程中，随着建设的不断深入，对建设项目的了解会越来越深入，对项目应有的构成及内容、相应的功能和使用要求等也会越来越清晰。此外，项目建设的外界条件等或许也会有变化，从而导致项目投资的情况也要相应发生变化，投资规划应与这些可能的变化相适应。

项目投资规划在工程项目的建设和投资控制中起着重要作用。

（1）投资目标的分析和论证

在建设项目实施前期，通过投资规划对项目投资目标作进一步的分析和论证，可以确认投资目标的可行性。投资规划可以成为可行性研究报告的有效补充和项目建设方案的决策依据。在投资规划的基础上，通过进一步完善和优化建设方案，依据有关规定和指标合理确定投资目标，保证投资估算的质量。正确确定建设项目实施阶段的投资总量，对初步设计阶段的投资控制具有重要意义。

（2）投资目标的合理分解

通过投资规划，将投资目标进行合理的分解，给出和确定建设项目各个组成内容和各个专业工程的投资目标。投资目标只有进行准确与合理地分解，才能真正起到有效控制投资的作用。

（3）控制方案的制订实施

投资规划的目的之一是制订投资控制的实施方案，确定相关的控制工作流程，进行风险分析，制订控制的工作制度等，用以指导建设项目的实施。投资规划文件可以用于控制实施阶段的工作，尤其是控制和指导方案设计、初步设计和施工图设计等的设计工作。工程设计及其形成的投资费用文件是投资规划的进一步深化和细化，有了投资规划这一基本框架，能够使初步设计的设计概算和施工图设计的施工图预算不至偏离论证后的投资目标。

## 8.2　投资规划的主要内容

一般而言，建设项目投资规划文件主要包括以下主要内容：

- 投资目标的分析与论证；
- 投资目标的分解；
- 投资控制的工作流程；
- 投资目标的风险分析；
- 投资控制工作制度等。

（1）投资目标的分析与论证

投资目标是工程项目建设预计的最高投资限额，是项目实施全过程中进行投资控制最基本的依据。投资目标确定得是否合理与科学，将直接关系到投资控制工作能否有效进行，关系到投资控制目标能否实现的问题。因此，进行项目投资规划，首先需要对投资目标进行论证和分析。分析实现投资目标的可能性，既要防止高估冒算产生投资冗余和浪费的现象，又要避免出现投资费用发生缺口的情况，使项目投资控制有一科学、合理与切实可行的工作目标。

（2）投资目标的分解

为了在建设项目的实施过程中能够真正有效地对项目投资进行控制，单有一个项目总投资目标是不够的，还需要进一步将总投资目标进行分解。对建设项目的投资目标进行切块分解是投资规划最基本也是最主要的任务和工作。

投资目标分解是为了将建设项目及其投资分解成可以有效控制和管理的单元，能够更为容易也更为准确地确定这些单元的投资目标。通过这样的分解，可以清楚地认识到项目实施各阶段或各单元之间的技术联系、组织联系和费用联系，明确项目范围，从而对项目实施的所有工作能够进行有效地控制。建设项目投资的总体目标必须落实在建设的每一个阶段和每一项工程单元中才能顺利实现，各个阶段或各工程单元的投资目标基本能得以实现，是整个建设项目投资目标实现的基础。

对一个建设项目来说，存在多种投资目标分解的方式。投资目标的分解需要按照项目的特点和投资控制工作的要求来进行，通常，一个建设项目同时需要采用多种方式对投资目标作分解，以满足投资控制工作的需要。项目的投资目标一般需要按以下方式进行分解：

- 按投资的费用组成分解；
- 按年度、季度或月度分解；
- 按项目实施的阶段分解；
- 按项目结构组成分解；
- 按资金来源分解等。

(3) 投资控制工作流程图

建设项目的投资控制在实施的各个阶段或在各个工程单元上，一般均是由若干工作环节和步骤所构成。工作环节和步骤之间存在一定的内在逻辑关系，这些关系可以是时间上的、技术上的、管理上的或组织上的。因此，项目投资规划的一项任务就是要对投资控制的工作环节和步骤进行科学合理的组织，制定投资控制的工作流程，以工作流程图作为描述工具，用以指导项目实施过程中的各项投资控制工作。

投资控制的工作流程可以根据需要按照不同的方式进行组织，通常需要按照项目实施的不同阶段进行组织，制定相应的工作流程图，如：

- 设计准备阶段的投资控制工作流程；
- 初步设计阶段的投资控制工作流程；
- 施工图设计阶段的投资控制工作流程；
- 工程招标阶段的投资控制工作流程；
- 施工阶段的投资控制工作流程等。

此外，还需要根据投资控制工作的性质，按工作内容或专项制定控制的工作流程，如：

- 设计优化中投资控制的工作流程；
- 限额设计的工作流程；
- 合同价格确定与控制的工作流程；
- 工程变更及费用处理的控制工作流程；
- 工程计量与结算支付的控制工作流程；
- 工程索赔及费用处理的控制工作流程等。

(4) 投资目标的风险分析

在建设项目的实施过程中，会有各种影响因素对项目进展和目标实现形成干扰。对投资控制而言，可能出现影响项目投资目标实现的不确定因素，即实现投资目标存在风险。因此，编制投资规划时，需要对投资目标进行风险分析，对各种可能出现的干扰因素和不确定因素进行评估，分析实现投资目标的影响因素、影响程度和风险度等，进而制定投资目标风险管理和控制的措施和方案，采取主动控制的措施，保证投资目标的实现。

项目投资目标控制及其实现的风险可以来自各个方面，可能来自设计的风险、施工的风险、材料或设备供应的风险等。进行投资的目标控制还存在组织风险、工程资金供应风险、合同风险、工程环境风险和技术风险等。投资规划过程中需要分析影响投资目标的各种不确定因素，事先分析存在哪些风险，衡量各种投资目标风险的风险量，通过制定风险管理的对策和工作流程，制定相应的控制和管理方案，采取措施降低影响项目投资目标实现的风险量。

(5) 投资控制工作制度

建设项目的投资控制工作贯穿于项目实施的全过程，有些控制工作是常规性的，有些则是特殊性的。为提高项目投资控制的效率和有效性，在投资规划中，需要制定一系列投资控制的工作制度，对投资控制工作进行系统、合理和有效地组织，指导建设项目实施过程中投资控制工作的开展。

投资控制的工作制度，包括投资控制的组织制度，任务分工和管理职能分工制度，投资计划工作制度，费用支付工作制度，有关投资报表数据的采集、审核与处理制度等。

## 8.3 投资规划编制的依据

投资规划的基本意义在于进行投资目标的分析和分解，指导建设项目的实施工作。形成的投资规划文件是要能够起到控制初步设计及其设计概算、施工图设计及其施工图预算的作用。因此编制投资规划需要具有对建设项目投资总体上的把握能力，熟悉工程项目建设的整个运动过程和投资的细部组成。

投资规划编制依据是形成项目投资规划文件所必需的基础资料，主要包括工程技术资料、市场价格信息、建设环境条件、建设实施的组织和技术策划方案、相关的法规和政策等。

(1) 工程前期技术资料

在项目决策阶段包括项目意向、项目建议书和可行性研究等阶段形成的技术文件和资料，如项目策划文件、功能描述书、项目建议书、可行性研究报告和资料等，是项目投资规划文件编制的主要依据。由于是在工程设计之前，投资规划只能依照拟建项目的功能要求、使用要求和拟定的标准等来进行，这是进行项目投资规划最为重要的依据。项目投资规划的准确性，影响因素之一是掌握工程前期技术文件和资料的深度、完整性和可靠性。此外，已建同类建设项目的资料和数据也是投资规划的重要参考依据。

（2）要素价格信息

工程建设所需资源和要素的价格是影响建设项目投资的关键因素。投资规划时，选用的要素和资源价格来自市场，因此必须随时掌握市场价格信息，了解市场价格行情，熟悉市场上各类资源的供求变化及价格动态。影响价格形成的因素是多方面的，除了商品价值之外，还有货币的价值、供求关系以及国家政策等，有历史的、自然的甚至是心理等方面因素的影响，也有社会经济条件的影响。进行项目投资规划，一般是按现行资源价格估计的，由于工程建设周期较长，实际投资费用会受市场价格的影响而发生变化。因此，更重要的，进行投资规划是要预测工程项目建设实施期间价格的可能变化情况和趋势，除按现行价格估算外，还需分析物价总水平的变化趋势，物价变化的方向和幅度等。不同时期物价的相对变化趋势和程度是投资动态控制和管理的重要依据。这样，得出的投资规划费用才是能反映市场和反映工程建设所需的真实投资费用。

（3）建设环境和条件

工程项目建设所处的环境和条件，也是影响投资规划的重要因素。环境和条件的差异或变化，会导致项目投资费用大小的变化。工程的环境和条件，包括工程地质条件、气象条件、现场环境与周边条件，也包括工程建设的实施方案、建设组织方案、建设技术方案等。如建设项目所在地的政治情况、经济情况、法律情况，交通、运输和通讯情况，生产要素市场情况，历史、文化和宗教情况，气象资料、水文资料和地质资料等自然条件，工程现场地形地貌、周围道路、临近建筑物和市政设施等施工条件，建设项目可能参与各方的情况，包括建设单位、设计单位、咨询单位、供货单位和施工单位的情况等。只有在充分掌握了建设项目的环境和条件以后，才能合理和准确确定在如此的条件下工程项目建设所需要的投资费用和进行投资目标的合理分解。

## 8.4 投资规划编制的方法

投资规划主要是在对建设项目进行构思和描述的基础上，作出项目定义，论证投资目标，并进一步按照一定的方式将投资目标进行分解。

### 8.4.1 投资规划的编制程序

编制投资规划需要根据建设项目的基本特点确定相应程序，一般的主要编制步骤如下。

（1）项目总体构思和功能描述

进行项目的定义，编制建设项目的总体构思和功能描述报告。

（2）计算和分配投资费用

根据项目总体构思和功能描述报告中的项目定义，计算和分配项目各组成部分的投资费用。

例如，对于办公楼房屋建筑，则可以依据功能描述文件中的建筑方案构思、机电设备构思、建筑面积分配计划和分部分项工程等的描述，列出建筑工程（土建）的分项工程表，并根据工程的建筑面积，套用相似工程的分项工程量平方米估算指标，计算各分项工程量，再套用与之相适应的综合单价，计算出各分部分项工程的投资费用（图8-1）。同理，可以根据功能描述报告中对设备购置及安装工程的构思和描述，列出设备购置清单，参照或套用设备安装工程估算指标，计算设备及其安装费用（图8-2）；根据项目建设期中涉及的其他部分的费用支出安排、前期工作设想和国家或地方的有关法律和规定，计算确定各项其他投资费用及需考虑的相关费用等（图8-3）。

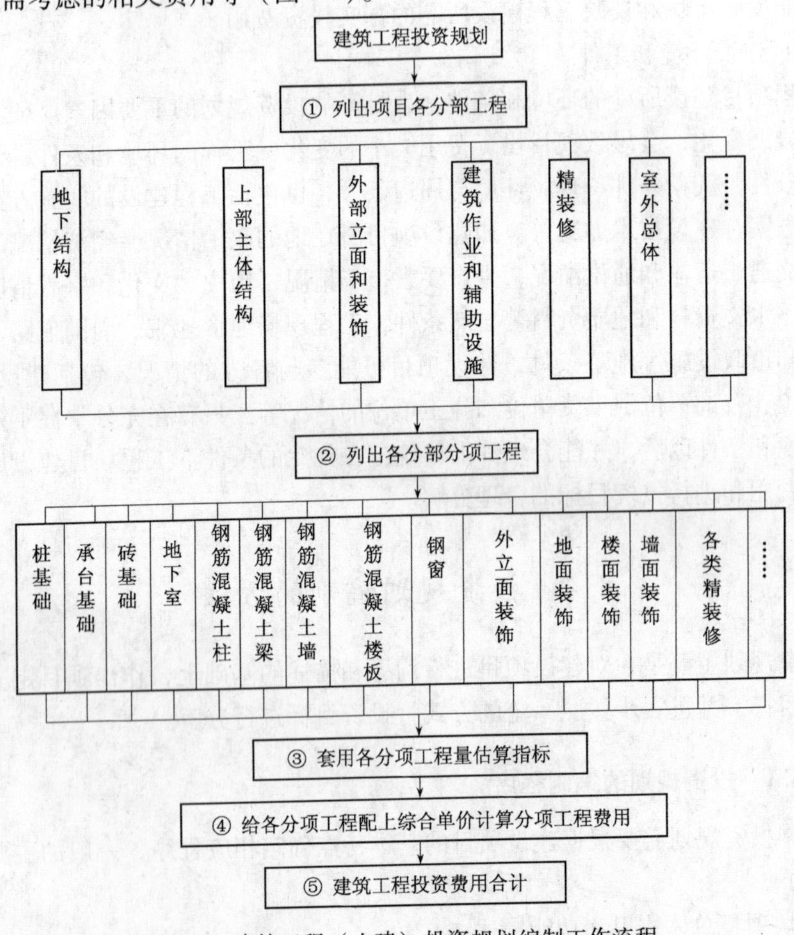


图8-1　建筑工程（土建）投资规划编制工作流程

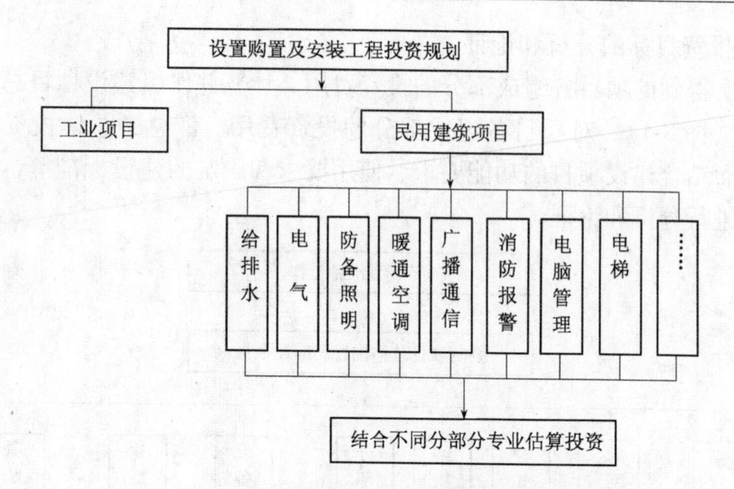


图 8-2 设备购置及安装工程投资规划编制工作流程

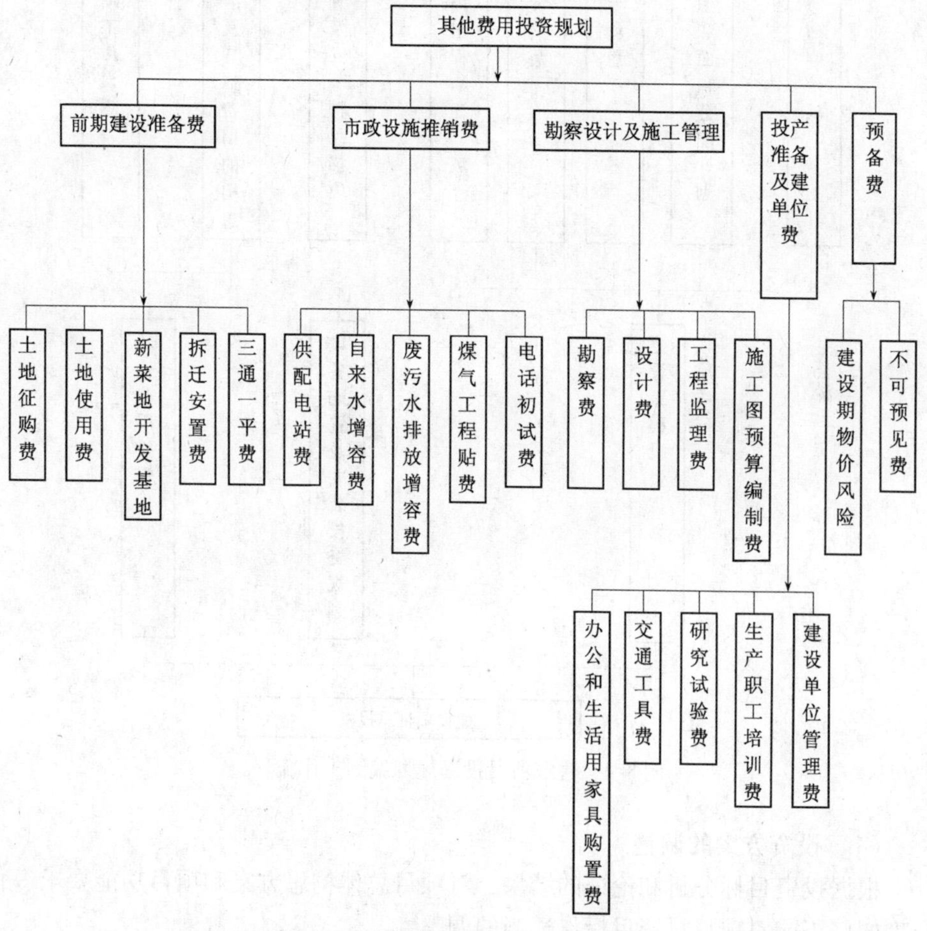


图 8-3 其他投资规划编制工作流程图

（3）投资目标的分析和论证

根据所得到的项目各组成部分的投资费用，计算并作出建设项目总体投资费用的汇总（图8-4），对项目各组成部分的投资费用、汇总的总体投资费用进行分析。进而结合建设项目的功能要求、使用要求和确定的建设标准等，对拟定的投资目标进行分析和论证。

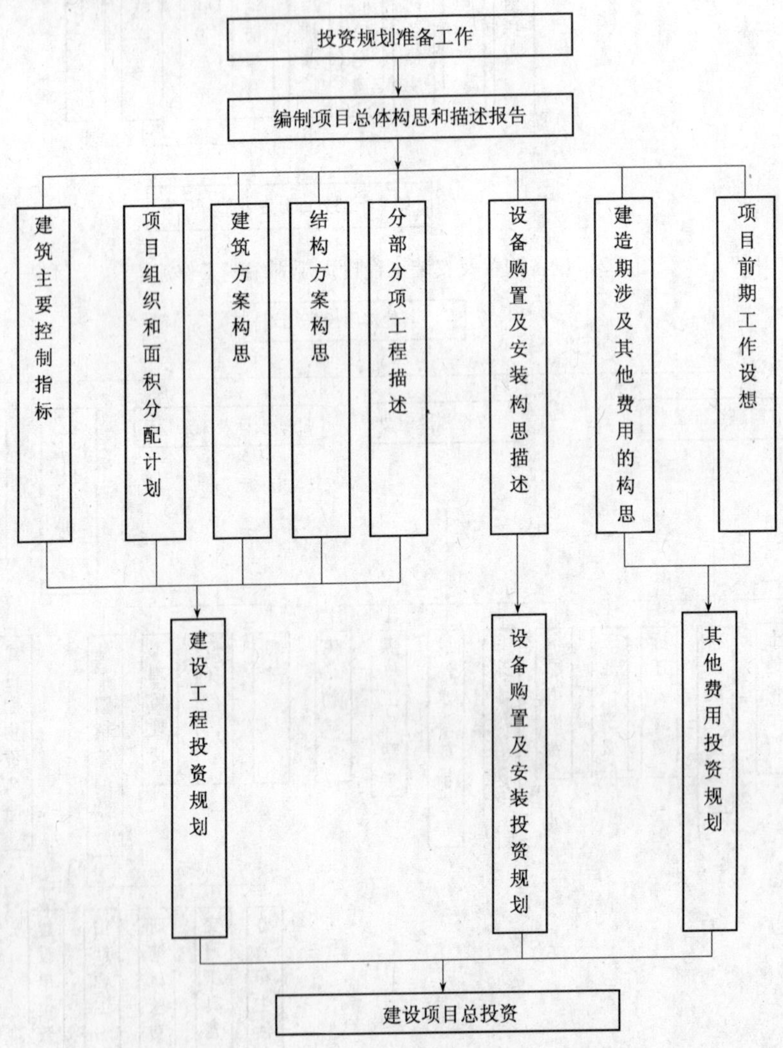


图8-4　建筑项目投资规划编制工作流程

（4）投资方案的调整

根据投资目标分析和论证的结果，对项目总体构思方案和项目功能要求等作合理的修正或对项目投资目标作适当的调整。

(5) 投资目标的分解

根据重新认定的项目投资目标，重新计算和分配项目各组成部分的投资费用，完成对投资目标的分解。

### 8.4.2 项目的总体构思和描述

要准确编制好建设项目投资规划，首先要编制好项目的总体构思和描述报告。如同编制设计概算先要有初步设计的设计文件、编制施工图预算先要有施工图设计文件一样，项目的总体构思和描述是投资规划的基础。项目的总体构思和描述报告，主要依据项目设计任务书或可行性研究报告的相关内容和要求，结合对建设项目提出的具体功能、使用要求、相应的建设标准等进行编制。项目总体构思和描述是对可行性研究报告相关内容的细化、深化和具体化，是一项技术性较强的工作，涉及各个专业领域的协同配合。项目构思必须合理、科学和恰当，描述必须清楚，要把项目的基本构架和脉络较为清晰地呈现出来。项目的总体构思和描述报告，应当成为可行性研究报告的有机补充，并作为工程设计工作的指导性文件。

以下为某综合楼总体构思和描述报告。

**【例8-1】** 某综合楼总体构思和描述报告

一、主要建筑指标

(1) 用地面积　　6500m²

(2) 建筑占地面积　　3500m²

(3) 建筑总面积　　32000m²

(4) 规划容积率　　4.9

(5) 建筑控制高度　　80m 以内

(6) 规划建筑覆盖率　　50%

二、建筑方案构思

本项目须结合环境特点和使用功能，不以高见长，而以体量取胜，要反映本建筑庄重、气派和坚实的特点。本综合楼一翼安排证券交易空间，另一翼安排外汇交易空间，中间安排银行营业大厅，分区明确。各空间部分既相对独立，又内部联系，紧凑方便。各空间部分人流各行其道，利于管理和安保。银行营业大厅、外汇和证券营业空间，须设置较为气派的出入门厅。停车库出入口与道路衔接自然通顺，便于大量人流的集散。营业和交易大厅规整高敞，所处位置要求醒目显要，气度非凡。

本综合楼在构思建筑形象时，还须考虑以下几个要点，既要体现现代感，又要有地方文脉；既着力体现金融建筑的气派和实力，又注重刻画细腻的细部特征。

三、结构方案构思

1）桩基持力层

根据勘察院提供的初步地质资料，该区域的地基土层分布情况属地区标准地层结构，本区域内可作为桩基持力层的地层主要为第⑥层的粉质黏土、第⑦-1层砂质粉土层以及第⑦-2层粉细砂，其中第⑥层比较适合于作为20层左右建筑物桩基的持力层。桩基持力层埋置深度在-35m左右。

本综合楼桩基拟采用钻孔灌注桩或钢筋混凝土语预制方桩，承台和地下室为整体箱形基础。

2）层高和结构形式

主楼18层，其中裙房7层，地下室二层，其中一层为地下车库。主要屋面高度75m。

大楼采用框架结构局部剪力墙体系，主楼和裙楼之间设沉降缝，主楼部分基底压力每平方米约35t，裙房基底压力每平方米约16t。

大楼抗震烈度按7度设防。

四、机电设备系统构思

1）暖通空调

空调总面积约为20000m$^2$，采用热泵主机系统（$1.05\times10^4$kJ）。

① 空调方案

办公、接待和会议室等房间采用风机盘管加新风系统，营业大厅、多功能厅、交易大厅、外汇大厅和餐厅等大空间房间采用低速全空气系统，计算机房活动地板采用下送上回系统，金库内设置去湿和通风措施。

② 空调冷热水系统

空调冷热水采用双管制，夏季送冷风，冬季送暖水。

③ 排风系统

浴室、汽车库、地下室、设备用房和卫生间等设排风系统，在消防前室设置防排烟系统，消防安全楼梯设正压风系统。

2）给水排水系统构思

① 给水系统

最大日用量210m$^3$，整个大楼分成低、中、高三个垂直给水分区。消防给水设消火栓系统、湿式喷淋系统。设热水系统和开水供应系统。设循环冷却水系统和1301液体灭火系统。

② 排水系统

采用双立管制，厨房污水经隔油处理后接入排水系统。

③ 卫生洁具

采用进口卫生洁具。

3）电气系统构思

① 用电负荷预计

大楼电容量估算为3500kVA，采用二路10kV独立电源供电，另备应急备用发电机组（二台）。

② 配电系统

照明系统采用双电源树干式供电，重要负荷设自切设备。消防设备采用双电源自切供电。电力一般设备采用双电源到底自切供电。电力一般设备采用树干或放射式系统。

③ 消防报警系统

消防报警系统采用二线制智能型感烟探测器产品。

④ 防盗保安系统

一般机要场所设复合探头，摄像系统采用专用录像机系统。

⑤ 电脑管理系统

电脑管理系统采用DDC，系统包含供电系统运行显示和各模拟量的记录，空调适时控制、湿度控制，温度控制和焓值控制；给水温度控制、压力控制、压差控制、显示和记录；电梯运行显示；空调给水自控，风机盘管采用湿控和变速手控。

⑥ 照明系统

照明标准参照国外标准（LX）。光源及灯具一般应采用节能型、高效率和显色好的光源，拟用日光型。多功能厅采用舞厅灯光和独立音响。

⑦ 防雷系统

考虑直接雷和侧向雷的雷击问题，不包括球形雷的防击。可采用脉冲式避雷针（进口）。

4）弱电系统构思

① 电话通讯系统

内部电话通讯系统设数字程控交换总机，总容量暂为1000门。在大楼各单位及部门均安装有市内直线电话、电传、传真及电脑联网线路。在重要办公室等安装专线电话机，初步统计约20对。

② 公用天线电视系统

接收国际通讯卫星电视节目，按国际标准接收36个频道的电视节目。

③ 闭路电视监控系统

监控系统的系统配置和摄像机安装数量、位置均按照国内有关安保规定设计。

④ 办公自动化及信息处理系统。

大楼各层办公室均预留电脑系统信号线的管道（槽），以满足不同使用功能的系统联网要求。大楼预留足够的通讯管线。

⑤ 多功能厅

用于文艺娱乐多功能厅设独立音响、舞厅灯光、大屏幕投影电视和电影系统。

5）电梯

设载重1000kg全进口电梯8台，速度1.75m/s。

五、土建分部分项工程描述

1）地下结构分部

采用钢筋混凝土钻孔灌注桩，桩基持力层按－40m计算，地下金库埋置深度7m，钢筋混凝土箱形基础。基础施工措施拟采用水泥深层搅拌桩方案。

2）上部主体结构分部

本综合楼为钢筋混凝土框架结构部分剪力墙体系，楼屋面板均为钢混凝土现浇结构。裙房层高4.5m，每层面积3000m$^2$左右；主楼标准层层高3.5m，标准层面积1500m$^2$左右，建筑总高度约80m。

3）外部立面及装饰分部

外部立面采用进口高标准铝合金窗配高级蓝片玻璃，外墙立面装饰采用进口花岗石，配以大理石搭配，局部采用不锈钢装饰面板。

4）建筑作业和辅助设施分部

本楼标准层办公室采用双面夹板硬木框木门，685清漆饰面，配选进口高级锁具。内隔断采用轻钢龙骨双面石膏板，墙面多彩纹喷涂，轻钢龙骨石膏板吊平顶。进口卫生洁具。裙房屋面设屋顶花园，钻石型艺术装饰一座，主楼屋面二布六油防水层上设预制平板隔热层。

5）精装修及特殊装饰分部

贵宾厅、门厅采用二级精装修标准，营业厅、多功能厅和电梯厅采用三级精装修标准，餐厅、理发厅、文体活动和健身房采用四级精装修标准，会议室采用五级精装修标准（级别标准详见表例6-3）。

6）室外设停车场地及自行车棚1000m$^2$，设音乐喷泉，设绿化、下水道及场地道路2000m$^2$。

六、其他费用投资

本项目建设周期约四年，土地使用权转让费3000万元。本项目委托监理公司进行全过程监理。供电贴费、电话集资费和废污水排放增容费等均按有关规定估列。预备费中，须充分考虑建设期的物价风险因素。

## 七、项目组织结构与建筑面积分配计划

项目组织结构与建筑面积分配计划见表8-1。

某综合楼建筑面积分配计划表 表8-1

| 序号 | 部位 | 用房名称 | 层次 | 建筑面积($m^2$) | 使用面积($m^2$) $K=0.6588$ |
|---|---|---|---|---|---|
| 1 | 银行部分 | 计算机房 | 14 | 906 | 549 |
| 2 | | 门卫及传达 | 1 | 52 | 34 |
| 3 | | 营业厅及办公室 | 2 | 1967 | 1296 |
| 4 | | 接待室 | 夹 | 179 | 118 |
| 5 | | 钱币陈列室 | 11 | 1172 | 772 |
| 6 | | 一般办公室 | 7~10，13 | 9306 | 5707 |
| 7 | | 三总办公室 | 12 | 689 | 454 |
| 8 | | 会议室 | 6 | 909 | 599 |
| 9 | | 贵宾室 | 12 | 244 | 161 |
| 10 | | 档案室 | 15 | 911 | 600 |
| 11 | | 小餐厅及厨房 | 12 | 128 | 84 |
| 12 | | 金库及保管库 | 地下 | 2263 | 1490 |
| 13 | | 观赏厅 | 16 | 369 | 243 |
| | | 小计 | | 18033 | 11800 |
| 14 | 公用部分 | 文体活动 | 4 | 340 | 244 |
| 15 | | 多功能厅及贵宾厅 | 4 | 912 | 601 |
| 16 | | 厨房及更衣 | 2 | 745 | 491 |
| 17 | | 餐厅及库房 | 3 | 691 | 455 |
| 18 | | 理发 | 6 | 82 | 54 |
| 19 | | 医务 | 6 | 52 | 34 |
| | | 小计 | | 2822 | 1859 |
| 20 | 票据交换部分 | 大厅 | 2，3 | 1421 | 936 |
| 21 | | 办公室 | 2，3 | 63 | 42 |
| 22 | | 库房 | 3 | 23 | 15 |
| | | 小计 | | 1507 | 993 |

续表

| 序号 | 部位 | 用房名称 | 层次 | 建筑面积（$m^2$） | 使用面积（$m^2$）$K=0.6588$ |
|---|---|---|---|---|---|
| 23 | 外汇交易部分 | 营业大厅 | 4 | 642 | 423 |
| 24 | | 特殊交换厅 | 4 | 285 | 188 |
| 25 | | 经纪人办公室 | 6 | 489 | 322 |
| 26 | | 工作人员办公室 | 4，5，6 | 903 | 595 |
| 27 | | 阅览室 | 5 | 197 | 130 |
| 28 | | 监控室 | 5 | 148 | 98 |
| 29 | | 接待室 | 5 | 361 | 238 |
| 30 | | 计算机 | 4 | 80 | 53 |
| | | 小计 | | 3107 | 2047 |
| 31 | 短期融资部分 | 营业厅 | 7 | 179 | 118 |
| 32 | | 办公室 | 7 | 319 | 210 |
| | | 小计 | | 498 | 322 |
| 33 | 辅助用房 | 汽车库及管理 | 1 | 2939 | 1936 |
| 34 | | 自行车房 | 1 | 366 | 240 |
| 35 | | 设备及其他用房 | 夹，地下，1 | 2737 | 1803 |
| | | 小计 | | 6042 | 3979 |
| 总计 | | | | 32000 | 21082 |

### 8.4.3 项目各组成部分投资费用规划的编制方法

投资规划的一个重要目的就是要将项目投资目标进行分解，确定项目各个组成部分的投资费用。在项目建设前期工作阶段，由于条件限制、未能预见因素多和技术条件不具体等原因，投资规划的技术条件伸缩性大，规划编制工作难度较高，需要认真收集整理和积累各类建设项目的投资数据和资料，尤其是需要掌握大量过去已经建成的同类项目的相关历史数据和资料。由于可以采用的编制方法较多，应依据项目的性质、拥有的技术资料和数据的具体情况，根据投资规划的要求、精度和用途等的不同，有针对性地选用适宜的方法编制项目各个组成部分投资费用的规划文件，可以采用综合指标估算方法、比例投资估算方法、单位工程指标估算方法、模拟概算方法或其他编制方法。模拟概算方法借用概算编制的基本思路，与其他方法相比具有较高的准确性，但这一方法的前提是项目方案要达到一定的深度，项目总体构思和功能描述较为完整。基于例 8-1 的某综合楼总体构思和描述报告，例 8-2 给出了应用模拟概算方法进行投资费用规划的简例。

应用模拟概算方法进行建筑工程投资费用规划的编制，主要采用分项工程量指标估算的方法，其是根据项目总体构思和描述报告，在列出项目分部工程的基础上，再划分出各个分项工程，再根据项目的建筑面积，套用类似工程量指标，计算出各个分项工程的工程量，以便能够借鉴套用概算指标或概算定额。

采用分项工程量指标的方法进行投资费用规划，由于是将整个建设项目分解到分项工程量的深度，故可适用于不同时间和不同地区的概算指标或定额，是较为准确的投资费用估算方法。采用这一方法，如何套用分项工程的工程量估算指标，是需要解决的一个关键问题。在没有完整的和系统性较强的分项工程量估算指标的情况下，需要依靠平时基础资料的积累，利用地区性的工程量技术经济指标作为参考。

以下为某综合楼建筑工程投资费用规划的编制。

**【例 8-2】** 某综合楼建筑工程投资费用规划的编制（部分）

一、地下结构分部

地下结构分部工程可以根据不同的结构类型，划分为桩基、钢筋混凝土承台、砖基础和地下室等分项。编制地下结构投资费用规划时，若套用分项工程量指标，首先需要考虑拟建项目所在地的地质构造情况和桩基持力层的深度，并考虑设想可能采取的基础施工措施方案。

1. 确定地下结构分项子目

根据项目总体构思中结构工程的构思描述和建筑面积分配计划，初步确定地下室面积为 $3200m^2$，桩基持在 -38.2m，地下室埋深约 6.5m，据此可确定设置钻孔灌注桩、钢筋混凝土箱形基础和基础施工措施费用三个分项子目。

（1）钻孔灌注桩分项

采用载荷法可以推算出钻孔灌注桩的数量和体积。本综合楼每平方米平均荷重 1.6t，大楼总荷重约 5.02 万 t。桩基持力层按 -40m 计算，采用直径为 65cm 的钻孔灌注桩，经计算单桩承载力 175t。

- 桩总根数 = 50200t ÷ 175t/根 = 287 根；
- 桩总体积 = $\left(\frac{0.65}{2}\right)^2 \times 3.14 \times 40 \times 287 = 3925$（$m^3$）；
- 钻孔灌注桩综合单价为 $680/m^3$；
- 钻孔灌注桩总费用 = 680 元 × 3925 = 267（万元）。

（2）钢筋混凝土箱形基础分项

- 钢筋混凝土承台根据总荷重计算为 1.90m 厚，地下室顶板共二层，厚度为 0.4m；

承台和顶板体积 = 3200 × (1.90 + 0.4) = 7360（$m^3$）；

• 地下室墙板外周围长和内隔墙估算长度为574m，高度按7m计算，厚度0.25m。

墙板体积 = 574 × 7 × 0.25 = 1004 （$m^3$）；

• 箱形基础总体积8364$m^3$；

• 箱形基础综合单价为631元/$m^3$；

• 箱形基础总费用 = 631元/$m^3$ × 836$m^3$ = 528（万元）。

(3) 基础施工措施费分项

高层建筑地下结构施工的措施方案有钢板桩围护加井点抽水方案、钻孔桩加树根桩围护方案和水泥深层搅拌桩围护方案等。本工程基础施工尤其要考虑对周围环境的影响和邻近建筑物的保护。通过经济分析和各个方案的对比，采用水泥深层搅拌桩施工方案较为可靠，且费用和钢板桩不相上下，并略低于钻孔桩加树根桩方案。

水泥深层搅拌桩费用的测算：

• 基坑围护总长250m，搅拌桩打入深度14m，总体积为1.30万$m^3$（按搅拌桩标准宽度计算）；

• 搅拌桩综合单价102元/$m^3$；

• 水泥深层搅拌桩总费用 = 102元 × 13000$m^3$ = 133（万元）。

将地下结构三个分项子目费用相加，得地下结构分部投资费用合计为928万元。

……

二、上部主体结构分部

根据项目总体构思中结构方案的描述，本大楼采用框架结构局部剪力墙的结构体系方案，主体结构可划分为钢筋混凝土框架柱、框架梁、钢筋混凝土剪力墙、钢筋混凝土楼板、楼梯和高层施工措施费6个分项子目。

经查阅有关资料，某已建综合办公楼结构形式和各项建筑指标和本楼相仿。套用该综合办公楼分项平方米工程量估算指标，计算得出所需结果。

1. 上部主体结构分项工程

上部主体结构分项工程估算工程量表见表8-2。

**上部主体结构分项工程量表**　　**表8-2**

| 分项工程名称 | 计量单位 | 工程平方米含量指标 | 建筑面积（$m^2$） | 分项工程量合计 |
|---|---|---|---|---|
| 钢筋混凝土柱 | $m^3$ | 0.0604 | 32000 | 1896 |
| 钢筋混凝土梁 | $m^3$ | 0.0551 | 32000 | 1729 |
| 钢筋混凝土楼板 | $m^3$ | 0.0873 | 32000 | 2740 |
| 钢筋混凝土剪力墙 | $m^3$ | 0.988 | 32000 | 3132 |
| 钢筋混凝土楼梯 | $m^3$ | 0.0358 | 32000 | 1124 |

2. 确定各分项综合单价，计算分项工程费用

(1) 分项单价套用本综合楼所在地区19××年的建筑工程概算价目表；

(2) 经测算综合费率为92.1%；

(3) 计算每立方米钢筋混凝土中钢材、木材和水泥的市场差价：

钢筋：平均含钢量按每立方米250kg计，市场差价每吨1300元，

水泥：平均含量按每立方米380kg计，市场差价每吨130元，

木材：平均耗用量按每立方米0.063$m^3$计，市场差价每立方米300元；

(4) 上部主体结构施工措施分部工程费用主要为高层建筑超高增加费和外脚手架费用，根据计算规则，超高增加费按建筑面积计算，外脚手按外墙延长米乘以高度计算；

(5) 上部主体结构费用计算见表8-3。

**上部主体结构分项费用计算表** **表8-3**

| 分项工程名称 | 单位 | 工程量 | 单价（元） | 直接费（万元） | 综合费用 | | 三材差价 | | 合价 |
|---|---|---|---|---|---|---|---|---|---|
| | | | | | 费率 | 费用（万元） | 单价 | 费用（万元） | |
| 钢筋混凝土柱 | $m^3$ | 1896 | 271 | 51.38 | 92.1% | 47.32 | 393 | 74.51 | 173.21 |
| 钢筋混凝土梁 | $m^3$ | 1729 | 248 | 42.88 | 92.1% | 39.49 | 393 | 67.95 | 150.32 |
| 钢筋混凝土楼板 | $m^3$ | 2740 | 217 | 59.46 | 92.1% | 54.76 | 393 | 107.68 | 221.90 |
| 钢筋混凝土剪力墙 | $m^3$ | 3132 | 209 | 65.46 | 92.1% | 60.29 | 393 | 123.09 | 248.84 |
| 钢筋混凝土楼梯 | $m^3$ | 1124 | 75.40 | 8.47 | 92.1% | 7.81 | 39.3 | 6.05 | 22.93 |
| 超高费 | $m^3$ | 32000 | 65.55 | 205.61 | 92.1% | 189.48 | | | 395.09 |
| 外墙脚手 | $m^3$ | 19977 | 37.80 | 75.51 | 92.1% | 69.55 | | | 145.06 |
| 其他金属结构 | t | 32 | 1350 | 4.32 | 92.1% | 3.98 | | | 2.30 |
| 商品混凝土差价 | $m^3$ | 13200 | 18.5 | 24.43 | 92.1% | 22.5 | | | 46.93 |
| 费用合计 | 万元 | | | | | | | | 1406.58 |

三、精装修和特殊装修分部

精装修是比较高级的一种装饰类别，如茶色或镜面铝合金玻璃幕墙、花岗石、铝合金装饰板、大理石、高级地毯、进口墙纸或墙布、铝合金卷帘门、高级灯具以及各种特殊喷涂和高级喷涂等等。这类装饰从材料的选用、人工耗用、技术及等级要求、使用机械要求和精度等，要比普通装饰的要求高得多。这类装饰由于和普通装饰差异太大，且同一品种之间的价格差异出入也会很大，如镜面玻璃幕墙，进口和国产的价格出入就达数倍。所以精装修费用的确定，主要由甲乙双方协商确定，或根据精装修实际成本价和预计耗用数量加上人工、机械和管理费用组成补充单价，由甲乙双方共同认可。

精装修投资的估算，因装饰标准和等级等的不同，费用出入很大，根据本综合楼投资规划时有关资料的统计分析，豪华型旅馆的精装修费用，每平方米建筑面积装饰造价可达500~800美元，此类精装修基本采用进口装饰材料和聘请国外装饰公司承包施工。一般旅馆每平方米建筑面积精装修费用在100~500美元不等。现根据精装修的不同装饰要求，试对精装修等级进行划分（表8-4）。

**精装修等级表**　　**表8-4**

| 装饰等级 | 装饰要求 | 费用控制 |
| --- | --- | --- |
| | | 美元/$m^2$ 建筑面积 |
| 特级装饰 | 全部高标准进口材料，国外装饰公司承包 | 800以内 |
| 一级装饰 | 部分进口高标准材料，主要国外装饰公司承包 | 500以内 |
| 二级装饰 | 以国产材料为主，国内装饰公司承包 | 300以内 |
| 三级装饰 | 全部国产材料，国内装饰公司承包 | 200以内 |
| 四级装饰 | 国产材料，部分粗装饰，国内装饰公司承包 | 100以内 |

1. 确定精装修的装饰等级

本综合楼裙房面积占有较大的比重，对精装修均有一定的标准和要求，但又不同于宾馆的装饰要求，精装修材料考虑以国产为主，部分进口。精装修总装饰面积在1万$m^2$左右，其中以门厅、大厅和贵宾厅的装饰要求为最高；营业厅、电梯厅和多功能厅次之；餐厅、理发室和接待室为一般装饰；文体活动和会议室精装修等级在四级以下（表8-5）。银行金库作为特殊装修项目，金库门需进口，费用昂贵。保险库房的保险箱费用不在精装修费用范围以内。

**精装修及特殊装修等级费用控制表**　　**表8-5**

| 项目名称 | 装饰等级 | 费用控制 |
| --- | --- | --- |
| | | 美元/$m^2$ 建筑面积 |
| 大厅、门厅、贵宾厅 | 一级 | 400以内 |
| 营业厅、电梯厅、贵宾厅 | 二级 | 250以内 |
| 餐厅、理发、接待室 | 三级 | 200以内 |
| 文体活动室 | 四级 | 100以内 |
| 会议室、厅 | 五级 | 50以内 |

2. 根据不同等级的装饰面积估算投资

各个精装修部位的建筑面积根据项目总体构思中建筑面积分配计划表确定，费用等级按精装修及特殊装修等级费用划分表确定，得到所需的相应投资费用（表8-6）。

精装修及特殊装修分项工程投资表 **表 8-6**

| 分项工程名称 | 建筑面积（$m^2$） | 装饰等级 | 单价（美元） | 合价（万美元） |
|---|---|---|---|---|
| 门厅、大厅 | 402 | 一级 | 400 | 16.08 |
| 贵宾厅 | 376 | 一级 | 400 | 15.04 |
| 银行营业厅 | 1200 | 二级 | 250 | 30.00 |
| 资融营业厅 | 118 | 二级 | 250 | 2.95 |
| 多功能厅 | 557 | 二级 | 250 | 14.37 |
| 外汇及特殊厅 | 611 | 二级 | 250 | 15.28 |
| 票据营业厅 | 936 | 二级 | 250 | 23.40 |
| 电梯厅 | 800 | 二级 | 250 | 20 |
| 金库 | 1376 | 特殊 | 200 | 27.52 |
| 餐厅 | 503 | 三级 | 200 | 10.06 |
| 理发厅 | 54 | 三级 | 200 | 1.08 |
| 文体活动室 | 224 | 四级 | 100 | 2.24 |
| 会议室、厅 | 1240 | 五级 | 50 | 6.20 |
| 合计（万美元） | | | | 184.22 |

3. 精装修标准的控制

精装修由于其装饰等级标准差异较大，所以在投资规划阶段把精装修装饰等级及标准确定下来之后，在精装修的设计和施工阶段就必须严格加以控制，按既定的等级标准设计和施工。

## 复习思考题

1. 投资规划的作用和主要内容是什么？
2. 编制投资规划需要哪些依据？
3. 编制投资规划的一般程序是什么？
4. 编制投资规划时，进行项目总体构思和描述的目的是什么？
5. 项目投资费用规划的编制可采用哪些方法？

# 9 工程造价控制理论

工程造价控制就是根据动态控制原理，以工程造价规划为目标的计划值，控制实际工程造价，最终实现工程项目的造价目标。

工程造价控制的目的和关键，是要保证建设项目造价目标尽可能好地实现。工程造价的规划为工程项目的建设制定了计划的目标以及控制的实施方案，可以说，工程造价规划为建设项目建起了一条通向项目目标的理论轨道。当建设项目进入实质性启动阶段以后，项目的实施就开始进入预定的计划轨道，这时，工程造价管理的中心活动就变为工程造价目标的控制。

## 9.1 概　　述

工程造价管理包括工程造价的规划和工程造价的控制两项工作。在建设项目的建设过程中，各阶段均有工程造价管理的工作，但在建设工作的不同阶段，工程造价的管理工作内容与侧重点亦不相同。

在建设项目的投资决策阶段，造价管理主要是按项目的构思确定项目的投资估算，作为可行性研究及项目经济评价的依据之一。在建设项目的设计阶段，工程造价管理的主要工作是按批准的项目规模、内容、功能、标准、投资估算等指导和控制设计工作的开展，组织设计方案竞赛，进行方案比选、优化，要在设计阶段编制及审查设计概算和施工图预算，采用各种技术方法控制各个设计阶段所形成的拟建项目的投资费用。在建设项目的施工准备阶段，造价工程师须帮助项目业主选择工程承包单位；编制招标工程的标底；评价投标报价；参加合同谈判，确定工程承包合同价；确定材料、设备的订货价等。在建设项目的施工阶段，工程造价管理的工作主要是以施工图预算或工程承包合同价作为工程造价目标的计划值，控制工程实际费用的支出，具体工作包括资金使用计划的编制；进行工程计量；结算工程价款；控制工程变更；实施工程造价计划值与实际值的动态比较等。在建设项目的竣工验收阶段，造价管理工作包括：编制竣工决算，确定项目的实际总投资；对发生的保修费用进行处理；对建设项目的建设与运行做全面的评估，进行项目后评价。

由此可见，在工程项目建设的前期阶段，工程造价管理的重点是工程造价的规划工作，包括工程造价的计价；而随着工程建设的实施进展，工程造价的控制工作将成为主导。

为确保固定资产投资计划的顺利完成，保证建设工程造价不突破批准的投资限额，对工程造价必须按项目建设程序实行层层控制。在建设全过程中，批准的可行性研究报告中的投资估算，是拟建项目造价的计划控制值；批准的初步设计总概算是控制工程造价的最高限额；其后各阶段的工程造价均应控制在上阶段确定的造价限额之内，无特殊情况，不得任意突破。

## 9.2 工程造价控制原理

建设工程造价投资控制应遵循动态控制原理。在工程项目建设中，造价的控制是紧紧围绕造价目标的控制，这种目标控制是动态的，贯穿于建设项目实施的始终。

### 9.2.1 遵循动态控制原理

随着建设项目的不断进展，大量的人力、物力和财力投入项目实施之中，此时应不断地对项目进展和工程造价进行监控，以判断建设项目进展中造价的实际值与计划值是否发生了偏离，如发生偏离，须及时分析偏差产生的原因，采取有效的纠偏措施。必要的时候，还应对造价规划中的原定目标进行重新论证。从工程进展、收集实际数据、计划值与实际值比较、偏差分析和采取纠偏措施，又到新一轮起点的工程进展，这个控制流程应当定期或不定期地循环进行，如根据建设项目的具体情况可以每周或每月循环地进行这样的控制流程。

按照动态控制原理，建设项目实施中进行造价的动态控制过程，应做好以下几项控制工作。

(1) 对计划的造价目标值的分析和论证

由于主观和客观因素的制约，工程造价规划中计划的造价目标值有可能难以实现或不尽合理，需要在项目实施的过程中，或合理调整，或细化和精确化。只有工程造价目标值是合理正确的，造价控制方能有效。

(2) 造价发生的实际数据的收集

收集有关工程造价发生或可能发生的实际数据，及时对建设项目进展作出评估。没有实际数据的收集，就无法了解和掌握工程造价的实际情况，更不能判断是否存在造价偏差。因此，工程造价实际数据的及时、完整和正确是确定有无造价偏差的基础。

(3) 造价目标值与实际值的比较

比较工程造价目标值与实际值，判断是否存在造价偏差。这种比较也要求在工程造价规划时就对比较的数据体系进行统一的设计，从而保证工程造价比较工作的有效性和效率。

（4）各类造价控制报告和报表的制定

获取有关项目工程造价数据的信息，制定反映工程项目计划造价、实际造价、计划与实际造价比较等的各类造价控制报告和报表，提供作为进行造价数值分析和相关控制措施决策的重要依据。

（5）造价偏差的分析

若发现工程造价目标值与实际值之间存在偏差，则应分析造成偏差的可能原因，制定纠正偏差的多个可行方案。经方案评价后，确定造价纠偏方案。

（6）造价偏差纠正措施的采取

按确定的控制方案，可以从组织、技术、经济、合同等各方面采取措施，纠正造价偏差，保证工程造价目标的实现。

### 9.2.2 分阶段设置控制目标

控制是为实现建设项目的目标服务的，一个系统若没有目标，就不需要也无法进行控制。投资控制目标的设置应是严肃的，应有科学的依据。但是，工程项目的建设过程是一个周期长、投资大和综合复杂的过程，投资控制目标并不是一成不变，在不同的建设阶段投资目标可能不同。因此，投资的控制目标需按建设阶段分阶段设置，且每一阶段的控制目标值是相对而言的，随着工程项目建设的不断深入，投资控制目标也逐步具体和深化，如图 9-1 所示。

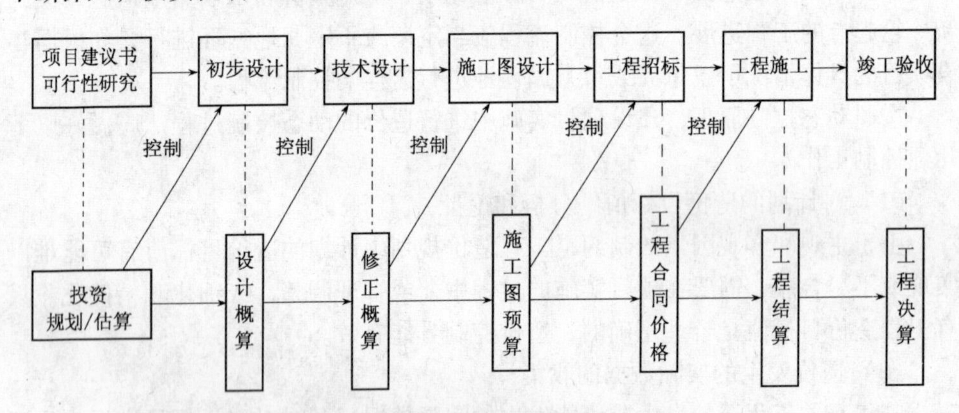


图 9-1 分阶段设置的投资控制目标

前已述及，人们在一定时间内占有的经验和知识是有限的，不但常常受到科学条件和技术条件的限制，而且也受着工程项目建设过程的发展及其表现程度的限制，因而不可能在建设项目的伊始，就能设置一个非常详细和一成不变的投资控制目标。因为在此时，人们通常只是对拟建的工程项目有一概括性的描述和了解，因而也就只能据此设置一个大致的比较粗略的投资控制目标，这就是投资估算。随着工程项目建设的不断深化，即从工程项目的建设概念到详细设计等的完成，投资的控制目标也将一步步地不断清晰和准确，这就是与各建设阶段对应的设计概算、施工图预算、工程承包合同价格以及资金使用计划等。

因此，建设项目投资控制目标的设置应是随着工程项目建设实践的不断深入而分阶段设置。具体来说，在方案设计和初步设计阶段的投资控制目标，是建设项目的投资估算；在技术设计和施工图设计阶段，建设项目投资的控制目标是设计概算；施工图预算或工程承包合同价格则应是工程施工阶段投资控制的目标值。由此可见，这里所谓的投资目标是相对的，某一投资值相对前一阶段而言是实际值；相对后一阶段来说又是目标值。在各建设阶段形成的投资控制目标相互联系、相互补充又相互制约，前者控制后者，即前一阶段目标控制的结果，就成为后一阶段投资控制的目标，每一阶段投资控制的结果就成为更加准确的投资的规划文件，其共同构成建设项目投资控制的目标系统。从投资估算、设计概算、施工图预算到工程承包合同价格，投资控制目标系统的形成过程是一个由粗到细、由浅到深和准确度由低到高的不断完善的过程，目标形成过程中各环节之间相互衔接，前者控制后者，后者补充前者。

### 9.2.3 注重积极能动的主动控制

按照动态控制原理，在工程进展过程中，通过将计划的工程造价目标值与实际值进行比较，若发现实际造价偏离目标时，则应分析产生偏差的原因，制定相应措施，纠正偏差。随后，建设项目将继续按规划实施，进入新一轮的控制循环，即随着工程的不断向前进展，又需进行计划造价与新产生的实际造价的比较，当两者又出现偏差，就需采取新的造价纠偏措施。这种基于调查——分析——决策的偏离——纠偏——再偏离——再纠偏的控制方法，只能发现偏离，揭示存在的问题，不能预防可能发生的造价偏差，因而这种控制是被动的。被动控制是工程造价控制最常用和最主要的方法，在整个建设过程中贯彻始终，对工程造价控制具有重要意义。

但是，当一个建设项目产生了工程造价偏差，或多或少会对工程的建设产生影响，或造成一定的经济损失。因此，在经常大量地运用工程造价被动控制方法的同时，也需要注重工程造价的主动控制问题，将工程造价控制立足于事先主动地采取控制措施，以尽可能地减少以至避免工程造价目标值与实际值的偏离。这是主动的和积极的造价控制方法，也就是说，在进行工程造价控制时，不仅需要运用被动的造价控制方法，更需要能动地影响建设项目的进展，时常分析工程造价发生偏离的可能性，采取积极和主动的控制措施，防止或避免造价发生偏差，主动地控制工程造价，将可能的损失降到最小。

### 9.2.4 采取多种有效控制措施

要有效地控制建设项目的工程造价，应从组织、技术、经济、合同与信息管理等多个方面采取措施，尤其是将技术措施与经济措施相结合，是控制工程造价最有效的手段。

工程造价控制虽然是与费用打交道，表面上看是单纯的经济问题，其实不然。建设项目的工程造价与技术有着密切的关系，建设项目的功能和使用要求、土地使用、建设标准、设计方案的优劣、结构体系的选择和材料设备的选用等，无不涉及建设项目的造价问题。因此，工程建设迫切需要解决的问题是以提高项目投资效益为目的，在工程建设过程中把技术与经济有机结合，要通过技术比较、经济分析和效果评价，正确处理技术先进与经济合理两者之间的关系，力求在技术先进条件下的经济合理，在经济合理基础上的技术先进，把工程造价控制的观念渗透到各项设计和施工技术措施之中。

工程造价控制是一项融技术、经济和管理的综合性工作，它对工程造价控制人员素质的要求就很高，要求具有经济知识、管理知识和技术知识等几个方面的知识。经济方面的知识包括要懂得并能够充分占有数据；能够进行工程造价费用的划分；能够进行设计概算和施工图预算等的编制与审核，能够对工程付款进行复核；能进行建设项目全寿命经济分析；能够完成技术经济分析、比较和论证等工作。管理方面的知识包括能够进行工程造价分解，编制工程造价规划；具有组织设计方案竞赛的能力；具有组织工程招标发包和材料设备采购的能力；掌握工程造价动态控制和主动控制等的方法；能够进行合同管理等。技术方面的知识包括具备土木工程、设施设备和工程施工等的技术知识，如建筑、结构、施工、工艺、材料和设备等方面的知识。当然，这些知识不可能集中在一个人身上，工程造价控制人员首先要了解和掌握这些知识，同时还需要与各方面专业人员结合一起工作，在相关专门人员的协助下开展工程造价控制的工作。

### 9.2.5 立足全寿命周期的控制

工程造价控制，主要是对建设阶段发生的一次性投资进行控制。但是，工程造价控制不能只是着眼于建设期间产生的费用，更需要从建设项目全寿命周期内产生费用的角度审视工程造价控制的问题。工程造价控制，不仅仅是对工程项目建设直接造价的控制，只考虑一次工程造价的节约，还需要从项目建成以后使用和运行过程中可能发生的相关费用考虑，进行项目全寿命的经济分析，使建设项目在整个寿命周期内的总费用最小。

例如，一些建设项目使用过程中的能源费用、清洁费用和维修保养费用等往往是一笔巨大的费用开销。如果在建设时，略增加一些造价以提高或改进相关的标准和设计，则可以大大减少这些费用的发生，成为节约型的建设项目。

因此，工程造价控制并不是单纯地追求工程造价越小越好，而是应将建设项目的质量、功能要求和使用要求放在第一位，是在满足建设项目的质量、功能和使用要求的前提下，通过控制的措施，使工程造价越小越好。也就是说，在工程项目的建设过程中需追求合理投资，该花的钱就应该花，只要是值得，能够使建设项目全寿命周期内的使用和管理最为经济和节约。为此，在进行工程造价控制时，应根据建设项目的特点和业主的要求，对建设的主客观条件进行综合分析和研究，实事求是地确定一套合理的衡量准则。只要工程造价控制的方案符合这套衡量准则，能取得令人满意的结果，则工程造价控制就达到了预期的目的。

## 9.3 工程造价控制的重点

工程造价控制贯穿于项目建设全过程，这一点是没有疑义的，但是必须重点突出。图9-2所示是国外描述的不同建设阶段影响建设项目投资程度的坐标图，我国的实际情况与其应是大致吻合的。从图9-2可看见，影响项目投资最大的阶段，是约占工程项目建设周期1/4的技术设计结束前的工作阶段。在初步设计阶段，影响项目投资的可能性为75%～95%；在技术设计阶段，影响项目投资的可能性为35%～75%；在施工图设计阶段，影响项目投资的可能性则为5%～35%。很显然，工程造价控制的关键在于施工以前的投资决策和设计阶段，而在项目作出投资决策后，控制工程造价的关键就在于设计。建设工程全寿命费用包括项目投资和工程交付使用后的经常开支费用（含经营费用、日常维护修理费用、使用期内大修理和局部更新费用）以及该项目使用期满后的报废拆除费用等。据国外一些国家的分析，设计费一般只相当于在建设项目全寿命费用的1%以下，但正是这少于1%的费用却基本决定了几乎全部随后的费用。由此可见，设计质量对整个建设项目的效益是何等重要。

由此分析可见，项目前期和设计阶段对建设项目投资有着重要的影响，其决定了建设项目投资费用的支出。因此，工程造价控制就存在控制的重点，这就是建设项目的前期和工程的设计阶段。工程造价控制的重点放在设计阶段，特别是方案设计和初步设计阶段，并不是说其他阶段不重要，而是相对而言，设计阶段对建设项目的工程造价的影响程度远远大于如采购阶段和工程施工阶段等的其他建设阶段。

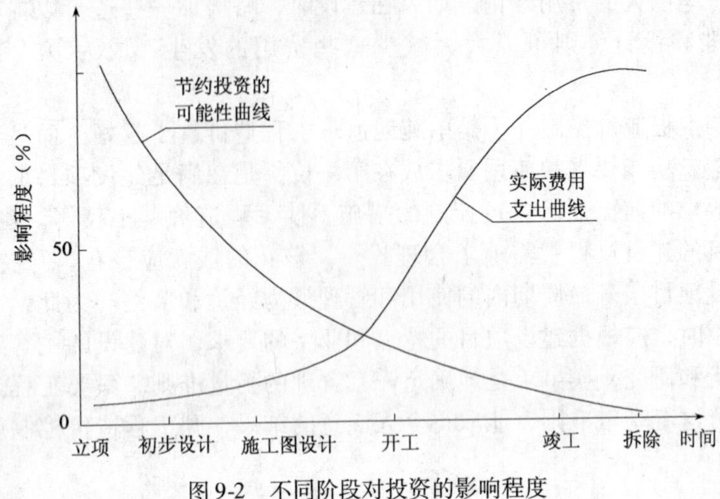


图 9-2 不同阶段对投资的影响程度

在设计阶段，节约投资的可能性最大。其中，在方案设计阶段，节约和调节投资的余地最大，这是因为方案设计是确定建设项目的初始内容、形式、规模、功能和标准等的阶段，此时对其某一部分或某一方面的调整或完善将直接引起投资数额的变化。正因为如此，就必须加强方案设计阶段的工程造价控制工作，通过设计方案竞赛、设计方案的优选和调整、价值工程和其他技术经济方法，选择确定既能满足建设项目的功能要求和使用要求，又可节约投资，经济合理的设计方案。

在初步设计阶段，相对方案设计来说节约和调节投资的余地会略小些，这是由于初步设计必须在方案设计确定的方案框架范围内进行设计，对投资的调节也在这一框架范围内，因此，节约工程造价的可能性就会略低于方案设计。但是，初步设计阶段的工作对建设项目投资还是具有重大的影响，这就需要做好各专业工程设计和技术方案的分析和比选，比如房屋建筑的建筑和结构方案选择、建筑材料的选用、建筑方案中的平面布置、进深与开间的确定、立面形式的选择、层高与层数的确定、基础类型选用和结构形式的选择等，需要精心编制并审核设计概算，控制与初步设计结果相对应的建设项目投资。

进入施工图设计阶段以后，工程设计的工作是依据初步设计确定的设计原则对建设项目开展详细设计。在此阶段，节约和调节建设项目投资的余地相对就更小。在此阶段的工程造价控制，重点是检查施工图设计的工作是否严格按照初步设计来进行，否则，必须对施工图设计的结果进行调整和修改，以使施工图预算控制在设计概算的范围以内。

而至设计完成，工程进入施工阶段开始施工以后，从严格按图施工的角度，节约投资的可能性就非常小了。

因此，进行工程造价控制就必须抓住设计阶段这个重点，尤其是方案设计和初步设计，而且越往前期，节约投资的可能性就越大。

建设项目的投资估算、设计概算、施工图预算与合同价格等都是在工程施工前需要编制的，这些计算确定工程造价费用的文件又均主要是在设计阶段形成的，是随着工程项目建设的不断深入，并通过一个又一个阶段的控制获得的。而这些经过层层控制所得来的工程造价费用文件有时仅仅是作为控制下一段造价费用的目标，实际需支出的费用并不一定按其发生。那么，为什么建设项目造价费用的确定不能像其他工业产品那样，待产品生产出以后再来计算确定产品的价格？原因是，这是建设项目及其建设特点所决定的，其中最主要的就是对工程项目的建设而言，预计的资金投放量主要取决于建设项目规划和设计的结果，项目前期和工程设计阶段的工作决定了施工阶段的费用支出。由于建设项目的投资往往很大，少则几十万，大则成百上千万或上亿，如果不是通过项目前期和设计阶段对工程造价的层层控制，放任自流，设计人员想怎样设计就怎样设计，不讲标准、不讲控制、不讲经济和效益，等到工程施工结束竣工以后再来计算核定建设项目的实际造价，则或许没有一个投资者能够承担这样的可能是巨大的投资风险。这也就是为什么在建设项目前期和设计阶段要做那么多“算”，即投资估算、设计概算、修正概算、施工图预算与合同价格等的原因，尽管建设项目的投资费用主要是在施工阶段发生的和支出的。

在较长的一段时期里，我国建设领域普遍忽视工程项目建设前期和设计阶段的工程造价控制，往往是把控制工程造价的主要精力放在施工阶段，注重算细账，包括审核施工图预算及结算建筑安装工程价款等。这样做尽管也是必须，但毕竟是“亡羊补牢”。要有效地控制工程造价，就要坚决地把工作重点转到项目前期和设计阶段上来。

**【例9-1】**在上海浦东国际机场建设前期，经技术论证确定选址以后，项目建设方开始进行机场的总体规划，确定机场的总体位置及一期工程实施场地。总体规划完成后，项目建设方多次组织了各方面专家对工程位置再作深入研究，从社会环境、生态环境、经济因素和可持续发展的角度，对机场的总平面位置及一期工程平面进行了一次次的修改和优化。期间，有专家提出了将整个机场规划范围向长江滩涂平移700m，即将机场位置东移700m的规划修改方案，从而可以避开搬迁量大的望海路，突破人民塘，一期工程平面位置移至沙脚河与新建圩及胜利塘之间。

机场位置东移的关键是要拆除现有防汛大堤人民塘，这是上海历史上从未有过的。对这一复杂且关系重大的问题，项目建设方组织水利专家进行进一步的专题研究，充分证实这一设想的正确性和可行性。经过专家的分析和计算论证，提出的防汛、促淤方案包括以下内容：加高加固新建圩围堤工程；加高加固江镇垃坝堆场围堤工程；建造抛石网笼促淤坝工程；建造促淤隔堤坝工程。基于科学的方案，项目建设方最终作出决策：将机场从原有的位置东移700m，加高加固新建圩，在东滩零米线处建造促淤坝来满足防汛要求，实施进一步的吹沙填筑造地。

围海造地的科学方案为浦东国际机场可持续发展提供了可能，它使机场远期工程的建设基本上立足在围海所新造成的土地范围以内，为机场的发展提供了18km$^2$的充足土地。促淤坝的建设加速了滩地泥沙淤积的速度，根据1999年初的实地观察测量，从建造促淤坝至机场一期工程接近完成的三年内，因促淤坝淤积的土方使原约为1～2m标高的滩地普遍淤涨升至3.5m高程，淤积土方量约2700万m$^3$，节约了大量的造地资金和时间。

机场东移围海造地工程最大限度地保护了社会环境，避开了人口密集区域，可以减少5000多户居民的拆迁量，少占用良田5.6km$^2$，节约了项目投资，并减少了社会不安定因素。围海造地工程，避开陆地，使机场主要噪声影响的区域进入海中和水面，也可缓解噪声污染问题。

根据测算，这一规划方案的优化调整，节省工程项目建设投资达20多亿元。试想如果仍旧按照原规划方案，后续阶段的工作做得再好也不可能会产生这样的成效。

## 9.4 工程造价控制的任务

在工程项目的建设实施中，工程造价控制的任务是对建设全过程的投资费用负责，是要严格按照批准的可行性研究报告中规定的建设规模、建设内容、建设标准和相应的工程造价目标值等进行建设，按照国家有关工程建设招标投标管理的法律、法规，组织设计方案竞赛、施工招标、设备采购招标等，努力把工程造价控制在计划的目标值以内。在工程项目的建设过程中，各阶段均有工程造价的规划与投资的控制等工作，但不同阶段工程造价控制的工作内容与侧重点各不相同。

(1) 设计准备阶段的主要任务

在建设项目的设计准备阶段，投资控制主要任务是按项目的构思和要求编制投资规划，深化投资估算，进行投资目标的分析、论证和分解，以作为建设项目实施阶段投资控制的重要依据。在此阶段的投资控制工作，是要参与对工程项目的建设环境以及各种技术、经济和社会因素进行调查、分析、研究、计算和论证，参与建设项目的功能定义和投资定义等。

在作出项目建设的投资决策以后，工程项目的建设就进入实施阶段，此时首先是着手开始工程设计的工作。设计阶段建设项目投资的控制是要用项目决策阶段的投资估算，指导工程设计的进行，控制与工程设计结果相对应的投资费用，使设计阶段形成的建设项目投资数值能够被控制在投资估算允许的浮动范围以内。

投资估算是在建设项目的投资决策阶段，确定拟建项目所需投资数量的费用计算文件。与投资决策过程中的各个工作阶段相对应，投资估算也需按相应阶段进行编制。编制投资估算的主要目的，一是作为拟建项目投资决策的依据；二是若决定工程项目的建设以后，则其将成为拟建工程项目实施阶段投资控制的目标值。

（2）设计阶段的主要任务

在建设项目的设计阶段，投资控制的主要任务和工作是按批准的项目规模、内容、功能、标准和投资规划等指导和控制设计工作的开展，组织设计方案竞赛，进行方案比选和优化，编制及审查设计概算和施工图预算，采用各种技术方法控制各个设计阶段所形成的拟建项目的投资费用。

工程设计一般分为两个设计阶段：初步设计阶段和施工图设计阶段。大型和复杂的项目，工程在初步设计之前，要做方案设计，进行设计方案竞赛，优选方案。对技术上复杂又缺乏设计经验的工程，在初步设计完成之后，可增加技术设计阶段。因此，设计的阶段总体上可划分为方案设计、初步设计、技术设计和施工图设计四个阶段。对应工程的设计阶段，有确定建设项目投资费用的文件：在初步设计阶段，需要编制设计概算；在技术设计阶段，需要编制修正概算；在施工图设计阶段需要编制施工图预算。设计概算、修正概算、施工图预算均是工程设计文件的重要组成部分，是确定和反映工程项目建设在各相应设计阶段的内容以及建设所需费用的文件。

在设计阶段，进行建设项目投资是要以投资估算控制初步设计的工作；以设计概算控制施工图设计的工作。如果设计概算超过投资估算，应对初步设计进行调整和修改。同理，如果施工图预算超过设计概算，应对施工图设计进行调整和修改。通过对设计过程中形成的投资费用的层层控制，以实现拟建工程项目的投资控制目标。要在设计阶段有效地控制投资，需要从多方面采取措施，随时纠正发生的投资偏差。技术措施和技术方法在设计阶段的投资控制中起着极为重要和积极的作用。

建设项目施工准备阶段的投资控制，是以工程设计文件为依据，结合工程施工的具体情况，选择工程承包单位。此阶段投资控制的具体工作包括参与工程招标文件的制定，编制招标工程的标底，选择合适的合同计价方式，评价承包商的投标报价，参加合同谈判，确定工程承包合同价格，参与材料和设备订货的价格确定等。

(3) 施工阶段的主要任务

在建设项目的施工阶段，投资控制的任务和工作主要是以施工图预算或工程承包合同价格作为投资控制目标，控制工程实际费用的支出。施工阶段工程造价控制的基本原理是把计划工程造价控制额作为工程造价控制的目标值，在工程施工过程中定期地进行工程造价实际值与目标值的比较，通过比较发现并找出实际支出额与工程造价控制目标值之间的偏差，然后分析产生偏差的原因，并采取有效措施加以控制，以保证工程造价控制目标的实现。

在施工阶段，需要编制资金使用计划，合理确定实际投资费用的支出；严格控制工程变更，合理确定工程变更价款；以施工图预算或工程合同价格为目标，通过工程计量，合理确定工程结算价款，控制工程进度款的支付。工程结算是在工程施工阶段施工单位根据工程承包合同的约定而编制的确定应得到的工程价款的文件，其经审核通过后，建设单位就应按此向施工单位支付工程价款。因此，工程结算价款对建设单位而言是真正的实际费用的支出。就投资估算、设计概算、施工图预算甚至是工程合同价格来说，在某种程度均可以理解为是建设项目的计划投资，其作用主要是用于控制而非实际支付，工程的实际费用并不一定按此发生。而工程结算价款则不同，若其计算确定为多少，建设单位就需实际支出多少，其是建设项目实际投资的重要部分。工程竣工结算，是指在工程竣工验收以后，建设单位和施工单位最终结清工程价款，确定实际工程造价（主要为建筑安装工程费用）的文件。工程竣工结算一般是由施工单位编制提交建设单位，建设单位进行审核，也可委托工程造价咨询单位进行审价。

(4) 竣工验收及保修阶段的主要任务

在建设项目的竣工验收及保修阶段，投资控制的任务和工作包括按有关规定编制项目竣工决算，计算确定整个建设项目从筹建到全部建成竣工为止的实际总投资，即归纳计算实际发生的建设项目投资。整个建设项目的建造完成所需花费支出的实际总投资通过竣工决算最后确定。在此阶段，要以设计概算为目标，对建设全过程中的投资费用及其控制工作进行全面总结，对建设项目的建设与运行进行综合评价。

所有竣工验收的建设项目在办理验收手续之前，必须对所有财产和物资进行清理，编好竣工决算。竣工决算是反映建设项目实际投资和投资效果的文件，是竣工验收报告的重要组成部分。及时和正确地编报竣工决算，对于总结分析工程项目建设过程中的经验教训，提高建设项目投资控制水平以及积累技术经济资料等，都具有重要意义。

在工程的保修阶段，要参与对发生的工程质量问题的处理工作，对由此产生的工程保修费用进行控制。

## 复习思考题

1. 按动态控制原理，有哪些工程造价的控制工作？
2. 工程造价控制的目标如何设置？
3. 工程造价的被动控制与主动控制存在什么关系？
4. 控制工程造价最有效的措施是什么？
5. 为什么应立足于全寿命周期的造价控制？
6. 简述不同建设阶段对投资的影响程度？
7. 设计阶段与施工阶段的工程造价控制任务有何不同？

# 10 设计阶段工程造价的控制

工程设计是建设项目进行全面规划和具体描述实施意图的过程，是工程建设的灵魂，是科学技术转化为生产力的纽带，是处理技术与经济关系的关键性环节，是确定与控制工程造价的重点阶段。建设项目的设计是否经济合理，对控制工程造价具有十分重要的意义。

## 10.1 项目前期和设计阶段对造价的影响

工程造价控制应贯穿于建设项目从确定建设，直至建成竣工验收及到保修期结束的整个建设全过程。在工程建设的各个阶段和各个方面，均有众多的造价控制工作要做，不管是哪一个阶段或哪一个方面的工作没有做好，都会影响工程造价目标的实现。但是，工程项目的建设确实是一个非常复杂和周期较长的过程。由于建设项目具有一次性、独特性、先交易、先定价与后生产等基本特点，每一个工程的建设都是按照项目业主的特定要求而进行的一种定制生产活动，因此就工程造价管理而言，建设项目的前期和工程的设计阶段的工程造价规划与控制具有特别重要的意义。

项目前期和设计阶段对工程造价具有决定作用，其影响程度也符合经济学中的“二八定律”。“二八定律”也叫帕累托定律，是由意大利经济学家帕累托(1848—1923年)提出来的。该定律认为，在任何一组东西中，最重要的只占其中一小部分，约为20%；其余80%尽管是多数，却是次要的。在人们的日常生活中尤其是经济领域中，到处呈现出“二八定律”现象。“二八定律”的重点不在于百分比是否精确，其重心在于“不平衡”上，正因为这些不平衡的客观存在，它才能产生强有力的和出乎人们想象的结果。

项目前期和设计阶段工程造价管理的重要作用，反映在建设项目前期工作和设计对造价费用的巨大影响上，这种影响也可以由两个“二八定理”来说明：建设项目规划和设计阶段已经决定了建设项目生命周期内80%的费用；而设计阶段尤其是初步设计阶段已经决定了建设项目80%的投资，如图10-1所示。

(1) 建设项目规划和设计对投资的影响

建设项目80%的全寿命周期费用在项目规划和设计阶段就已经被确定，而其他阶段只能影响项目总费用的20%，产生这种情况的主要原因是每一个项目都是根据项目业主自身的特殊考虑进行建设的。在建设项目规划阶段，项目业主就会大致作出拟建项目的项目定义，决定建设项目投资需要的很多内容，比如会依据各种因素确定拟建项目的功能、规模、标准和生产能力等，对宾馆项目来说就是拟设多少客房，多少面积，建筑和设施标准的高低，娱乐、会议、商务、商店和餐饮等服务空间的设置、面积大小和标准等；对工业项目来说就是多少生产能力，技术水平的高低，何种工艺技术路线，多少规模，多少面积，建筑标准和辅助设施设置等；对机场项目来说就是需要多少跑道，多少候机楼及其多少面积，每年能够处理多少架飞机、多少旅客和多少货物等，这些都是需要通过项目规划阶段的工作来确定。而这些对拟建项目的项目定义，就大致框定了建设项目的投资额度，给出了建设项目的投资定义。一旦当项目规划通过论证之后准备实施，工程项目的建设内容和运营内容均得到确定，工程建设实施就必然按照认定的规划内容及其投资值来执行，这将直接影响建设项目的设计、施工和运营使用。

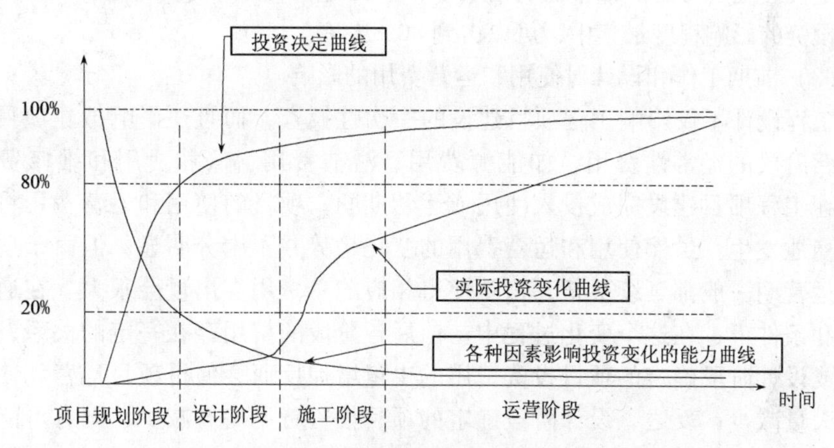


图 10-1 工程项目全寿命周期各阶段对投资的影响

由于方案设计或初步设计阶段较为具体地明确了建设项目的建设内容、设计标准和设计的基本原则，以初步设计为基础的详细设计，即施工图设计只是根据初步设计确定的设计原则进行细部设计，是初步设计的深化和细化。而建设项目的采购和施工，通常只是严格按照施工图纸和设计说明来进行，图纸上如何画，施工就如何做；图纸上如何说，施工也就如何实施。因此，拟建项目的初步设计完成之后，建设项目投资的 80% 左右也就是被确定下来。

从表面上看，建设项目的投资费用主要是集中在施工阶段发生的，而事实也确实如此，但是，施工阶段发生的费用是被动的，施工阶段所需要投入费用的大小通常都是由设计决定的。在建设项目开始实施之初，实际需要支出的费用很少，主要是一些前期的准备费用、支付给设计单位的设计费用和项目前期可能发生的工程咨询费用等。当建设项目进入施工阶段后，则需要真正的物质投入，大量的人力、物力和财力的消耗会导致工程实际费用支出的迅速增长，包括建筑安装工程费用、设备和材料的采购费用等工程费用主要均是在施工阶段发生的。也正因为如此，在工程实践中往往容易造成或导致误解，认为工程造价控制主要就是进行施工阶段的控制，在设计阶段不花钱就不存在工程造价控制问题，只要控制住施工阶段的工程费用，整个建设项目的工程造价也就控制住了。而实际上，工程施工阶段需要发生的造价费用主要就是由设计所决定的。

(2) 项目前期和设计阶段的外在因素对投资的影响

外界因素在建设项目全寿命周期内对投资影响程度的变化特点也决定了设计阶段管理和控制的重要性。建设项目的建设特别是重大基础设施建设周边地区的社会、经济、资源和自然环境等多种因素，对建设项目投资的影响力有着明显的阶段性变化，即如果能够经过对拟建项目科学的论证、规划和设计，外界因素的不确定性会随着时间的推移而逐渐减小，而在建设项目的前期，这类因素对建设项目投资的影响程度最集中，可以占到80%左右。

(3) 前期工作和设计对使用和运营费用的影响

工程设计不仅影响工程项目建设的一次性投资，而且还影响拟建项目使用或运营阶段的经常性费用，如能源费用、清洁费用、保养费用和维修费用等等。在工程项目建设完成投入使用或运营期间，项目的使用和运营费用将是持续平稳地发生。虽然使用和运营费用的变化趋势并不十分明显，但由于项目使用和运营期一般都延续很长，这就使得相应的总费用支出量会很大。在通常的情况和条件下，在这个变化过程中，前后各阶段的费用存在一定的关系，或许前期或设计阶段确定的项目投资费用的少量增加反而会使得项目运营和使用费用的大量减少；反之，设计阶段确定的项目投资费用略有减少，则有可能是会导致项目运营和使用费用的大量增加。建设项目一次性投资与经常性费用有一定的反比关系，但通过项目前期和设计阶段的工作可以寻求两者尽可能好的结合点，使建设项目全寿命周期费用最低。

综上所述，建设项目及其投资费用在其全寿命周期内有其独特的发展规律，这些规律决定了项目前期和设计阶段在项目全寿命周期中的重要地位。从前面的分析以及从工程实践来看，在一般情况下，设计准备阶段节约投资的可能性最大，即其对建设项目经济性的影响程度能够达到95%～100%；初步设计为75%～95%；技术设计阶段为35%～75%；施工图设计阶段为25%～35%；而至工程的施工阶段，影响力可能只有10%左右了。在施工过程中，由于各种原因经常会发生设计变更，设计变更对项目的经济性也将产生一定的影响。

## 10.2 设计阶段工程造价控制程序

为保证工程建设和设计工作有机的配合和衔接，工程设计被划分为几个阶段。按现行规定，一般工业与民用建设项目设计按初步设计和施工图设计两个阶段进行，称之为“两阶段设计”；对于技术上复杂而又缺乏设计经验的项目，可按初步设计、扩大初步设计和施工图设计三个阶段进行，称之为“三阶段设计”。小型建设项目中技术简单的，在简化的初步设计确定后，就可做施工图设计。在各个设计阶段，都需要编制相应的工程造价控制文件，即设计概算、修正概算、施工图预算等，逐步由粗到细确定工程造价控制目标，并经过分段审批，切块分解，层层控制工程造价。

工程设计包括准备工作、编制各阶段的设计文件、配合施工和参加施工验收、进行工程设计总结等全过程，如图 10-2 所示。

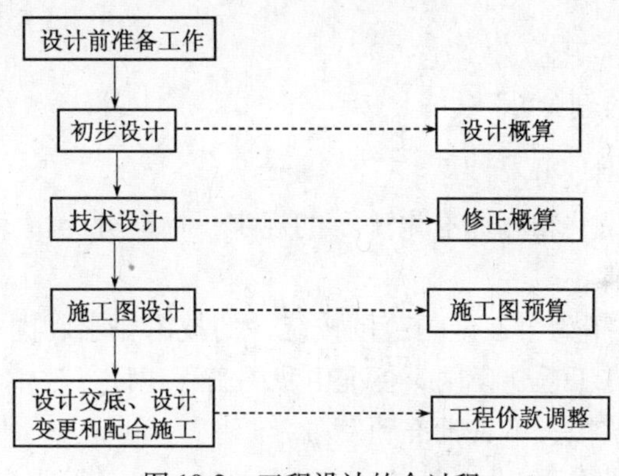


图 10-2　工程设计的全过程

（1）设计前准备工作。设计单位根据主管部门或业主的委托书进行可行性研究，参加厂址选择和调查研究设计所需的基础资料（包括勘察资料，环境及水文地质资料，科学试验资料，水、电及原材料供应资料，用地情况及指标，外部运输及协作条件等资料），开展工程设计所需的科学试验。在此基础上进行方案设计。

（2）初步设计。设计单位根据批准的可行性研究报告或设计承包合同和基础资料进行初步设计和编制初步设计文件。

（3）技术设计。对技术复杂而又无设计经验或特殊的建设工程，设计单位应根据批准的初步设计文件进行技术设计和编制技术设计文件（含修正总概算）。

（4）施工图设计。设计单位根据批准的初步设计文件（或技术设计文件）

和主要设备订货情况进行施工图设计，并编制施工图设计文件（含施工图预算）。

（5）设计交底和配合施工。设计单位应负责交代设计意图，进行技术交底，解释设计文件，及时解决施工中设计文件出现的问题，参加试运转和竣工验收、投产及进行全面的工程设计总结。对于大中型工业项目和大型复杂的民用工程，应派现场设计代表积极配合现场施工并参加隐蔽工程验收。

## 10.3　设计标准与标准设计

设计标准是国家的重要技术规范，是进行工程建设勘察设计、施工及验收的重要依据。各类建设的设计都必须制订相应的标准规范，它是进行工程技术管理的重要组成部分，与项目投资控制密切相连。

标准设计是工程建设标准化的组成部分，各类工程建设的构件、配件、零部件，通用的建筑、构筑物、公用设施等，只要有条件的，都应该编制标准设计，推广使用。

### 10.3.1　标准的划分

（1）按标准级别划分

依据《中华人民共和国标准化法》的规定，标准分为国家标准、行业标准、地方标准和企业标准。

1）国家标准是指为了在全国范围按统一的技术要求和国家需要控制的技术要求所制定的标准。工程建设国家标准由我国工程建设行政主管部门即建设部负责制订计划、组织草拟、审查批准和发布。

国家标准的编号在20世纪70年代曾用过TJ，如《工业企业设计卫生标准》（TJ 36—799），在80年代曾用过GBJ，如《混凝土结构设计规范》（GBJ 10—89），现在根据国家标准管理规定，其编号为GB，并从50000号开始。如《岩土工程勘察规范》（GB 50021—94）。中国工程建设标准化协会的标准为CECS。如《混凝土结构加固技术规范》（CECS25：90）。

2）行业标准是指对没有国家标准而又需要在全国某个行业范围内统一的技术要求所制定的技术标准。行业标准由行业主管部门负责编制本行业标准的计划、组织草拟、审查批准和发布。行业标准是由过去的部标准、专业标准演变而来的。

3）地方标准是指对没有国家标准、行业标准而又需要在某个地区范围内按统一的技术要求所制定的技术标准。地方标准是根据当地的气象、地质、资源等特殊情况的技术要求制定的。地方标准由各省、自治区、直辖市建设主管部门负责编制本地区标准的计划、组织草拟、审查标准和发布。例如，我国东北地区寒冷，有些地方是冻土，沿海一带是软土地区，中西部多为黄土地区，这些地区的地质情况与通常一般的地质情况是不一样的，允许这些地区在符合我国地基基础技术规范这个国家标准所规定的基本技术要求的前提下，结合当地地质的具体情况下，补充制订适合本地区地基基础的技术规范。

4）企业标准是指对没有国家标准、行业标准、地方标准而企业为了组织生产需要在企业内部按统一的要求所制定的标准。企业标准是企业自己制订的，只能适用于企业内部，作为本企业组织生产的依据，而不能作为合法交货、验收的依据。应鼓励企业制订优于国家标准、行业标准、地方标准的企业标准，这主要是为了充分发挥企业的优势和特长，增强竞争能力，提高经济效益。

（2）按标准属性划分

过去，我国的技术标准一经发布就是技术法规，必须严格执行，也就是说，过去实施单一的强制性标准。这是与我国实行计划经济管理体制相适应的。近年来，为了改革开放和经济建设的发展，标准化法规定按法律属性将国家标准、行业标准划分为强制性标准和推荐性标准。

强制性标准是指保障人体健康和人身、财产安全的标准和法律、行政法规强制执行的标准。对工程建设来说，凡属有关安全、卫生、环境保护标准和政府需要控制的质量标准，重要的试验检验和质量评定标准，以及国家规定需要强制执行的其他工程技术标准都应当制订强制性标准。

（3）设计标准和标准设计的意义

制定或修订设计标准规范和标准设计，必须贯彻执行国家的技术经济政策，密切结合自然条件和技术发展水平，合理利用能源、资源、材料和设备，充分考虑使用、施工、生产和维修的要求，做到通用性强，技术先进，经济合理，安全适用，确保质量，便于工业化生产。因此在编制时，一定要认真调查研究，及时掌握生产建设的实践经验和科研成果，按照统一、简化、协调、择优的原则，将其提炼上升为共同遵守的依据，并积极研究吸收国外编制标准规范的先进经验，鼓励积极采用国际标准。对于制定标准规范需要解决的重大的科研课题，应当增加投入，组织力量进行攻关。随着生产建设和科学技术的发展，标准规范必须经常补充，及时修订，不断更新。

工程建设标准规范和标准设计，来源于工程建设实践经验和科研成果，是工程建设必须遵循的科学依据。大量成熟的、行之有效的实践经验和科技成果纳入标准规范和标准设计加以实施，就能在工程建设活动中得到最普遍有效的推广使用。无疑，这是科学技术转化为生产力的一条重要途径。另一方面，工程建设标准规范又是衡量工程建设质量的尺度，符合标准规范就是质量好，不符合标准规范就是质量差。抓设计质量，设计标准规范必须先行。设计标准规范一经颁发，就是技术法规，在一切工程设计工作中都必须执行。标准设计一经颁发，建设单位和设计单位要因地制宜地积极采用，无特殊理由的，不得另行设计。

### 10.3.2　设计标准的经济效益和推广

(1) 设计标准的经济效益

推行设计标准的经济效益如下。

1) 优秀设计标准规范有利于降低投资、缩短工期

如《工业与民用建筑地基基础设计规范》执行以来，得到良好的技术经济效果。该设计规范规定允许基底残留冻土层厚度，使基础埋深可浅于冻深（国外标准均规定基础埋深不得小于冻深），从而节约了工程造价，缩短了工期；采用规范的挡土墙计算公式，可节省挡土墙造价20%；对于单桩承载力，该设计规范结合我国国情把安全系数定为2（日本取3，美国亦取2以上），这在沿海软土地地基可节约基础造价30%以上。再比如，总结多年科研成果和借鉴国外先进经验基础上编制的《工业与民用建筑灌注桩基础设计与施工规范》试行以来，加快了基础工程进度，降低了造价。同预制桩相比，每平方米建筑可降低投资30%，节约钢材50%，全国每年可节约投资1.8亿元，钢材6万t，并避免了预制桩施工带来的振动、噪声污染以及对周围房屋的破坏性影响，社会效益明显。

2) 有的好设计规范虽不直接降低项目投资，但能降低建筑物全寿命费用

如在40项科研成果基础上编成的《工业建筑防腐蚀设计规范》，与过去习惯作法比较，可提高工业建筑厂房的使用寿命3~5倍，也可防止盲目提高防护标准，浪费贵重材料。《工业循环冷却水处理设计规范》施行以来，效果明显。南京扬子乙烯石化公司乙二醇装置，按此规范采用循环供水后与直流供水比，年节约用水1.12亿t，年降低生产成本约560万元。

3) 还有的设计规范，可能使项目投资增加，但保障了生命财产安全，从宏观讲，经济效益也是好的，比如当年按《工业与民用建筑抗震设计规范》设计的建筑物，造价比原来增加了，7度为1%~3%，8度为5%，9度为10%，但可大大减少地震引起的损失。

(2) 标准设计的推广

经国家或省、市、自治区批准的建筑、结构和构件等整套标准技术文件图纸，称为标准设计。各专业设计单位按照专业需要自行编制的标准设计图纸，称为通用设计。

1) 标准设计包括的范围

① 重复建造的建筑类型及生产能力相同的企业、单独的房屋构筑物，都应采用标准设计或通用设计。

② 对不同用途和要求的建筑物，按照统一的建筑模数、建筑标准、设计规范、技术规定等进行设计。

③ 当整个房屋或构筑物不能定型化时，则应把其中重复出现的部分，如房屋的建筑单元、节间和主要的结构节点构造，在构配件标准化的基础上定型化。

④ 建筑物和构筑物的柱网、层高及其他构件参数尺寸的统一化。

⑤ 建筑物采用的构配件应力求统一化，在基本满足使用要求和修建条件的情况下，尽可能地具有通用互换性。

2）推广标准设计有利于较大幅度地降低工程造价

① 节约设计费用，大大加快提供设计图纸的速度（一般可加快设计速度1~2倍），缩短设计周期。

② 构件预制厂生产标准件，能使工艺定型，容易提高工人技术，且易使生产均衡和提高劳动生产率以及统一配料、节约材料，有利于构配件生产成本的大幅度降低。例如，标准构件的木材消耗仅为非标准构件的25%。

③ 可以使施工准备工作和定制预制构件等工作提前，并能使施工速度大大加快，既有利于保证工程质量，又能降低建筑安装工程费用。据天津市统计，采用标准构配件可降低建筑安装工程造价16%；上海的调查材料说明，采用标准构件的建筑工程可降低费用10%~15%。

④ 标准设计是按通用性条件编制的，是按规定程序批准的，可供大量重复使用，既经济又优质。标准设计能较好地贯彻执行国家的技术经济政策，密切结合自然条件和技术发展水平，合理利用能源、资源和材料设备，较充分考虑施工、生产、使用和维修的要求，便于工业化生产。因而，标准设计的推广，一般都能使工程造价低于个别设计工程造价。

总之，在工程设计阶段，正确处理技术与经济的对立统一关系，是控制项目投资的关键环节。既要反对片面强调节约，因忽视技术上的合理要求而使建设项目达不到工程功能的倾向，又要反对重技术、轻经济、设计保守、浪费、脱离国情的倾向。尤其在建设资金紧缺，各建设项目普遍概算超过估算，预算超过概算，竣工决算超过预算，此时，更要强调反对后一种倾向。设计单位和设计人员必须树立经济核算的观念，克服重技术、轻经济、设计保守、浪费和脱离国情的倾向。设计人员和工程造价人员密切配合，严格按照设计任务书规定的投资估算做好多方案的技术经济比较，在批准的设计概算限额以内，在降低和控制项目投资上下工夫。工程造价人员在设计过程中应及时地对项目投资进行分析对比，反馈造价信息，能动地影响设计，以保证有效地控制投资。

## 10.4　设计阶段工程造价管理的技术方法

工程造价管理的重点在设计阶段，做好设计阶段的工程造价管理工作对实现项目投资目标有着决定性的意义。在工程设计阶段，可以应用价值工程和限额设计等管理技术和方法，对建设项目的投资实施有效地控制。

### 10.4.1　价值工程方法

价值工程是运用集体智慧和有组织的活动，对所研究对象的功能与费用进行系统分析并不断创新，使研究对象以最低的总费用可靠地实现其必要的功能，以提高研究对象价值的思想方法和管理技术。这里的“价值”，是功能和实现这个功能所耗费用（成本）的比值。价值工程表达式为：

$$V=F/C$$

式中　$V$——价值系数；

$F$——功能系数；

$C$——费用系数。

（1）价值工程的特点

价值工程活动的目的是以研究对象的最低寿命周期费用，可靠地实现使用者所需的功能，以获取最佳综合效益，价值工程的主要特点如下。

1）以提高价值为目标

研究对象的价值着眼于全寿命周期费用。全寿命周期费用指产品在其寿命期内所发生的全部费用，即是从为满足功能要求进行研制、生产到使用所花费的全部费用，包括生产成本和使用费用。提高产品价值就是以最小的资源消耗获取最大的经济效果。

2）以功能分析为核心

功能是指研究对象能够满足某种需求的一种属性，也即产品的特定职能和所具有的具体用途。功能可分为必要功能和不必要功能，其中，必要功能是指使用者所要求的功能以及与实现使用者需求有关的功能。

3）以创新为支柱

价值工程强调“突破、创新和求精”，充分发挥人的主观能动作用，发挥创造精神。首先，对原方案进行功能分析，突破原方案的约束。然后，在功能分析的基础上，发挥创新精神，创造更新方案。最后，进行方案对比分析，精益求精。能否创新及其创新程度是关系价值工程成败与效益的关键。

4）技术分析与经济分析相结合

价值工程是一种技术经济方法，研究功能和成本的合理匹配，是技术分析与经济分析的有机结合。因此，分析人员必须具备技术和经济知识，做好技术经济分析，努力提高产品价值。

(2) 价值工程的基本内容

价值工程可以分为四个阶段：准备阶段、分析阶段、创新阶段和实施阶段，其大致可以分为八项内容：价值工程对象选择、收集资料、功能分析、功能评价、提出改进方案、方案的评价与选择、试验证明和决定实施方案。

价值工程主要回答和解决下列问题：

- 价值工程的对象是什么？
- 它是干什么的？
- 其费用是多少？
- 其价值是多少？
- 有无其他方法实现同样功能？
- 新方案的费用是多少？
- 新方案能满足要求吗？

(3) 价值工程在建设项目设计阶段的应用

进行工程项目的建设，都需要投入资金，也都要求获得建设项目功能。在建设项目的设计阶段，应用价值工程具有重要的意义，其是投资控制的有效方法之一。尽管在产品形成的各个阶段都可以应用价值工程提高产品的价值，但在不同的阶段进行价值工程活动，其经济效果的提高幅度却是大不相同的。一旦设计图纸已经完成，产品的价值就基本决定了，因此应用价值工程的重点是在产品的研究和设计阶段。在设计阶段应用价值工程，对建设项目的设计方案进行功能与费用分析和评价，可以起到节约投资，提高建设项目投资收益的效果。

同一个建设项目、同一单项或单位工程可以有不同的设计方案，也就会有不同的投资费用，这就可用价值工程方法进行设计方案的选择。这一过程的目的在于论证拟采用的设计方案技术上是否先进可行，功能上是否满足需要，经济上是否合理，使用上是否安全可靠。因此，要善于应用价值工程的原理，以提高设计对象价值为中心，把功能分析作为重点，通过价值和功能分析将技术问题与经济问题紧密地结合起来。价值工程中价值的大小取决于功能和费用，从价值与功能和费用的关系式中可以看出提高产品价值的基本途径：

① 保持产品的功能不变，降低产品成本，以提高产品的价值；

② 在产品成本不变的条件下，提高产品的功能，以提高产品的价值；

③ 产品成本虽有增加，但功能提高的幅度更大，相应提高产品的价值；

④ 在不影响产品主要功能的前提下，针对用户的特殊需要，适当降低一些次要功能，大幅度降低产品成本，提高产品价值；

⑤ 运用新技术，革新产品，既提高功能又降低成本，以提高价值。

在上海宝钢自备电厂储灰场长江围堤筑坝工程的建设中，原设计方案为土石堤坝，造价在1500万元以上。建设方通过对钢渣物理性能和化学成分分析试验，经过反复计算和细致推敲，发现用钢渣代替抛石在技术上可行，对堤坝的使用功能没有影响。在取得可靠数据以后，为慎重起见，建设方先做了一段200m长的试验坝（全坝长2353m），取得成功经验后再大面积施工。经过工程建设参与各方的共同努力，长江边国内首座钢渣黏土夹心坝顺利建成。建成的大坝稳定而坚固，经受了强台风和长江特高潮位同时袭击仍岿然不动。该建设方案比原方案节省投资700多万元，取得了降低投资和保证功能的效果。

美国1972年在进行俄亥俄河大坝枢纽设计中，应用价值工程方法，从功能和成本两个方面对大坝和溢洪道等进行了综合分析，采取增加溢洪道闸门高度的方法，使闸门数量由17道减少到12道，并且改进闸门施工工艺使大坝的功能和稳定性不受影响，大坝所具有的必需功能得到保证。仅此，大坝建设投资就节约了1930万美元，用在聘请专家等进行价值工程分析的费用只花费了1.29万美元，取得了1美元收益接近于1500美元的投资效果。

某新建冷饮商品冷库地处城市交通要道的路口，设计方案为单一冷库建筑。在对方案进行分析研究过程中，发现所设计的冷库用于单纯储存冷饮商品，储存的季节性强，设备利用不足，经济效益不高，同时冷库立面光秃，街景十分难看。为此，建设方提出了改进方案，以冷藏为主兼冷饮品生产，沿街建设一座漂亮的生产大楼，街景典雅美观。新方案虽然需要增加投资，但由于充分发挥制冷设备潜力，生产企业投产后也可取得较好的经济效益。项目建成以后，冷库除了完成仓储计划外，每年生产冷饮品可多创利200多万元。

### 10.4.2　限额设计方法

在工程设计阶段采用限额设计方法控制建设项目投资，是投资控制的有力措施之一。在设计阶段对投资进行有效的控制，需要从整体上由被动反应变为主动控制；由事后核算变为事前控制，限额设计就是根据这一思想和要求提出的设计阶段控制建设项目投资的一种技术方法。

所谓限额设计方法，就是在设计阶段根据拟建项目的建设标准、功能和使用要求等，进行投资规划，对建设项目投资目标进行切块分解，将投资分配到各个单项工程、单位工程或分部工程；分配到各个专业设计工种，明确建设项目各组成部分和各个专业设计工种所分配的投资限额。而后，将其提交设计单位，要求各专业设计人员按分配的投资限额进行设计，并在设计的全过程中，严格按照分配的投资限额控制各个阶段的设计工作，采取各种措施，以使投资限额不被突破，从而实现设计阶段投资控制的目标。

(1) 投资目标分解

采用限额设计方法，在工程设计开始之前就是需要确定限额设计的限额目标，即进行投资目标的分解，确定拟分配至各专业设计工种和项目各组成部分的投资限额。投资目标及其分解的准确与合理，是限额设计方法应用的前提。投资限额目标若存在问题，则无法用于指导设计和控制设计工作，设计人员也无法按照分配的限额进行设计。因此，在设计准备阶段需要科学合理的编制投资规划文件，依据批准的可行性研究报告、拟定的工程建设标准、建设项目的功能描述和使用要求等，给出建设项目各专业和各组成部分的投资限额。由于工程设计尚未开始，建设项目的功能要求和使用要求就成为分配投资限额最主要的依据。限额设计的投资目标分解和确定，不能一味考虑节约投资，也不能简单地对投资进行裁剪，而应该是在保证各专业各组成部分达到使用功能和拟定标准的前提下，进行投资的合理分配。

因此，投资目标的分解和限额分配要尊重科学，实事求是，需要掌握和积累丰富的投资数据和资料，采用科学的分析方法，否则，限额设计很难取得好的效果。此外，投资限额目标一旦确定，必须坚持投资限额的严肃性，不能随意进行变动。

(2) 限额设计的控制内容

投资目标的分解工作完成以后，就需在设计全过程中按分配的投资限额指导和控制工程设计工作，使各设计阶段形成的投资费用能够被控制在确定的投资限额以内。

1) 建设前期的工作内容

建设项目从可行性研究开始，便要建立限额设计的观念，充分理解和掌握建设项目的设计原则、建设方针和各项技术经济指标，认真做好项目定义及其描述等工作，合理和准确地确定投资目标。可行性研究报告和投资估算获得批准以后，就应成为下一阶段进行限额设计和控制投资的重要依据。

2) 方案设计阶段的工作内容

在进入设计阶段以后，首先就应将投资目标及其分配的限额向各专业的设计人员进行说明和解释，使其明确限额设计的基本要求和工作内容，明确各自的投资限额，取得设计人员的理解和支持。在方案设计阶段，以分配的投资限额为目标，通过多方案的分析和比较，合理选定经济指标，严格按照设定的投资限额控制设计工作。如果设计方案的投资费用突破投资限额，则需要对相应专业或工程相应的组成部分或内容进行调整和优化。

3) 初步设计阶段的工作内容

在初步设计阶段，严格按照限额设计所分配的投资限额，在保证建设项目使用功能的前提下进行设计，按确定的设计方案开展初步设计的工作。在设计过程中，要跟踪各专业设计的设计工作，与各专业的设计人员密切配合，对主要工程、关键设备、工艺流程及其相应各种费用指标进行分析和比较，研究实现投资限额的可行方案。随着初步设计工作的进展，经常分析和计算各专业设计和各工程组成部分设计形成的可能的投资费用，并定期或不定期地将可能的投资费用与设定的投资限额进行比较，若两者出现较大差异，需要研究调整方法和措施。工程设计是一项涉及面广和专业性强的技术工作，采用限额设计方法就是要用经济观念来引导和指导设计工作，以经济理念能动地影响工程设计，从而实现在设计阶段对建设项目投资进行有效的控制。

初步设计的设计文件形成以后，要准确编制设计概算，分析比较设计概算与投资估算的关系，分析比较设计概算中各专业工程费用与投资限额的关系，发现问题及时调整，按投资限额和设计概算对初步设计的各个专业设计文件作出确认。经审核批准后的设计概算，便是下一阶段，即施工图设计阶段控制投资的重要目标。

4）施工图设计阶段的工作内容

施工图设计文件是设计的最终产品，施工图设计必须严格按初步设计确定的原则、范围、内容和投资限额进行设计。施工图设计阶段的限额设计工作应在各专业设计的任务书中，附上设定的投资限额和批准的设计概算文件，供设计人员在设计中参考使用。在施工图设计过程中，局部变更和修改是正常的，关键是要进行核算和调整，使施工图预算不会突破设计概算的限额。对于涉及建设规模和设计方案等的重大变更，则必须重新编制或修改初步设计文件和设计概算，并以批准的修改后的设计概算作为施工图设计阶段投资控制的目标值。

施工图设计的设计文件形成以后，要准确编制施工图预算，分析比较施工图预算与设计概算的关系，分析比较施工图预算中各专业工程费用与投资限额的关系，发现问题及时调整，按施工图预算对施工图设计的各个专业设计文件作出最后确认，实现限额设计确定的投资限额目标。

5）加强对设计变更的管理工作

加强对设计变更的管理工作，对于确实可能发生的变更，应尽量提前解决，避免或减小可能的损失。对影响建设项目投资的重大设计变更，更需先算账后变更，这样才能保证工程设计的结果和费用不突破规定的投资限额。

从限额设计的控制内容可见，采用限额设计方法，就是要按照批准的可行性研究报告及投资估算控制初步设计；按照批准的初步设计和设计概算控制施工图设计，使各专业在保证达到功能要求和使用要求的前提下，按分配的投资限额控制工程设计，严格控制设计的不合理变更，通过层层控制和管理，保证建设项目投资限额不被突破，最终实现设计阶段投资控制的目标。

## 复习思考题

1. 为什么说项目前期和设计阶段是造价控制的重点？

2. 简述设计阶段工程造价的控制程序。
3. 运用设计标准与标准设计的意义是什么？
4. 价值工程的原理及在工程建设中应用的意义是什么？
5. 限额设计的原理及在应用中应注意的问题是什么？

# 11　采购阶段工程造价的控制

实行工程项目招标采购制度是我国建设领域的一项重大体制改革，通过市场机制来配置工程资源是社会主义市场经济的要求，也是国际工程建设的习惯做法。推行工程项目招标采购制度，有利于规范价格行为，贯彻公开、公平、公正的原则，经过供求双方的相互选择，竞争确定采购价格。采购阶段工程造价控制的任务，就是通过招标采购活动，择优选择价格低、时间短、具有良好业绩和社会信誉的承包商或供货商，为合理控制工程造价奠定基础。招标采购阶段是确定工程造价的关键时刻，招标采购程序中每一步骤都与工程造价密切相关。

## 11.1　工程招标控制价与标底价格

### 11.1.1　工程招标控制价

（1）招标控制价的概念

招标控制价是指招标人根据国家或省级、行业建设主管部门颁发的有关计价依据和办法，按设计施工图纸计算的，对招标工程限定的最高工程造价。《建设工程工程量清单计价规范》(GB 50500—2008）对招标控制价作出了如下规定：

1）国有资金投资的工程建设项目应实行工程量清单招标，并应编制招标控制价。招标控制价超过批准的概算时，招标人应将其报原概算部门审核。投标人的投标报价高于招标控制价的，其投标应予以拒绝。

2）招标控制价应由具有编制能力的招标人，或受其委托具有相应资质的工程造价咨询人编制。

3）招标控制价应在招标时公布，不应上调或下浮，招标人应将招标控制价及有关资料报送工程所在地工程造价管理机构备查。

4）投标人经复核认为招标人公布的招标控制价未按照本规范的规定编制的，应在开标前5天向招投标监督机构或（和）工程造价管理机构投诉。

招投标监督机构应会同工程造价管理机构对投诉进行处理，发现有错误的，应责成招标人修改。

（2）招标控制价的编制依据

招标控制价应根据下列依据编制：

1）《建设工程工程量清单计价规范》(GB 50500—2008)；

2）国家或省级、行业建设主管部门颁发的计价定额和计价办法；

3）建设工程设计文件及相关资料；

4）招标文件中的工程量清单及有关要求；

5）与建设项目相关的标准、规范、技术资料；

6）工程造价管理机构发布的工程造价信息；工程造价信息没有发布的参照市场价；

7）其他的相关资料。

（3）工程招标控制价的编制

1）分部分项工程费应根据招标文件中的分部分项工程量清单项目的特征描述及有关要求，按综合单价计算。综合单价中应包括招标文件中要求投标人承担的风险费用。招标文件提供了暂估单价的材料，按暂估的单价计入综合单价。

2）措施项目费应根据招标文件中的措施项目清单计价。

3）其他项目费应按下列规定计价：

① 暂列金额应根据工程特点，按有关计价规定估算；

② 暂估价中的材料单价应根据工程造价信息或参照市场价格估算；暂估价中的专业工程金额应分不同专业，按有关计价规定估算；

③ 计日工应根据工程特点和有关计价依据计算；

④ 总承包服务费应根据招标文件列出的内容和要求估算。

4）规费和税金的计算应按国家或省级、行业建设主管部门的规定计算，不得作为竞争性费用。

（4）招标控制价表式

招标控制价的表式如图 11-1 和表 11-1 ~ 表 11-13 所示。

### 11.1.2 工程招标的标底

（1）标底的概念

建安工程招标标底一般由招标单位自行编制或委托经建设行政主管部门批准具有编制标底价格和能力的中介机构代理编制，并经本地工程造价管理或招标管理部门核准审定的发包工程造价。标底是招标工程的预期价格，是招标者对招标工程所需费用的自我测算和控制，也是判断投标报价合理性的依据之一。在我国特定的历史条件下，标底发挥了积极作用。但是，由于标底本身还存在不少问题，随着建设体制的改革和工程管理水平的提高，标底将逐步淡化，直至取消。

（2）标底的组成内容

标底的组成内容主要有：

1）标底的综合编制说明；

# 招 标 控 制 价

招标控制价（小写）：________________

（大写）：________________

投 标 人：________________（单位盖章）

工程造价咨 询 人：________________（单位资质专用章）

法定代表人或其授权人：________________（签字或盖章）

法定代表人或其授权人：________________（签字或盖章）

编 制 人：________________（造价人员签字盖专用章）

复 核 人：________________（造价人员签字盖专用章）

编 制 时 间：  年  月  日　　复 核 时 间：  年  月  日

图 11-1 招标控制价封面式样

2）标底价格审定书、标底价格计算书、带有价格的工程量清单、现场因素、各种施工措施费的测算明细以及采用固定价格工程的风险系数测算明细等；

3）主要材料用量；

4）标底附件：如各项交底纪要、各种材料及设备的价格来源、现场的地质、水文、地上情况的有关资料、编制标底价格所依据的施工方案和施工组织设计等。

(3) 编制标底的原则

编制标底价格应遵循下列原则：

1）根据国家公布的统一工程项目划分、统一计量单位、统一计算规则以及施工图纸、招标文件，并参照国家制订的基础定额和国家、行业、地方规定的技术标准规范以及要素市场价格确定工程量和编制标底价格。

2）按工程项目类别计价。

3）标底价格作为建设单位的期望计划价，应力求与市场的实际变化吻合，要有利于竞争和保证工程质量。

4）标底价格应由成本、利润、税金等组成，一般应控制在批准的总概算（或修正概算）及投资包干的限额内。

5）标底价格应考虑人工、材料、设备、机械台班等价格变化因素，还应包括不可预见费（特殊情况）、预算包干费、措施费（赶工措施费、施工技术措施费）、现场因素费用、保险以及采用固定价格的工程的风险金等。工程要求优良的，还应增加相应的费用。

(4) 编制标底的依据

标底价格的编制依据有:

1）招标文件的商务条款；

2）工程施工图纸、工程量计算规则；

3）施工现场地质、水文、地上情况的有关资料；

4）施工方案或施工组织设计；

5）现行工程预算定额、工期定额、工程项目计价类别及取费标准、国家或地方有关价格调整文件规定等。

(5) 标底的编制方法

当前，我国建设工程施工招标标底主要采用工料单价法和综合单价法来编制。

1）工料单价法

具体做法是根据施工图纸及技术说明，按照预算定额规定的分部分项工程子目，逐项计算出工程量，再套用定额单价（或单位估价表）确定直接费，然后按规定的费用定额确定其他直接费、现场经费、间接费、计划利润和税金，还要加上材料调价系数和适当的不可预见费，汇总后即为工程预算，也就是标底的基础。

工料单价法实施中，也可以采用工程概算定额，对分项工程子目作适当的归并和综合，使标底价格的计算有所简化。采用概算定额编制标底，通常适用于扩初设计阶段即进行招标的工程。在施工图阶段招标，也可按施工图计算工程量，按概算定额和单价计算直接费，既可提高计算结果的准确性，又可减少工作量，节省人力和时间。

运用工料单价法编制招标工程的标底大多是在工程概算定额或预算定额基础上作出的，但它不完全等同于工程概算或施工图预算。编制一个合理、可靠的标底还必须在此基础上考虑以下因素。

① 标底必须适应目标工期的要求，对提前工期因素有所反映。应将目标工

期对照工期定额，按提前天数给出必要的赶工费和奖励，并列入标底。

② 标底必须适应招标方的质量要求，对高于国家验收规范的质量因素有所反映。标底中对工程质量的反映，应按国家相关的施工验收规范的要求作为合格的建筑产品，按国家规范来检查验收。但招标方往往还要提出要达到高于国家验收规范的质量要求，为此，施工单位要付出比合格水平更多的费用。

③ 标底必须适应建筑材料采购渠道和市场价格的变化，考虑材料差价因素，并将差价列入标底。

④ 标底必须合理考虑招标工程的自然地理条件和招标工程范围等因素。将地下工程及“三通一平”等招标工程范围内的费用正确地计入标底价格。由于自然条件导致的施工不利因素也应考虑计入标底。

2）综合单价法

用综合单价法编制标底时，其分部分项工程的单价，应包括人工费、材料费、机械费、其他直接费、间接费、有关文件规定的调价、利润、税金以及采用固定价格的风险金等全部费用。综合单价确定后，再与分部分项工程量相乘汇总，即可得到标底价格。

① 一般住宅和公用设施工程中，以平方米造价包干为基础编制标底。这种标底主要适用于采用标准图大量建造的住宅工程，一般做法是由地方工程造价管理部门经过多年实践，对不同结构体系的住宅工程造价进行测算分析，制定每平方米造价包干标准。在具体工程招标时，再根据装修、设备情况进行适当的调整，确定标底综合单价。考虑到基础工程因地基条件不同而有很大差别，每平方米造价多以工程的基础以上为对象，基础及地下室工程仍以施工图预算为基础编制标底，二者之和构成完整标底。

② 在工业项目工程中，尽管其结构复杂，用途各异，但整个工程中分部工程的构成则大同小异，主要有土方工程、桩基工程、砌筑工程、混凝土及钢筋混凝土工程、防腐防水工程、管道工程、金属结构工程、机电设备安装工程等，按照分部工程分类，在施工图、材料、设备及现场条件具备的情况下，经过科学的测算，可以得出综合单价。有了这个综合单价，即可计算出工程项目的标底。

（6）标底的审定

工程施工招标的标底价格应在投标截止日期或开标之前按规定报招标管理机构审查，招标管理机构在规定时间内完成标底的审定工作，未经审查的标底一律无效。

1）采用工料单价法编制的标底价格

主要审查以下内容。

① 标底计价内容：承包范围、招标文件规定的计价方法及招标文件的其他有关条款。

② 预算内容：工程量清单单价、补充定额单价、直接费、其他直接费、有关文件规定的调价、间接费、现场经费、预算包干费、利润、税金、设备费以及主要材料设备数量等。

③ 预算外费用：材料、设备的市场供应价格、措施费（赶工措施费、施工技术措施费）、现场因素费用、不可预见费（特殊情况）、材料设备差价、对于采用固定价格的工程测算的在施工周期价格波动风险系数等。

2）采用综合单价法编制的标底价格

主要审查以下内容。

① 标底计价内容：承包范围、招标文件规定的计价方法及招标文件的其他有关条款。

② 工程量清单单价组成分析，人工、材料、机械台班计取的价格、直接费、其他直接费、有关文件规定的调价、间接费、现场经费、预算包干费、利润、税金、采用固定价格的工程测算在施工周期价格波动风险系数、不可预见费（特殊情况）以及主要材料数量等。

③ 设备市场供应价格、措施费（赶工措施费、施工技术措施费）、现场因素费用等。

## 11.2 投标报价的确定

本节将按工程量清单计价要求阐述投标报价的思路和方法。

投标报价应包括按招标文件规定，完成工程量清单所列项目的全部费用，包括分部分项工程费、措施项目费、其他项目费和规费、税金。工程量清单应采用综合单价计价。工程量清单计价应采用统一格式。

投标报价应根据招标文件中的工程量清单和有关要求、施工现场实际情况及拟定的施工方案或施工组织设计，依据企业定额和市场价格信息，或参照建设行政主管部门发布的社会平均消耗量定额进行编制。

消耗量定额：由建设行政主管部门根据合理的施工组织设计，按照正常施工条件制定的，生产一个规定计量单位工程合格产品所需人工、材料、机械台班的社会平均消耗量。

企业定额：施工企业根据本企业的施工技术和管理水平，以及有关工程造价资料制定的，并供本企业使用的人工、材料和机械台班消耗量。

工程量清单计价格式由封面、投标总价、总说明、工程项目投标报价汇总表、单项工程投标报价汇总表、单位工程投标报价汇总表、分部分项工程量清单与计价表、措施项目清单与计价表、其他项目清单与计价汇总表、规费、税金项目清单与计价表、工程量清单综合单价分析表等内容组成。

（1）封面

封面应按规定的内容填写、签字、盖章，除承包人自行编制的投标报价外，受委托编制投标报价若为造价员编制的，应有负责审核的造价工程师签字、盖章以及工程造价咨询人盖章。

（2）投标总价

投标总价如图 11-2 所示，表中单项工程名称应按单项工程费汇总表的工程名称填写。表中金额应按单项工程费汇总表的合计金额填写。

投 标 总 价

招 标 人：________________

工 程 名 称：________________

投标总价（小写）：________________

（大写）：________________

投 标 人：________________

（单位盖章）

法定代表人

或其授权人：________________

（签字或盖章）

编 制 人：________________

（造价人员签字盖专用章）

编 制 时 间：　年 月 日

图 11-2　投标总价式样

（3）工程项目投标报价汇总表

工程项目投标报价汇总表如表 11-1 所示，表中各单项工程名称应按单项工程费汇总表的工程名称填写。表中金额应按单项工程费汇总表的合计金额填写。

**工程项目投标报价汇总表** **表 11-1**

工程名称： 第 页 共 页

| 序号 | 单项工程名称 | 金额（元） | 其中 | | |
|---|---|---|---|---|---|
| | | | 暂估价（元） | 安全文明施工（元） | 规费（元） |
| | | | | | |
| | | | | | |
| | | | | | |
| | | | | | |
| | | | | | |
| | | | | | |
| | 合计 | | | | |

(4) 单项工程投标报价汇总表

单项工程投标报价汇总表（表 11-2）应按各单位工程费汇总表的合计金额填写。

**单项工程投标报价汇总表** **表 11-2**

工程名称： 第 页 共 页

| 序号 | 单项工程名称 | 金额（元） | 其中 | | |
|---|---|---|---|---|---|
| | | | 暂估价（元） | 安全文明施工（元） | 规费（元） |
| | | | | | |
| | | | | | |
| | | | | | |
| | | | | | |
| | | | | | |
| | | | | | |
| | 合计 | | | | |

(5) 单位工程投标报价汇总表

单位工程投标报价汇总表（表 11-3）中的金额应分别按照分部分项工程量清单计价表、措施项目清单计价表和其他项目清单计价表的合计金额和按有关规定计算的规费、税金填写。

(6) 分部分项工程量清单与计价表

分部分项工程量清单与计价表（表 11-4）是根据招标人提供的工程量清单填写单价与合价得到的。

**单位工程投标报价汇总表**　　**表 11-3**

工程名称：　　标段：　　第　页　共　页

| 序　号 | 汇总内容 | 金额（元） | 其中：暂估价（元） |
|---|---|---|---|
| 1 | 分部分项工程 | | |
| 1.1 | | | |
| 1.2 | | | |
| 1.3 | | | |
| 1.4 | | | |
| 1.5 | | | |
| | | | |
| | | | |
| | | | |
| 2 | 措施项目 | | |
| 2.1 | 安全文明施工费 | | |
| 3 | 其他项目 | | |
| 3.1 | 暂列金额 | | |
| 3.2 | 专业工程暂估价 | | |
| 3.3 | 计日工 | | |
| 3.4 | 总承包服务费 | | |
| 4 | 规费 | | |
| 5 | 税金 | | |
| 合计 =1 +2 +3 +4 +5 | | | |

**分部分项工程量清单与计价表**　　**表 11-4**

工程名称：　　标段：　　第　页　共　页

| 序号 | 项目编码 | 项目名称 | 项目特征描述 | 计量单位 | 工程量 | 金额（元） | | |
|---|---|---|---|---|---|---|---|---|
| | | | | | | 综合单价 | 合价 | 其中：暂估价 |
| | | | | | | | | |
| | | | | | | | | |
| | | | | | | | | |
| | | | | | | | | |
| | | | | | | | | |
| 本页小计 | | | | | | | | |
| 合计 | | | | | | | | |

1）分部分项工程量清单计价表中的序号、项目编码、项目名称、计量单位、工程数量必须按分部分项工程量清单中的相应内容填写。

2）综合单价是指完成工程量清单中一个规定计量单位项目所需的人工费、材料费、机械使用费、管理费和利润，并考虑风险因素。分部分项工程量清单的综合单价应按设计文件或参照计价规范附录中的“工程内容”确定。

（7）措施项目清单与计价表

措施项目是为完成工程项目施工，发生于该工程施工前和施工过程中技术、生活、安全等方面的非工程实体项目。措施项目清单计价根据业主提供的措施项目清单中列示的措施项目名称填写总价。措施项目费用的发生与时间、施工方法或者两个以上的工序相关，并大都与实际的实体工程量的大小关系不大，但是有些非实体项目则是可以计算工程量的项目。措施项目中可以计算工程量的项目清单宜采用分部分项工程量清单的方式编制，列出项目编码、项目名称、项目特征、计量单位和工程量计算规则，如表11-5；不能计算工程量的项目清单，以“项”为计量单位进行编制，如表11-6。

**措施项目清单与计价表（一）** **表11-5**

工程名称： 标段： 第 页 共 页

| 序号 | 项 目 名 称 | 计费基础 | 费率（%） | 金额（元） |
|---|---|---|---|---|
| 1 | 安全文明施工费 | | | |
| 2 | 夜间施工费 | | | |
| 3 | 二次搬运费 | | | |
| 4 | 冬雨期施工 | | | |
| 5 | 大型机械设备进出场及安拆费 | | | |
| 6 | 施工排水 | | | |
| 7 | 施工降水 | | | |
| 8 | 地上、地下设施、建筑物的临时保护设施 | | | |
| 9 | 已完工程及设备保护 | | | |
| 10 | 各专业工程的措施项目 | | | |
| | | | | |
| | | | | |
| | | | | |
| 合计 | | | | |

措施项目清单与计价表（二） 表 11-6

工程名称： 标段： 第 页 共 页

| 序号 | 项目编码 | 项目名称 | 项目特征描述 | 计量单位 | 工程量 | 金额（元） | |
|---|---|---|---|---|---|---|---|
| | | | | | | 综合单价 | 合价 |
| | | | | | | | |
| | | | | | | | |
| | | | | | | | |
| | | | | | | | |
| | | | | | | | |
| 本页小计 | | | | | | | |
| 合计 | | | | | | | |

措施项目清单的编制需考虑多种因素，除工程本身的因素外，还涉及水文、气象、环境、安全等因素。措施项目清单应根据拟建工程的实际情况列项。如出现清单计价规范中未列的项目，可根据工程实际情况补充。

措施项目清单设置时应注意以下问题：

① 参考拟建工程的施工组织实际，以确定环境保护、安全文明施工、材料的二次搬运等项目。

② 参阅施工技术方案，以确定夜间施工、大型机械设备进出场及安拆、混凝土模板与支架、脚手架、施工排水、施工降水、垂直运输机械等项目。

③ 参阅相关的施工规范与工程验收规范，以确定施工技术方案没有表述，但是为了实现施工规范与工程验收规范要求而必须发生的技术措施。

④ 确定招标文件中提出的某些必须通过一定的技术措施才能实现的要求。

⑤ 确定设计文件中一些不足以写进技术方案，但是要通过一定技术措施才能实现的内容。

（8）其他项目清单与计价汇总表

其他项目清单是指分部分项工程量清单、措施项目清单所包含的内容以外，因招标人的特殊要求而发生的与拟建工程相关的其他费用项目和相应数量的清单。工程建设标准的高低，工程的复杂程度、工程的工期长短、工程的组成内容、发包人对工程管理要求等都直接影响其他项目清单的具体内容，其他项目清单宜按照表 11-7 的格式编制，出现未包含在表格中内容的项目，可根据工程实际情况补充。

**其他项目清单与计价汇总表** **表 11-7**

工程名称： 标段： 第 页 共 页

| 序 号 | 项 目 名 称 | 计 量 单 位 | 金额（元） | 备 注 |
| --- | --- | --- | --- | --- |
| 1 | 暂列金额 | | | 明细详见表 11-8 |
| 2 | 暂估价 | | | |
| 2.1 | 材料暂估价 | | | 明细详见表 11-9 |
| 2.2 | 专业工程暂估价 | | | 明细详见表 11-10 |
| 3 | 计日工 | | | 明细详见表 11-11 |
| 4 | 总承包服务费 | | | 明细详见表 11-12 |
| | | | | |
| 合计 | | | | |

1）暂列金额

暂列金额是指招标人暂定并包括在合同中的一笔款项。用于施工合同签订时尚未确定或者不可预见的所需材料、设备、服务的采购，施工中可能发生的工程变更、合同约定调整因素出现时的工程价款调整以及发生的索赔、现场签证确认等的费用，相应费用按表 11-8 编制列入。不管采用何种合同形式，其理想的标准是，一份合同的价格就是其最终的竣工结算价格，或者至少两者应尽可能接近。我国规定对政府投资工程实行概算管理，经项目审批部门批复的设计概算是工程投资控制的刚性指标，即使商业性开发项目也有承包的预先控制问题，否则，无法相对准确地预测投资和科学合理地进行投资控制。

**暂列金额明细表** **表 11-8**

工程名称： 标段： 第 页 共 页

| 序 号 | 项 目 名 称 | 计 量 单 位 | 暂定金额（元） | 备 注 |
| --- | --- | --- | --- | --- |
| 1 | | | | |
| 2 | | | | |
| 3 | | | | |
| 合计 | | | | |

2）暂估价

暂估价是指招标人在工程量清单中提供的用于支付必然发生但暂时不能确定的材料的单价以及专业工程的金额，包括材料暂估价、专业工程暂估价，相应计算表如表 11-9、表 11-10 所示。暂估价类似于 FIDIC 合同条款中的 Prim Cost Items，在招标阶段遇见肯定要发生，只是因为标准不明确或者需要由专业承包人完成，暂时无法确定价格。专业工程的暂估价一般应是综合暂估价，应当包括除规费和税金以外的管理费、利润等取费。

**材料暂估价表**　　　　**表 11-9**

工程名称：　　　　标段：　　　　第　页　共　页

| 序号 | 材料名称、规格、型号 | 计量单位 | 单价（元） | 备　注 |
|---|---|---|---|---|
| 1 | | | | |
| 2 | | | | |
| 3 | | | | |
| 合计 | | | | |

**专业工程暂估价表**　　　　**表 11-10**

工程名称：　　　　标段：　　　　第　页　共　页

| 序号 | 工程名称 | 工程内容 | 金额（元） | 备注 |
|---|---|---|---|---|
| 1 | | | | |
| 2 | | | | |
| 3 | | | | |
| 合计 | | | | |

3）计日工

计日工是指在施工过程中，完成发包人提出的施工图纸以外的零星项目或工作，按合同中约定的综合单价计价。计日工是为了解决现场发生的零星工作的计价而设立的。国际上常见的标准合同条款中，大多数都设立了计日工（Daywork）计价机制。计日工对完成零星工作所消耗的人工工时、材料数量、施工机械台班进行计量，并按照计日工表（表 11-11）中填报的使用项目的单价进行计价支付。

**计日工表**　　　　**表 11-11**

工程名称：　　　　标段：　　　　第　页　共　页

| 序号 | 项目名称 | 单位 | 暂定数量 | 综合单价 | 合价 |
|---|---|---|---|---|---|
| 一 | 人工 | | | | |
| 1 | | | | | |
| 2 | | | | | |
| …… | | | | | |
| 人工小计 | | | | | |
| 二 | 材料 | | | | |
| 1 | | | | | |
| 2 | | | | | |
| …… | | | | | |

续表

工程名称： 标段： 第 页 共 页

| 序号 | 项目名称 | 单位 | 暂定数量 | 综合单价 | 合价 |
|---|---|---|---|---|---|
| | | 材料小计 | | | |
| 三 | 施工机械 | | | | |
| 1 | | | | | |
| 2 | | | | | |
| …… | | | | | |
| | | 施工机械小计 | | | |

4）总承包服务费

总承包服务费是指总承包人为配合协调发包人进行的工程分包自行采购的设备、材料等进行管理、服务以及施工现场管理、竣工资料汇总整理等服务所需的费用，计算表如表 11-12 所示。招标人应预计该项费用并按投标人的投标报价向投标人支付该费用。

**总承包服务费表** **表 11-12**

工程名称： 标段： 第 页 共 页

| 序号 | 项目名称 | 项目价值（元） | 服务内容 | 费率（%） | 金额（元） |
|---|---|---|---|---|---|
| 1 | 发包人发包专业工程 | | | | |
| 2 | 发包人供应材料 | | | | |
| | | 合计 | | | |

（9）规费、税金项目清单

规费、税金项目清单应按照表 11-13 的内容列项。出现未包含在上述规范中的项目，规费应根据省级政府或省级有关权力部门的规定列项，税金应根据税务部门的规定列项。如国家税法发生变化，税务部门依据职权增加了税种，应对税金项目清单进行补充。

**规费、税金项目清单与计价表** **表 11-13**

工程名称： 标段： 第 页 共 页

| 序号 | 项目名称 | 计算基础 | 费率（%） | 金额（元） |
|---|---|---|---|---|
| 1 | 规费 | | | |
| 1.1 | 工程排污费 | | | |
| 1.2 | 社会保障费 | | | |
| （1） | 养老保险费 | | | |

续表

工程名称：　　　　　　　　　标段：　　　　　　　　　　　第　页　共　页

| 序号 | 项目名称 | 计算基础 | 费率（%） | 金额（元） |
|---|---|---|---|---|
| (2) | 失业保险费 | | | |
| (3) | 医疗保险费 | | | |
| 1.3 | 住房公积金 | | | |
| 1.4 | 危险作业意外伤害保险 | | | |
| 1.5 | 工程定额测定费 | | | |
| 2 | 税金 | 分部分项工程费＋措施项目费＋其他项目费＋规费 | | |
| 合计 | | | | |

这里以一道简单例题来说明工程量清单模式下清单编制和投标报价的过程和思路。

【**例 11-1**】某工程纵横墙基均采用同一断面的带形基础，基础总长度为160m，基础上部为370实心砖墙，带基结构尺寸见图11-3。混凝土现场制作，强度等级：基础垫层C10，带形基础及其他构件均为C20。项目编码及其他现浇有梁板及直形楼梯等分项工程的工程量或费用已给出，见分部分项工程量清单表11-14。招标文件要求：（1）弃土采用翻斗车运输，运距200m，基坑夯实回填，挖、填土方计算均按天然密实土；（2）土建单位工程投标总价，按清单计价的基础上让利3%的金额确定。某承包商拟投标此项工程，并根据本企业的管理水平确定管理费率为12%，利润率和风险系数为4.5%（以工料机和管理费为基数计算）。

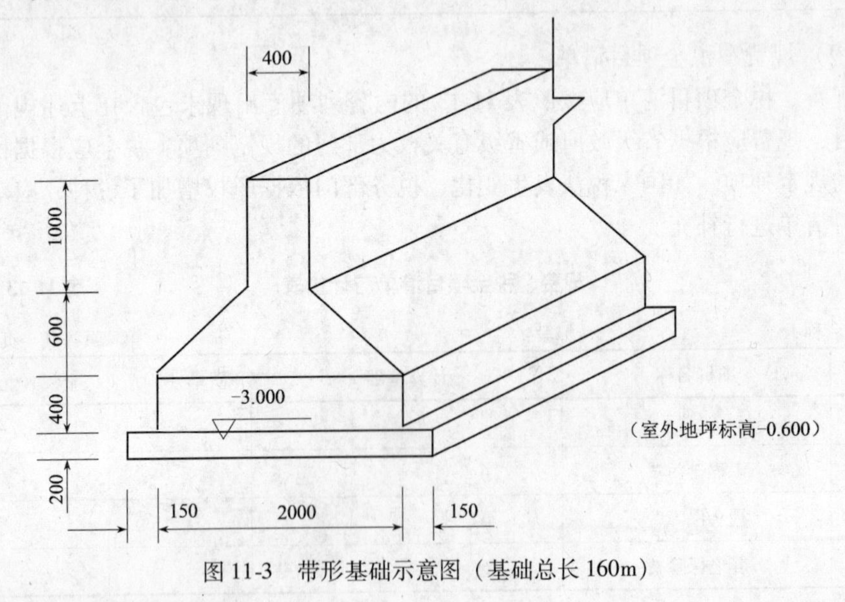


图 11-3　带形基础示意图（基础总长 160m）

**分部分项工程量清单 单位：元** **表 11-14**

| 序号 | 项目编码 | 项目名称 | 计量单位 | 工程数量 |
|---|---|---|---|---|
| 1 | 010101003001 | 挖基础土方，三类土，挖土深度 3m 弃土运距 200m | $m^3$ | |
| 2 | 010103001001 | 基础回填土（夯填） | $m^3$ | |
| 3 | 010401001001 | 带形基础垫层 C10，厚 200mm | $m^3$ | |
| 4 | 010401001002 | 带形基础 C20 | $m^3$ | |
| 5 | 010405001001 | 有梁板 C20，厚 100mm，底标高 3.6m、7.1m、10.4m | $m^3$ | 1890.00 |
| 6 | 010406001001 | 直形楼梯 C20 | $m^3$ | 316.00 |
| …… | …… | 其他分项工程（略）综合费用合计 | 元 | 500000.00 |

问题：

1）根据图示内容和《建设工程工程量清单计价规范》的规定，计算该工程的带形基础及土方工程量。

2）施工方案确定：基础土方为人工放坡开挖，依据《全国统一建筑工程基础定额》规定，工作面每边 300mm；自垫层上表面开始放坡，坡度系数为 0.33；余土全部外运。根据企业定额的消耗量表 11-15 和市场价格表 11-16，计算挖基础土方工程量清单的综合单价。

**企业定额消耗量（选节） 单位：$m^3$** **表 11-15**

| 企业定额编号 | | | 8-16 | 5-394 | 5-417 | 5-421 | 1-9 | 1-46 | 1-54 |
|---|---|---|---|---|---|---|---|---|---|
| 项目 | | 单位 | 混凝土垫层 | 混凝土带基础 | 混凝土有梁板 | 混凝土楼梯（$m^2$） | 人工挖三类土 | 回填夯实土 | 翻斗车运土 |
| 人工 | 综合工日 | 工日 | 1.225 | 0.956 | 1.307 | 0.575 | 0.661 | 0.294 | 0.100 |
| 材料 | 现浇混凝土 | $m^3$ | 1.010 | 1.015 | 1.015 | 0.260 | | | |
| | 草袋 | $m^2$ | 0.000 | 0.252 | 1.099 | 0.218 | | | |
| | 水 | $m^3$ | 0.500 | 0.919 | 1.204 | 0.290 | | | |
| 机械 | 混凝土搅拌机 400L | 台班 | 0.101 | 0.039 | 0.063 | 0.026 | | | |
| | 插入式振捣器 | 台班 | 0.000 | 0.077 | 0.063 | 0.052 | | | |
| | 平板式振捣器 | 台班 | 0.079 | 0.000 | 0.063 | 0.000 | | | |
| | 机动翻斗车 | 台班 | 0.000 | 0.078 | 0.000 | 0.000 | | | 0.069 |
| | 电动打夯机 | 台班 | 0.000 | 0.000 | 0.000 | 0.000 | | 0.008 | |

资源价格　　表 11-16

| 序号 | 资源名称 | 单位 | 价格（元） | 序号 | 资源名称 | 单位 | 价格（元） |
|---|---|---|---|---|---|---|---|
| 1 | 综合工日 | 工日 | 35.00 | 7 | 草袋 | $m^2$ | 2.20 |
| 2 | 水泥 32.5 级 | t | 320.00 | 8 | 混凝土搅拌机 400L | 台班 | 96.85 |
| 3 | 粗砂 | $m^3$ | 90.00 | 9 | 插入式振捣器 | 台班 | 10.74 |
| 4 | 砾石 40 | $m^3$ | 52.00 | 10 | 平板式振捣器 | 台班 | 12.89 |
| 5 | 砾石 20 | $m^3$ | 52.00 | 11 | 机动翻斗车 | 台班 | 83.31 |
| 6 | 水 | $m^3$ | 3.90 | 12 | 电动打夯机 | 台班 | 25.61 |

3）根据《全国统一建筑工程基础定额》的混凝土配合比表 11-17，编制该工程的部分工程量清单综合单价分析表和分部分项工程量清单计价表。

混凝土配合比表　单位：$m^3$　　表 11-17

| 项　目 | | 单位 | C10 | C20 带形基础 | C20 有梁板及楼梯 |
|---|---|---|---|---|---|
| 材料 | 水泥 32.5 级 | kg | 249.00 | 312.00 | 359.00 |
| | 粗砂 | $m^3$ | 0.510 | 0.430 | 0.460 |
| | 砾石 40 | $m^3$ | 0.850 | 0.890 | 0.000 |
| | 砾石 20 | $m^3$ | 0.000 | 0.000 | 0.830 |
| | 水 | $m^3$ | 0.170 | 0.170 | 0.190 |

4）按照招标人措施项目清单，投标人根据施工方案要求，预计可能发生以下费用：

① 租赁混凝土及钢筋混凝土模板所需费用 18000 元，支、拆模板人工费约为 10300 元；

② 租赁钢管脚手架所需费用 20000 元，脚手架搭、拆人工费约为 12000 元；

③ 租赁垂直运输机械所需费用 30000 元，操作机械的人工费约为 6000 元，动力燃料费约为 4000 元；

④ 原其他直接费中环境保护、文明施工、安全生产、二次搬运、冬雨季施工、夜间施工、工人自备生产工具使用、放线复测、工程点交以及场内清理等可能发生的措施费用总额，按分部分项工程量清单合计价 5% 参考费率计取；临时设施工程费按 3% 计取。

依据上述条件和《建设工程工程量清单计价规范》的规定，计算并编制该工程的措施项目清单计价表。

5）招标人其他项目清单中明确：预留金 300000 元，自供钢材预计 2200000 元。自行分包工程约 500000 元（总包服务费可按 4% 计取），编制其他项目清单计价表；若现行规费与税金分别按5%、3.41%计取，编制单位工程费用汇总表。确定土建单位工程总报价。

**【解】** 问题1：

根据图示内容和《建设工程工程量清单计价规范》的规定，列表计算带形基础及土方工程量，见表11-18。

**分部分项工程量清单表** **表11-18**

| 序号 | 项目编码 | 项目名称 | 计量单位 | 工程数量 | 计算过程 |
|---|---|---|---|---|---|
| 1 | 010101003001 | 挖基础土方，三类土，挖土深度4m以内弃土运距200m | $m^3$ | 956.80 | $2.3\times160\times(3+0.2-0.6)=956.80$ |
| 2 | 010103001001 | 基础回填土（夯填） | $m^3$ | 552.64 | $956.8-73.6-307.2-(3-0.6-2)\times0.365\times160=552.64$ |
| 3 | 010401001001 | 带形基础垫层C10，厚200mm | $m^3$ | 73.60 | $2.3\times0.2\times160=73.60$ |
| 4 | 010401001002 | 带形基础C20 | $m^3$ | 307.20 | $[2.0\times0.4+(2+0.4)\div2\times0.6+0.4\times1]\times160=307.20$ |
| 5 | 010405001001 | 有梁板C20，厚100mm，底标高3.6m、7.1m、10.4m | $m^3$ | 1890.00 | |
| 6 | 010406001001 | 直形楼梯C20 | $m^3$ | 316.00 | |
| 7 | | 其他分项工程（略） | 元 | 500000.00 | |

问题2：

依据《全国统一建筑工程基础定额》的规定，工作面每边300mm；自垫层上表面开始放坡，坡度系数为0.33；余土全部外运。根据企业定额的消耗量和市场价格，计算该基础土方工程量清单的综合单价。

（1）计算土方的工程量

1）人工挖土方工程量计算：

$$VW=\{(2.3+2\times0.3)\times0.2+[2.3+2\times0.3+0.33\times(3-0.6)]\times(3-0.6)\}\times160=[0.58+8.86]\times160=1510.40m^3$$

2）基础回填土工程量计算：

VT = VW－室外地坪标高以下埋设物

$$=1510.40-73.60-307.20-0.365\times(3-0.6-2)\times160=1106.24m^3$$

3）余土运输工程量计算：

$$VY = VW - VT = 1510.40 - 1106.24 = 404.16\text{m}^3$$

（2）计算人工挖基础土方（土方含运输）的工程量清单综合单价：

1）人材机费合计 $= (1510.40 \times 0.661 + 404.16 \times 0.1) \times 35 + 404.16 \times 0.069 \times 83.31 = 36357.66 + 2323.27 = 38681.93$ 元

综合单价 $= 38681.93 \times (1 + 12\%)(1 + 4.5\%) \div 956.80 = 47.32$ 元/$\text{m}^3$

2）计算基础夯实回填的工程量清单综合单价：

$$人材机费合计 = 1106.24 \times 0.294 \times 35 + 1106.24 \times 0.008 \times 25.61 = 11383.21 + 226.65 = 11609.86\ 元$$

$$综合单价 = 11609.86 \times (1 + 12\%)(1 + 4.5\%) \div 552.64 = 13588.18/552.64 = 24.59\ 元/\text{m}^3$$

问题3：

编制该工程的部分工程量清单综合单价分析表和分部分项工程量清单计价表。

（1）工程量清单综合单价分析表见表11-19

**分部分项工程量清单综合单价分析表　单位：元/$\text{m}^3$　　　表11-19**

| 序号 | 项目编码 | 项目名称 | 工作内容 | 综合单价组成 | | | | | 综合单价 |
|---|---|---|---|---|---|---|---|---|---|
| | | | | 人工费 | 材料费 | 机械费 | 管理费 | 利润风险 | |
| 1 | 010101003001 | 挖基础土方3类4m以内，弃土200m | 挖土、翻斗车运土 | 38.00 | 0.00 | 2.43 | 4.85 | 2.04 | 47.32 |
| 2 | 010103001001 | 基础填土夯实 | 填土、5m以内取土 | 20.6 | 0.00 | 0.41 | 2.52 | 1.06 | 24.59 |
| 3 | 010401001001 | 带形基础垫层C10，厚200mm | 混凝土制作、浇筑 | 42.88 | 174.10 | 10.80 | 27.33 | 11.48 | 266.59 |
| 4 | 010401001002 | 带形基础C20 | 同上 | 33.46 | 192.41 | 11.10 | 28.44 | 11.94 | 277.35 |
| 5 | 010405001001 | 有梁板厚100mmC20 | 同上 | 45.75 | 210.29 | 7.59 | 31.64 | 13.29 | 308.56 |
| 6 | 010406001001 | 直形楼梯C20（$\text{m}^2$） | 同上 | 20.13 | 53.66 | 3.08 | 9.22 | 3.87 | 89.96 |
| 7 | | 其他分项工程（略） | | | | | | | |

（2）分部分项工程量清单计价表

首先，将带形基础垫层的费用综合到费用内。计算如下：

每$\text{m}^3$带形基础综合垫层的费用 $= 266.59 \times 73.60 \div 307.20 = 63.87$ 元/$\text{m}^3$

带形基础的综合单价 $= 277.35 + 63.87 = 341.22$ 元/$\text{m}^3$

然后，代入表11-20中。

分部分项工程量清单计价表 表11-20

| 序号 | 项目编码 | 项目名称 | 计量单位 | 工程数量 | 金额（元） | |
|---|---|---|---|---|---|---|
| | | | | | 综合单价 | 合价 |
| 1 | 010101003001 | 挖基础土方3类4m以内，（含运土200m） | $m^3$ | 956.80 | 47.32 | 45275.78 |
| 2 | 010103001001 | 基础填土夯实 | $m^3$ | 552.64 | 24.59 | 13589.42 |
| 3 | 010401001002 | 带形基础C20（含垫层） | $m^3$ | 307.20 | 341.22 | 104822.78 |
| 4 | 010405001001 | 有梁板厚100mmC20 | $m^3$ | 1890.00 | 308.56 | 583178.40 |
| 5 | 010406001001 | 直形楼梯C20（$m^2$） | $m^2$ | 316.00 | 89.96 | 28427.36 |
| 6 | ……… | 其他分项工程（略） | 略 | | | 500000.00 |
| 合计 | | | | | | 127593.74 |

问题4：

编制该工程措施项目清单计价表11-21

措施项目清单计价表 表11-21

| 序号 | 项目名称 | 金额（元） |
|---|---|---|
| 1 | 环境保护 | |
| 2 | 文明施工 | |
| 3 | 安全生产 | |
| 4 | 二次搬运 | |
| 5 | 冬雨期施工 | |
| 6 | 夜间施工 | |
| 7 | 工人自备的生产工具使用 | |
| 8 | 工程点交 | |
| 9 | 场内清理 | |
| 10 | 已完工程和设备保护 | |
| 11 | 施工排水降水以上合计金额 = 127593.74 × 5% = 63764.69 | 63764.69 |
| 12 | 临时设施 127593.74 × 3% = 38258.81 | 38258.81 |
| 13 | 混凝土及钢筋混凝土模板(18000 + 10300)(1 + 12%)(1 + 4.5%) = 33122.32 | 33122.32 |
| 14 | 脚手架(20000 + 12000)(1 + 12%)(1 + 4.5%) = 37452.80 | 37452.80 |
| 15 | 垂直运输(30000 + 6000 + 4000)(1 + 12%)(1 + 4.5%) = 46816.00 | 46816.00 |
| | 合计 | 219414.62 |

问题5：

（1）编制该工程其他项目清单计价表11-22

其他项目清单计价表 表11-22

| 序号 | 项目名称 | 金额（元） |
|---|---|---|
| 1 | 招标人部分： | |
| 1.1 | 预留金 | 300000.00 |
| 1.2 | 甲供钢材预计购置费 | 2200000.00 |
| 1.3 | 自行分包工程 | 500000.00 |
| | 小计 | 3000000.00 |
| 2 | 投标人部分： | |
| | 总包服务费 500000×4%=20000 | 20000.00 |
| | 小计 | 20000.00 |
| | 合计 | 3020000.00 |

（2）编制土建单位工程费用汇总表11-23

单位工程费用汇总表 表11-23

| 序号 | 项目名称 | 金额（元） |
|---|---|---|
| 1 | 分部分项工程量清单合计 | 1275293.74 |
| 2 | 措施项目清单合计 | 219414.62 |
| 3 | 其他项目清单合计 | 3020000.00 |
| 4 | 规费[(1)+(2)+(3)]×5%=4514708.3×5%=225735.42 | 225735.42 |
| 5 | 税金[(1)+(2)+(3)+(4)]×3.41%=4740443.78×3.41%=161649.13 | 161649.13 |
| | 合计 | 4902092.91 |

（3）确定该土建单位工程总报价

土建单位工程总标价为：4902092.91×（1－3%）＝4755030.12元（475.50万元）

# 11.3 货物采购价款的确定

## 11.3.1 货物采购评标的原则和要求

根据我国的有关规定，货物采购评标、定标应遵循下列原则及要求：

（1）招标单位应当组织评标委员会（或评标小组），负责评标定标工作。评标委员会应当由专家、设备需方、招标单位以及有关部门的代表组成，与投标单位有直接经济关系（财务隶属关系或股份关系）的单位人员不得参加评标委员会。

（2）评标前，应当制定评标程序、方法和标准。评标应当依据招标文件的规定以及投标文件所提供的内容评议并确定中标单位，招标单位不得任意修改招标文件的内容或提出其他附加条件作为中标条件，不得以最低报价作为中标的唯一标准。

（3）招标设备标底应当由招标单位会同设备需方及有关单位共同协商确定。设备标底价格应当以招标当年现行价格为基础，生产周期长的设备应考虑价格变化因素。

（4）设备招标的评标工作一般不超过10天，大型项目设备承包的评标工作最多不超过30天。

（5）评标过程中，如有必要，可请投标单位对其投标内容作澄清解释。澄清时，不得对投标内容作实质性修改。必要时，澄清解释的内容可做书面纪要，经投标单位授权代表签字后，作为投标文件的组成部分。

（6）评标过程中的有关评标情况不得向投标人或与招标工作无关的人员透露。凡招标申请公证的，评标过程应当在公证部门的监督下进行。

（7）评标定标以后，招标单位应当尽快向中标单位发出中标通知，同时通知其他未中标单位。

另外，货物采购应以最合理价格采购为原则，即评标时不仅要看其报价的高低，还要考虑货物运抵现场过程中可能支付的所有费用，以及设备在预定的寿命期内可能投入的运营、维修和管理的费用等。

### 11.3.2 货物采购评标的主要方法

设备、材料采购评标中可采用综合评标价法、全寿命费用评标价法、最低投标价法或百分评定法。

1）综合评标价法

综合评标价法是指以设备投标价为基础，将评定各要素按预定的方法换算成相应的价格，在原投标价上增加或扣减该值而形成评标价格。评标价格最低的投标书为最优。采购机组、车辆等大型设备时，较多采用这种方法。评标时，除投标价格以外，还需考察的因素和主要折算方法，一般包括以下几个方面：

① 运输费用。这部分是招标单位可能支付的额外费用，包括运费、保险费和其他费用，如运输超大件设备需要对道路加宽、桥梁加固所需支出的费用等。

② 交货期。以招标文件规定的具体交货时间作为标准。当投标书中提出的交货期早于规定时间，一般不给予评标优惠，因为施工还不需要时的提前到货，

不仅不会使项目的业主获得提前收益，反而要增加仓储管理费和设备保养费。如果迟于规定的交货日期，但推迟的时间尚在可以接受的范围之内，则交货日期每延迟一个月，按投标价的某一百分比（一般为2%）计算折算价，将其加到投标价上去。

③ 付款条件。投标人应按招标文件中规定的付款条件来报价，对不符合规定的投标，可视为非响应性投标而予以拒绝。但在订购大型设备的招标中，如果投标人在投标致函内提出，若采用不同的付款条件（如增加预付款或前期阶段支付款）可降低报价的方案供招标单位选择时，这一付款要求在评标时也应予以考虑。当支付要求的偏离条件在可接受范围情况下，应将偏离要求而给项目的业主增加的费用（资金利息等），按招标文件中规定的贴现率换算成评标时的净现值，加到投标致函中提出的更改报价上后，作为评标价格。

④ 零配件和售后服务。零配件以设备运行两年内各类易损备件的获取途径和价格作为评标要素。售后服务内容一般包括安装监督、设备调试、提供备件、负责维修、人员培训等工作，评价提供这些服务的可能性和价格。

⑤ 设备性能、生产能力。投标设备应具有招标文件技术规范中规定的生产效率。如果所提供设备的性能、生产能力等某些技术指标没有达到技术规范要求的基准参数，则每种参数比基准参数降低1%时，应以投标设备实际生产效率单位成本为基础计算，在投标价上增加若干金额。

将以上各项评审价格加到投标价上去后，累计金额即为该标书的评标价。

2）全寿命费用评标价法

采购生产线、成套设备、车辆等运行期内各种后续费用（备件、油料及燃料、维修等）较高的货物时，可采用以设备全寿命费用为基础评标价法。评标时，应首先确定一个统一的设备评审寿命期，然后再根据各投标书的实际情况，在投标价上加上该年限运行期内所发生的各项费用，再减去寿命期末设备的残值。计算各项费用和残值时，都应按招标文件中规定的贴现率折算成净现值。

这种方法是在综合评标价法的基础上，进一步加上一定运行年限内的费用作为评审价格。这些以贴现值计算的费用包括：估算寿命期内所需的燃料消耗费；估算寿命期内所需备件及维修费用；备件费可按投标人在技术规范附件中提供的担保数字，或过去已用过可作参考的类似设备实际消耗数据为基础，以运行时间来计算；估算寿命期末的残值。

3）最低投标价法

采购技术规格简单的初级商品、原材料、半成品以及其他技术规格简单的货物，由于其性能质量相同或容易比较其质量级别，可把价格作为唯一尺度，将合同授予报价最低的投标者。

4）百分评定法

这一方法是按照预先确定的评分标准，分别对各设备投标书的报价和各种服务进行评审打分，得分最高者中标。一般评审打分的要素包括：投标价格；运输费、保险费和其他费用；投标书中所报的交货期限；偏离招标文件规定的付款条件；备件价格和售后服务；设备的性能、质量、生产能力；技术服务和培训；其他。

评审要素确定后，应依据采购标的物的性质、特点，以及各要素对采购方总投资的影响程度来具体划分权重和记分标准。例如，世界银行贷款项目通常采用的分配比例是：投标价（60~75分），备件价格（0~10分），技术性能、维修、运行费（0~10分），售后服务（0~5分），标准备件等（0~5分），总计100分。

百分评定法的好处是简便易行，评标考虑因素全面，可以将难以用金额表示的各项要素量化后进行比较，从中选出最好的投标书。缺点是各评标人独立给分，对评标人的水平和知识面要求高，否则主观随意性较大。

### 11.3.3 货物采购合同价款的确定

一般来说，货物采购合同价款就是评标后的中标价格，招标文件和投标文件均为货物采购合同的组成部分，随合同一起有效。

以世界银行招标采购为例：国内供应的货物，其合同价款包括：（1）货物出厂价EXW，包括已缴纳或应缴纳的全部关税、销售税和其他税；（2）合同签订后，将要缴纳的国内销售税和其他税；（3）如果有约定的话，货物运至最终目的地的内陆运输、保险和其他伴随费用和服务费用。

国外供应的货物，其合同价款包括按招标文件规定的指定目的港的到岸价（CIF），或“运费、保险费付至边境口岸价”（CIP），或“运费、保险费付到指定目的地价”（CIP），以及货物从进口口岸送至最终目的地的内陆运输、保险和其他伴随费用和服务费用。

投标单位中标后，如果撤回投标文件拒签合同，作违约论，应当向招标单位和货物需方赔偿经济损失，赔偿金额不超过中标金额的2%。可将投标单位的投标保证金作为违约赔偿金。中标通知发出后，货物需方如拒签合同，应当向招标单位和中标单位赔偿经济损失，赔偿金额为中标金额的2%，由招标单位负责处理。合同生效以后，双方都应当严格执行，不得随意调价或变更合同内容；如果发生纠纷，双方都应当按照国家有关法律规定解决。

## 11.4　工程承包合同的计价方式

工程承包合同是发包方（建设单位）和承包方（施工单位）为完成商定的工程任务，明确相互权利、义务关系的协议。工程承包合同应当采取书面形式。双方协商同意的有关修改、承包合同的设计变更文件、洽商记录、会议纪要以及资料、图表等，也是承包合同的组成部分。

招标单位在招标之前，要根据招标项目准备工作的实际情况（主要是设计工作的深度）来考虑合同的形式。工程评标定标之后，须按合同要求确定承包合同价。

工程承包合同根据分类原则和方法的不同可以划分为多种形式，但根据合同计价方式的不同，一般情况下划分为三大类型，即总价合同、单价合同和成本加酬金合同。

### 11.4.1　总价合同

1）固定总价合同

合同双方以招标时的图纸和工程量等说明为依据，承包商按投标时业主接受的合同价格承包实施，并一笔包死。合同履行过程中，如果业主没有要求变更原定的承包内容，完满实施承包工作内容后，不论承包商的实际施工成本是多少，均应按合同价获得支付工程款。这种合同承包商要考虑承担合同履行过程中的主要风险，因此投标报价较高。固定总价合同的适用条件一般为：

① 招标时的设计深度已达到施工图阶段。合同履行过程中不会出现较大的设计变更，以及承包商依据的报价工程量与实际完成的工程量不会有较大差异。

② 工程规模较小，技术不太复杂的中小型工程或承包工作内容较为简单的工程部位。这样，可以让承包商在报价时合理地预见到实施过程中可能遇到的各种风险。

③ 合同期较短。一般为一年期之内的承包合同，双方可以不必考虑市场价格浮动可能对承包价格的影响。

2）调值总价合同

这种合同与固定总价合同基本相同，但合同期较长（一年以上），只是在固定总价合同的基础上，增加合同履行过程中因市场价格浮动对承包价格调整的条款。由于合同期较长，不可能让承包商在投标报价时合理地预见一年后市场价格的浮动影响，因此，应在合同内明确约定合同价款的调整原则、方法和依据。

3）固定工程量总价合同

在工程量报价单内，业主按单位工程及分项工作内容列出实施工作量，承包商分别填报各项内容的直接费单价，然后再单列间接费、管理费、利润等项内容后算出总价，并据以签订合同。合同内原定工作内容全部完成后，业主按总价支付给承包商全部费用。如果中途发生设计变更或增加新的工作内容，则用合同内已确定的单价来计算新增工程量而对总价进行调整。

### 11.4.2 单价合同

单价合同是指承包商按工程量报价单内分项工作内容填报单价，以实际完成工程量乘以所报单价计算结算价款的合同。承包商所填报的单价应为计及各种摊销费用后的综合单价，而非直接费单价，合同履行过程中无特殊情况，一般不得变更单价。单价合同的执行原则是，工程量清单中分项开列的工程量，在合同实施过程中允许有上下浮动变化，但该项工作内容的单价不变，结算支付时以实际完成工程量为依据。因此，按投标书报价单中的预计工程量乘以所报单价计算的合同价格，并不一定就是承包商完满实施合同中规定的任务后所获得的全部款项，可能比它多，也可能比它少。

单价合同大多用于工期长、技术复杂、实施过程中发生各种不可预见因素较多的大型复杂工程的土建施工，以及业主为了缩短项目建设周期，初步设计完成后就进行施工招标的工程。单价合同的工程量清单内所开列的工程量为估计工程量，而非准确工程量。

常用的单价合同有如下三种形式：

① 估计工程量单价合同

承包商在投标时以工程量报价单中开列的工作内容和估计工程量填报相应单价后，累计计算合同价。此时的单价应为计算各种摊销费用后的综合单价，即成品价，不再包括其他费用项目。合同履行过程中以实际完成工程量乘以单价作为支付和结算依据。

这种合同方式较为合理地分担了合同履行过程中的风险。因为承包商据以报价的清单工程量为初步设计估算的工程量，这样可以避免实际完成工程量与估计工程量有较大差异时，若以总价方式承包可能导致业主过大的额外支出或承包商的亏损。另外，承包商在投标阶段不可能合理准确预见的风险可不必计入合同价内，有利于业主取得较为合理的报价。估计工程量单价合同按照合同工期的长短，也可以分为固定单价合同和可调价单价合同两类，调价方法与总价合同方法相同。

② 纯单价合同

招标文件中仅给出各项工程内的工作项目一览表、工程范围和必要说明，而不提供工程量。投标人只要报出各项目的单价即可，实施过程中按实际完成工程量结算。

由于同一工种在不同的施工部位和外部环境条件下，承包商的实际成本投入并不尽相同，因此仅以工作内容填报单价不易准确。而且对于间接费分摊在许多工种中的复杂情况，或有些不易计算工程量的项目内容，采用纯单价合同，往往会引起结算过程中的麻烦，甚至导致合同争议。

③ 单价与包干混合合同

这种合同是总价合同与单价合同的一种结合形式。对内容简单、工程量准确部分，采用总价方式承包；技术复杂、工程量为估算值部分采用单价合同方式承包。但应注意，在合同内必须详细注明两种计价方式所限定的工作范围。

### 11.4.3 成本加酬金合同

成本加酬金合同是将工程项目的实际投资划分成直接成本费和承包商完成工作后应得酬金两部分。实施过程中发生的直接成本费由业主实报实销，另按合同约定的方式付给承包商相应报酬。

成本加酬金合同大多适用于边设计边施工的紧急工程或灾后修复工程，以议标方式与承包商签订合同。由于在签订合同时，业主还提供不出可供承包商准确报价的详细资料，因此，在合同内只能商定酬金的计算方法。按照酬金的计算方式不同，较多采用的有以下几种类型：

1）成本加固定百分比酬金

签订合同时双方约定，酬金按实际发生的直接成本费乘某一具体百分比计算。这种合同的工程总造价表达式为

$$C = C_d\ (1 + P)$$

式中 $C$——总造价；

$C_d$——实际发生的直接费；

$P$——双方事先商定的酬金固定百分比。

从式中可以看出，承包商可获得的酬金将随着直接成本费的增大而水涨船高。虽然合同签约时简单易行，但不利于在实施过程中鼓励承包商关心缩短工期和降低成本。

2）成本加固定酬金

酬金在合同内约定为某一固定值。表达式为

$$C = C_d + F$$

式中，$F$ 为双方约定的酬金具体数额。

这种形式的合同虽然也不能鼓励承包商关心降低直接成本，但从尽快获得全部酬金减少管理投入出发，他会关心缩短工期。

3）成本加浮动酬金

签订合同时，双方预先约定该工程的预期成本和固定酬金，以及实际发生的直接成本与预期成本比较后的奖罚计算办法。计算表达式为

$$C = C_{\mathrm{d}} + F \qquad (C_{\mathrm{d}} = C_0)$$

$$C = C_{\mathrm{d}} + F + \Delta F \quad (C_{\mathrm{d}} < C_0)$$

$$C = C_{\mathrm{d}} + F - \Delta F \quad (C_{\mathrm{d}} > C_0)$$

式中 $C_0$——签订合同时双方约定的预期成本；

$\Delta F$——酬金奖罚部分，可以是百分数，也可以是绝对数，而且奖与罚可以是不同计算标准。

这种合同通常规定，当实际成本超支而减少酬金时，以原定的基本酬金额为减少的最高限额。从理论上讲，这种合同形式对双方都没有太大风险，又能促使承包商关心降低成本和缩短工期。但实践中如何较为准确地估算作为奖罚标准的预期成本较为困难，往往也是双方谈判的焦点。

4）目标成本加奖罚

在仅有粗略的初步设计或工程说明书就迫切需要开工的情况下，可以根据大致估算的工程量和适当的单价表编制粗略概算作为目标成本。随着设计的逐步深化，工程量和目标成本可以加以调整。签订合同时，以当时估算的目标成本作为依据，并以百分比形式约定基本酬金和奖罚酬金的计算办法。最后结算时，如果实际直接成本超过目标成本事先商定的界限（5%），则在基本酬金内扣减超出部分按约定百分比计算的承包商应负责任；反之，如有节约时（也应有一个幅度界限），则应增加酬金。用公式表示为

$$C = C_{\mathrm{d}} + P_1 C_0 + P_2 \ (C_0 - C_{\mathrm{d}})$$

式中 $C_0$——目标成本；

$P_1$——基本酬金计算百分数；

$P_2$——奖罚酬金计算百分数。

此外，还可以另行约定工期奖罚计算办法。这种合同有助于鼓励承包商节约成本和缩短工期，业主和承包商都不会承担太大风险。

不同计价方式合同形式的比较，如表 11-24 所示。

**不同计价方式合同形式比较** **表 11-24**

| 合同类型 | 总价合同 | 单价合同 | 成本加酬金合同 | | | |
|---|---|---|---|---|---|---|
| | | | 百分比酬金 | 固定酬金 | 浮动酬金 | 目标成本加奖罚 |
| 应用范围 | 广泛 | 广泛 | 有局限性 | | | 酌情 |
| 业主投资控制 | 易 | 较易 | 最难 | 难 | 不易 | 有可能 |
| 承包商风险 | 风险大 | 风险小 | 险 | 基本无风 | 风险不大 | 有风险 |

每一个合同（包括采用哪一种形式的合同），是由业主根据项目特点、技术经济指标研究的深度，以及确保工程成本、工期和质量要求等因素综合考虑后决定的选择合同形式时所要考虑的因素包括：

（1）项目的复杂程度。规模大且技术复杂的工程项目，承包风险较大，各项费用不易估算准确，不宜采用固定总价合同。或者有把握的部分采用固定价合同，估算不准的部分采用单价合同或成本加酬金合同。有时，在同一工程中采用不同的合同形式，是业主和承包商合理分担施工中不确定风险因素的有效办法。

（2）项目设计的具体深度。施工招标时所依据的项目设计深度，经常是选择合同形式的重要因素，即工作范围的明确程度和预计完成工程量的准确程度。招标图纸和工程量清单的详细程度是否能让投标人合理报价，决定于已完成的设计深度。

（3）项目施工技术的难度。如果施工中有较大部分采用新技术和新工艺，当业主和承包商在这方面过去都没有经验，且在国家颁布的标准、规模、定额中又没有可作为依据的标准时，为了避免投标人盲目地提高承包价款，或由于对施工难度估计不足而导致承包亏损，不宜采用固定价合同，较为保险的做法是选用成本加酬金合同。

（4）项目进度要求的紧迫程度。公开招标和邀请招标对工程设计虽有一定的要求，在招标过程中，一些紧急工程，如灾后恢复工程等，要求尽快开工且工期较紧，此时可能仅有实施方案，还没有施工图纸，因此不可能让承包商报出合理价格，采用成本加酬金合同比较合理。以邀请招标方式选择有信誉、有能力的承包商及早开工。

一个工程项目究竟采用哪种合同形式不是固定不变的。有时候，一个项目中各个不同的工程部分或不同阶段，可以采用不同形式的合同。制定合同的分标或分包规划时，必须依据实际情况权衡各种利弊，进而作出最佳决策。

## 复习思考题

1. 什么是招标控制价，与招标标底的主要区别是什么？
2. 简述招标控制价的编制方法。
3. 简述投标报价的编制方法。
4. 工程招标和货物采购的评标方法有哪些？
5. 工程承包合同的计价方式有哪几种？
6. 相对于总价合同，采用单价合同对工程造价有何影响？

# 12 施工阶段工程造价的控制

施工阶段的工程造价控制一般是指在建设项目已完成施工图设计，并完成招标阶段工作和签订工程承包合同以后的投资控制的工作。施工阶段投资控制的基本原理是把计划投资额作为投资控制的目标值，在工程施工过程中定期地进行投资实际值与目标值的比较，通过比较分析找出实际支出额与投资控制目标值之间的偏差，然后分析产生偏差的原因，并采取有效措施加以控制，以保证投资控制目标的实现。

## 12.1 工程费用计划的控制

工程施工阶段时间长、范围广，涉及的单位众多，造价控制工作量大、内容丰富。施工阶段工程造价控制的基本程序，如图 12-1 所示。

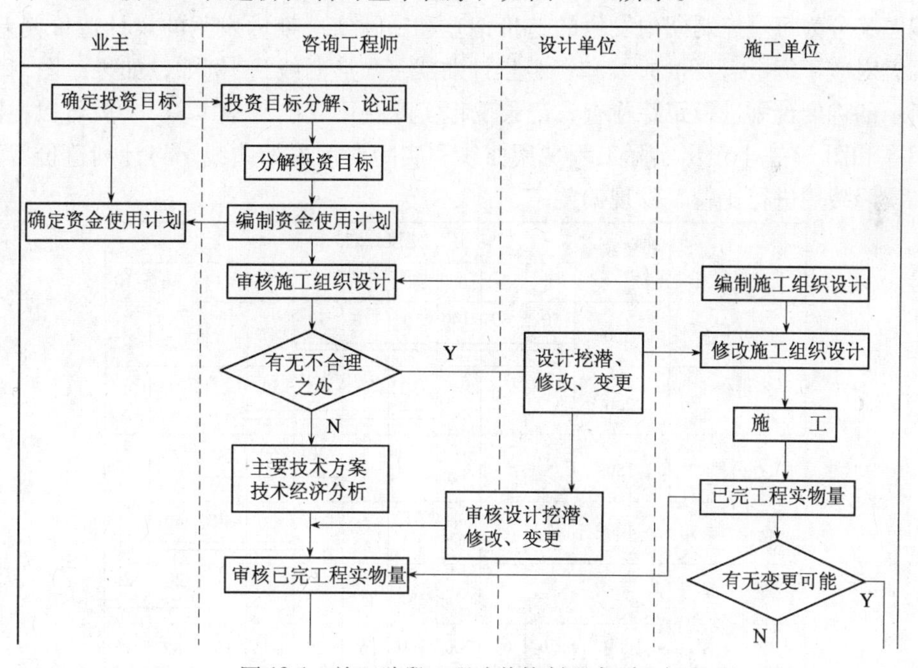


图 12-1　施工阶段工程造价控制程序（一）

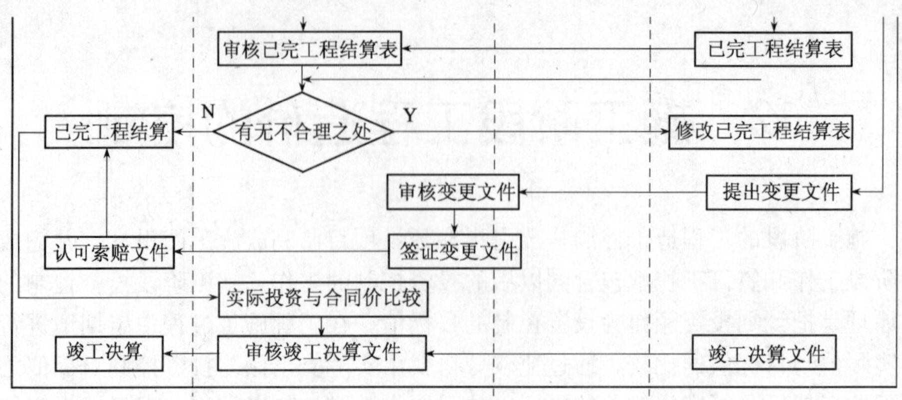


图 12-1　施工阶段工程造价控制程序（二）

在工程建设过程中，通过严格执行工程费用计划，可以有效地控制工程造价，节约投资，提高经济效益。因此，必须始终对工程费用计划进行跟踪检查和控制。

（1）造价偏差分析

为了控制施工阶段的工程费用支出，应定期进行造价偏差分析。造价偏差是指计划工程费用与实际工程支出之间的差额。按工程费用计划的不同形式，造价偏差又分为每一控制期内发生的造价偏差和项目实施期内发生的累计造价偏差，两者对应于资金需要量曲线和资金累计曲线（S 形曲线）。例如，如果对图 12-2 所示的进度计划进行跟踪检查，记录工程实际费用支出（表 12-1），就可以在图 12-3 和图 12-4 上绘出实际工程费用曲线和实际费用累计曲线，将计划造价费用和实际费用进行比较，发现偏差。

| 工程子项目 | 投资额（万元） | 进度计划（月） | | | | | | | | | |
|---|---|---|---|---|---|---|---|---|---|---|---|
| | | 1 | 2 | 3 | 4 | 5 | 6 | 7 | 8 | 9 | 10 |
| 厂房土建 | 500 | 50 | 60 | 100 | 110 | 110 | 70 | | | | |
| 厂房建筑设　备 | 200 | | | | 30 | 50 | 70 | 50 | | | |
| 办公楼 | 150 | | | | | | 30 | 60 | 60 | | |
| 仓　库 | 100 | | | | | | | 20 | 40 | 40 | |
| 零　星 | 50 | | | | | | | | | 20 | 20 |
| 合　计 | 1000 | 50 | 60 | 100 | 140 | 160 | 170 | 130 | 100 | 60 | 30 |
| 累计额 | 1000 | 50 | 110 | 210 | 350 | 510 | 680 | 810 | 910 | 970 | 1000 |
| 累计百分比（%） | 100 | 5 | 11 | 21 | 35 | 51 | 68 | 81 | 91 | 97 | 100 |

图 12-2　某工程时间进度计划及投资额分布

工程实际费用支出（万元） **表 12-1**

| 月 份 | 1 | 2 | 3 | 4 | 5 | 6 | …… |
| --- | --- | --- | --- | --- | --- | --- | --- |
| 当月费用支出 | 70 | 80 | 110 | 100 | 100 | 120 | …… |
| 累计费用支出 | 70 | 150 | 260 | 360 | 460 | 580 | …… |

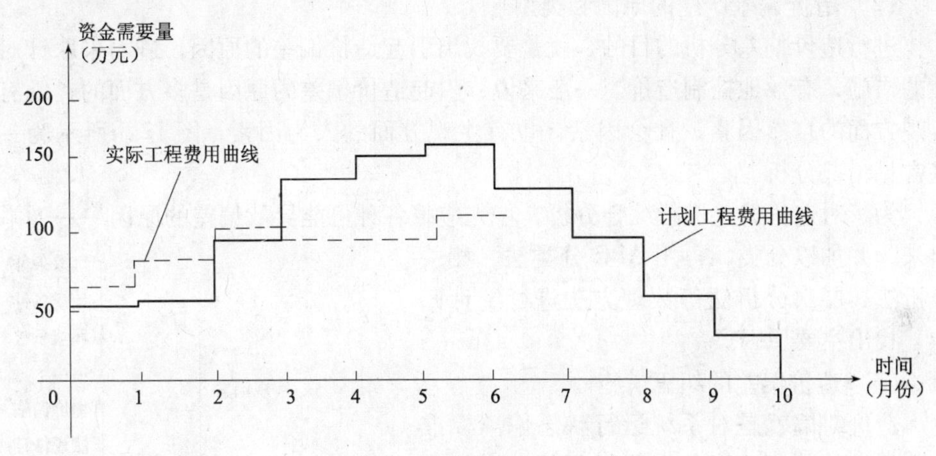


图 12-3 造价偏差比较（一）

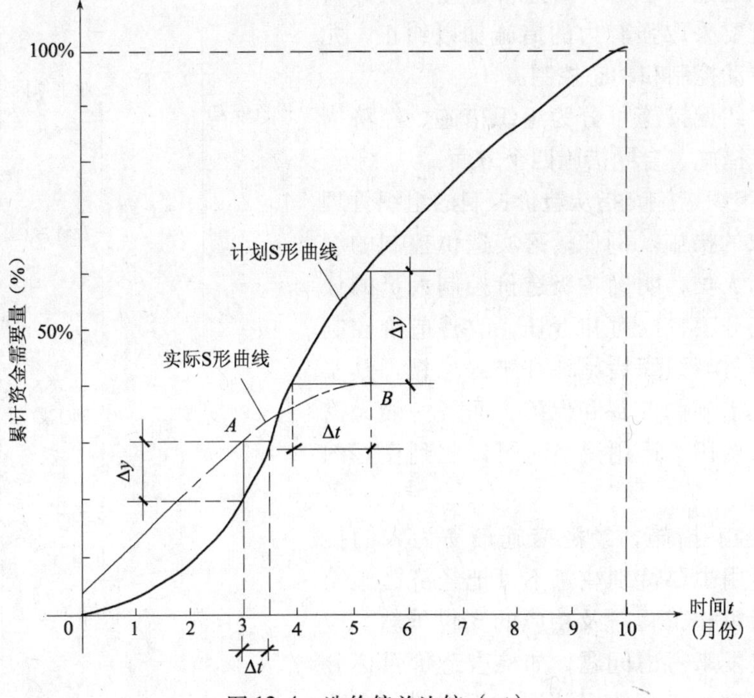


图 12-4 造价偏差比较（二）

从图12-3和图12-4可以看出，该工程在四月份以前，实际费用支出的累计值超过计划费用，表现为工程进度提前，如三月末超前天数为$\Delta t$。同样，四月份以后，实际费用支出速度减慢，累计完成的造价额下降，低于计划目标，因此，造成六月末总进度拖延$\Delta t$。

（2）造价偏差产生的原因和类型

进行造价偏差分析的目的，就是要找出引起造价偏差的原因，进而采取针对性的措施，有效地控制造价。一般来说，引起造价偏差的原因是多方面的，既有客观方面的自然因素、社会因素，也有主观方面的人为因素，图12-5所示为一些常见情况分析。

为了对造价偏差进行综合分析，首先应将各种可能导致偏差的原因一一列举出来，并加以分类，再用ABC分类法、相关分析法、层次分析法等数理方法进行统计归纳，找出主要原因。

（3）造价偏差的纠正措施

造价纠偏就是对系统运行状态偏离标准造价状态的纠正，以使实际运行状态恢复或保持在标准造价状态。对造价偏差原因分析以后，就要采取强有力的措施加以纠正，尤其注意主动控制和动态控制。

通常纠偏措施可分为组织措施、经济措施、技术措施、合同措施四个方面。

1）组织措施，指从造价控制的组织管理方面采取的措施。例如，落实造价控制的组织机构和人员，明确各级造价控制人员的任务、职能分工、权力和责任，改善造价控制工作流程等。组织措施往往被人忽视，其实它是其他措施的前提和保障，而且一般无需增加什么费用，运用得当时可以收到良好的效果。

2）经济措施，经济措施最易为人们接受，但运用中要特别注意不可把经济措施简单理解为审核工程量及相应的支付价款。应从全局出发来考虑问题，如检查造价目标分解是否合理，资金使用计划有无保障，会不会与施工进度计划发生冲突，工程变更有无

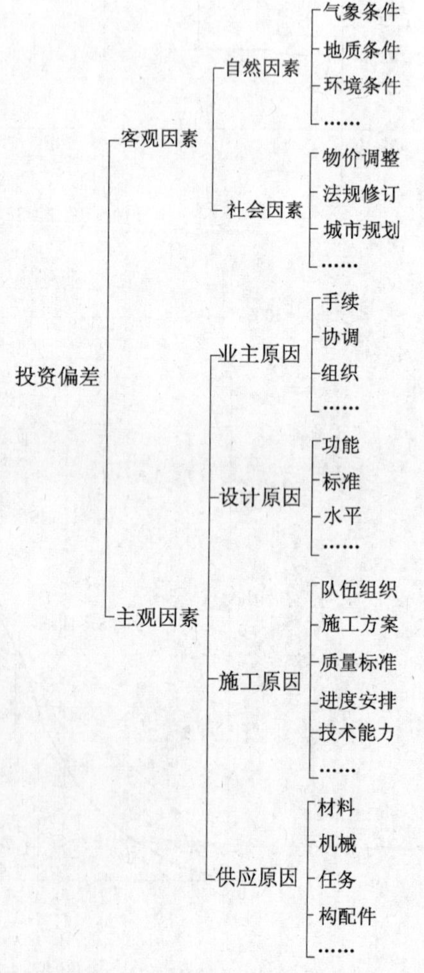

图12-5　造价偏差的原因和类型

必要，是否超标等，解决这些问题往往是标本兼治、事半功倍的。另外，通过偏差分析和未完工程预测，还可以发现潜在的问题，及时采取预防措施，从而取得造价控制的主动权。

3）技术措施，从造价控制的要求来看，技术措施并不都是因为发生了技术问题才加以考虑的，也可以因为出现了较大的造价偏差而加以运用。不同的技术措施往往会有不同的经济效果，因此，运用技术措施纠偏时，要对不同的技术方案进行技术经济分析后加以选择。

4）合同措施，合同措施在纠偏方面主要指索赔管理。在施工过程中，索赔事件的发生是难免的，工程师在发生索赔事件后，要认真审查有关索赔依据是否符合合同规定，索赔计算是否合理等，从主动控制的角度出发，加强日常的合同管理，落实合同规定的责任。

## 12.2 工程价款的结算

所谓工程价款结算，是指承包商在工程实施过程中，依据承包合同中关于付款条款的规定和已经完成的工程量，并按照规定的程序向建设单位（业主）收取工程价款的一项经济活动。工程价款是反映工程进度和考核经济效益的主要指标。因此，工程价款结算是一项十分重要的造价控制工作。

### 12.2.1 我国现行工程价款的主要结算方式

按现行规定，工程价款结算可以根据不同情况采取多种方式。

(1) 按月结算

即实行旬末或月中预支、月终结算、竣工后清算的办法。跨年度竣工的工程，在年终进行工程盘点，办理年度结算。

(2) 竣工后一次结算

建设项目或单项工程全部工程建设期在12个月以内，或者工程承包合同价值在100万元以下的，可以实行工程价款每月月中预支，竣工后一次结算。

(3) 分段结算

即当年开工、当年不能竣工的单项工程或单位工程按照工程形象进度，划分不同阶段进行结算。分段结算可以按月预支工程款。分段的划分标准，由各部门或省、自治区、直辖市、计划单列市规定。

例如：

1）工程开工后，按工程合同造价拨付40%；

2）工程基础完成后，拨付20%；

3）工程主体完成后，拨付30%；

4）工程竣工验收后，拨付5%；

5）工程尾留款5%。

实行竣工后一次结算和分段结算的工程，当年结算的工程款应与分年度的工作量一致，年终不另清算。对于以上三种主要结算方式的收支确认，财政部在1999年1月1日起实行的《企业会计准则——建造合同》讲解中作了如下规定：

• 实行旬末或月中预支、月终结算、竣工后清算办法的工程合同，应分期确认合同价款收入的实现，即：各月份终了，与发包单位进行已完工程价款结算时，确认为承包合同已完工部分的工程收入实现，本期收入额为月终结算的已完工程价款金额。

• 实行合同完成后一次结算工程价款办法的工程合同，应于合同完成、施工企业与发包单位进行工程合同价款结算时，确认为收入实现，实现的收入额为承发包双方结算的合同价款总额。

• 实行按工程形象进度划分不同阶段、分段结算工程价款办法的工程合同，应按合同规定的形象进度分次确认已完阶段工程收益实现。即：应于完成合同规定的工程形象进度或工程阶段而与发包单位进行工程价款结算时，确认为工程收入的实现。

（4）结算双方约定的其他结算方式

工程承发包双方的材料往来，可以按以下方式结算：

1）由承包单位自行采购建筑材料的，发包单位可以在双方签订工程承包合同后按年度工作量的一定比例向承包单位预付备料资金，并应在一个月内付清。备料款的预付额度，建筑工程一般不应超过当年建筑（包括水、电、暖、卫等）工作量的30%，大量采用预制构件以及工期在6个月以内的工程，可以适当增加；安装工程一般不应超过当年安装工程量的10%，安装材料用量较大的工程，可以适当增加。

预付的备料款，从竣工前未完工程所需材料价值相当于预付备料款额度时起，在工程价款结算时按材料款占结算价款的比重陆续抵扣。

2）按工程承包合同规定，由承包方包工包料的，发包方将主管部门分配的材料指标交承包单位，由承包方购货付款，并收取备料款。

3）按工程承包合同规定由发包单位供应材料的，其材料可按材料预算价格转给承包单位。材料价款在结算工程款时陆续抵扣。这部分材料，承包单位不应收取备料款。

凡是没有签订工程承包合同和不具备施工条件的工程，发包单位不得预付备料款，不准以备料款为名转移资金。承包单位收取备料款后两个月仍不开工或发包单位无故不按合同规定付给备料款的，开户银行可以根据双方工程承包合同的约定分别从有关单位账户中收回或付出备料款。

施工期间，不论工期长短，其结算款一般不应超过承包工程价值的95%，结算双方可以在5%的幅度内协商工程尾款比例，并在工程承包合同中订明。尾款应专户存入银行，待工程竣工验收后清算。

承包方已向发包方出具履约保函或有其他保证的，可以不留工程尾款。

### 12.2.2 建安工程价款的结算程序

我国现行建筑安装工程价款结算中，相当一部分是实行按月结算，这种结算办法是按分部分项工程，即以“假定建筑安装产品”为对象，按月结算（或预支），待工程竣工后再办理竣工结算，一次结清，找补余款。

按分部分项工程结算，便于建设单位和银行根据工程进展情况控制分期付款额度，也便于施工单位的施工消耗及时得到补偿，并同时实现利润，且能按月考核工程成本的执行情况。

这种结算办法的一般程序如下：

（1）预付备料款

施工单位承包工程，一般都实行包工包料，需要有一定数量的备料周转金。承发包双方可根据工程承包合同条款规定，由发包单位在开工前拨给承包单位一定限额的预付备料款。此预付款构成施工单位为该承包工程项目储备主要材料、结构件所需的流动资金，开工后按约定的时间和比例逐次扣回。

1）预付备料款的限额。备料款限额由下列主要因素决定：① 主要材料（包括外购构件）占工程造价的比重；② 材料储备期；③ 施工工期。

对于施工单位常年应备的备料款限额，可按下式计算：

备料款限额＝年度承包工程总值×主要材料所占比重/年度施工日历天数×材料储备天数

一般建筑工程不应超过当年建筑工作量（包括水、电、暖）的30%；安装工程按年安装工作量的10%拨付；材料占比重较大的安装工程按年计划产值的15%左右拨付。

在实际工作中，备料款的数额要根据各工程类型、合同工期、承包方式和供应体制等不同条件而定。例如，工业项目中钢结构和管道安装占比重较大的工程，其主要材料所占比重比一般安装工程要高，因而备料款数额也要相应提高；工期短的工程比工期长的要高；材料由施工单位自购的比由建设单位供应主要材料的要高。但只包定额工日（不包材料定额，一切材料由建设单位供给）的，则可以不预付备料款。

2）备料款的扣回。发包单位拨付给承包单位的备料款属于预支性质，到了工程中、后期，随着工程所需主要材料储备的逐步减少，应以抵充工程价款的方式陆续扣回。扣款的方法是从未施工工程尚需的主要材料及构件的价值相当于备料款数额时起扣，从每次结算工程价款中，按材料比重扣抵工程价款，竣工前全部扣清。

预付备料款起扣点的计算如下：

未施工工程主要材料及结构件价值 = 预付备料款

因为

未施工工程主要材料、结构件价值 = 未施工工程价值 × 主要材料费比重

所以

未施工工程价值 × 主要材料费比重 = 预付备料款

即

未施工工程价值 = 预付备料款/主要材料费比重

此时，工程所需的主要材料、结构件储备资金，可全部由预付备料款供应，以后就可陆续扣回备料款。

开始扣回预付备料款时的工程价值 = 年度承包工程总值 - 预付备料款/主要材料费比重

当已完工程超过开始扣回预付备料款时的工程价值时，就要从每次结算工程价款中陆续扣回预付备料款。每次应扣回的数额按下列方法计算：

第一次应扣回预付备料款 = （累计已完工程价值 - 开始扣回预付备料款时的工程价值）× 主要材料费比重

以后各次应扣回预付备料款 = 每次结算的已完工程价值 × 主要材料费比重

在实际经济活动中，情况比较复杂，有些工程工期较短，就无需分期扣回。有些工程工期较长，如跨年度施工，预付备料款可以不扣或少扣，并于次年按应预付备料款调整，多还少补。具体地说，跨年度工程，预计次年承包工程价值大于或相当于当年承包工程价值时，可以不扣回当年的预付备料款；如小于当年承包工程价值时，应按实际承包工程价值进行调整，在当年扣回部分预付备料款，并将未扣回部分转入次年，直到竣工年度，再按上述办法扣回。

（2）中间结算

施工单位在工程建设过程中，按逐月完成的分部分项工程数量计算各项费用，向建设单位办理中间结算手续。

以按月结算为例，现行的中间结算办法是，施工单位在旬末或月中向建设单位提出预支工程款账单，预支一旬或半月的工程款，月终再提出工程款结算账单和已完工程月报表，收取当月工程价款，并通过银行进行结算。按月进行结算，要对现场已施工完毕的工程逐一进行清点，资料提出后要交工程师和业主审查签证。为简化手续，多年来采用的办法是以施工单位提出的统计进度月报表为支取

工程款的凭证，即通常所称的工程进度款。工程进度款的支付步骤如图 12-6 所示。

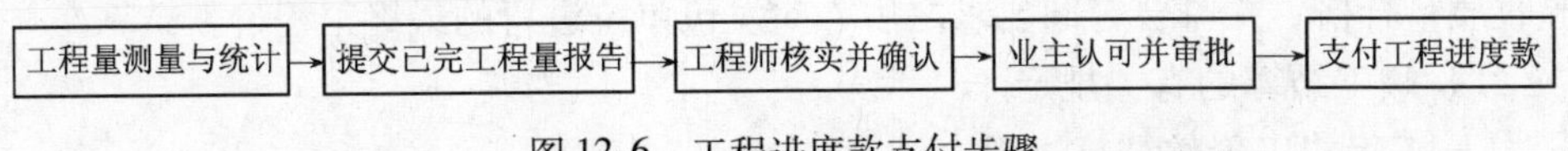


图 12-6 工程进度款支付步骤

工程进度款支付过程中，应遵循如下要求：

1）工程量的确认

根据《建设工程价款结算暂行办法》的规定，工程量确认的主要规定是：

①承包人应当按照合同约定的方法和时间，向发包人提交已完工程量的报告。发包人接到报告后 14 天内核实已完工程量，并在核实前 1 天通知承包人，承包人应提供条件并派人参加核实，承包人收到通知后不参加核实，以发包人核实的工程量作为工程价款支付的依据。发包人不按约定时间通知承包人，致使承包人未能参加核实，核实结果无效。

②发包人收到承包人报告后 14 天内未核实完工程量，从第 15 天起，承包人报告的工程量即视为被确认，作为工程价款支付的依据，双方合同另有约定的，按合同执行。

③对承包人超出设计图纸（含设计变更）范围和因承包人原因造成返工的工程量，发包人不予计量。

2）工程进度款支付

①根据确定的工程计量结果，承包人向发包人提出支付工程进度款申请，14 天内，发包人应按不低于工程价款的 60%，不高于工程价款的 90% 向承包人支付工程进度款。按约定时间发包人应扣回的预付款，与工程进度款同期结算抵扣。

②发包人超过约定的支付时间不支付工程进度款，承包人应及时向发包人发出要求付款的通知，发包人收到承包人通知后仍不能按要求付款，可与承包人协商签订延期付款协议，经承包人同意后可延期支付，协议应明确延期支付的时间和从工程计量结果确认后第 15 天起计算应付款的利息（利率按同期银行贷款利率计）。

③发包人不按合同约定支付工程进度款，双方又未达成延期付款协议，导致施工无法进行，承包人可停止施工，由发包人承担违约责任。

3）质保金的预留

发包人根据确认的竣工结算报告向承包人支付工程竣工结算价款，保留 5% 左右的质量保证金，待工程交付使用一年质保期到期后清算（合同另有约定的，从其约定），质保期内如有返修，发生费用应在质量保证金内扣除。

(3) 竣工结算

工程竣工结算是指施工单位按照合同规定的内容全部完成所承包的工程，经验收质量合格，并符合合同要求之后，向发包单位进行的最终工程价款结算。

1）竣工结算的有关规定

① 工程竣工价款结算过程

工程竣工价款结算应遵循以下过程：

A. 发包人收到竣工结算报告及完整的结算资料后，按表12-2中规定的时限（合同约定有期限的，从其约定）对结算报告及资料没有提出意见，则视同认可。

**工程竣工结算审查时限　　表12-2**

| | 工程竣工结算报告金额 | 审　查　时　间 |
|---|---|---|
| 1 | 500万元以下 | 从接到竣工结算报告和完整的竣工结算资料之日起20天 |
| 2 | 500～2000万元 | 从接到竣工结算报告和完整的竣工结算资料之日起30天 |
| 3 | 2000～5000万元 | 从接到竣工结算报告和完整的竣工结算资料之日起45天 |
| 4 | 5000万元以上 | 从接到竣工结算报告和完整的竣工结算资料之日起60天 |

B. 承包人如未在规定时间内提供完整的工程竣工结算资料，经发包人催促后14天内仍未提供或没有明确答复，发包人有权根据已有资料进行审查，责任由承包人自负。

C. 根据确认的竣工结算报告，承包人向发包人申请支付工程竣工结算款。发包人应在收到申请后15天内支付结算款，到期没有支付的应承担违约责任。承包人可以催告发包人支付结算价款，如达成延期支付协议，承包人应按同期银行贷款利率支付拖欠工程价款的利息。如未达成延期支付协议，承包人可以与发包人协商将该工程折价，或申请人民法院将该工程依法拍卖，承包人就该工程折价或者拍卖的价款优先受偿。

② 索赔价款结算。发承包人未能按合同约定履行自己的各项义务或发生错误，给另一方造成经济损失的，由受损方按合同约定提出索赔，索赔金额按合同约定支付。

③ 合同以外零星项目工程价款结算。发包人要求承包人完成合同以外零星项目，承包人应在接受发包人要求的7天内就用工数量和单价、机械台班数量和单价、使用材料和金额等向发包人提出施工签证，发包人签证后施工，如发包人未签证，承包人施工后发生争议的，责任由承包人自负。

工程竣工价款结算的金额可用下式表示。

竣工结算工程价款=合同价款+施工过程中合同价款调整数额-预付及已结算工程价款-质金

2）工程竣工结算的审查

经审查核定的工程竣工结算是确定工程造价的依据，须严格把关，一般可从以下几方面着手：

① 核对合同条款。首先，应核对竣工工程内容是否符合合同条件要求，工程是否竣工验收合格，只有按合同要求完成全部工程并验收合格才能列入竣工结算。其次，应按合同约定的结算方法、计价定额、取费标准、主材价格和优惠条款等，对工程竣工结算进行审核，若发现合同开口或有漏洞，应请建设单位与施工单位认真研究，明确结算要求。

② 检查隐蔽验收记录。所有隐蔽工程均需进行验收，两人以上签证；实行工程监理的项目应经监理工程师签证确认。审核竣工结算时应该对隐蔽工程施工记录和验收签证，手续完整，工程量与竣工图一致方可列入结算。

③ 落实设计变更签证。设计修改变更应由原设计单位出具设计变更通知单和修改图纸，设计、校审人员签字并加盖公章，经建设单位和工程师审查同意、签证；重大设计变更应经原审批部门审批，否则不应列入结算。

④ 按图核实工程数量。竣工结算的工程量应依据竣工图、设计变更单和现场签证等进行核算，并按国家统一规定的计算规则计算工程量。

⑤ 严格执行定额单价。结算单价应按合同约定或招投标规定的计价定额与计价原则执行。

⑥ 注意各项费用计取。建安工程的取费标准应按合同要求或项目建设期间与计价定额配套使用的建安工程费用定额及有关规定执行，先审核各项费率、价格指数或换算系数是否正确，价差调整计算是否符合要求，再核实特殊费用和计算程序。要注意各项费用的计取基数，如安装工程间接费等是以人工费为基数，这个人工费是定额人工费与人工费调整部分之和。

**【例 12-1】** 某建筑工程承包合同总额为 600 万元，计划 1999 年上半年内完工，主要材料及结构件金额占工程造价的 62.5%，预付备料款额度为 25%，2000 年上半年各月实际完成施工产值如表 12-3（单位：万元）所示。问如何按月结算工程款？

**各月实际完成施工产值** **表 12-3**

| 二月 | 三月 | 四月 | 五月（竣工） |
|---|---|---|---|
| 100 | 140 | 180 | 180 |

**【解】**

（1）预付备料款=600×25%=150（万元）

（2）预付备料款的起扣点，即

开始扣回预付备料款时的工程价值 = 600 − 150/62.5% = 600 − 240 = 360（万元）

当累计结算工程款为360万元后，开始扣备料款。

（3）二月完成产值100万元，结算100万元。

（4）三月完成产值140万元，结算140万元，累计结算工程款240万元。

（5）四月完成产值180万元，到四月份累计完成产值420万元，超过了预付备料款的起扣点。

四月份应扣回的预付备料款 = (420 − 360) × 62.5% = 37.5(万元)

四月份结算工程款 = 180 − 37.5 = 142.5（万元），累计结算工程款382.5万元。

（6）五月份完成产值180万元，应扣回预付备料款 = 180 × 62.5% = 112.5（万元）；应扣5%的预留款 = 600 × 5% = 30（万元）。

五月份结算工程款 = 180 − 112.5 − 30 = 37.5（万元），累计结算工程款420万元，加上预付备料款150万元，共结算570万元。预留合同总额的5%作为保留金。

### 12.2.3 设备、工器具等费用的结算

（1）国内设备、工器具费用的结算

按照我国现行规定，银行、单位和个人办理结算都必须遵守结算原则：一是恪守信用，及时付款；二是谁的钱进谁的账，由谁支配；三是银行不垫款。

建设单位对订购的设备、工器具，一般不预付定金，只对制造期在半年以上的大型专用设备和船舶的价款，按合同分期付款，如上海市对大型机械设备结算进度规定为：当设备开始制造时，收取20%货款；设备制造进行60%时，收取40%货款；设备制造完毕托运时，再收取40%货款。有的合同规定，设备购置方扣留5%的质量保证金，待设备运抵现场验收合格或质量保证期届满时，再返回质量保证金。

建设单位收到设备工器具后，要按合同规定及时结算付款，不应无故拖欠。如果资金不足延期付款，要支付一定的赔偿金。

（2）进口设备的结算

进口设备分为标准机械设备和专制设备两类。标准机械设备系指通用性广泛、供应商（厂）有现货，可以立即提交的货物。专制设备是指根据业主提交的定制设备图纸专门为该业主制造的设备。

1）标准机械设备的结算。标准机械设备的结算，大都使用国际贸易广泛使用的不可撤销的信用证。这种信用证在合同生效之后一定日期由买方委托银行开

出，经买方认可的卖方所在地银行为议付银行。以卖方为收款人的不可撤销的信用证，其金额与合同总额相等。

① 首次合同付款。当采购货物已装船，卖方提交下列文件和单证后，即可支付合同总价的90%。

——由卖方所在国的有关当局颁发的允许卖方出口合同货物的出口许可证，或不需要出口许可证的证明文件；

——由卖方委托买方认可的银行出具的以买方为受益人的不可撤销保函。担保金额与首次支付金额相等；

——装船的海运提单；

——商业发票副本；

——由制造厂（商）出具的质量证书副本；

——详细的装箱单副本；

——向买方信用证的出证银行开出以买方为受票人的即期汇票；

——相当于合同总价的形式发票。

② 最终合同付款。机械设备在保证期截止时，卖方提交下列单证后支付合同总价的尾款，一般为合同总价的10%。

——说明所有货物无损，无遗留问题，完全符合技术规范要求的证明书；

——向出证行开出以买方为受票人的即期汇票；

——商业发票副本。

③ 支付货币与时间

——合同付款货币：买方以卖方在投标书标价中说明的一种或几种货币，和卖方在标书中说明在执行合同中所需的一种或几种货币比例进行支付。

——付款时间：每次付款在卖方所提供的单证符合规定之后，买方须从卖方提出日起的一定期限内（一般45天内），将相应的货款付给卖方。

2）专制机械设备的结算。专制机械设备的结算一般分为三个阶段，即预付款、阶段付款和最终付款。

① 预付款。一般专制机械设备的采购，在合同签订后开始制造前，由买方向卖方提供合同总价的10%～20%的预付款。

预付款一般在提出下列文件和单证后进行支付：

——由卖方委托银行出具以买方为受益人的不可撤销的保函，担保金额与预付款货币金额相等；

——相当于合同总价的形式发票；

——商业发票；

——由卖方委托的银行向买方的指定银行开具，由买方承兑的即期汇票。

② 阶段付款。按照合同条款，当机械制造开始加工到一定阶段，可按设备

合同价一定的百分比进行付款。阶段的划分是当机械设备加工制造到关键部位进行一次付款，到货物装船买方收货验收后再付一次款。每次付款都应在合同条款中作较详细的规定。

机械设备制造阶段付款的一般条件如下：

——当制造工序达到合同规定的阶段时，制造厂应以电传或信件通知业主；

——开具经双方确认完成工作量的证明书；

——提交以买方为受益人的所完成部分保险发票；

——提交商业发票副本。

机械设备装运付款，包括成批订货分批装运的付款，应由卖方提供下列文件和单证：

——有关运输部门的收据；

——交运合同货物相应金额的商业发票副本；

——详细的装箱单副本；

——由制造厂（商）出具的质量和数量证书副本；

——原产国证书副本；

——货物到达买方验收合格后，当事双方签发的合同货物验收合格证书副本。

③ 最终付款。最终付款指在保证期结束时的付款。付款时应提交：

——商业发票副本；

——全部设备完好无损，所有待修缺陷及待办的问题，均已按技术规范说明圆满解决后的合格证副本。

对进口设备费用的支付，我国还经常利用出口信贷的形式。出口信贷根据借款的对象分为卖方信贷和买方信贷。

卖方信贷是指卖方将产品赊销给买方，规定买方在一定时期内延期或分期付款。卖方通过向本国银行申请出口信贷，来填补占用的资金。

采用卖方信贷进行设备材料结算时，一般是在签订合同后先预付10%定金，在最后一批货物装船后再付10%，在货物运抵目的地，验收后付5%，待质量保证期届满时再付5%，剩余的70%货款应在全部交货后规定的若干年内一次或分期付清。

买方信贷有两种形式：一种是由产品出口国银行把出口信贷直接贷给买方，买卖双方以即期现汇成交。

例如，在进口设备材料时，买卖双方签订贸易协议后，买方先付15%左右的定金，其余货款由卖方银行贷给，再由买方按现汇付款条件支付给卖方，此后，买方分期向卖方银行偿还贷款本息。

买方信贷的另一种形式，是由出口国银行把出口信贷贷给进口国银行，再由进口国银行转贷给买方，买方用现汇支付借款，进口国银行分期向出口国银行偿还借款本息。

### 12.2.4 工程价款的动态结算

在经济发展过程中，物价水平是动态的、经常不断变化的。工程项目建设周期长，经常受到物价浮动等多种因素的影响，按照我国现行的结算办法，对通货膨胀等动态因素考虑不足。为了提高工程结算水平，有必要逐步引入动态结算机制，把各种动态因素纳入到结算过程中去，更好地反映工程的实际消耗，维护承发包双方的经济利益。下面是几种常用的工程价款价差调整的方法。

（1）实际价格结算法

由于我国建筑材料需市场采购的范围越来越大，有些地区规定对钢材、木材、水泥等三大材的价格采取按实际价格结算的办法。工程承包商可凭发票按实报销。这种方法方便而正确。但由于是实报实销，因而承包商对降低成本不感兴趣，为了避免副作用，地方基建主管部门要定期公布最高结算限价，同时合同文件中应规定建设单位或工程师有权要求承包商选择更廉价的供应来源。

（2）调价文件结算法

甲乙双方采取按当时的预算价格承发包，在合同工期内，按照物价管理部门调价文件的规定，进行抽料补差（在同一价格期内按所完成的材料用量乘以价差）。也有的地方定期发布主要材料供应价格和管理价格，对这一时期的工程进行抽料补差。

（3）调值公式法

根据国际惯例，一般采用此法对建设项目已完投资费用进行结算。事实上，绝大多数情况是甲乙双方在签订的合同中就规定了明确的调值公式。

1）运用调值公式的工作程序

运用调值公式的价格调整的计算工作比较复杂，其程序如下：

① 确定计算物价指数的品种。一般来说，为便于计算，品种不宜太多，只确立那些对项目投资影响较大的因素，如设备、水泥、钢材、木材和工资等。

② 要明确以下两个问题：一是合同价格条款中，应写明经双方商定的调整因素，在签订合同时，要写明考核几种物价波动到何种程度才进行调整。一般都在正负10%左右。也有的合同规定，在应调整金额不超过合同原始价5%时，由承包方自己承担；在5%～20%之间时，承包方负担10%，发包方（业主）负担90%；超过20%时，则必须另签附加条款。二是考核的地点和时点：地点一般在工程所在地，或指定的某地市场价格；时点指的是某月某日的市场价格。这里要确定两个时点价格，即签订合同时间某个时点的市场价格（基础价格）和每次支付前的一定时间（通常是支付前十天或若干天）的时点价格。这两个时点就

是计算调值的依据。

③ 确定每个品种的系数和固定系数。品种的系数要根据该品种价格对总造价的影响程度而定。各品种系数之和加上固定系数应该等于1。

在实行国际招标的大型工程合同中，应按下述步骤编制价格调值公式：

——分析施工中必需的投入，并决定选用一个公式，还是选用几个公式；

——估计各项投入占工程总成本的相对比重，以及国内投入和国外投入的分配，并决定对国内成本与国外成本是否分别采用单独的公式；

——选择能代表主要投入的物价指数；

——确定合同价中固定部分和不同投入因素的物价指数的变化范围；

——规定公式的应用范围和用法；

——如有必要，规定外汇汇率的调整。

2）货物及设备费用的价格调值公式

货物及设备的价格调值公式为

$$P_1 = P_0 \left( a + bM_1/M_0 + cL_1/L_0 \right)$$

式中 $P_1$——应付给供货人的价格或结算款；

$P_0$——合同价格（基价）；

$M_0$——原料的基本物价指数，取投标截止前28天的指数；

$L_0$——特定行业人工成本的基本指数，取投标截止日前28天的指数；

$M_1$，$L_1$——在合同执行时的相应指数。

在上列公式中，将合同 $P$ 分解为三个部分：

① $a$ 代表管理费用和利润占合同的百分比，这一比例是不可调整的，因而称之为固定因素；

② $b$ 代表原料成本占合同价的百分比；

③ $c$ 代表人工成本占合同价的百分比。

$$a + b + c = 1$$

$a$ 的数值可因货物性质的不同而不同，一般占合同的5%～15%。

$b$ 是通过设备制造中消耗的主要材料的物价指数进行调整的。如果主要材料是钢材，但也需要铜螺丝、塑料配件和涂料等，那么，也仅以钢材的物价指数来代表所有材料的综合物价指数，如果有两三种主要材料，其价格对成品的总成本都是关键因素，则可把材料物价指数再细分成两三个子成本。

$c$ 通常是根据整个行业的物价指数调整的（例如轧钢行业）。在极少数情况下，将人工成本 c 分解成两三个部分，通过不同的指数来进行调整。

这些指数通常从政府的出版物，如美国劳工统计局或商会等机构的出版物获得。对于有一种以上材料和成分的完整的成套设备合同，可采用以下更为详细的公式：

$$P_1 = P_0\ (a + bM_{s0}/M_{s1} + cM_{c1}/M_{c0} + dM_{p_1}/M_{p_0} + eL_{e_1}/L_{e_0} + fL_{p_1}/L_{p_0})$$

式中 $M_{s_1}/M_{s0}$——钢板的物价指数；

$M_{c_1}/M_{c0}$——电解铜的物价指数；

$M_{p_1}/M_{p_0}$——塑料绝缘材料的物价指数；

$L_{e_1}/L_{e_0}$——电气工业的人工费用指数；

$L_{p_1}/L_{p_0}$——塑料工业的人工费用指数；

$a$——固定成分在合同价格中所占的百分比；

$b$，$c$，$d$——每类材料成分的成本在合同价格中所占的百分比；

$e$，$f$——每类人工成分的成本在合同价格中所占的百分比。

3）建筑安装工程费用的价格调值公式

建筑安装工程费用价格调值公式基本上与货物及设备所用的公式相同，它包括固定部分、材料部分和人工部分三项。但因建筑安装工程的规模和复杂性增大，公式也变得更长更复杂。典型的材料成本要素有钢筋、水泥、木材、钢构件、沥青制品等，同样，人工可包括普通工和技术工。调值公式一般为

$$P = P_0(a_0 + a_1A/A_0 + a_2B/B_0 + a_3C/C_0 + a_4D/D_0)$$

式中 $P$——调值后合同价款或工程实际结算款；

$P_0$——合同价款中工程预算进度款；

$a_0$——固定因数，代表合同支付中不能调整的部分；

$a_1$，$a_2$，$a_3$，$a_4$——代表有关各项费用（如：人工费用、钢材费用、水泥费用、运输费用等）在合同总价中所占的比重 $a_0 + a_1 + a_2 + a_3 + a_4 = 1$；

$\mathrm{A}_0$，$B_0$，$C_0$，$D_0$——投标截止日期前 28 天与 $\mathrm{a}_1$，$\mathrm{a}_2$，$\mathrm{a}_3$，$\mathrm{a}_4$ 对应的各项费用的基期价格指数或价格；

A，B，C，D——在工程结算月份与 $\mathrm{a}_1$，$\mathrm{a}_2$，$\mathrm{a}_3$，$\mathrm{a}_4$ 对应的各项费用的现行价格指数或价格。

各部分成本的比重系数在许多标书中要求承包方在投标时即提出，并在价格分析中予以论证。但也有的是由发包方（业主方）在标书中即规定一个允许范围由投标人在此范围内选定。因此，工程师在编制标书时，尽可能要确定合同价中固定部分和不同投入因素的比重系数和范围，招标时以给投标人留下选择的余地。

**【例 12-2】**某工程合同总价为 100 万美元。其组成为：土方工程 10 万美元，占 10%；砌体工程 40 万美元，占 40%；钢筋混凝土工程 50 万美元，占 50%。这三个组成部分的人工费和材料费占工程价款 85%，人工材料费中各项费用比例如下：

（1）土方工程：人工费 50%，机具折旧 26%，柴油 24%。（2）砌体工程：人工费 53%，钢材 5%，水泥 20%，骨料 5%，空心砖 12%，柴油 5%。（3）钢

筋混凝土工程：人工费53%，钢材22%，水泥10%，骨料7%，木材4%，柴油4%。该工程其他费用，即不调值的费用占工程价款的15%，计算出各项参加调值的费用占工程价款比例如下：

人工费：(50% ×10% +53% ×40% +53% ×50%) ×85% ≈45%

钢材：(5% ×40% +22% ×50%) ×85% ≈11%

水泥：(20% ×40% +10% ×50%) ×85% ≈11%

骨料：(5% ×40% +7% ×50%) ×85% ≈5%

柴油：(24% ×10% +5% ×40% +4% ×50%) ×85% ≈5%

机具折旧：26% ×10% ×85% ≈2%

空心砖：12% ×40% ×85% ≈4%

木材：4% ×50% ×85% ≈2%

不调值费用占工程价款的比例为15%。

具体的人工费及材料费的调值公式为

$$P = P_0\ (0.15 + 0.45A/A_0 + 0.11B/B_0 + 0.11C/C_0 + 0.05D/D_0 + 0.05E/E_0 + 0.02F/F_0 + 0.04G/G_0 + 0.02H/H_0)$$

假定该合同的原始报价日期为2000年1月4日，2000年9月完成的工程量价款为10万美元，有关月报的工资材料物价指数如下：

| | | |
|---|---|---|
| 人工费 | $A_0 = 100$ | $A = 116$ |
| 钢材 | $B_0 = 153.4$ | $B = 187.6$ |
| 水泥 | $C_0 = 154.8$ | $C = 175.0$ |
| 骨料 | $D_0 = 132.6$ | $D = 169.3$ |
| 柴油 | $E_0 = 178.3$ | $E = 192.8$ |
| 机具折旧 | $F_0 = 154.4$ | $F = 162.5$ |
| 空心砖 | $G_0 = 160.1$ | $G = 162$ |
| 木材 | $H_0 = 142.7$ | $H = 159.5$ |

则2000年9月的工程款经过调值后为

$$P = 10 \times\ (0.15 + 0.45A/A_0 + 0.11B/B_0 + 0.11C/C_0 + 0.05D/D_0 + 0.05E/E_0 + 0.02F/F_0 + 0.04G/G_0 + 0.02H/H_0)$$

$$P = 10 \times\ (0.15 + 0.45 \times 116/100 + 0.11 \times 187.6/153.4 + 0.11 \times 175.0/154.8 + 0.05 \times 162.3/132.6 + 0.05 \times 192.8/178.3 + 0.02 \times 162.5/154.4 + 0.04 \times 167.0/1601 + 159.5/142.7)\ = 11.33\ (\text{万美元})$$

由此可见，通过调值，2000年9月实得工程款比原工程量价款多1.33万美元。

### 12.2.5 FIDIC 合同条件下工程费用的支付与结算

FIDIC 合同条件规定的支付结算程序，包括每个月末付工程进度款；竣工移交时办理竣工结算；解除缺陷责任后进行最终决算三大类型。

（1）工程支付的范围和条件

1）工程支付的范围

FIDIC 合同条件所规定的工程支付的范围主要包括两部分（如图 12-7 所示）：

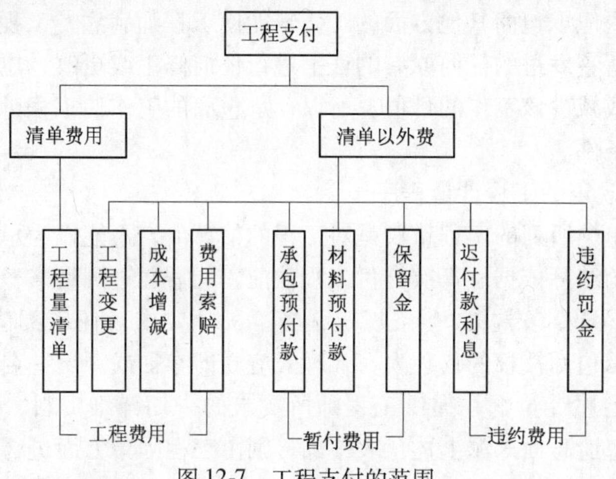


图 12-7 工程支付的范围

一部分费用是工程量清单中的费用。这部分费用是承包商在投标时，根据合同条件的有关规定提出的报价，并经业主认可的费用。

另一部分费用是工程量清单以外的费用。这部分费用虽然在工程量清单中没有规定，但是在合同条件中却有明确的规定，如变更工程款、物价浮动调整款、预付款、保留金、逾期付款利息、索赔款、违约赔偿等，因此它也是工程支付的一部分。

2）工程支付的条件

① 质量合格。这是工程支付的必要条件。支付以工程计量为基础，计量必须以质量合格为前提。所以，并不是对承包商已完的工程全部支付，而只支付其中质量合格的部分，对于工程质量不合格的部分一律不予支付。

② 符合合同条件。一切支付均需要符合合同规定的要求，例如：预付款的支付款额要符合标书中规定的数量，支付的条件应符合合同条件的规定，即承包商提供履约保函和预付款保函之后才予以支付预付款。

③ 变更项目必须有工程师的变更通知。FIDIC 合同条件规定，没有工程师的指示，承包商不得作任何变更。如果承包商没有收到指示就进行变更的话，他无理由就此类变更的费用要求补偿。

④ 支付金额必须大于临时支付证书规定的最小限额。合同条件规定，如果在扣除保留金和其他金额之后的净额少于投标书附件中规定的临时支付证书的最小限额时，工程师没有义务开具任何支付证书。不予支付的金额将按月结转，直到达到或超过最低限额时才予以支付。

⑤ 承包商的工作使工程师满意。为了确保工程师在工程管理中的核心地位，并通过经济手段约束承包商履行合同中规定的各项责任和义务，合同条件充分赋予了工程师有关支付方面的权力。对于承包商申请支付的项目，即使达到以上所述的支付条件，但承包商其他方面的工作未能使工程师满意，工程师可通过任何临时证书对他所签发过的任何原有的证书进行任何修正或更改，也有权在任何临时证书中删去或减少该工作的价值。所以，承包商的工作使工程师满意，也是工程支付的重要条件。

3）FIDIC 规定的工程计量程序

工程量清单中所列的工程量仅是对工程的估算值，不能作为承包商完成合同规定施工任务的结算依据。每次支付工程款前，均需通过测量来核实实际完成的工程量。按照 FIDIC 条款第 56 条规定，当工程师要求对任何部位进行计量时，应适时地通知承包商授权的代理人，代理人应立即参加或派出一名合格的代表协助工程师进行上述计量，并提供工程师所要求的一切详细资料。如承包商不参加，或由于疏忽遗忘而未派上述代表参加，则由工程师单方面进行的计量应被视为对工程该部分的正确计量。如果对永久工程采取记录和图纸的方式计量，工程师应在工作过程中准备好记录和图纸，当承包商被通知要求进行该项计量时，应在 14 天内参加审查，并就此类记录和图纸和工程师达成一致，并应在双方意见一致时，在上述文件上签字。如果承包商不出席此类记录和图纸的审查和确认时，则认为这些记录和图纸是正确无误的，如果在审查上述记录和图纸之后，承包商不同意上述记录和图纸，或不签字表示同意，它们仍将被认为是正确的，除非承包商在上述审查后 14 天内向工程师提出申诉，申明承包商认为上述记录与图中并不正确的各个方面。在接到这一申诉通知后，工程师应复查这些记录和图纸，或予以确认或予以修改。

在某些情况下，也可由承包商在工程师的监督和管理下，对工程的某些部分进行计量。

（2）工程支付的项目

1）工程量清单项目

工程量清单项目分为一般项目、暂定金额和计日工三种。

① 一般项目的支付。一般项目是指工程量清单中除暂定金额和计日工以外的全部项目。这类项目的支付是以经过工程师计量的工程数量为依据，乘以工程量清单中的单价，其单价一般是不变的。这类项目的支付占了工程费用的绝大部

分，但这类支付程序比较简单，一般通过签发期中支付证书支付进度款。

② 暂定金额。暂定金额是指包括在合同中，供工程任何部分的施工，或提供货物、材料、设备或服务，或提供不可预料事件之费用的一项金额。这项金额按照工程师的指示可能全部或部分使用，或根本不予动用。没有工程师的指示，承包商不能进行暂定金额项目的任何工作。

承包商按照工程师的指示完成的暂定金额项目的费用，按工程量表中开列的费率和价格估价，否则承包商应向工程师出示与暂定金额开支有关的所有报价单、发票、凭证、账单或收据。工程师根据上述资料，按照合同的规定，确定支付金额。

③ 计日工。计日工是指承包商在工程量清单的附件中，按工种或设备填报单价的日工劳务费和机械台班费，一般用于工程量清单中没有合适项目，且不能安排大批量的流水施工的零星附加工作。只有当工程师根据施工进展的实际情况，指示承包商实施以日工计价的工作时，承包商才有权获得用日工计价的付款。实施计日工工作过程中，承包商每天应向工程师送交一式两份报表：

A. 列明所有参加计日工作的人员姓名、职务、工种和工时的确切清单；

B. 列明用于计日工的材料和承包商所用设备的种类及数量的报表。

工程师经过核实批准后在报表上签字，并将其中一份退还承包商。如果承包商需要为完成计日工作购买材料，应先向工程师提交订货报价单请他批准，采购后还要提供证实所付款的收据或其他凭证。

每个月的月末，承包商应提交一份除日报表以外所涉及日工计价工作的所有劳务、材料和使用承包商设备的报表，作为申请支付的依据。如果承包商未能按时申请，能否取得这笔款项取决于申请的原因和工程师的决定。

应当说明，由于承包商在投标时，计日工的报价不影响其评标总价；所以，一般计日工的报价较高。在工程施工过程中，工程师应尽量少用或不用计日工这种形式，因为大部分采用计日工形式实施的工程，也可以采用工程变更的形式。

2）工程量清单以外项目

① 动员预付款。业主为了解决承包商进行施工前期工作时资金短缺，从未来的工程款中提前支付一笔款项。通用条件对动员预付款没有作出明确规定，因此，业主同意给动员预付款时，须在专用条件中详细列明支付和扣还的有关事项。

A. 动员预付款的支付。动员预付款的数额由承包商在投标书内确认，一般在合同价的10%～15%范围内。承包商须首先将银行出具的预付款保函交给业主并通知工程师，在14天内工程师应签发“动员预付款支付证书”，业主按合同约定的数额和外币比例支付动员预付款。预付款保函金额始终保持与预付款等额，即随着承包商对预付款的偿还逐渐递减保函金额。

B. 动员预付款的扣还。自承包商获得工程进度款累计总额达到合同总价20%时，当月起扣，到规定竣工日期前3个月扣清，在此期间，每个月按等值从应得工程进度款内扣留。若某月承包商应得工程进度款较少，不足以扣除应扣预付款时，其余额计入下月应扣款内。

② 材料预付款。由于合同条件是针对包工包料承包的单价合同编制，因此，条款规定由承包商自筹资金去订购其应负责采购的材料和设备，只有当材料和设备用于永久工程后，才能将这部分费用计入到工程进度款内支付。

A. 材料预付款的支付。为了帮助承包商解决订购大宗主要材料和设备的资金周转，订购物资运抵施工现场经工程师确认合格后，按发票价值乘以合同约定的百分比（0%～60%）作为材料预付款，包括在当月应支付的工程进度款内。

B. 材料预付款的扣还。对扣还方式，FIDIC没有明确规定，通常在专用条件中约定。一般采用在约定的后续月内每月按平均值扣还或从已计量支付的工程量内扣除其中的材料费等方法。工程完工时，累计支付的材料预付款应与逐月扣还的总额相等。

③ 保留金。保留金是按合同约定从承包商应得工程款中相应扣减的一笔金额保留在业主手中，作为约束承包商严格履行合同义务的措施之一，当承包商有一般违约行为使业主受到损失时，可从该项金额内直接扣除损害赔偿费。例如，承包商未能在工程师规定的时间内修复缺陷工程部位，业主雇用其他人完成后，这笔费用可从保留金内扣除。

A. 保留金的扣留。从首次支付工程进度款开始，用该月承包商有权获得的所有款项中减去调价款后的金额，乘以合同约定保留金的百分比作为本次支付时应扣留的保留金（通常为10%）。逐月累计扣到合同约定的保留金最高限额为止（通常为合同总价的5%）。

B. 保留金的返还。颁发工程移交证书后，退还承包商一半保留金。如果颁发的是部分工程移交证书，也应退还该部分永久工程占合同工程相应比例保留金的一半。颁发解除缺陷责任证书后，退还剩余的全部保留金。在业主同意的前提下，承包商可以提交与保留金一半等额的维修期保函代换缺陷责任期内的保留金，在颁发移交证书后业主将全部保留金退还承包商。

④ 工程变更的费用。工程变更也是工程支付中的一个重要项目。工程变更费用的支付依据是工程变更令和工程师对变更项目所确定的变更费用，列入期中支付证书予以支付。

⑤ 索赔费用。索赔费用的支付依据是工程师批准的索赔审批书及其计算而得的款额；支付时间则随工程月进度款一并支付。

⑥ 价格调整费用。价格调整费用是按照合同条件第70条规定的计算方法计算调整的款额。包括施工过程中出现的劳务和材料费用的变更，后继的法规及其

他政策的变化导致的费用变更等。

⑦ 迟付款利息。按照合同规定，业主未能在合同规定的时间内向承包商付款，则承包商有权收取迟付款利息。合同规定业主应付款的时间是在收到工程师颁发的临时付款证书的28天内或最终证书的56天内支付。如果业主未能在规定的时间内支付，则业主应按投标书附中规定的利率，从应付之日起向承包商支付全部未付款额的利息。迟付款利息应在迟付款终止后的第一个月的付款证书中予以支付。

⑧ 违约罚金。对承包商的违约罚金主要包括拖延工期的误期赔偿和未履行合同义务的罚金。这类费用可从承包商的保留金中扣除，也可从支付给承包商的款项中扣除。

（3）工程费用支付的程序

1）承包商提出付款申请

每个月的月末，承包商应按工程师规定的格式提交一式6份本月支付报表。内容包括以下几个方面：

① 本月实施的永久工程价值；

② 工程量清单中列有的、包括临时工程、计日工费等任何项目的应得款；

③ 材料预付款；

④ 按合同约定方法计算的、因物价浮动而需增加的调价款；

⑤ 按合同有关条款约定、承包商有权获得的补偿款。

2）工程师签证

工程师接到支付报表后，要审查款项内容的合理性和计算的正确性。在核实承包商本月应得款的基础上，再扣除保留金、动员预付款、材料预付款以及所有承包商责任而应扣减的款项后，据此签发中期支付的临时支付证书。如果本月承包商应获得支付的金额小于投标书附件支付。工程师的审查和签证工作，应在收到承包商报表后的28天内完成。工程进度款支付证书属于临时支付证书，他有权对以前签发过的证书进行修正；若对某项工作的完成情况不满意时，也可以在证书内删去或减少这项工作的价值。

3）业主支付

承包商的报表经过工程师认可并签发工程进度款的支付证书后，业主应在接到证书的28天内给承包商付款。如果逾期支付，将按投标书附录约定的利率计算延期付款利息。实践证明，工程费用支付对控制项目投资十分重要。通过对施工过程的各个工序设置检验程序，以及中期（周/月/季）财务支付报表的一系列签认程序有效地控制工程费用支出，对没有各级工程师签认的工序或没有检验报告的单项工程不得进入支付报表；且未经工程师签认的财务支付报表无效。

(4) 竣工结算

1) 竣工结算程序

颁发工程移交证书后的84天内，承包商应按工程师规定的格式报送竣工报表。报表内容包括：

① 到工程移交证书中指明的竣工日止，根据合同完成全部工作的最终价值；

② 承包商认为应该获得的其他款项，如要求的索赔款、应退还的部分保留金等；

③ 承包商认为根据合同应支付给他的估算总额。

所谓“估算总额”，是指这笔金额还未经过工程师审核同意。估算总额应在竣工结算报表中单独列出，以便工程师签发支付证书。

工程师接到竣工报表后，应对照竣工图进行工程量详细核算，对其他支付要求进行审查，然后再依据检查结果签署竣工结算的支付证书。此项签证工作，工程师也应在收到竣工报表后28天内完成。业主依据工程师的签证予以支付。

2) 对竣工结算总金额的调整

一般情况下，承包商在整个施工期内完成的工程量乘以工程量清单中的相应单价后，再加上其他有权获得的费用总和，即为工程竣工结算总额。但当颁发工程移交证书后发现，由于施工期内累计变更的影响和实际完成工程量与清单内估计工程量的差异，导致承包商按合同约定方式计算的实际结算款总额比原定合同价格增加或减少过多时，均应对结算价款总额予以相应调整。

通用条件规定，进行竣工结算时，将承包商实际施工完成的工程量按合同约定费率计算的结算款扣除暂定金额项内的付款、计日工付款和物价浮动调价款后，与中标通知书中注明的合同价格扣除工程量清单内所列暂定金额、计日工费两项后的“有效合同价”进行比较。不论增加还是减少的额度超过有效合同价15%以上时，均要对承包商的竣工结算总额加以调整。调整处理的原则如下：

① 增减差额超过有效合同价15%以上是由累计变更过多导致，不包括其他原因。即合同履行过程中不属于工程变更范围内所给承包商的补偿费用，不应包括在计算竣工结算款调整费之列，如业主违约或应承担风险事件发生后的补偿款；因法规、税收等政策变化的补偿款；汇率变化的调整费等。

② 增加或减少超过有效合同价15%后的调整，是针对整个合同而言。对于某项具体工作内容或分阶段移交工程的竣工结算，虽然也有可能超过该部分工程合同价格的15%以上，但不应考虑该部分的结算价格调整。

③ 增加或减少幅度在有效合同价15%之内，竣工结算款不应作调整。因为工程量清单内所列的工程量是估计工程量，允许实施过程中与它有差异，而且施工中的变更也是不可避免的，所以在此范围内的变化按双方应承担的风险对待。

④ 增加款额部分超过15%以上时，应将承包商按合同约定方式计算的竣工结算款总额适当减少；反之，减少的款额部分超过有效合同价15%以上时，则

在承包商应得结算款基础上增加一定的补偿费。

进行此项调整的原因，是基于单价合同的特点。承包商在工程量清单中所报单价既包括直接费部分，还包括间接费、利润、公司管理费等在该部分工程款中的摊销。为了使承包商的实际收入与支出之间达到总体平衡，因此要对摊销费中不随工程量实际增减变化的部分予以调整。调整范围仅限于增减超过15%以上部分。

## 12.3 工程变更的控制

### 12.3.1 工程变更

(1) 工程变更的概念

由于工程建设的周期长、涉及的经济关系和法律关系复杂、受自然条件和客观因素的影响大导致项目的实际情况与项目招标投标时的情况相比会发生一些变化。在工程项目的实施过程中，经常碰到来自业主方对项目要求的修改、设计方由于业主要求的变化或现场施工环境、施工技术的要求而产生的设计变更等。由于这多方面变更，经常出现工程量变化、工程项目的变化（如发包人提出增加或者删减原项目内容）、施工进度变化、施工条件变化、业主方与承包方在执行合同中的争执等问题。这些问题的产生，一方面是由于主观原因，如勘察设计工作粗糙，以致在施工过程中发现许多招标文件中没有考虑或估算不准确的工程量，因而不得不改变施工项目或增减工程量；另一方面是由于客观原因，如发生不可预见的事故，自然或社会原因引起的停工和工期拖延等，致使工程变更不可避免。由于我国要求严格按图施工，因此如果变更影响了原来的设计，则首先应该变更原设计。考虑到设计变更在工程变更中的重要性，往往将工程变更分为设计变更和其他变更两大类。由于工程变更引起工程量的变化、施工条件的变化和施工时间顺序等变化，产生承包商的索赔，会影响工程投资支出和施工工期。

(2) 处理工程变更的要求

当出现工程变更时，我国对工程变更的处理有以下要求：

1) 如果出现了必须变更的情况，应当尽快变更；

2) 工程变更后，应当尽快落实变更；

3) 对工程变更的影响应当作进一步分析。

### 12.3.2 我国现行合同条款下的工程变更

(1) 工程变更的控制顺序

工程变更可能来自于许多方面，或建设单位的原因、或监理人的原因、或承包方的原因，为有效控制投资，无论何种情况确认的变更，变更指令只能由监理人发出，在一般的建设工程施工承包合同中均包括工程变更的条款，允许监理人有权向承包人发布指令，要求对工程的项目、数量或质量进行变更，对原标书的有关部分进行修改，而承包人必须照办。在履行合同中发生以下情形之一的，经发包人同意，监理人可按合同约定的变更程序向承包人发出变更指示。

1）取消合同中任何一项工作。

2）改变合同中任何一项工作的质量或其他特性。

3）改变合同工程的基线、标高、位置或尺寸。

4）改变合同中任何一项工作的施工时间或改变已批准的施工工艺或顺序。

5）为完成工程需要追加的额外工作。

但要注意的是，被取消的工作不能转由发包人或其他人实施，此项规定是为了维护合同公平，防止某些发包人在签约后擅自取消合同中的工作，转由发包人或其他承包人实施而使本合同承包人蒙受损失。如发包人将取消的工作转由自己或其他人实施，构成违约，按照《合同法》的规定，发包人应赔偿承包人损失。在履行合同过程中经发包人同意，监理人可按约定的变更程序向承包人作出变更指示，承包人应遵照执行。没有监理人的变更指示，承包人不得擅自变更。

一般过程是：提出工程变更→分析提出的工程变更对项目目标的影响→分析有关的合同条款和会议、通信记录→初步确定处理变更所需的费用、时间范围和质量要求向业主提交变更评估报告→确认工程变更。

在合同履行过程中，监理人发出变更指示包括下列三种情形：

① 监理人认为可能要发生变更的情形。在合同履行过程中，出现了监理人认为可能发生变更的情形，监理人可向承包人发出变更意向书。变更意向书应说明变更的具体内容和发包人对变更的时间要求，并附必要的图纸和相关资料。变更意向书应要求承包人提交包括拟实施变更工作的计划、措施和竣工时间等内容的实施方案。发包人同意承包人根据变更意向书要求提交的变更实施方案的，由监理人发出变更指示。若承包人收到监理人的变更意向书后认为难以实施此项变更，应立即通知监理人，说明原因并附详细依据。监理人与承包人和发包人协商后确定撤销、改变或不改变原变更意向书。

② 监理人认为发生了变更的情形。在合同履行过程中，发生合同约定的变更情形的，监理人应向承包人发出变更指示。变更指示应说明变更的目的、范围、变更内容以及变更的工程量及其进度和技术要求，并附有关图纸和文件。承包人收到变更指示后，应按变更指示进行变更工作。

③ 承包人认为可能要发生变更的情形。承包人收到监理人按合同约定发出

的图纸和文件，经检查认为其中存在变更情形的，可向监理人提出书面变更建议。变更建议应阐明要求变更的依据，并附必要的图纸和说明。监理人收到承包人书面建议后，应与发包人共同研究，确认存在变更的，应在收到承包人书面建议后的14天内作出变更指示。经研究后不同意作为变更的，应由监理人书面答复承包人。承包人不得对原工程设计进行变更。因承包人擅自变更设计发生的费用和由此导致发包人的直接损失，由承包人承担，延误的工期不予顺延。

工程变更中除了对原工程设计进行变更、工程进度计划变更之外，施工条件的变更往往较复杂，需要特别重视，否则会由此而引起索赔的发生。对于施工条件的变更，往往是指未能预见的现场条件或不利的自然条件，即在施工中实际遇到的现场条件同招标文件中描述的现场条件有本质的差异，使承包人向发包人提出施工单价和施工时间的变更要求。在土建工程中，现场条件的变更一般出现在基础地质方面，如厂房基础下发现流砂或淤泥层，隧洞开挖中发现新的断层破碎等，水坝基础岩石开挖中出现对坝体安全不利的岩层走向等。

（2）工程变更价款的确定

由监理人签发工程变更指令，进行设计变更或更改作为投标基础的其他合同文件，由此导致的经济支出和承包人损失，由发包人承担，延误的工期相应顺延。在特殊情况下，变更也可能是由于承包人的违约所致，但此时引起的费用必须由承包方承担。

承包人应在收到变更指示或变更意向书的14天内，向监理人提交变更报价书，报价内容应根据变更估价原则，详细开列变更工作的价格组成及其依据，并附必要的施工方法说明和有关图纸。变更工作影响工期的，承包人应提出调整工期的具体细节。监理人认为有必要时。可要求承包人提交要求提前或延长工期的施工进度计划及相应施工措施等详细资料。监理人收到承包人变更报价书后的14天内，根据变更估价原则，商定或确定变更价格。监理人不同意承包人提出的变更价格，按照合同约定的争议解决方法处理。

合同价款的变更价格，是在双方协商的情况下，由承包人提出变更价格，报监理人批准后调整合同价款和竣工日期。造价工程师审查承包方所提出的变更价款是否合理可考虑以下原则：

1）已标价工程量清单中有适用于变更工作子目的，采用该子目的单价。此种情况适用于变更工作采用的材料、施工工艺和方法与工程量清单中已有子目相同，同时也不因变更工作增加关键线路工程的施工时间；

2）已标价工程量清单中无适用于变更工作子目但有类似子目的，可在合理范围内参照类似子目的单价，由发、承包双方商定或确定变更工作的单价。此种情况适用于变更工作采用的材料、施工工艺和方法与工程量清单中已有子目基本相似，同时也不因变更工作增加关键线路上工程的施工时间；

3）已标价工程量清单中无适用或类似子目的单价。可按照成本加利润的原则，由发、承包双方商定或确定变更工作的单价。

4）因分部分项工程量清单漏项或非承包人原因的工程变更，引起措施项目发生变化，造成施工组织设计或施工方案变更，原措施费中已有的措施项目，按原措施费的组价方法调整；原措施费中没有的措施项目，由承包人根据措施项目变更情况，提出适当的措施费变更，经发包人确认后调整。

（3）承包人的合理化建议

在履行合同过程中，承包人对发包人提供的图纸、技术要求以及其他方面提出的合理化建议，均应以书面形式提交监理人。合理化建议书的内容应包括建议工作的详细说明、进度计划和效益以及与其他工作的协调等，并附必要的文件。承包人在施工中提出的合理化建议涉及对设计图纸或施工组织设计的更改及对原材料、设备的换用，须经监理人同意。监理人应与发包人协商是否采纳建议。未经同意擅自更改或换用时，承包人承担由此发生的费用，并赔偿发包人的有关损失，延误的工期不予顺延。建议被采纳并构成变更的，监理人应向承包人发出变更指示。监理人同意采用承包人合理化建议，所发生的费用和获得的收益，双方另行约定分担或分享。承包人提出的合理化建议降低了合同价格、缩短了工期或者提高了工程经济效益的，发包人可按国家有关规定在专用合同条款中约定给予奖励。

（4）暂列金额与计日工

暂列金额只能按照监理人的指示使用，并对合同价格进行相应调整。尽管暂列金额列入合同价格，但并不属于承包人所有，也不必然发生。只有按照合同约定实际发生后，才成为承包人的应得金额，纳入合同结算价款中。扣除实际发生额后的暂列金额余额仍属于发包人所有。

发包人认为有必要时，由监理人通知承包人以计日工方式实施变的零星工作，其价款按列入已标价工程量清单中的计日工计价子目及其单价进行计算。采用计日工计价的任何一项变更工作，应从暂列金额中支付，承包人应在该项变更的实施过程中，每天提交以下报表和有关凭证报送监理人审批：

1）工作名称、内容和数量；

2）投入该工作所有人员的姓名、工种、级别和耗用工时；

3）投入该工作的材料类别和数量；

4）投入该工作的施工设备型号、台数和耗用台时；

5）监理人要求提交的其他资料和凭证。

计日工由承包人汇总后，在每次申请进度款支付时列入进度付款申请单，由监理人复核并经发包人同意后列入进度付款。

(5) 暂估价

在工程招标阶段已经确定的材料、工程设备或专业工程项目，但无法在当时确定准确价格，而可能影响招标效果的，可由发包人在工程量清单中给定一个暂估价。确定暂估价实际开支分三种情况。

1) 依法必须招标的材料、工程设备和专业工程

发包人在工程量清单中给定暂估价的材料、工程设备和专业工程属于依法必须招标的范围并达到规定的规模标准的，由发包人和承包人以招标的方式选择应商或分包人。发包人和承包人的权利义务关系在专用合同条款中约定。中标金额与工程量清单中所列的暂估价的金额差以及相应的税金等其他费用列入合同价格。

2) 依法不需要招标的材料、工程设备

发包人在工程量清单中给定暂估价的材料和工程设备不属于依法必须招标的范围或未达到规定的规模标准的，应由承包人提出。经监理人确认的材料、工程设备的价格与工程量清单中所列的暂估价的金额差以及相应的税金等其他费用列入合同价格。

3) 依法不需要招标的专业工程

发包人在工程量清单中给定暂估价的专业工程不属于依法必须招标的范围或未达到规定的规模标准的，由监理人按照合同约定的变更估价原则进行估价。经估价的专业工程与工程量清单中所列的暂估价的金额差以及相应的税金等其他费用列入合同价格。

### 12.3.3 FIDIC 合同条件下的工程变更

FIDIC 合同条件授予工程师很大的工程变更权力。工程师如认为有必要，便可对工程或其中某些部分作出变更指令。同时规定没有工程师的指示，承包商不得作任何变更，除非是工程量表上的简单增加或减少。

(1) 工程变更的范围

由于工程变更属于合同履行过程中的正常管理工作，工程师可以根据施工进展的实际情况，在认为必要时就以下几个方面发布变更指令。

1) 对合同中任何工作工程量的改变。为了便于合同管理，当事人双方应在专用条款内约定工程量变化较大可以调整单价的百分比（视工程具体情况，可在15%~25%范围内确定）。

2) 任何工作质量或其他特性的变更。

3) 工程任何部分标高、位置和尺寸的改变。

4) 删减任何合同约定的工作内容。省略的工作应是不再需要的工程，不允许用变更指令的方式将承包范围内的工作变更给其他承包商实施。

5）新增工程按单独合同对待。这种变更指令应是增加与合同工作范围性质一致的新增工作内容，而且不应以变更指令的形式要求承包人使用超过他目前正在使用或计划使用的施工设备范围去完成新增工程。除非承包人同意此项工作按变更对待，一般应将新增工程按一个单独的合同来对待。

6）改变原定的施工顺序或时间安排。

（2）工程变更的控制程序

FIDIC 合同条件下，工程变更的一般程序如下。

1）提出变更要求

工程变更可能由承包商提出，也可能由业主或工程师提出。承包商提出的变更多数是从方便承包商施工条件出发，提出变更要求的同时，应提供变更后的设计图纸和费用计算；业主提出设计变更大多是由于当地政府的要求，或者工程性质改变；工程师提出的工程变更大多是发现设计错误或不足。工程师提出变更的设计图纸可以由工程师承担，也可以指令承包商完成。工程师可以通过发布变更指令或以要求承包商递交建议书的任何一种方式提出变更。

2）工程师审查变更

无论是哪一方提出的工程变更，均需由工程师审查批准。工程师审批工程变更时，应与业主和承包商进行适当的协商，尤其是一些费用增加较多的工程变更项目，更要与业主进行充分的协商，征得业主同意后才能批准。

3）编制工程变更文件

工程变更文件包括：

① 工程变更令。主要说明变更的理由和工程变更的概况，工程变更估价及对合同价的估价；

② 工程量清单。工程变更的工程量清单与合同中的工程量清单相同，并需附工程量的计算记录及有关确定单价的资料；

③ 设计图纸（包括技术规范）；

④ 其他有关文件等。

4）发出变更指示

工程师的变更指示应以书面形式发出。如果工程师认为有必要以口头形式发出指示，指示发出后，应尽快加以书面确认。指令的内容应包括详细的变更内容、变更工程量、变更项目的施工技术要求和有关部门文件图纸，以及变更处理的原则。如果有必要，工程师会要求承包商递交建议书后再确定变更。工程师将计划变更事项通知承包商，并要求他递交实施变更的建议书。承包商应尽快予以答复。一种情况可能是通知工程师由于受到某些非自身原因的限制而无法执行此项变更，另一种情况是承包商依据工程师的指令递交实施此项变更的说明。内容包括：

① 将要实施的工作的说明书以及该工作实施的进度计划；

② 承包商依据合同规定对进度计划和竣工时间作出任何必要修改的建议，提出工期顺延要求；

③ 承包商对变更估价的建议，提出变更费用要求。

工程师作出是否变更的决定，尽快通知承包商说明批准与否或提出意见。在这一过程中应注意的问题是：

① 承包商在等待答复期间，不应延误任何工作；

② 工程师发出每一项实施变更的指令，应要求承包商记录支出的费用；

③ 承包商提出的变更建议书，只是作为工程师决定是否实施变更的参考。

(3) 工程变更价款的估价步骤与方法

承包人按照工程师的变更指令实施变更工作后，往往会涉及对变更工程的估价问题。变更工程的价格或费率，往往是双方协商时的焦点。工程变更一般要影响费用的增减，所以，工程师应把全部情况告知业主。对变更费用的批准，一般遵循以下步骤。

1) 工程师准备一份授权申请提出对规范和合同工程量所要进行的变更以及费用估算和变更的依据和理由。

2) 在业主批准了授权的申请后，工程师要同承包商协商，确定变更的价格。如果价格等于或少于业主批准的总额，则工程师有权向承包商发布必要的变更指示；如果价格超过批准的总额，工程师应请求业主进一步给予授权。

3) 尽管已有上述程序，但为了避免耽误工作，工程师在和承包商就变更价格达成一致意见之前，有必要发布变更指示。此时，应发布一个包括两部分的变更指示，第一部分是在没有规定价格和费率时，指示承包商继续工作；在通过进一步的协商之后，发布第二部分，确定适用的费率和价格。

4) 在紧急情况下，不应限制工程师向承包商发布他认为必要的此类指示。如果在上述紧急情况下采取行动，他应就此情况尽快通知雇主。

(4) 工程变更估价

工程变更估计的方法有以下几种。

1) 如工程师认为适当，应以合同中规定的费率及价格进行估价。如合同中未包括适用于该变更工作的费率和价格，则应在合理的范围内使用合同中的费率和价格作为估价的基础。若合同清单中，既没有与变更项目相同，也没有相似项目时，在工程师与业主和承包商适当协商后，由工程师和承包商商定一个合适的费率或价格作为结算的依据；当双方意见不一致时，工程师有权单方面确定其认为合适的费率或价格。费率或价格确定的合适与否是导致承包商费用索赔的关键。

为了支付的方便，在费率和价格未取得一致意见前，工程师应确定暂行费率或价格，以便有可能作为暂付款包含在期中付款证书中。

2）如果工程师在颁发整个工程的移交证书时，发现由于工程变更和工程量表上实际工程量的增加或减少（不包括暂定金额、计日工和价格调整），使合同价格的增加或减少合计超过有效合同价（指不包括暂定金额和计日工补贴的合同价格）的15%，在工程师与业主和承包商协商后，应在合同价格中加上或减去承包商和工程师议定的一笔款额；若双方未能取得一致意见，则由工程师在考虑了承包商的现场费用和上级公司管理费后确定此款额。该款额仅以超过或等于有效合同价15%的那一部分为基础。

3）按计日工方法估价。工程师如认为必要和可取，可以签发指示，规定按计日工方法进行工程估价变更。对这类工程变更，应按合同中包括的按计日工表中所定的项目和承包商在投标书中对此所确定的费率或价格向承包商付款。

具备以下条件时，允许对某一项工作规定的费率或单价加以调整：

① 此项工作实际测量的工程量比工程量表或其他报表中规定的工程量的变动大于10%；

② 工程量的变更与对该项工作规定的具体费率的乘积超过了接受的合同款额的0.01%；

③ 由此工程量的变更直接造成该项工作每单位工程量费用的变动超过1%。

工程师发布删减工作的变更指令后承包商不再实施部分工作，合同价格中包括的直接费部分没有受到损失，但摊销在该部分的间接费、利润和税金则实际不能合理回收。因此，承包商可以就其损失向工程师发出通知并提供具体的证明资料，工程师与合同双方协商后确定一笔补偿金额加入到合同价内。

## 12.4　工程索赔费用分析

### 12.4.1　工程索赔概述

(1) 工程索赔的概念

工程索赔是在工程承包合同履行中，当事人一方由于另一方未履行合同所规定的义务或者出现了应当由对方承担的风险而遭受损失时，向另一方提出赔偿要求的行为。在工程建设的各个阶段，都有可能发生索赔，但在施工阶段索赔发生较多。

对施工合同的双方来说，索赔是维护双方合法利益的权利。它同合同条件中双方的合同责任一样，构成严密的合同制约关系。我国《标准施工招标文件》中通用合同条款中的索赔就是双向的，既包括承包人向发包人的索赔，也包括发包人向承包人的索赔。但在工程实践中，发包人索赔数量较小，而且处理方便。可以通过冲账、扣拨工程款、扣保证金等实现对承包人的索赔；而承包人对发包人的索赔则比较困难一些。通常情况下，索赔是指承包人（施工单位）在合同实施过程中，对非自身原因造成的工程延期、费用增加而要求发包人给予补偿损失的一种权利要求。

索赔必须以合同为依据。它是一种经济补偿行为，索赔的损失结果与被索赔人的行为并不一定存在法律上的因果关系。它的主要作用如下。

1）保证合同的实施。合同一经签订，合同双方即产生权利和义务关系。这种权益受法律保护，这种义务受法律制约。索赔是合同法律效力的具体体现，并且由合同的性质决定。如果没有索赔和关于索赔的法律规定，则合同形同虚设，对双方都难以形成约束，这样，合同的实施得不到保证，不会有正常的社会经济秩序。索赔能对违约者起警戒作用，使他考虑到违约的后果，以尽力避免违约事件发生。所以，索赔有助于工程承发包双方更紧密的合作，有助于合同目标的实现。

2）落实和调整合同双方经济责任关系。合同双方有权利，有利益，同时又应承担相应的经济责任。谁未履行责任，构成违约行为，造成对方损失，侵害对方权利，则应承担相应的合同处罚，予以赔偿。离开索赔，合同的责任就不能体现，合同双方的责权利关系就不平衡。

3）维护合同当事人的正当权益。索赔是一种保护自己、维护自己正当利益、避免损失、增加利润的手段。在现代承包工程中，如果承包商不能进行有效的索赔，不精通索赔业务，往往使损失得不到合理的、及时的补偿，不能进行正常的生产经营，甚至要倒闭。

4）促使工程造价更合理。施工索赔的正常开展，把原来打入工程报价的一些不可预见费用改为按实际发生的损失支付，有助于降低工程报价，使工程造价更合理。

工程索赔产生的原因有很多种，大致分为不可抗力或不利的物质条件、监理人指令、当事人违约、合同缺陷、合同变更、其他第三方原因等。

① 不可抗力或不利的物质条件

不可抗力又可以分为自然事件和社会事件。自然事件主要是工程施工过程中不可避免发生并不能克服的自然灾害，包括地震、海啸、瘟疫、水灾等；社会事件则包括国家政策、法律、法令的变更、战争、罢工等。不利的物质条件通常是指承包人在施工现场遇到的不可预见的自然物质条件、非自然的物质障碍和污染物，包括地下和水文条件。

② 监理人指令

监理人指令有时也会产生索赔，如监理人指令承包人加速施工、进行某项工作、更换某些材料、采取某些措施等，并且这些指令不是由承包人的原因造成的。

③ 当事人违约

当事人违约常常表现为没有按照合同约定履行自己的义务。发包人违约常常表现为没有为承包人提供合同约定的施工条件、未按照合同约定的期限和数额付款等。监理人未能按照合同约定完成工作，如未能及时发出图纸、指令等也视为发包人违约。承包人违约的情况则主要是没有按照合同约定的质量、期限完成施工，或者由于不当行为给发包人造成其他损害。

④ 合同缺陷

合同缺陷表现为合同文件规定不严谨甚至矛盾、合同中的遗漏或错误。在这种情况下，工程师应当给予解释，如果这种解释将导致成本增加或工期延长，发包人应当给予补偿。

⑤ 合同变更

合同变更表现为设计变更、施工方法变更、追加或者取消某些工作、合同规定的其他变更等。

⑥ 其他第三方原因

其他第三方原因常常表现为与工程有关的第三方的问题而引起的对本工程的不利影响。

(2) 工程索赔的分类

索赔可以从不同的角度、以不同的标准进行分类。

1) 按索赔的目的分类

可分为工期索赔和费用索赔。

① 工期索赔就是要求业主延长施工时间，使原规定的工程竣工日期顺延，从而避免了违约罚金的发生。由于非承包人责任的原因而导致施工进程延误，要求批准顺延合同工期的索赔，称之为工期索赔。工期索赔形式上是对权利的要求，以避免在原定合同竣工日不能完工时，被发包人追究拖期违约责任。一旦获得批准合同工期延后，承包人不仅免除了承担拖期违约赔偿费的严重风险，而且可能提前工期得到奖励，最终仍反映在经济效益上。

② 费用索赔就是要求业主补偿费用损失，进而调整合同价款。费用索赔的目的是要求经济补偿。当施工的客观条件改变导致承包人增加开支，要求对超出计划成本的附加开支给予补偿，以挽回不应由他承担的经济损失。

2) 按索赔的依据分类

可分为合同规定的索赔、非合同规定的索赔以及道义索赔（额外支付）。

① 合同规定的索赔，是指索赔涉及的内容在合同文件中能够找到依据，业主或承包商可以据此提出索赔要求。这种在合同文件中有明文规定的条款，常称

为“明示条款”。一般，凡是工程项目合同文件中有明示条款的，这类索赔不大容易发生争议。

② 非合同规定的索赔，是指索赔涉及的内容在合同文件中没有专门的文字叙述，但可以根据该合同条件某些条款的含义，推论出有一定索赔权。这种索赔要求同样具有法律效力，有权得到相应的经济补偿。这种有经济补偿含义的条款，在合同管理工作中被称为“默示条款”或称为“隐含条款”。默示条款是一个广泛的合同概念，它包含合同明示条款中没有写入但符合双方签订合同时设想的愿望和当时环境条件的一切条款。这些默示条款，或者从明示条款中所表达的设想愿望中引申出来，或者从合同双方在法律上的合同关系引申出来，经合同双方协商一致，或被法律和法规所指明，都成为合同文件的有效条款，要求合同双方遵照执行。

③ 道义索赔，是指通情达理的业主看到承包商为完成某项困难的施工，承受了额外费用损失，甚至承受重大亏损，出于善良意愿给承包商以适当的经济补偿，因在合同条款中没有此项索赔的规定，所以也称为“额外支付”，这往往是合同双方友好信任的表现，但较为罕见。

3）按索赔的有关当事人分类

① 承包商同业主之间的索赔；

② 总承包商同分包商之间的索赔；

③ 承包商同供货商之间的索赔；

④ 承包商向保险公司、运输公司索赔等。

4）按索赔的对象分类

可分为索赔和反索赔。

① 索赔是指承包商向业主提出的索赔；

② 反索赔主要是指业主向承包商提出的索赔。

5）按索赔的处理方式分类

可分为单项索赔和总索赔。

① 单项索赔就是采取一事一索赔的方式，即在每一件索赔事项发生后，报送索赔通知书，编报索赔报告，要求单项解决支付，不与其他的索赔事项混在一起。这是工程索赔通常采用的方式，它避免了多项索赔的相互影响和制约，解决起来较容易。

② 总索赔，又称综合索赔或一揽子索赔，即对整个工程（或某项工程）中所发生的数起索赔事项，综合在一起进行索赔。采取这种方式进行索赔，是在特定的情况下采用的一种索赔方法，应尽量避免采用，因为它涉及的因素十分复杂，纵横交错，不太容易索赔成功。

6）按索赔事件的性质分类

按索赔事件的性质可以将工程索赔分为工程延误索赔、工程变更索赔、合同被迫中止索赔、工程加速索赔、意外风险和不可预见因素索赔和其他索赔。

① 工程延误索赔。因发包人未按合同要求提供施工条件，或因发包人指令工程暂停或不可抗力事件等原因造成工期拖延的，承包人对此提出索赔。

② 工程变更索赔。由于发包人或监理人指令增加或减少工程量或增加附加工程、修改设计、变更工程顺序等，造成工期延长和费用增加，承包人对此提出索赔。

③ 合同被迫终止的索赔。由于发包人或承包人违约及不可抗力事件等原因造成合同非正常终止，无责任的受害方因其蒙受经济损失而向对方提出索赔。

④ 工程加速索赔。由于发包人或监理人指令承包人加快施工速度，缩短工期，引起承包人的人、财、物的额外开支而提出的索赔。

⑤ 意外风险和不可预见因素索赔。在工程实施过程中，因人力不可抗拒的自然灾害、特殊风险以及一个有经验的承包人通常不能合理预见的不利施工条件或外界障碍。

⑥ 其他索赔。如因货币贬值、汇率变化、物价上涨、政策法令变化等原因引起的索赔。

### 12.4.2　施工索赔程序和内容

(1)《建设工程工程量清单计价规范》施工索赔程序

《建设工程工程量清单计价规范》中规定索赔程序通常可分为以下几个步骤。

1）索赔意向通知

在索赔事件发生后，承包商应抓住索赔机会，迅速作出反应。承包人向发包人的索赔应在索赔事件发生后，持证明索赔事件发生的有效证据和依据正当的索赔理由，按合同约定的时间向发包人递交索赔通知。发包人应按合同约定的时间对承包人提出的索赔进行答复和确认。当发、承包双方在合同中对此通知未作具体约定时，承包商应在索赔事件发生后的28天内向工程师递交索赔意向通知，声明将对此索赔事件提出索赔，该意向通知是承包商就具体的索赔事件向工程师和业主表示的索赔愿望和要求。否则，承包人无权获得追加付款，竣工时间不得延长。承包人应在现场或发包人认可的其他地点，保持证明索赔可能需要的记录。发包人收到承包人的索赔通知后，未承认发包人责任前，可检查记录保持情况，并可指示承包人保持进一步的同期记录。

2）索赔的准备

当索赔事件发生，承包商就应该进行索赔处理工作，直到正式向工程师和业主提交索赔报告。这一阶段包括许多具体的复杂的工作，主要有：

① 事态调查，寻求索赔机会；

② 损害事件原因分析，即分析这些损害事件是由谁引起的，谁来承担责任；

③ 索赔依据，主要指合同文件；

④ 损失调查，分析索赔事件的影响，主要表现为工期的延长和费用的增加；

⑤ 收集证据，保持完整记录；

⑥ 起草索赔报告。

3）索赔报告递交

在承包人确认引起索赔的事件后42天内，承包人应向发包人递交一份详细的索赔报告，包括索赔的依据、要求追加付款的全部资料。索赔报告的内容应包括：事件发生的原因，对其权益影响的证据资料，索赔的依据，此项索赔要求补偿的款项和工期展延天数的详细计算等有关材料。如果索赔事件的影响持续存在，28天内还不能算出索赔额和工期展延天数时，承包商应按工程师合理要求的时间间隔（一般为28天），定期陆续报出每一个时间段内的索赔证据资料和索赔要求。在该项索赔事件的影响结束后的28天内，报出最终详细报告，提出索赔论证资料和累计索赔额。

4）工程师审查索赔报告

接到承包商的索赔意向通知后，工程师应建立自己的索赔档案，密切关注事件的影响，检查承包商的同期记录时，随时就记录内容提出他的不同意见或他希望应予以增加的记录项目。

工程师判定承包商索赔成立的条件如下：

① 与合同相对照，事件已造成了承包商施工成本的额外支出，或直接工期损失；

② 造成费用增加或工期损失的原因，按合同约定不属于承包商的行为责任或风险责任；

③ 承包商按合同规定的程序提交了索赔意向通知和索赔报告。

上述三个条件没有先后主次之分，应当同时具备。只有工程师认定索赔成立后，才按一定程序处理。

5）工程师与承包商协商补偿

工程师核查后初步确定应予以补偿的额度，往往与承包商的索赔报告中要求的额度不一致，甚至差额较大。主要原因大多为对承担事件损害责任的界限划分不一致、索赔证据不充分、索赔计算的依据和方法分歧较大等。因此，双方应就索赔的处理进行协商。通过协商达不成共识的话，承包商仅有权得到所提供的证据满足工程师认为索赔成立那部分的付款和工期延展。不论工程师通过协商与承包商达到一致，还是他单方面作出的处理决定，批准给予补偿的款额和延展工期的天数如果在授权范围之内，则可将此结果通知承包商，并抄送业主。补偿款将计入下月支付工程进度款的支付证书内，延展的工期加到原合同工期中去。如果批准的额度超过工程师权限，则应报请业主批准。

6）工程师索赔处理决定

在经过认真分析研究与承包商、业主广泛讨论后，工程师应该向业主和承包商提出自己的《索赔处理决定》。工程师收到承包商送交的索赔报告和有关资料后，于28天内给予答复，或要求承包商进一步补充索赔理由和证据。工程师在28天内未予答复或未对承包商作出进一步要求，则视为该项索赔已经认可。

工程师在《索赔处理决定》中应该简明地叙述索赔事项、理由和建议给予补偿的金额及（或）延长的工期。《索赔评价报告》则是作为该决定的附件提供的。它根据工程师所掌握的实际情况详细叙述索赔的事实依据、合同及法律依据，论述承包商索赔的合理方面及不合理方面，详细计算应给予的补偿。《索赔评价报告》是工程师站在公正的立场上独立编制的。

通常，工程师的处理决定不是终局性的，对业主和承包商都不具有强制性的约束力。在收到工程师的《索赔处理决定》后，无论业主还是承包商，如果认为该处理决定不公正，都可以在合同规定的时间内提请工程师重新考虑。如果工程师仍然坚持原来的决定，或承包商对工程师的新决定仍不满，则可以按合同中的仲裁条款提交仲裁机构仲裁。

7）业主审查索赔处理

当工程师确定的索赔额超过其权限范围时，必须报请业主批准。

业主首先根据事件发生的原因、责任范围、合同条款审核承包商的索赔申请和工程师的处理报告，再依据工程建设的目的、投资控制、竣工投产日期要求以及针对承包商在施工中的缺陷或违反合同规定等的有关情况，决定是否批准工程师的处理意见，而不能超越合同条款的约定范围。索赔报告经业主批准后，工程师即可签发有关证书。

8）承包商是否接受最终索赔处理

承包商接受最终的索赔处理决定，索赔事件的处理即告结束。如果承包商不同意，就会导致合同争议。通过协商双方达到互谅互让的解决方法，是最理想的结果。如果协商不成，承包商有权提交仲裁或诉讼解决。

此外，承包人提出索赔的期限。承包人接受了竣工付款证书后，应被认为已无权再提出在合同工程接收证书颁发前所发生的任何索赔。承包人提交的最终结清申请单中，只限于提出工程接收证书颁发后发生的索赔。提出索赔的期限自接受最终结清证书时终止。

（2）FIDIC合同条件施工索赔程序

FIDIC合同条件只对承包商的索赔作出了规定。

1）承包商发出索赔通知。如果承包商认为有权得到竣工时间的任何延长期和（或）任何追加付款，承包商应当向工程师发出通知，说明索赔的事件或情况。该通知应当尽快在承包商察觉或者应当察觉该事件或情况后28天内发出。

2）承包商未及时发出索赔通知的后果。如果承包商未能在上述28天期限内发出索赔通知，则竣工时间不得延长，承包商无权获得追加付款，而业主应免除有关该索赔的全部责任。

3）承包商递交详细的索赔报告。在承包商察觉或应当察觉该事件或情况后42天内，或在承包商可能建议并经工程师认可的其他期限内，承包商应当向工程师递交一份充分详细的索赔报告，包括索赔的依据、要求延长的时间和（或）追加付款的全部详细资料。

4）如果引起索赔的事件或者情况具有连续影响，则：

① 上述充分详细索赔报告应被视为中间的；

② 承包商应当按月递交进一步的中间索赔报告，说明累计索赔延误时间和（或）金额，以及能说明其合理要求的进一步详细资料；

③ 承包商应当在索赔的事件或者情况产生影响结束后28天内，或在承包商可能建议并经工程师认可的其他期限内，递交一份最终索赔报告。

5）工程师的答复。工程师在收到索赔报告或对过去索赔的任何进一步证明资料后42天内，或在工程师可能建议并经承包商认可的其他期限内，作出回应，表示“批准”或“不批准”，或“不批准并附具体意见”等处理意见。工程师应当商定或者确定应给予竣工时间的延长期及承包商有权得到的追加付款。

（3）施工索赔的内容

在工程承包市场上，一般称工程承包方提出的索赔为施工索赔，即由于业主或其他方面的原因，致使承包者在项目施工中付出了额外的费用或造成了损失，承包方通过合法途径和程序，通过谈判、诉讼或仲裁，要求业主偿还其在施工中的费用损失。

1）不利的自然条件与人为障碍引起的索赔。不利的自然条件是指施工中遇到的实际自然条件比招标文件中所描述的更为困难和恶劣，这些不利的自然条件或人为障碍增加了施工的难度，导致承包方必须花费更多的时间和费用，在这种情况下，承包方可提出索赔要求。

① 地质条件发生变化引起的索赔。一般情况下，招标文件中的现场描述都介绍地质情况，有的还附有简单的地质钻孔资料。有些合同条件中，往往写明承包方在投标前已确认现场的环境和性质，包括地表以下条件、水文和气候条件等，即要求承包方承认已检查和考察了现场及周围环境，承包方不得因误解或误释这些资料而提出索赔。如果在施工期间，承包方遇到不利的自然条件或人为障碍，而这些条件与障碍又是有经验的承包方也不能预见到的，承包方可提出索赔。

② 工程中人为障碍引起的索赔。在挖方工程中，承包方发现地下构筑物或文物，只要是图纸上并未说明的，如果这种处理方案导致工程费用增加，承包方即可提出索赔，由于地下构筑物和文物等，确属是有经验的承包人难以合理预见的人为障碍，这种索赔通常较易成立。

2）工期延长和延误的索赔。通常包括两方面：一是承包方要求延长工期，二是承包方要求偿付由于非承包方原因导致工程延误而造成的损失。一般，这两方面的索赔报告要求分别编写，因为工期和费用的索赔并不一定同时成立。例如，由于特殊恶劣气候等原因，承包方可以要求延长工期，但不能要求赔偿；也有些延误时间并不影响关键工序线路的施工，承包方可能得不到延长工期的承诺，但是，如果承包方能提出证明其延误造成的损失，就可能有权获得这些损失的赔偿。有时两种索赔可能混在一起，既可以要求延长工期，又可以获得对其损失的赔偿。

3）因施工中断和工效降低提出的施工索赔。由于业主和建筑师原因引起施工中断和工效降低，特别是根据业主不合理的指令压缩合同规定的工作进度，使工程比合同规定日期提前竣工，从而导致工程费用的增加，承包方可提出以下索赔：

① 人工费用的增加；

② 设备费用的增加；

③ 材料费用的增加。

4）因工程终止或放弃提出的索赔。由于业主不正当地终止或非承包方原因而使工程终止，承包方有权提出以下施工索赔：

① 盈利损失。其数额是该项工程合同价款与完成遗留工程所需花费的差额；

② 补偿损失。包括承包方在被终止工程上的人工材料设备的全部支出，以及监督费、债券、保险费、各项管理费用的支出（减去已结算的工程款）。

5）关于支付方面的索赔。工程付款涉及价格、货币和支付方式三个方面的问题，由此引起的索赔也很常见。

① 关于价格调整方面的索赔。FIDIC 合同条件中规定：从投标的截止日期前30天起，由于任何法律、规定等变动导致承包商的成本上升，则对于已施工的工程，经工程师审批认可，业主应予付款，价格应作相应的调整。在国际承包工程中，增价的计算方法有两种：一种是按承包商报送的实际成本的增加数加上一定比例的管理费和利润进行补偿；另一种是采用调值公式自动调整，如在动态结算中介绍的。根据中国的实际情况，目前可根据各省市定额站颁发的材料预算价格调整系数及材料价差对合同价款进行调整，待材料价格指数逐步完善后，可采用动态结算中的公式进行自动调整。

② 关于货币贬值导致的索赔。在一些外资或中外合资项目中，承包商不可

能使用一种货币，而需使用两种、三种甚至更多种货币从不同国家进口材料、设备和支付第三国雇员部分工资及补偿费用，因此，合同中一般有货币贬值补偿的条款。索赔数额按一般官方正式公布的汇率计算。

③ 拖延支付工程款的索赔。一般在合同中都有支付工程款的时间限制，如果业主不按时支付中期工程款，承包方可按合同条款向业主索赔利息。业主严重拖欠工程款，可能导致承包方资金周转困难，产生中止合同的严重后果。

### 12.4.3 工程索赔的处理原则和索赔报告的内容

（1）工程索赔的处理原则

1）索赔必须以合同为依据

不论是风险事件的发生，还是当事人不完成合同工作，都必须在合同中找到相应的依据，当然，有些依据可能是合同中隐含的。工程师依据合同和事实对索赔进行处理是其公平性的重要体现。在不同的合同条件下，这些依据很可能是不同的。如因为不可抗力导致的索赔，在国内《标准施工招标文件》的合同条款中，承包人机械设备损坏的损失，是由承包人承担的，不能向发包人索赔；但在FIDIC合同条件下，不可抗力事件一般都列为业主承担的风险，损失都应当由业主承担。如果到了具体的合同中，各个合同的协议条款不同，其依据的差别就更大了。

2）及时、合理地处理索赔

索赔事件发生后，索赔的提出应当及时，索赔的处理也应当及时。索赔处理不及时，对双方都会产生不利的影响，如承包人的索赔长期得不到合理解决，索赔积累的结果会导致其资金困难，同时会影响工程进度，给双方都带来不利影响。处理索赔还必须坚持合理性原则，既考虑到国家的有关规定，也应当考虑到工程的实际情况。如：承包人提出索赔要求，机械停工按照机械台班单价计算损失显然是不合理的，因为机械停工不发生运行费用。

3）加强主动控制，减少工程索赔

对于工程索赔应当加强主动控制，尽量减少索赔。这就要求在工程管理过程中，应当尽量将工作做在前面，减少索赔事件的发生。这样能够使工程更顺利地进行，降低工程投资、减少施工工期。

（2）索赔报告的内容

索赔报告的具体内容，随该索赔事件的性质和特点而有所不同。一般来说，完整的索赔报告应包括以下四个部分。

1）总论部分

一般包括以下内容：序言；索赔事项概述；具体索赔要求；索赔报告编写及审核人员名单。

文中首先应概要地论述索赔事件的发生日期与过程；施工单位为该索赔事件所付出的努力和附加开支；施工单位的具体索赔要求。在总论部分最后，附上索赔报告编写组主要人员及审核人员的名单，注明有关人员的职称、职务及施工经验，以表示该索赔报告的严肃性和权威性。总论部分的阐述要简明扼要，说明问题。

2）根据部分

本部分主要是说明自己具有的索赔权利，这是索赔能否成立的关键。根据部分的内容主要来自该工程项目的合同文件，并参照有关法律规定。该部分中施工单位应引用合同中的具体条款，说明自己理应获得经济补偿或工期延长。

根据部分的篇幅可能很大，其具体内容随各个索赔事件的情况而不同。一般地说，根据部分应包括以下内容：索赔事件的发生情况；已递交索赔意向书的情况；索赔事件的处理过程；索赔要求的合同根据；所附的证据资料。

在写法结构上，按照索赔事件发生、发展、处理和最终解决的过程编写，并明确全文引用有关的合同条款，使建设单位和监理工程师能历史地、逻辑地了解索赔事件的始末，并充分认识该项索赔的合理性和合法性。

3）计算部分

该部分是以具体的计算方法和计算过程，说明自己应得经济补偿的款额或延长时间。如果说根据部分的任务是解决索赔能否成立，则计算部分的任务就是决定应得到多少索赔款额和工期。前者是定性的，后者是定量的。

在款额计算部分，施工单位必须阐明下列问题：索赔款的要求总额；各项索赔款的计算，如额外开支的人工费、材料费、管理费和损失利润；指明各项开支的计算依据及证据资料，施工单位应注意采用合适的计价方法。至于采用哪一种计价法，应根据索赔事件的特点及自己所掌握的证据资料等因素来确定。其次，应注意每项开支款的合理性，并指出相应的证据资料的名称及编号。切忌采用笼统的计价方法和不实的开支款额。

4）证据部分

证据部分包括该索赔事件所涉及的一切证据资料，以及对这些证据的说明，证据是索赔报告的重要组成部分，没有翔实可靠的证据，索赔是不能成功的。在引用证据时，要注意该证据的效力或可信程度。为此，对重要的证据资料最好附以文字证明或确认件。例如，对一个重要的电话内容，仅附上自己的记录本是不够的，最好附上经过双方签字确认的电话记录；或附上发给对方要求确认该电话记录的函件，即使对方未给复函，亦可说明责任在对方，因为对方未复函确认或修改，按惯例应理解为已默认。

### 12.4.4 索赔的计算

（1）索赔费用的组成

按国际惯例，索赔费用的主要组成部分同工程造价的构成类似，一般包括直接费、间接费、利润等，这些费用包括以下项目。

1）人工费

对于索赔费用中的人工费部分而言，人工费是指完成合同之外的额外工作所花费的人工费；停工损失费；由于非承包商责任的工效降低所增加的费用；法定的人工费增长以及非承包方责任工程延误导致的人员窝工和工资上涨费等。

2）材料费

材料费的索赔包括：①由于索赔事项的材料实际用量超过计划用量而增加的材料费；②由于客观原因材料价格大幅度上涨；③由于非承包商责任工程延误导致的材料价格上涨和材料超期储存费用。

3）施工机械使用费

施工机械使用费的索赔包括：①由于完成额外工作增加的机械使用费；②非承包商责任的工效降低增加的机械使用费；③由于业主或工程师原因导致机械停工的窝工费。窝工费的计算，如系租赁设备，一般按实际租金和调进调出费的分摊计算；如系承包商自有设备，一般按台班折旧费计算，而不能按台班费计算，因台班费中包括了设备使用费。

4）保函手续费

工程延期时，保函手续费相应增加，反之，取消部分工程且发包人与承包人达成提前竣工协议时，承包人的保函金额相应折减，则计入合同价内的保函手续费也应扣减。

5）现场管理费

索赔款中的现场管理费指承包商完成额外工程、索赔事项工作以及工期延长期间的现场管理费，包括管理人员工资办公费等。但如果对部分工人窝工损失索赔时，因其他工程仍然进行，可以不予计算现场管理费。

6）利息

在索赔款额的计算中，经常包括利息。利息的索赔通常发生于下列情况：①拖期付款的利息；②由于工程变更和工程延误增加投资的利息；③索赔款的利息；④错误扣款的利息。至于这些利息的具体利率应是多少，在实践中可采用不同的标准，主要有这样几种规定：①按当时的银行贷款利率；②按当时的银行透支利率；③按合同双方协议的利率。

7）公司管理费

索赔款中的总部管理费主要指的是工程延误期间所增加的管理费。这项索赔款的计算，目前没有统一的办法，在国际工程施工索赔中，总部管理费的计算有以下几种。

① 按照投标书中总部管理费的比例（3%～8%）计算：

公司管理费＝合同中公司管理费比率(%)×(直接费索赔款额＋现场管理费索赔款额等)

② 按照公司总部统一规定的管理费比率计算：

公司管理费＝公司管理费比率(%)×(直接费索赔款额＋现场管理费索赔款额等)

③ 以工程延期的总天数为基础，计算公司管理费的索赔额，计算步骤如下：

对某一工程提取的管理费＝同期内公司的总管理费×该工程的合同额/同期内公司的总合同额

该工程的每日管理费＝该工程向总部上缴的管理费/合同实施天数

索赔的公司管理费＝该工程的每日管理费×工程延期的天数

8）利润

一般来说，由于工程范围的变更和施工条件变化引起的索赔，承包商是可以列入利润的。但对于工程延误的索赔，由于利润通常包括在每项实施的工程内容的价格之内，而延误工期并未影响削减某些项目的实施，从而导致利润减少，所以，一般造价工程师很难同意在延误的费用索赔中加进利润损失。

索赔利润的款额计算通常是与原报价单中的利润百分率保持一致，即在直接工程费的基础上，增加原报价单中的利润率，作为该项索赔款的利润。

国际工程施工索赔实践中，承包商有时也会列入一项“机会利润损失”，要求业主予以补偿。这种机会利润损失是由于非承包商责任致使工程延误，承包商不得不继续在本项工程中保留相当数量的人员、设备和流动资金，而不能按原计划把这些资源转到另一个工程项目上去，因而使该承包商失去了一个创造利润的机会。这种利润损失索赔，往往由于缺乏有力而切实的证明，比较难以成功。

另外还需注意的是，施工索赔中，以下几项费用是不允许索赔的：

① 承包商对索赔事项的发生原因负有责任的有关费用；

② 承包商对索赔事项未采取减轻措施因而扩大的损失费用；

③ 承包商进行索赔工作的准备费用；

④ 索赔款在索赔处理期间的利息；

⑤ 工程有关的保险费用。

根据《标准施工招标文件》中通用条款的内容，可以合理补偿承包人的条款如表12-4所示。

《标准施工招标文件》中合同务款规定的可以合理补偿承包人索赔的条款 表 12-4

| 序号 | 条款号 | 主要内容 | 可补偿内容 | | |
|---|---|---|---|---|---|
| | | | 工期 | 费用 | 利润 |
| 1 | 1.10.1 | 施工过程发现文物、古迹以及其他遗迹、化石、钱币或物品 | √ | √ | |
| 2 | 4.11.2 | 承包人遇到不利物质条件 | √ | √ | |
| 3 | 5.2.4 | 发包人要求向承包人提前交付材料和工程设备 | | √ | |
| 4 | 5.2.6 | 发包人提供的材料和工程设备不符合合同要求 | √ | √ | √ |
| 5 | 8.3 | 发包人提供基准资料错误导致承包人的返工或造成工程损失 | √ | √ | √ |
| 6 | 11.3 | 发包人的原因造成工期延误 | √ | √ | √ |
| 7 | 11.4 | 异常恶劣的气候条件 | √ | | |
| 8 | 11.6 | 发包人要求承包人提前竣工 | | √ | |
| 9 | 12.2 | 发包人原因引起的暂停施工 | √ | √ | √ |
| 10 | 12.4.2 | 发包人原因造成暂停施工后无法按时复工 | √ | √ | √ |
| 11 | 13.1.3 | 发包人原因造成工程质量达不到合同约定验收标准的 | √ | √ | √ |
| 12 | 13.5.3 | 监理人对隐藏工程重新检查，经检验证明工程质量符合合同要求的 | √ | √ | √ |
| 13 | 16.2 | 法律变化引起的价格调整 | | √ | |
| 14 | 18.4.2 | 发包人在全部工程竣工前，使用已接收的单位工程导致承包人费用增加 | √ | √ | √ |
| 15 | 18.6.2 | 发包人的原因导致试运行失败的 | | √ | √ |
| 16 | 19.2 | 发包人原因导致的工程缺陷和损失 | | √ | √ |
| 17 | 21.3.1 | 不可抗力 | √ | | |

FIDIC 合同条件下部分可以合理补偿承包商的条款如表 12-5 所示。

FIDIC 合同条件下部分可以合理补偿承包商索赔的条款 表 12-5

| 序号 | 条款号 | 主要内容 | 可补偿内容 | | |
|---|---|---|---|---|---|
| | | | 工期 | 费用 | 利润 |
| 1 | 1.9 | 延误发放图纸 | √ | √ | √ |
| 2 | 2.1 | 延误移交施工现场 | √ | √ | √ |
| 3 | 4.7 | 承包商依据工程师提供的错误数据导致放线错误 | √ | √ | √ |
| 4 | 4.12 | 不可预见的外界条件 | √ | √ | |
| 5 | 4.24 | 施工中遇到文物和古迹 | √ | √ | |

续表

| 序号 | 条款号 | 主要内容 | 可补偿内容 | | |
|---|---|---|---|---|---|
| | | | 工期 | 费用 | 利润 |
| 6 | 7.4 | 非承包商原因检验导致施工的延误 | √ | √ | √ |
| 7 | 8.4（a） | 变更导致竣工时间的延长 | √ | | |
| 8 | （c） | 异常不利的气候条件 | √ | | |
| 9 | （d） | 由于传染病或其他政府行为导致工期的延误 | √ | | |
| 10 | （e） | 业主或其他承包商的干扰 | √ | | |
| 11 | 8.5 | 公共当局引起的延误 | √ | | |
| 12 | 10.2 | 业主提前占用工程 | | √ | √ |
| 13 | 10.3 | 对竣工检验的干扰 | √ | √ | √ |
| 14 | 13.7 | 后续法规引起的调整 | √ | √ | |
| 15 | 18.1 | 业主办理的保险未能从保险公司获得补偿部分 | | √ | |
| 16 | 19.4 | 不可抗力事件造成的损害 | √ | √ | |

（2）索赔费用的计算方法

1）实际费用法

就是当发生多次索赔事件以后，重新计算该工程的实际总费用，实际总费用减去投标报价时的估算总费用，即为索赔金额，即

索赔金额 = 实际总费用 − 投标报价估算总费用

这种方法以承包商为某项索赔工作所支付的实际开支为依据，但仅限于由于索赔事项引起的、超过原计划的费用，故也称额外成本法。不少人对采用该方法计算索赔费用持批评态度，因为实际发生的总费用中可能包括了承包商的原因如施工组织不善而增加的费用，同时投标报价估算的总费用却因为想中标而过低，所以，这种方法只有在难以计算实际费用时才应用。

2）修正的总费用法

是对总费用法的改进，即在总费用计算的原则上，去掉一些不合理的因素，使其更合理。修正的内容如下：

① 将计算索赔款的时段局限于受到外界影响的时间，而不是整个施工期；

② 只计算受影响时段内的某项工作所受影响的损失，而不计算该时段内所有施工工作所受的损失；

③ 与该工作无关的费用不列入总费用中；

④ 对投标报价费用重新进行核算。受影响时段内该项工作的实际单价，乘以实际完成的该项工作的工程量，得出调整后的报价费用。

按修正后的总费用计算索赔金额的公式如下：

索赔金额 = 某项工作调整后的实际总费用 − 该项工作的报价费用

修正的总费用法与总费用法相比，有了实质性的改进，它的准确程度已接近于实际费用。

3）分项法

是按每个索赔事件所引起损失的费用项目分别分析计算索赔值的一种方法。在实际中，绝大多数工程的索赔都采用分项法计算。

分项法计算通常分三步：

① 分析每个或每类索赔事件所影响的费用项目，不得有遗漏。这些费用项目通常应与合同报价中的费用项目一致；

② 计算每个费用项目受索赔事件影响后的数值，通过与合同价中的费用值进行比较即可得到该项费用的索赔值；

③ 将各费用项目的索赔值汇总，得到总费用索赔值。分项法中索赔费用主要包括该项工程施工过程中所发生的额外人工费、材料费、施工机械使用费、相应的管理费以及应得的间接费和利润等。由于分项法所依据的是实际发生的成本记录或单据，所以，施工过程中，对第一手资料的收集整理就显得非常重要了。

（3）工期索赔中应当注意的问题

在工期索赔中特别应当注意以下问题。

1）划清施工进度拖延的责任

因承包人的原因造成施工进度滞后，属于不可原谅的延期；只有承包人不应承担任何责任的延误，才是可原谅的延期。有时工程延期的原因中可能包含有双方责任，此时监理人应进行详细分析，分清责任比例，只有可原谅延期部分才能批准顺延合同工期。可原谅延期，又可细分为可原谅并给予补偿费用的延期和可原谅但不给予补偿费用的延期：后者是指非承包人责任的影响并未导致施工成本的额外支出，大多属于发包人应承担风险责任事件的影响，如异常恶劣的气候条件影响的停工等。

2）被延误的工作应是处于施工进度计划关键线路上的施工内容

只有位于关键线路上工作内容的滞后，才会影响到竣工日期。但有时也应注意，既要看被延误的工作是否在批准进度计划的关键路线上，又要详细分析这一延误对后续工作的可能影响。因为若对非关键路线工作的影响时间较长，长过了该工作可用于自由支配的时间，也会导致进度计划中非关键路线转化为关键路线，其滞后将影响总工期的拖延。此时，应充分考虑该工作的自由时间，给予相应的工期顺延，并要求承包人修改施工进度计划。

（4）工期索赔的计算

工期索赔的计算主要有网络图分析和比例计算法两种。

1）网络图分析法是利用进度计划的网络图，分析其关键线路。如果延误的工作为关键工作，则总延误的时间为批准顺延的工期；如果延误的工作为非关键工作，当该工作由于延误超过时差限制而成为关键工作时，可以批准延误时间与时差的差值；若该工作延误后仍为非关键工作，则不存在工期索赔问题。

2）比例计算法的公式为：

该方法主要应用于工程量有增加时工期索赔的计算，公式为：

工期索赔值 = 额外增加的工程量的价格/原合同总价 × 原合同总工期

## 12.5 竣工决算及保修费用处理

竣工决算是由建设单位编制的反映建设项目实际造价和投资效果的文件，是竣工验收报告的重要组成部分。所有竣工验收的项目应在办理手续之前，对所有建设项目的财产和物资进行认真清理，及时而正确地编报竣工决算，包括从筹建到竣工投产全过程的全部实际支出费用，即建筑工程费用、安装工程费用、设备工器具购置费用和其他费用等。

### 12.5.1 竣工决算的内容

竣工决算由竣工决算报表、竣工财务决算说明书、工程竣工图、工程造价比较分析四部分组成。前两部分又称之为建设项目竣工财务决算，是竣工决算的核心内容和主要组成部分。

(1) 竣工财务决算说明书

竣工财务决算说明书主要包括以下内容：

1）建设项目概况；

2）会计账务的处理、财产物资情况及债权债务的清偿情况；

3）资金节余、基建结余资金等的上交分配情况；

4）主要技术经济指标的分析、计算情况；

5）基本建设项目管理及决算中存在的问题、建议；

6）需说明的其他事项。

(2) 竣工财务决算报表

建设项目竣工财务决算报表按大、中型建设项目和小型建设项目分别制定。

大、中型建设项目竣工财务决算报表包括：竣工财务决算审批表，大、中型建设项目概况表，大、中型建设项目竣工财务决算表，大、中型建设项目交付使用资产总表和建设项目交付使用资产明细表。

小型建设项目竣工财务决算报表包括：建设项目竣工财务决算审批表，小型建设项目竣工财务决算总表，建设项目交付使用资产明细表。

(3) 工程竣工图

建设工程竣工图是真实地记录各种地上、地下建筑物、构筑物等情况的技术文件，是工程进行交工验收、维护、改建和扩建的依据，是国家的重要技术档案。国家规定：各项新建、扩建、改建的基本建设工程，特别是基础、地下建筑、管线、结构、井巷、桥梁、隧道、港口、水坝以及设备安装等隐蔽部位，都要编制竣工图。为确保竣工图质量，必须在施工过程中（不能在竣工后）及时做好隐蔽工程检查记录，整理好设计变更文件。竣工图绘制的具体要求如下。

1）绘制竣工图的主要依据是原设计图、施工期间的补充图、工程变更洽商记录、质量事故分析处理记录和地基基础验槽时的隐蔽工程验收记录。所以，绘制前，必须将上述资料搜集齐全，对虽已变更做法但未办洽商的项目补办洽商。

2）凡按图施工没有变动的，则由施工单位在原施工图上加盖“竣工图”标志后，即作为竣工图。

3）凡在施工中，虽有一般性设计变更，但设计的变更量和幅度都不大，能将原施工图加以修改补充作为竣工图的，可不重新绘制，由承包商负责在原施工图（必须是新蓝图）上注明修改部分，并附以设计变更通知单和施工说明，加盖“竣工图”标志后，即作为竣工图。

4）如果设计变更的内容很多，或是改变平面布置、改变工艺、改变结构形式等重大的修改，就必须重新绘制竣工图。由于设计原因造成的，则由设计单位负责重新绘制；由于施工原因造成的，则由施工单位负责绘制；由于其他原因造成的，由建设单位自行绘制或委托设计单位绘制。施工单位负责在新图上加盖“竣工图”标志，并附以记录和说明，作为竣工图。

5）改建或扩建的工程，如果涉及原有建筑工程并使原有工程的某些部分发生工程变更者，应把与原工程有关的竣工图资料加以整理，并在原工程档案的竣工图上增补变更情况和必要的说明。

（4）竣工工程造价比较分析

竣工决算是用来综合反映竣工建设项目或单项工程的建设成果和财务情况的总结性文件。在竣工决算报告中必须对控制工程造价所采取的措施、效果以及其动态的变化进行认真的比较分析，总结经验教训。批准的概算是考核建设工程造价的依据，在分析时，可将决算报表中所提供的实际数据和相关资料与批准的概算、预算指标进行对比，以确定竣工项目总造价是节约还是超支，在对比的基础上，总结先进经验，找出落后原因，提出改进措施。

为考核概算执行情况，正确核实建设工程造价，财务部门首先必须积累概算动态变化资料（如材料价差、设备价差、人工价差、费率价差等）和设计方案变化，以及对工程造价有重大影响的设计变更资料；其次，考查竣工形成的实际工程造价节约或超支的数额，为了便于进行比较，可先对比整个项目的总概算，之后对比工程项目（或单项工程）的综合概算和其他工程费用概算，最后再对比单位工程概算，并分别将建筑安装工程、设备、工器具购置和其他基建费用逐一与项目竣工决算编制的实际工程造价进行对比，找出节约或超支的具体环节，实际工作中，应主要分析以下内容。

1）主要实物工程量。概（预）算编制的主要实物工程数量的增减变化必然使工程的概（预）算造价和实际工程造价随之变化。因此，对比分析中，应审查项目的建设规模、结构、标准是否遵循设计文件的规定，其间的变更部分是否按照规定的程序办理，对造价的影响如何，对于实物工程量出入比较大的情况，必须查原因。

2）主要材料消耗量。在建筑安装工程投资中材料费用所占的比重往往很大，因此考核材料费用也是考核工程造价的重点。考核主要材料消耗量，要按照竣工决算表中所列明的三大材料实际超概算的消耗量，查清是在工程的哪一个环节超出量最大，再进一步查明超量的原因。

3）考核建设单位管理费、建筑及安装工程间接费的取费标准。概（预）算对建设单位管理费列有投资控制额，对其进行考核，要根据竣工决算报表中所列的建设单位管理费与概（预）算所列的控制额比较，确定其节约或超支数额，并进一步查清节约或超支的原因。

对于建安工程间接费的取费标准，国家有明确规定。对突破概（预）算投资的各单位工程，要查清是否有超过规定的标准而重计、多取间接费的现象。

以上考核内容，都是易于突破概算、增大工程造价的主要因素，因此要在对比分析中列为重点去考核。在对具体项目进行具体分析时，究竟选择哪些内容作为考核重点，则应因地制宜，依竣工项目的具体情况而定。

### 12.5.2　竣工决算的编制

（1）竣工决算的原始资料

竣工决算的原始资料包括：

1）工程竣工报告和工程验收单；

2）工程合同和有关规定；

3）经审批的施工图预算；

4）经审批的补充修正预算；

5）预算外费用现场签证；

6）材料、设备和其他各项费用的调整依据；

7）以前的年度结算，当年结转工程的预算；

8）有关定额、费用调整的补充规定；

9）建设、设计单位修改或变更设计的通知单；

10）建设单位、施工单位会签的图纸会审记录；

11）隐蔽工程检查验收记录。

(2) 编制竣工决算的有关规定

编制竣工决算有如下规定:

1) 竣工决算应在竣工项目办理动用验收后一个月内编好;

2) 由建设单位编制竣工决算上报主管部门，其中有关财务成本部分，应送开户银行备查签证;

3) 每项工程完工后，施工单位在向建设单位提出有关技术资料和竣工图纸，办理交工验收应同时编制工程决算，办理财务结算;

4) 施工单位应该负责提供给建设单位编制竣工决算所需施工资料部分;

5) 竣工决算的内容按大、中型和小型建设项目分别制定。

(3) 竣工决算的编制方法与步骤

根据经审定的竣工结算等原始资料，对原概预算进行调整重新核定各单项工程和单位工程造价。属于竣工项目固定资产价值的其他投资，如建设单位管理费、研究试验费、土地征用及拆迁补偿费等，应分摊于受益工程，随同受益工程交付使用的同时，一并计入竣工项目固定资产价值。竣工决算的编制，主要就是进行竣工决算报表的编制、竣工决算报告说明书的编制等工作，其具体步骤如下。

1) 收集、整理、分析原始资料。从工程开始就按编制依据的要求，收集、清点、整理有关资料，主要包括建设项目档案资料，如：设计文件、施工记录、上级批文、概（预）算文件、工程结算的归集整理，财务处理、财产物资的盘点核实及债权债务的清偿，做到账表相符。对各种设备、材料、工具、器具等要逐项盘点核实并填列清单，妥善保管，或按照国家有关规定处理，不准任意侵占和挪用。

2) 对照、核实工程变动情况，重新核实各单位工程、单项工程造价。将竣工资料与原设计图纸进行查对、核实，必要时，可实地测量，确认实际变更情况；根据经审定的施工单位竣工结算等原始资料，按照有关规定对原概（预）算进行增减调整，重新核定工程造价。

3) 经审定的待摊投资、其他投资、待核销基建支出和非经营项目的转出投资，按照国家的规定严格划分和核定后，分别计入相应的基建支出（占用）栏目内。

4) 编制竣工财务决算说明书。按要求编制，力求内容全面、简明扼要、文字流畅、说明问题。

5) 认真填报竣工财务决算报表。

6) 认真做好工程造价对比分析。

7) 清理、装订好竣工图。

8) 按国家规定上报审批，存档。

### 12.5.3　竣工项目资产核定

竣工决算是办理交付使用财产价值的依据。正确核定竣工项目资产的价值，不但有利于建设项目交付使用以后的财务管理，而且可以为建设项目进行经济后评估提供依据。

根据财务制度规定，竣工项目资产是由各个具体的资产项目构成，按其经济内容的不同，可以将企业的资产划分为固定资产、流动资产、无形资产和其他资产。资产的性质不同，其计价方法也不同。

(1) 固定资产价值的确定

1) 固定资产的内容

竣工项目固定资产，又称新增固定资产、交付使用的固定资产，它是投资项目竣工投产后所增加的固定资产价值，它是以价值形态表示的固定资产投资最终成果的综合性指标。竣工项目资产价值的内容包括：

① 已经投入生产或交付使用的建筑安装工程价值；

② 达到固定资产标准的设备工器具的购置价值；

③ 增加固定资产价值的其他费用，如建设单位管理费、施工机构转移费、报废工程损失、项目可行性研究费、勘察设计费、土地征用及迁移补偿费、联合试运转费等。

从微观角度考虑，竣工项目固定资产是工程建设项目最终成果的体现。因此，核定竣工项目固定资产的价值，分析其完成情况，是加强工程造价全过程管理工作的重要方面。

从宏观角度考虑，竣工项目固定资产意味着国民财产的增加，它不仅可以反映出固定资产再生产的规模与速度，同时也可以据以分析国民经济各部门的技术构成变化及相互间适应的情况。因此，竣工项目固定资产也可以作为计算投资经济效果指标的重要数据。

2) 竣工项目固定资产价值的计算

竣工项目固定资产价值的计算是以独立发挥生产能力的单项工程为对象的，当单项工程建成经有关部门验收鉴定合格，正式移交生产或使用，即应计算竣工项目固定资产价值。一次交付生产或使用的工程，应一次计算竣工项目固定资产价值；分期分批交付生产或使用的工程，应分期分批计算竣工项目固定资产价值。

① 在计算中应注意以下几种情况：

A. 对于为了提高产品质量、改善劳动条件、节约材料消耗、保护环境而建设的附属辅助工程，只要全部建成、正式验收或交付使用，就要计入竣工项目固定资产价值；

B. 对于单项工程中不构成生产系统但能独立发挥效益的非生产性工程，如住宅、食堂、医务所、托儿所、生活服务网点等，在建成并交付使用后，也要计算竣工项目固定资产价值；

C. 凡购置达到固定资产标准不需安装的设备、工器具，应在交付使用后，计入竣工项目固定资产价值；

D. 属于竣工项目固定资产价值的其他投资，应随同受益工程交付使用的同时一并计入。

② 交付使用财产成本，应按下列内容计算：

A. 房屋、建筑物、管道、线路等固定资产的成本，包括：建筑工程成本；应分摊的待摊投资；

B. 动力设备和生产设备等固定资产的成本，包括：需要安装设备的采购成本；安装工程成本；设备基础支柱等建筑工程成本或砌筑锅炉及各种特殊炉的建筑工程成本；应分摊的待摊投资；

C. 运输设备及其他不需要安装设备、工具、器具、家具等固定资产和流动资产的成本，一般仅计算采购成本，不分摊“待摊投资”。

3）共同费用的分摊方法。竣工项目固定资产的其他费用，如果是属于整个建设项目或两个以上的单项工程的，在计算竣工项目固定资产价值时，应在各单项工程中按比例分摊。分摊时，什么费用应由什么工程负担，又有具体的规定。一般情况下，建设单位管理费按建筑工程、安装工程、需安装设备价值总额作等比例分摊，而土地征用费、勘察设计费等费用则只按建筑工程价值分摊。

（2）流动资产价值的确定

流动资产是指可以在一年内或者超过一年的一个营业周期内变现或者运用的资产，包括现金及各种存款、存货、应收及预付款项等。在确定流动资产价值时，应注意以下几种情况。

1）货币性资金，即现金、银行存款及其他货币资金，根据实际入账价值核定。

2）应收及预付款项包括应收票据、应收账款、其他应收款、预付货款和待摊费用。一般情况下，应收及预付款项按企业销售商品、产品或提供劳务时的实际成交金额入账核算。

3）短期投资包括股票、债券、基金。股票和债券根据是否可以上市流通分别采用市场法和输入法确定其价值。

4）各种存货应当按照取得时的实际成本计价。存货的形成，主要有外购和自制两个途径。外购的，按照买价加运输费、装卸费、保险费、途中合理损耗、入库前加工、整理及挑选费用以及缴纳的税金等计价。自制的，按照制造过程中的各项实际支出计价。

(3) 无形资产价值的确定

无形资产是指企业长期使用但是没有实物形态的资产，包括专利权、商标权、著作权、土地使用权、非专利技术、商誉等。无形资产的计价，原则上应按取得时的实际成本计价。企业取得无形资产的途径不同，所发生的支出也不一样，无形资产的计价也不相同。财务制度规定按下列原则来确定无形资产的价值：

1）投资者将无形资产作为资本金或者合作条件投入的，按照评估确认或合同协议约定的金额计价；

2）购入的无形资产，按照实际支付的价款计价；

3）企业自创并依法申请取得的，按开发过程中的实际支出计价；

4）企业接受捐赠的无形资产，按照发票账单所持金额或者同类无形资产市价作价；

5）无形资产计价入账后，应在其有效使用期内分期摊销，即企业为无形资产支出的费用应在无形资产的有效期内得到及时补偿。

按照上述原则，下面分别讨论各项无形资产的具体计价方式。

① 专利权的计价

专利权分为自创和外购两类。对于自创专利权，其价值为开发过程中的实际支出，主要包括专利的研究开发费用、专利登记费用、专利年付费和法律诉讼费等各项。专利转让时（包括购入和卖出），其费用主要包括转让价格和手续费。由于专利是具有专有性并能带来超额利润的生产要素，因而其转让价格不按其成本估价，而是依据其所能带来的超额收益来估价。

② 非专利技术的计价

如果非专利技术是自创的，一般不得作为无形资产入账，自创过程中发生的费用，财务制度允许作当期费用处理，这是因为非专利技术自创时难以确定是否成功，这样处理符合稳健性原则。购入非专利技术时，应由法定评估机构确认后再进一步估价，往往通过其产生的收益来进行估价，其基本思路同专利权的计价方法。

③ 商标权的计价

如果是自创的，尽管商标设计、制作、注册和保护、宣传广告都要花费一定的费用，但它们一般不作为无形资产入账，而是直接作为销售费用计入当期损益。只有当企业购入和转让商标时，才需要对商标权计价。商标权的计价一般根据被许可方新增的收益来确定。

④ 土地使用权的计价

根据取得土地使用权的方式有两种情况：一是建设单位向土地管理部门申请土地使用权，通过出让方式支付一笔出让金后取得有限期的土地使用权，在这种情况下，应作为无形资产进行核算；第二种情况是建设单位获得土地使用权是原先通过行政划拨的，这时就不能作为无形资产核算，只有在将土地使用权有偿转让、出租、抵押、作价入股和投资，按规定补交土地出让价款时，应作为无形资产核算。

无形资产计价入账后，其价值应从受益之日起，在有效使用期内分期摊销，也就是说，企业为无形资产支出的费用应在无形资产的有效期内得到及时补偿。

### 12.5.4 工程保修费用的处理

建设工程承包单位在向建设单位提交工程竣工验收报告时，应向建设单位出具质量保修书。质量保修书中应当明确建设工程的保修范围、保修期限和保修责任。

所谓保修，是指施工单位按照国家或行业现行的有关技术标准、设计文件以及合同中对质量的要求，对已竣工验收的建设工程在规定的保修期限内，进行维修、返工等工作。这是因为建设产品在竣工验收后仍可能存在质量缺陷和隐患，直到使用过程中才能逐步暴露出来，如屋面漏雨、墙体渗水、建筑物基础超过规定的不均匀沉降、采暖系统供热不佳、设备及安装工程达不到国家或行业现行的技术标准等，需要在使用过程中检查观测和维修。为了使建设项目达到最佳状态，确保工程质量，降低生产或使用费用，发挥最大的投资效益，业主应督促设计单位、施工单位、设备材料供应单位认真做好保修工作，并加强保修期间的投资控制。

（1）工程保修期的规定

保修的期限应按照保证建筑物合理寿命内正常使用，维护使用者合法权益的原则确定。按照国务院《建设工程质量管理条例》第四十条规定：

1）基础设施工程、房屋建筑的地基基础工程和主体结构工程，为设计文件规定的该工程的合理使用年限；

2）屋面防水工程、有防水要求的卫生间、房间和外墙面的防渗漏，为5年；

3）供热与供冷系统，为2个采暖期、供冷期；

4）电气管线、给水排水管道、设备安装和装修工程，为2年。

其他项目的保修期限由发包方与承包方约定。

建设工程的保修期，自竣工验收合格之日起计算。

（2）工程保修费的处理办法

保修费用是指对建设工程在保修期限和保修范围内所发生的维修、返工等各项费用支出。保修费用应按合同和有关规定合理确定和控制。基于建筑安装工程情况复杂，不如其他商品那样单一，出现的质量缺陷和隐患等问题往往是由于多方面原因造成的。根据《中华人民共和国建筑法》的规定，在保修费用的处理问题上，必须根据修理项目的性质、内容以及检查修理等多种因素的实际情况，区别保修责任。保修的经济责任应当由有关责任方承担，由发包人和承包人共同商定经济处理办法。因此，在费用的处理上，应分清造成问题的原因以及具体返修内容，按照国家有关规定和合同要求与有关单位共同商定处理办法。

1）勘察、设计原因造成保修费用的处理

勘察、设计方面的原因造成的质量缺陷，由勘察、设计单位负责并承担经济责任，由施工单位负责维修或处理。按合同法规定，勘察、设计人应当继续完成勘察、设计，减收或免收勘察、设计费并赔偿损失。

2）施工原因造成的保修费用处理

施工单位未按国家有关规范、标准和设计要求施工，造成质量缺陷，由施工单位负责无偿返修并承担经济责任。建筑施工企业违反该法规定，不履行保修义务的，责令改正，可以处以罚款。

3）设备、材料、构配件不合格造成的保修费用处理

因设备、建筑材料、构配件质量不合格引起的质量缺陷，属于施工单位采购的或经其验收同意的，由施工单位承担经济责任；属于建设单位采购的，由建设单位承担经济责任。至于施工单位、建设单位与设备、材料、构配件供应单位或部门之间的经济责任，应按其设备、材料、构配件的采购供应合同处理。

4）用户使用原因造成的保修费用处理

因用户使用不当造成的质量缺陷，由用户自行负责。

5）不可抗力原因造成的保修费用处理

因地震、洪水、台风等不可抗力造成的质量问题，施工单位和设计单位都不承担经济责任，由建设单位负责处理。

## 复习思考题

1. 试述施工阶段工程造价控制的程序。
2. 试述工程费用计划的作用和编制方法。
3. 工程价款结算有哪些方式?
4. 简述各种费用的结算程序。
5. 如何对工程变更及其价款进行控制?
6. 何为索赔，如何进行索赔费用的计算?
7. 简述竣工决算的内容和编制方法。

# 13 建设项目全寿命费用管理

建设项目全寿命周期是指项目从构思构想、投资决策、规划设计、项目采购、工程施工、投入使用和运营，直到项目报废拆除所经历的全部时间。建设项目全寿命管理，是指通过项目前期的策划和设计，综合考虑建造、运营直至拆除的全寿命周期的项目优化，以及项目决策、实施、使用各阶段协调和控制，以使项目在预定的时间和投资范围内顺利完成，达到所要求的工程质量标准，满足项目投资者、经营者以及最终用户的需求；通过项目使用或运营期对物业设施的管理和财务控制、空间协调和运营维护，以使建设项目增值，创造尽可能好的效益。

建设项目全寿命周期管理的目标之一，就是为了实现项目生命周期内的费用最低，从而达到提高投资效益的目的。

## 13.1 建设项目全寿命费用

在建设项目的实施过程中，建设参与各方在进行决策时所关注的重点各有不同。例如，对于某一商业项目的开发而言，项目开发商关心的是“建设项目在何时、何地建设最好”，项目投资商关心的是“资金投入到哪个项目收益最大，需要多久才能得到收益，将来资产转售可以得到多少收益”，业主或运营者关心的是“运营成本如何才能最低”，所有这些相互影响的问题实际上指向同一个目标：建设项目全寿命周期费用。

(1) 建设项目全寿命费用的含义

有关全寿命周期费用的表述较多，比较常用的有：全寿命周期费用的概念指一个设备或者系统在其全生命周期各个阶段，包括开发、购买、使用、保存、维护维修以及残值最终处理所产生的费用总和；美国项目管理学者 Harold Kerzner 将全寿命周期费用定义为“某一产品全寿命周期所需的全部费用，包括研究、开发、生产、运营、维护和报废等所有费用”；美国联邦采购学会出版的采购术语表中给出的全寿命费用概念，是指一个建筑物、系统或产品在全部生命周期内发生费用的总和，而一个项目的全部费用包括：开发费用、购买费用、日常使用费用、维修维护费用和残值（如果存在）。

综上所述，建设项目全寿命费用，是指从建设项目构思策划到建成投入使用，直至项目寿命终结的全过程中所发生的一切可直接体现为资金耗费的投入总和，包括项目的建设费用和运行费用。

（2）建设项目全寿命费用的特点

建设项目全寿命费用具有如下特点。

1）多主体性

多主体性主要体现在建设项目的全寿命周期费用涉及的主体较多，包括企业、社会和消费者等。企业主要包括投资人、开发商、材料设备供货商及中介咨询企业等；社会即是公共大众，其代理人是政府；消费者即是项目的购买者和用户。

2）多阶段性

建设项目各阶段的费用具有各自的特点，并在整个寿命周期内具有不同的地位，包括费用主体、费用内容、费用控制措施等都有各自的独立性，且各阶段的费用又相互联系、相互影响。寿命周期费用等于各个阶段费用的总和，但是寿命周期费用并不是各个阶段费用的简单相加，特别是前一阶段发生的费用往往影响后一阶段所发生的费用。

3）复杂性

传统的项目建设只关注建设期的费用，而全寿命周期费用不仅关注建设期费用，还要关注建设项目运行阶段和拆除阶段的费用。传统建设项目的费用只涉及业主或者投资者的费用，全寿命周期费用不仅涉及业主或者投资者的费用，还要涉及公众成本和消费者成本（又称使用成本）。传统建设项目费用控制的对象是工程造价，从全寿命周期的角度来说，其相当于是对建设阶段的费用控制。严格意义上讲，传统建设项目费用控制的内容又小于建设阶段的成本控制，因为其不考虑公众成本和其对后期成本的影响。另一方面，传统建设项目费用控制只是对工程造价的控制，而对各个阶段费用之间的相互影响和整个寿命周期费用的考虑较少。建设项目全寿命周期费用影响因素分析的对象范围更广，费用影响因素的类别更加丰富。费用影响因素分析不仅仅是对建设项目决策阶段和实施阶段费用影响因素的分析，而且还包括建设项目使用、运营及维修阶段的费用影响因素分析。费用影响因素分析对象范围的扩大，使得费用影响因素比传统的分析繁多和复杂。比如，分析时需要考虑由于使用维修方式引起的费用变化等。

4）系统性

建设项目全寿命费用控制除了沿用建设项目传统费用控制的方法外，主要引入系统控制思想，这是全寿命周期费用的系统性所决定的。建设项目全寿命费用控制除包括传统的建设项目费用控制因素外，还包括建设项目使用成本控制和延长建设项目使用寿命以达到节约社会资源目标的控制因素，是多个相互联系和制约的控制要素构成的有机整体。

（3）建设项目全寿命费用的分类

建设项目全寿命费用是指从项目设想策划到建成投入使用，直至项目寿命终结全过程所发生的所有费用，包括建设费用（成本）和运行费用（成本）。

1）全寿命费用按时间分类

建设项目全寿命费用按时间进行分类，可以分为初始费用和未来费用（图13-1）。初始费用即是建设项目的投资建造所需的总费用。未来费用即项目建成投入使用以后，所需的运营及其管理费用，其又分为两类，即一次性费用和重复性费用。一次性费用，包括改建费用和大修费用等；重复发生的费用，包括运行费用、维护费用、修理费用和管理费用等。

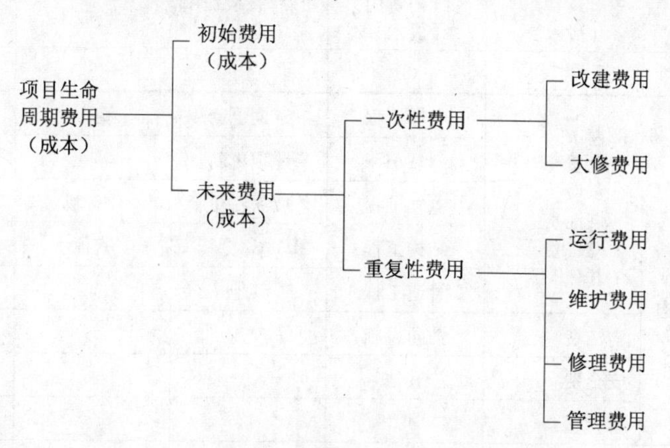


图13-1 按时间分类的建设项目全寿命期费用

2）全寿命费用按要素分类

建设项目全寿命周期费用按要素进行分类，可以分为建设费用和使用费用（图13-2）。建设费用即为初始费用，是项目建设投资的总费用。使用费用，即项目使用期间需发生费用，包括替换费用、运行和维护费用等。

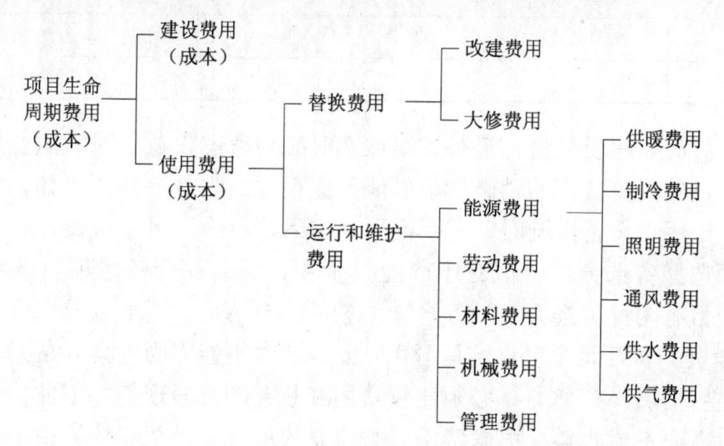


图13-2 按要素分类的建设项目全寿命费用

建设工程项目存在很大的差异性，不同类型的建设项目，各类费用的构成是不同的，每一类费用所占比例也不相同。因此，全寿命费用管理控制的侧重点、风险点、不确定因子和年度开支等也就各不相同。这就要求在进行全寿命期费用管理时，所建立的计算模型必须要有合适的费用分类，从而便于研究和决策。以商业办公楼建设项目为例，全寿命费用（包括收入）的分类，可以如表 13-1 所示。

**商业办公楼项目全寿命费用（收入）分类　　表 13-1**

| 初始投资费用（成本） | 运营费用（成本） | 维护费用（成本） | 更新/替换费用（成本） | 运营收入 | 残值回收收入 |
|---|---|---|---|---|---|
| ① | ② | ③ | ④ | ⑤ | ⑥ |
| 土地购置成本 | 能源费<br>·电费<br>·水费<br>·燃油费<br>·燃气费<br>·其他 | 电梯工程 | 定期更新 | 租金 | 出售 |
| 置业成本 | | HVAC | 屋顶更新 | 零售 | 报废 |
| 试运营成本 | | 电气工程 | 外墙涂料更新 | 停车场 | 其他 |
| 专业服务成本<br>·建筑师、结构工程师等专业工程费<br>·律师费 | | 结构工程 | HVAC 更新 | 其他 | |
| | | 管道工程 | 其他 | | |
| | 清洁费 | 消防设施 | | | |
| | 安全费 | 其他 | | | |
| | 管理费 | | | | |
| 施工成本<br>·现场总体费<br>·建筑工程费<br>·安装工程费 | 租赁支出 | | | | |
| | 固定支出 | | | | |
| | 其他 | | | | |
| 促销成本 | | | | | |
| 资金成本 | | | | | |
| 管理成本 | | | | | |
| 其他 | | | | | |

当然，对商业建设项目在进行方案比选时必须考虑收益。因为商业建设项目是以盈利为目的，总费用的稍微变动可能产生很大的收益差别。例如，将全寿命费用管理理论用于设备采购时，并不需要考虑运营收入，可以直接比较费用总净现值，从而选择备选方案；但对于商业投资项，需要综合考虑项目的费用和收益。如某项目有两种备选方案，方案 A 总投资 100 万元，总收益是 150 万元，而方案 B 总投资 110 万元，总收益是 180 万元，此时不能因为方案 A 的总费用小于方案 B 而选择方案 A，此时，必须比较费用和收益的总净现值。因此，在将费用进行分类时需要考虑收益，根据费用分类建立的现金流模型和计算模型同样需要考虑项目的收益。

## 13.2 全寿命费用管理

全寿命费用管理理论（Life Cycle Costing，LCC）最初是来自典型的工程经济评价方法。工程经济分析的范围包括建设项目的规划、设计、施工、运营维护和残值回收。LCC 分析是一项以费用为核心的工程经济分析法，其目的就是在多个可替代方案中，选定一个全寿命周期内成本花费最小的方案。在可持续发展的背景下，全寿命周期费用理论日益受到关注和重视。

### 13.2.1 全寿命费用管理理论的发展

20 世纪 70 年代以前，大部分建设项目的投资人、开发商和专业人士在进行项目投资决策时往往只是基于建设项目的投资成本。

20 世纪 70 年代之后，LCC 概念在一些发达国家如美国、英国、澳大利亚等国开始普及。从 1975 年到 1989 年，LCC 技术迅速发展并达到高潮，无论是政府机构还是私人部门都投入一定的财力进行 LCC 的研究开发，LCC 技术被广泛应用到各个领域，如汽车、航空、计算机软件、制造业、商业投资、电信、医疗以及建筑业等。这一阶段所发表的文献对 LCC 理论的各个方面进行了比较深入的研究，包括费用的分解、估算、建模、修正、分析以及评估。20 世纪 80 年代，美国材料实验协会（ASTM）开发了一个系统性的评估软件 ASTM E 917-89 & BLCC 和国家数据库 UCI & UNIFORMAT，用以开展 LCC 的应用。然而，经过多年的实践运用后，人们发现采用 LCC 技术并没有获得预期经济收益，把 LCC 技术应用到大型工程项目如医院、大学建设等，效果并不显著。很快研究人员就发现，项目的不确定因素越多、工程越复杂，所得出的结果就越不可靠。1991 年，D. J. Ferry 和 Roger Flanagan 在他们的著作《LCC 一个基本方法》中提出，把建设工程项目的全寿命周期划分为 11 个阶段（图 13-3），包括投资意向研究、可行性研究、施工图设计、设计审查、政府审批、投标报价、合同管理、调试、竣工后评估、运营及维护、报废或更新，如此，研究人员可以把精力集中到其中一个阶段，这样就大大减小研究中的不确定因素，这种方法使 LCC 技术的应用得到极大改观，直到现在也仍然被广泛采纳。1999 年，美国总统克林顿签署政府命令，各州所需的设备采购及工程建设项目，必须有 LCC 报告，没有 LCC 估算、评价，一律不得批准。同年，以英国、挪威为首的 50 多个国家和地区代表组建了 LCC 专业组织。2005 年，美国斯坦福大学推出全寿命周期成本分析指导书，全面介绍全寿命周期费用分析方法，将 LCC 理论继续向前推进和发展。

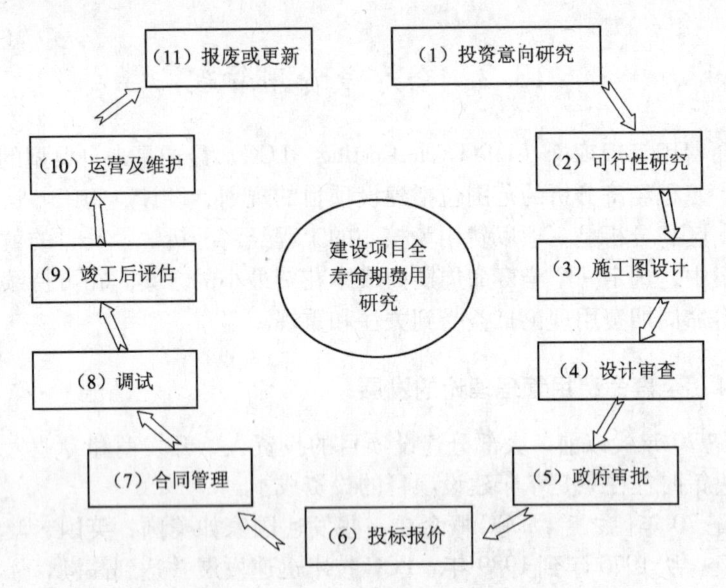


图 13-3 建设项目全寿命周期阶段分类

### 13.2.2 全寿命费用管理的含义

全寿命费用管理是一种实现工程项目全生命周期，包括建设期、运营期和拆除期等阶段总造价费用最小化的方法。它综合考虑工程项目的建造成本和运营成本，从而实现科学决策，以便在确保质量及满足使用功能的前提下，实现降低项目全生命周期成本的目标。

(1) 相关表述

关于工程项目全寿命造价管理思想与方法的核心概念及其定义，根据对相关文献资料的归纳和整理，可以得到如下几种表述。

1) David Chappell 在《建设合同词典》(A Building Contract Dictionary) 中对 LCC 理论的表述是：它是一项技术，起源于英国工料测量师研究与发展委员会的研究工作，由英国皇家特许测量师学会于 1983 年 7 月正式提出，通过研究建筑物整个生命期的总费用来评估和比较各个可选方案，从而获得最佳的长期成本收益。

全寿命造价管理是工程项目投资决策的一种分析工具，是用来选择决策备选方案的数学方法。这一表述，给出了全生命周期费用管理的思想和方法，在工程项目投资决策、可行性分析和项目备选方案评价等项目前期工作阶段中，作为一种决策思想和支持工具的地位和作用。实际上，在任何一个工程项目的决策过程中，不管是自觉的还是不自觉的，人们都必须考虑工程项目全生命周期的成本，从 20 世纪 30 年代起就已经开始使用的工程项目投资动态评价方法等，已经包含有考虑整个项目生命周期成本的思想。只是这些方法对于全寿命费用管理的考虑是不自觉的和不全面的。全寿命费用管理的新思想和新方法可以指导人们自觉地、全面地从工程项目全生命周期出发，综合考虑项目的建造成本和运营与维护成本，从而实现更为科学合理的投资决策。

2）全寿命费用管理是建筑设计的一种指导思想和手段，可以计算工程项目整个服务期内直接的、间接的、社会的、环境的所有成本（以货币值），以确定设计方案的技术方法。这一表述，指出了在建筑设计阶段，作为一种设计指导思想和指导建筑设计与建材选择的方法、手段的地位和作用。全寿命费用管理的思想和方法，是指导设计者自觉地、全面地从项目全生命周期出发，在确保设计质量的前提下，综合考虑工程项目的建造成本和运营与维护成本，实现更为科学的建筑设计和更加合理的选择建筑材料，实现降低成本的目标。

3）全寿命费用管理是一种实现包括建设期、使用期和翻新与拆除期等阶段在内总造价最小化的方法。这一表述，从工程项目全生命周期的阶段构成和从"实现工程项目全生命周期总造价的最小化"出发，指出全寿命费用管理思想和方法不能只局限于工程项目建设前期的投资决策阶段和设计阶段，还应该进一步在施工组织设计方案的评价、工程合同的总体策划和工程建设的其他阶段中使用，尤其是要考虑项目的运营与维护阶段的成本管理。由此可知，全寿命费用管理不仅需要在工程项目造价确定阶段中使用，而且还应该在工程项目造价控制阶段中使用。

（2）全寿命费用管理的内涵

将上述对于全寿命费用管理定义的不同描述加以归纳，可以发现，这种费用管理方法的根本出发点是要求人们从工程项目全生命周期出发去考虑造价和成本问题。其中，最关键的是要实现工程项目整个生命周期总成本的最小化。可以说，全寿命费用管理是工程造价管理中的一种更为先进的指导思想和方法。

传统的工程造价管理只是涉及建设项目的投资建设费用（成本），不考虑项目建成投入使用以后的运营和维护费用。对于一般的项目而言，建成后未来的运营和维护费用要远远大于建设费用，而且项目初始费用的大小对项目未来运营和维护费用的大小会产生重要影响，尤其建设项目的前期和设计工作。可以说，建设项目的前期和设计阶段决定了项目生命周期内80%的成本，项目的预计投资量及运营成本量，取决于项目规划和设计的结果。有时，较高建设费用可能会使项目未来运营和维护费用的大幅度降低，从而带来项目在全生命周期内费用的降低。

因此，全寿命造价管理不仅要考虑项目的建设费用，而且还要考虑未来的运营和维护费用，自建设项目的决策阶段开始，就将一次性建设费用与未来运营和维护费用加以综合考虑，使得项目的一次性建设费用与运营维护费用取得最佳平衡（图13-4）。

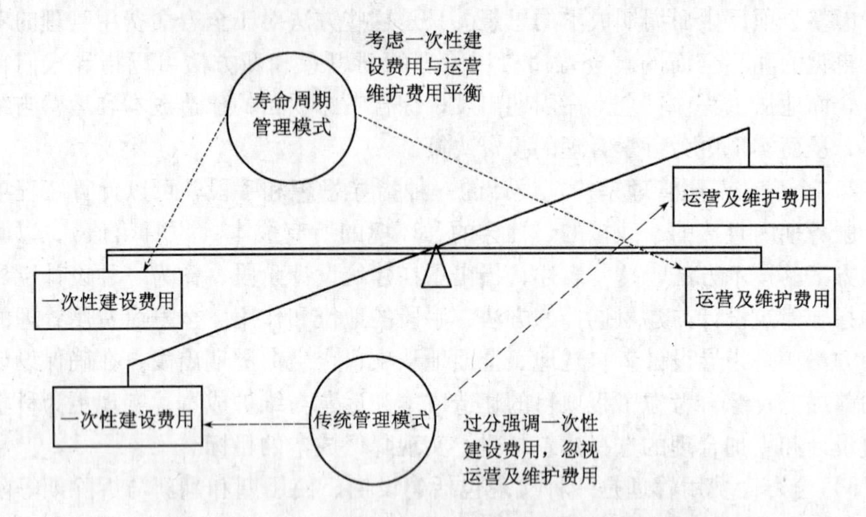


图 13-4　项目一次性建设成本与运营维护成本的平衡

建设项目全寿命费用管理是项目投资决策的一种分析工具，是用来选择决策备选方案的数学方法。同时，它也是工程设计的一种指导思想，可以计算工程项目整个生命期直接的、间接的、社会的、环境的所有费用，据此以确定设计方案。它也是一种实现工程项目全生命周期包括建设期、使用期和翻新与拆除期等阶段在内的总费用最小化的方法。建设项目全寿命造价管理模式的核心思想是将一个项目的建设期费用和项目运营期费用进行综合考虑，即建设项目全生命周期费用等于项目建设期的费用加上项目运营期的费用。通常，应该设法通过科学的设计和计划，使建设项目全生命周期费用得到优化。

这一建设项目费用管理思想的核心，是通过综合考虑项目全生命周期中建设与运营这两个方面的费用，争取努力实现项目价值的最大化，即以较小的全生命周期费用去实现项目的建设和运营。由于如此，可以在项目功能和产出不变的情况下，实现全生命周期成本的最小，所以就可以实现项目价值的最大化，其内涵可用图 13-5 表示。

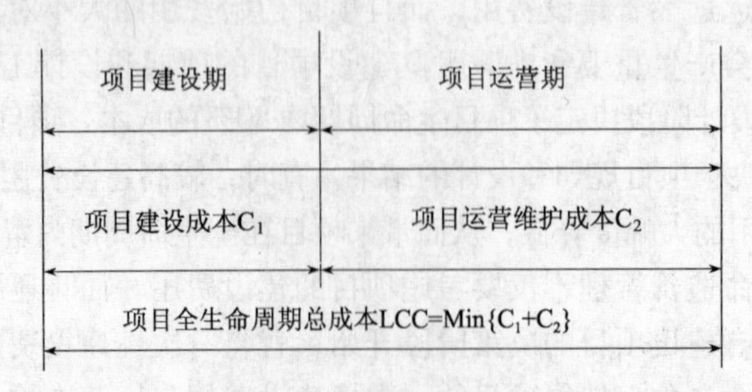


图 13-5　建设项目全生命周期费用（成本）管理示意图

### 13.2.3 建设项目全寿命费用管理的特点

建设项目全寿命费用管理要求从项目全生命周期出发，考虑费用和成本问题，它覆盖了工程项目的全生命周期，考虑的时间范围更长，也更合理。全生命周期成本分析，综合考虑项目的建造成本和运营与维护成本，从多个可行性方案中，按照生命周期成本最小化的原则，选择最佳的投资方案，实现更为科学合理的投资决策。工程项目全寿命费用管理的思想和方法，可以指导设计人员综合考虑工程项目的建造成本和运营与维护成本，进行更为科学的建筑设计、合理地选择建筑材料，以便在确保设计质量的前提下，实现降低项目全生命周期成本的目标。工程项目全寿命费用管理的思想和方法，可以在综合考虑全生命周期成本的前提下，使施工组织设计方案的评价、工程合同的总体策划和工程施工方案的确定等方面，更加科学合理。全寿命费用管理的思想与方法，可以在全生命周期的各个环节上，通过合理的规划设计，采用节能和节水等设施，选用节约型、无污染的环保建材，加强可回收物的收集和储存，实施施工废物处理、一次性装修到位等措施，在生命周期成本最小化的前提下，达到环保和绿色的目的，提高工程项目建设的社会和环境效益。

全寿命费用管理的特点主要如下。

（1）全寿命费用管理研究的时域是建筑物的整个生命周期，包括决策阶段、设计阶段、实施阶段、竣工验收阶段和运营维护阶段，而不只是建筑物的建设阶段。

（2）全寿命费用管理的目标是建设项目整个生命周期总成本的最小化。生命周期成本包括建设造价以及未来的运营和维护成本。

（3）全寿命造价管理包括生命周期成本分析和生命周期成本控制两个内容。生命周期成本分析用来计算建设项目的生命周期成本，在计算时常常采用折现技术，即把未来的成本折合成现在的费用。生命周期成本分析主要用在建设项目的投资决策阶段，作为建设项目投资决策的一种分析工具。生命周期成本分析还可以用在设计、实施和运营维护等阶段，用来作为设计方案、施工方案和运营维护方案等方案选择的工具。生命周期造价控制是指在建设项目整个生命周期的各个阶段对全生命周期成本加以控制，确保全生命周期各个阶段成本目标的实现。

### 13.2.4 建设项目全寿命费用管理各阶段工作

建设项目全寿命费用管理贯穿建设项目的整个生命周期，时间跨度非常长，而且各个阶段的内容也不尽相同。因此，必须首先对全生命周期费用管理的全过程进行合理的阶段划分。根据项目费用管理的具体情况，按照项目实施的时间推移顺序，以职能为主要划分标准，可以把建设项目全生命周期划分为以下几个阶段：决策阶段、设计阶段、采购阶段、施工阶段、竣工验收阶段和运营维护阶段。各个阶段的职能和工作内容的侧重点都是不同，对项目的全生命周期成本的影响也不一样。在项目建设过程中，应用全生命周期费用管理的理论和方法，开展各个阶段的费用管理工作。

（1）建设项目投资决策阶段的主要任务，是对拟建项目进行策划，对其可行性进行技术经济分析和论证，从而作出是否进行投资的决策。投资决策的依据是在所有外部条件因素都相同的情况下，生命周期成本最小的方案为可选择的方案。

（2）影响工程投资主要的因素是在设计阶段，而全寿命费用管理的重点在于，重视运营的费用投资，以运营为导向，对设计阶段进行控制。我国传统的全过程造价管理的范围仅仅局限于竣工验收阶段之前，并不涉及后期的运营与维护管理。相比之下，广义的全寿命费用管理则能全面考虑到一个建筑产品从产生到报废整个过程中的经济效益，社会效益和环境效益。全寿命费用管理的理论与方法，有助于在建设项目设计阶段即进行方案的优化，从源头上控制项目的投资成本。

设计阶段是费用管理的重点，仅就工程造价费用而言，进行工程造价控制就是以投资估算控制初步设计工作；以设计概算控制施工图设计工作。如果设计概算超出投资估算，应对初步设计进行调整和修改。同理，如果施工图预算超过设计概算，应对施工图设计进行修改或修正。要在设计阶段有效地控制工程造价，是从组织、技术、经济、合同等各方面采取措施，随时纠正发生的投资偏差。在设计阶段，要考虑地点、能源、材料、水、室内环境质量和运营维护等因素。同时，如果有多个设计方案，则需要进行设计方案的优选，设计方案优劣的标准就是生命周期成本最小化。

（3）采购阶段的费用管理，招投标阶段的工程造价管理，是以工程设计文件为依据，结合工程施工的具体情况，参与工程招标文件的制定，编制招标工程的标底，选择合适的合同计价方式，确定工程承包合同的价格。投标时分为技术标和价格标，在进行技术标的评价的时候不仅要考虑建设方案还有考虑未来的运营和维护方案，这两者均优的方案才是最好的技术方案。在评价价格标的时候，评价的依据应该由原先的建设成本最低变为建设项目生命周期成本最低。

（4）施工阶段的造价管理一般是指建设项目已完成施工图设计，并在完成招标阶段工作和签订工程承包合同以后，造价工程师在施工阶段进行工程造价控制的工作。施工阶段工程造价控制是把计划工程造价控制额作为工程造价控制的目标值，在工程施工过程中定期地进行工程造价实际值与目标值的比较，确保工程造价控制目标的实现。在施工阶段，需要编制资金使用计划，合理地确定实际工程造价费用的支出；以严格的工程计量，作为结算工程价款的依据；以施工图预算或工程合同价为控制目标，合理确定工程结算，控制工程进度款的支付；严格控制工程变更，合理确定工程变更价款。在工程项目实施阶段，要在全生命周期费用管理思想和方法的指导下，综合考虑建设项目的全生命周期成本，使施工组织设计方案的评价、工程合同的总体策划和工程施工方案的确定等更加科学合理。

（5）竣工验收阶段，是确定最终建设造价和考核项目建设效益，办理项目资产移交，进行各阶段造价对比和资料整理、分析、积累的重要阶段，也是项目建设阶段的结束、运营维护阶段开始的节点，是综合检验决策、设计、施工质量的关键环节。要着力做好建设项目投资的确定、工程施工质量的评定、生产操作人员的培训等项工作，为项目进入正式生产运营打下良好的基础。

（6）在运营和维护阶段，要制定合理的运营和维护方案。运营和维护方案分为长期方案和短期方案，运营和维护方案的制订要以生命周期成本最低为目标。运营维护阶段的费用管理是指在保证建筑物质量目标和安全目标的前提下，通过制定合理的运营及维护方案，运用现代经营手段和修缮技术，按合同对已投入使用的各类设施实施多功能、全方位的统一管理，为设施的产权人和使用人提供高效、周到的服务，以提高设施的经济价值和实用价值，降低运营和维护成本。

## 13.3 建设项目全寿命费用分析技术

全寿命周期费用管理的基本思想已经存在有100多年，较早涉及全寿命费用管理理论的著作是由 Eugene L. Grant 于1930年出版的《工程经济原理》一书。第二次世界大战期间，美国国防部便建立起全寿命费用分析系统，用于武器和武器辅助系统制造决策分析。全寿命费用分析（Life Cycle Cost Analysis，LCCA）概念由美国国防部在20世纪60年代提出，并于1971年在《Directive 5000.1：主要防御系统采购规范》中明确给出，指出 LCCA 是伴随着武器系统不断复杂化和高科技化而发展起来的一种技术，这种技术大大细化了武器系统在全寿命周期各个阶段如训练、维护、技术更新和日常使用的费用。在应用这种技术时，购买一套武器系统将不再是以初始最低投标价为标准来判定是否购买，而是以全寿命周期费用最小的投标价为最优报价。

在建设领域，过去的业主、设计单位和承包商往往主要关心一个建筑物的初始造价，LCC 概念和 LCCA 方法并没有得到充分重视，这样便不能得到一个在费用（成本）上最为优化的结果。20世纪70年代，不少学者就提出只考虑初始造价而忽视全寿命周期费用，会对项目规划、设计和建造产生的不利影响，指出只考虑初始成本会产生的巨大缺陷。图13-6形象地表示了只考虑初始成本的巨大危害和不足，即如果业主仅仅关注建设费用，如同只是看到海面上的冰山一角，若不考虑建筑物未来运行成本和维修维护成本等因素，项目可能蕴藏着巨大风险。LCCA 正是为解决这个问题而开发的一套选择优化实施方案的有效方法。

Roger Flanagan 给出了一个两阶段的 LCCA 过程，在第一阶段主要给出所有可能的供选择的方案；在第二阶段则是对所有可能方案进行 LCCA 计算。

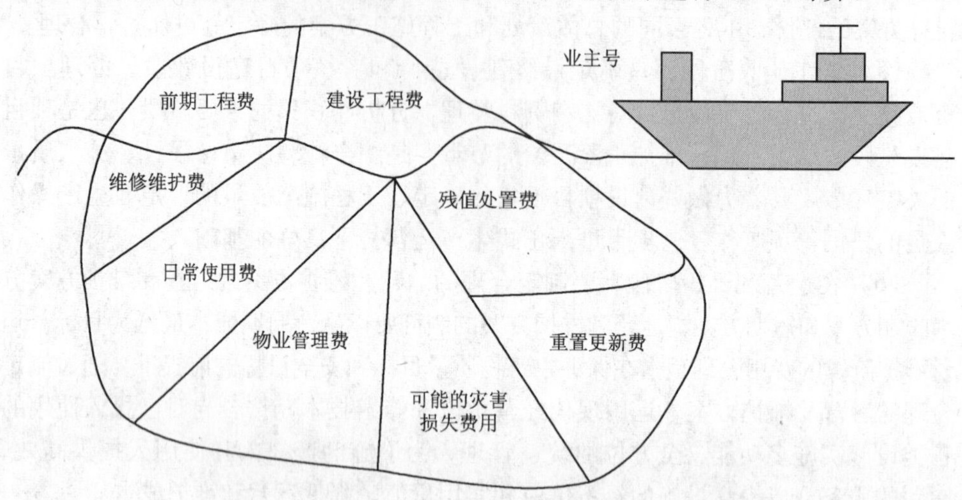


图 13-6　全寿命周期费用中的初始费用和未来费用

Macedo. Jr. 列出了 9 个步骤的全寿命费用分析模型，如图 13-7 所示。

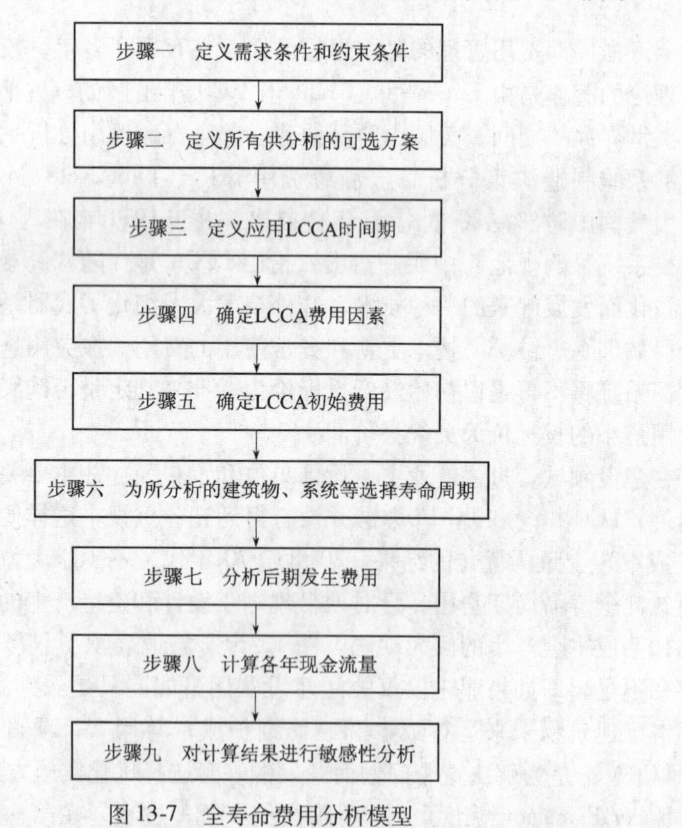


图 13-7　全寿命费用分析模型

美国建筑师联合会（American Institute of Architects，AIA）给出了两种不同的三阶段全寿命费用分析方法，如图 13-8 所示。

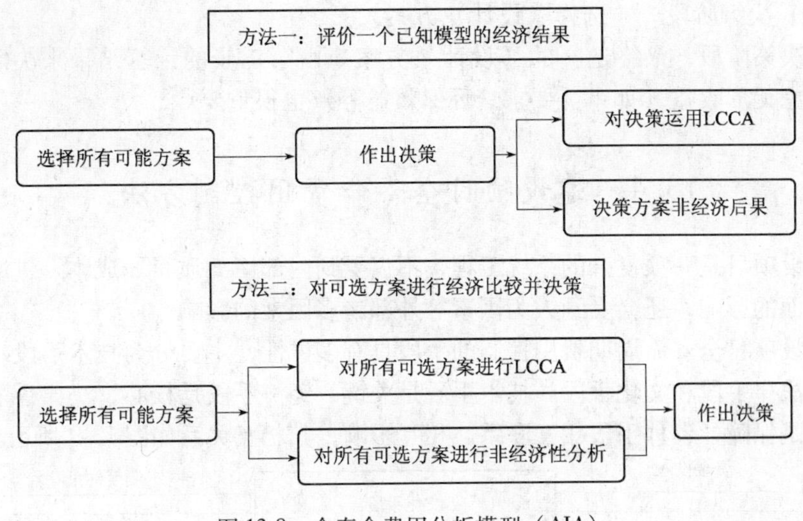


图 13-8 全寿命费用分析模型（AIA）

Dell Isola 把 LCCA 和价值工程（VE）相结合，给出了一个更为复杂的模型。这个模型把 LCCA 全过程分为了四个不同阶段，即选择研究领域、研究所有可能方案、设计方案评价和设计方案选择。

通过以上分析以及归纳总结，可以发现，LCCA 各种分析方案无论有多少步骤，都可以归纳为以下四个部分。

(1) 定义阶段——选择合适研究领域或研究阶段

为了节约时间和减少资源浪费，明确定义出整个工程项目最有潜力节约资源的环节或者阶段，是十分重要的。LCCA 应该主要关注那些少数的对整个工程全寿命费用有着巨大影响的部分或者阶段。

(2) 发展阶段——分析所有可能（设计）方案

这个阶段主要是分析给出所有可能的（设计）方案，这些（设计）方案将用于第三阶段的（设计）方案评价。

(3) 评价阶段——评价所有（设计）方案

方案评价阶段是个重要阶段，这个阶段分析结果对最终方案选择具有决定性影响，主要分为两个步骤：

第一步，通过经济分析方法，计算所有可供选择方案的全寿命周期费用，包括选定折现率、生命周期长度等；

第二步，进行风险分析。由于全寿命周期是一个较长阶段，未来实际情况和现在进行决策评价时所预想情况可能会不一致，这样必然会对最终分析结果产生影响，因此，有必要对 LCCA 所产生的结果进行风险分析。常用风险分析方法包括敏感性分析、盈亏平衡分析、期望值分析和蒙特卡洛模拟分析等。

(4) 决策阶段——选择（设计）方案

在决策阶段，最终选择的（设计）方案应由第三步的计算结果来决定。当然，考虑无形收益（如审美要求、环保效益等）也很重要。

## 13.4　建设项目全寿命费用控制方法

建设项目是一项复杂的系统工程，不仅受到内部诸如质量、成本、进度、安全等方面的影响，还会受到人为因素等外部诸多因素的影响。

建设项目全寿命周期费用控制的手段具有多样性，主要分为技术手段、经济手段、法律手段和文化手段。技术手段是关键，经济手段是核心，法律手段和文化手段是保障，各种手段相互联系，相互影响，其相互关系如图 13-9 所示。

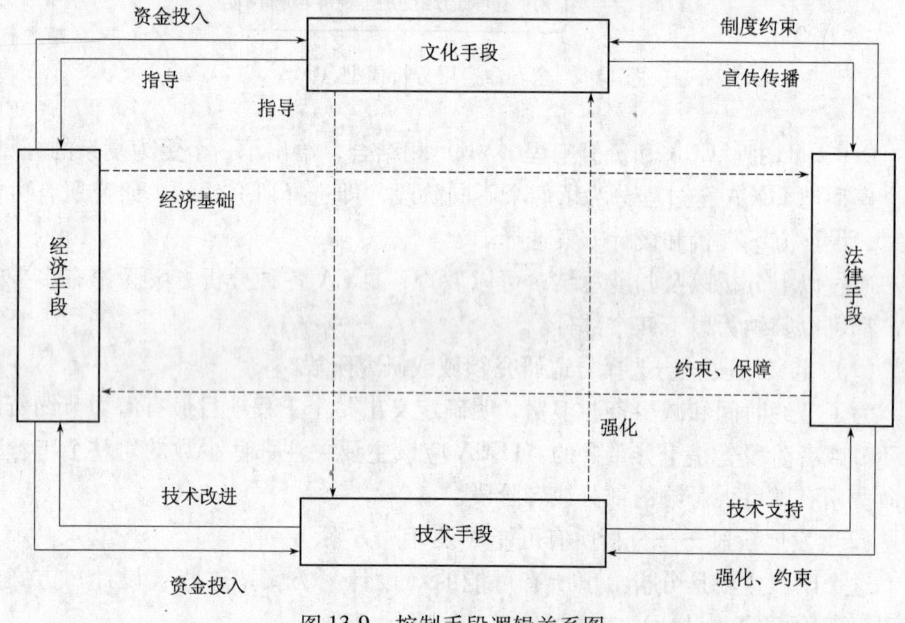


图 13-9　控制手段逻辑关系图

(1) 技术手段

建设项目全寿命周期费用控制的目的是实现建设项目在其全生命周期内费用最优。因此，采用先进的技术措施，技术和经济相结合，确定科学合理的技术，以技术优势取得建设项目全寿命周期成本最优化。一般而言，技术可以分为硬技术和软技术。硬技术主要是建设项目的方案设计技术、施工技术等；软技术主要是指项目管理技术、方案比选技术等。

（2）经济手段

建设项目全寿命周期费用控制本身就是一项经济工作。建设项目全寿命周期费用控制的经济手段包含两个方面的层次。第一个层次是对建设项目各个阶段的费用进行控制，通过对各个阶段的费用控制，才能有效地实现全寿命周期费用控制的目标。第二层次是通过经济激励手段促使费用主体积极地对寿命周期成本进行控制。

（3）法律手段

法律手段是通过相关的法律、法规、政策进行建设项目全寿命周期费用控制。建筑市场中不同的利益主体具有不同的成本观，对待全寿命周期费用的态度也不同。一般而言，要降低建设项目的运行费用，必将增加项目的建造费用。在市场经济条件下，建造者并不愿意为了降低运行费用而增加自己的建造费用。但是，对于全社会而言，进行建设项目全寿命周期费用控制有利于节约社会的整体资源。因此，应制定相关的法律法规、政策条例、行业标准等，以利于实现建设项目全寿命周期费用的控制目标。

（4）文化手段

文化手段就是通过文化教育、道德规范等方式规范人的行为。建设项目全寿命费用的影响因素众多，其中人为因素是主要影响因素之一。通过文化手段，一方面可以通过职业教育、职业培训等培育专业队伍，提高建设行业和运行维护从业人员的专业技能和职业素质；另一方面，通过文化宣传和道德约束，提高人们的道德水平、节约的观念和良好的生活习惯，可以有效地控制建设运行费用。

## 复习思考题

1. 什么是建设项目全寿命费用，其有何特点？
2. 简述全寿命费用管理的内涵？
3. 建设项目全寿命费用管理有何特点？
4. 设计阶段项目全寿命费用管理的主要任务是什么？
5. 如何对建设项目全寿命费用进行分析？
6. 简述建设项目全寿命费用的控制措施。

# 14 全面费用管理

全面费用管理（Total Cost Management，TCM）是在项目的全生命周期内，运用专业技术有效制订计划，控制资源、成本、利润和风险的管理理念和方法。全面费用管理可以应用于企业、设施、工程项目、产品或服务，是进行费用管理的系统性技术方法。全面费用管理包含了企业、工程项目、产品或服务的战略资产管理，以及相应的费用管理的思想方法和技术。

## 14.1 全面费用管理的产生

20 世纪 80 年代随着经济的蓬勃生长，产生了大量新的管理理论和管理方法。在制造业、商业、信息业等行业都陆续提出了全面费用管理或称全面成本管理的思想，其核心是用成本效益分析、价值管理、单位与规模成本优化等方法，来分析和解决社会（系统）总成本的优化问题。这些管理理论与方法也被借鉴到工程项目的建设管理中，以更好地对工程费用进行系统性分析与控制。

随着越来越多大型复杂建设工程的出现，工程费用管理的工作内容也发生了变化，原来仅局限于工程费用的确定和狭义控制的工程费用管理，开始向囊括经济分析、风险分析、价值分析、系统分析、项目管理、资源管理、进度管理、质量管理、合同管理、信息技术等综合集成方向发展，从而对一种能与之相适应的新的工程费用管理理论的需求变得迫切起来。1991 年，全面费用管理这一新的概念被提出，美国工程费用管理学会（AACE）的 R. E. Westney 认为："全面费用管理是一个更好地描述当今费用管理专业的范畴、多样性和深度的理念，是一个更好地描述不同行业的管理人员实际所需要的费用管理的方法"。这一概念提出以后，在工程费用管理界引起很大反响，许多专家学者纷纷发表文章进行研究，对全面费用管理的概念和方法进行研讨，积极推动世界范围内对于全面费用管理的理论研究与实践探索。

全面费用管理的产生与发展有其必要性。以前，绝大多数人认为"费用工程师"就是估算费用的人，费用管理工作通常被认为是低等级的技术工作。伴随着动态、快速与多变市场环境的出现，传统的费用估算方法和费用控制的手段与方法已不能适应新的费用管理中的各种新的分析和管理问题。因此一种全新的资产费用管理模式——全面费用管理应运而生。它不仅打破了传统费用管理的局限性，扩展了费用管理的范畴，更是满足了当今信息社会与知识经济时代发展的需求。全面费用管理采用了全面质量管理的PDCA（规划、实施、检查、评价）循环模型，实现了对资产全生命周期费用和资产的控制，及其全过程综合有效的管理。

## 14.2 全面费用管理的含义

1. 全面费用管理的定义

John K. Hollmann 在《Total Cost Management Framework》一书中将全面费用管理定义为："Total Cost Management（TCM）is the effective application of professional and technical expertise to plan and control resources, costs, profitability and risk. Simply stated, TCM is a systematic approach to managing cost throughout the life cycle of any enterprise, program, facility, project, product or service"，即全面费用管理是有效运用专业技术，对资源、成本、利润和风险进行规划和控制。简单地说，全面费用管理是一种费用管理的系统方法，贯穿于企业、任务、设施、项目、产品或服务的全寿命期。全面费用管理是通过在整个费用管理过程中，以费用工程（Cost Engineering）和费用管理（Cost Management）的科学管理理论、已获验证的技术方法和最新的作业技术等作为支持手段而得以实现的。换句话说，全面费用管理是企业用来管理整个生命周期中的战略性资产投资组合成本的做法和流程的总和。

例如，某一房地产开发企业可能在所开发的某一办公楼的整个生命周期内，实施大楼的建造、维修、翻新、直至报废拆除等工作。因此，该房地产开发企业在办公楼生命周期内的每个阶段都需要投入一定的资金。为了有效管理这些投资，该房地产开发企业需要规划和监控经营成本和盈利能力的建设、评估可选投资机会、启动和安排并控制工程的建造与工程的维护改良，等等。这些都属于全面费用管理的范围和任务。

2. 全面费用管理的相关概念

全面费用管理中涉及的相关概念如下。

"费用"，是指对企业资产资源的投资，包括时间、资金、人力和物质资源等。

"全面"，是指全面费用管理中用于管理企业战略性资产的生命周期期间总资源投资的无所不含的方法。

"企业"，可以是任何拥有、控制或者经营战略性资产的商业、政府、团体、个人或其他实体。

"战略性资产"，是任何对一个企业有长期或正在实现的价值的独特实物或知识产权的简略表达形式，是指能够为企业带来长期竞争优势的资产，它是一种难以被模仿、被替代、非交易性、积累过程缓慢且符合市场需求的资产。对于大多数费用工程师来说，“战略性资产”等同于“资本资产”，但是，“战略性资产”一词更具包容性。对战略性资产投资须通过对项目或方案的执行来达成。项目也指对创造、修改、维护或者撤销某一战略性资产作出努力的一个过程。资产可能指一栋建筑物，一个工厂，一个软件程序，或一阶段的生产。另外，产品和服务也可能被视为战略性资产，因为在产品和服务产生之前，必须进行项目研究、开发和设计等工作。

3. 全面费用管理与其他领域的关系

全面费用管理是一个整合的过程，不仅反映了费用工程的实践领域，还涉及与项目管理、资源管理、管理会计领域之间的联系。其中，全面费用管理提供了一个独特的技术角度，这在一般的只重视财务费用问题的方法中难以看到。图14-1说明了着重在项目管理与项目控制上的全面费用管理是如何同时关注产品与资本成本，项目与业务工作流程以及各种资源管理的。换句话说，它是如何对“费用”进行“全面管理”的。

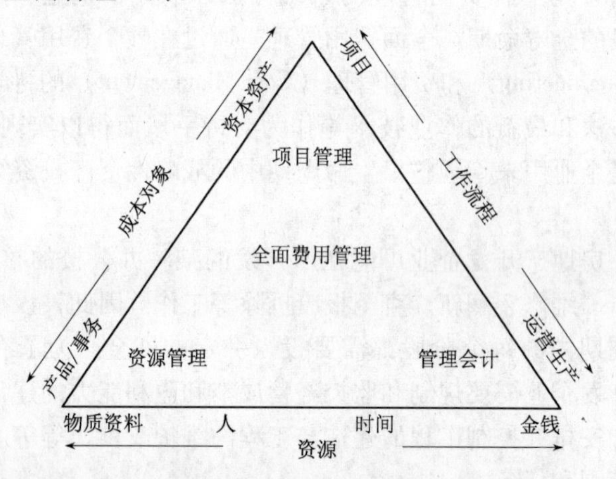


图14-1　全面费用管理在费用管理领域内的地位

现代项目管理模式的不断发展，已经能够更好地进行项目前期进程、项目组合及基于企业组织和整体战略集成等的管理。但是，这种模式中仍然不包括生产经营管理成本等其他全面费用管理中提到的成本。其中，就生产经营成本来说，这项成本一直是资源管理和管理会计领域的重心。而资源管理在企业资源管理系统（ERP）上的发展，以及管理会计在基于活动的成本计算上的发展都已纳入全面费用管理的范畴之中。总之，全面费用管理的独特之处正在于它整合了成本管理的所有领域，是一种最实用具体的技术方法。

## 14.3 全面费用管理框架

全面费用管理是一个以质量为核心和驱动的过程模型，采用通用的流程管理方式来制定整个管理流程，即一个流程由一系列的投入和产出所组成，并伴随着将投入转变成产出的机制。这就等于描画了全面费用管理的全过程。这种转化机制又被称为工具，技术或子过程。全面费用管理的投入和产出，主要的构成是数据和信息。全面费用管理框架是 TCM 这一思想方法和系统技术的结构表述。

全面费用管理的框架结构如图 14-2 所示，主要包括实施全面费用管理的基础流程、在全面费用管理过程中起主要作用的功能性流程，以及为做好全面费用管理的保障流程。功能流程包括战略资产管理与项目控制过程，这两者构成了全面费用管理的主要工具，是全面费用管理流程中的重要技术支持。保障流程起到了辅助优化的作用，使得功能性流程能够在基础流程中更好地发挥作用。基础流程、功能流程和保障流程三者密不可分，在全面费用管理中共同发挥作用。

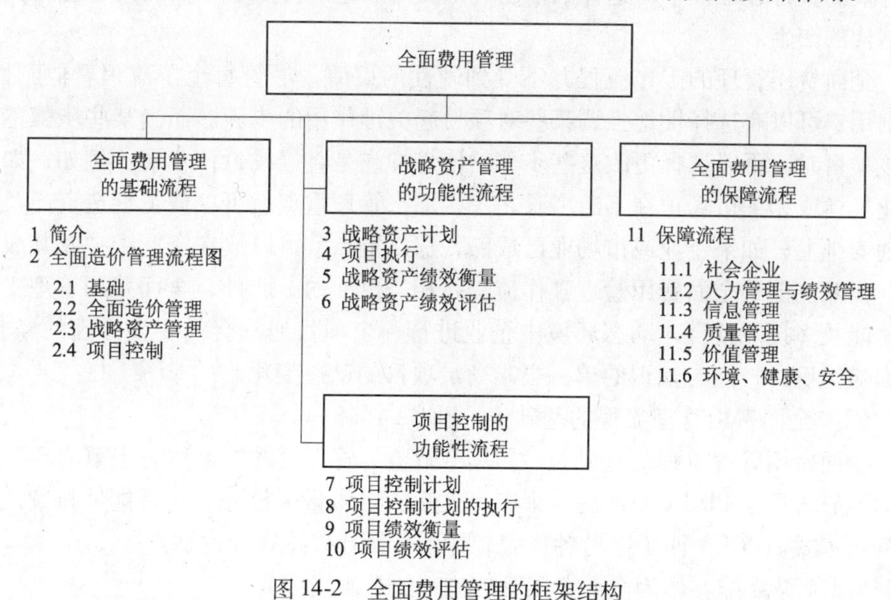


图 14-2 全面费用管理的框架结构

## 14.4 全面费用管理的基本方法

全面费用管理与传统的围绕标准定额展开的管理方法最大的不同，就在于全面费用管理主要是依照工程费用管理的客观规律和现实需求，对费用或成本进行全面的管理。工程费用的确定依据和影响工程费用的因素，均处于不断变动的状态，若以相对静态的标准定额来管理工程费用，必然会与实际情况发生偏差，不利于反映费用管理的成果。因而全面费用管理实时掌握工程费用各影响因素的变化，并对此作出相应的响应予以调控。全面费用管理过程之中的所有子过程及其结果都要接受评估，只有符合要求的才能进入下一过程，否则重新进行。这就是全面费用管理的基本理念与方法。

这种方法主要通过全面费用管理流程图来体现，而全面费用管理流程图中包含了两个主要的控制过程，即战略资产管理流程与项目控制流程。

(1) 全面费用管理的基本原则

企业管理层一直孜孜不倦追求的就是提高生产力和产品质量，这就要求企业能够确定其日常工作流程，并且使之不断改进。此外，随着数字化时代的出现和发展，企业并购、收购、重组，以及同时带来的不断的中止、解构与重生等经常发生。从表现上看，这些活动看似是较混乱的过程，而实际上带来的确是不断的创新与竞争。持续不断地质量改进过程与顺应时代发展的创新与改变，都需要一个有效的整合过程技术对这样的活动提供支持，这就促成了全面费用管理及其框架结构的产生。

全面费用管理的工作流程并不受到硬性的束缚，尽管每个子流程看似刚性，实则用户可以有选择性地强调某些对项目起关键作用的步骤。而当某些步骤不适合该项目时，可以选择更改这些步骤的信息抑或是直接跳过该步骤。例如，如果企业规模或相关市场正在不断增长之中，那么管理重点就可以放在创造资产及其规划安排上；如果企业或市场业已成熟，那么重点就可以放在资产维护及其成本上。实践也证明全面费用管理工作流程是相当灵活的。此外，全面费用管理支持多功能及多技能整合，动态环境中企业进行一个项目通常会需要多方面的经验、技术与知识，技能与知识的单一很难满足项目的动态变化。

(2) 全面费用管理流程的基础——PDCA 循环

全面费用管理流程的基础是“PDCA 循环”管理模式，也称为“戴明环”或“休哈特循环”。PDCA 循环是一个广为人知的以质量为核心，并且能够持续改进的管理模式。PDCA 四个字母各代表着计划，执行，检查和评估。

PDCA 循环能够作为全面费用管理流程的基础是因为：

- PDCA 循环已经过实践证明是有效的管理模式；
- 能够以质量为核心进行管理；
- 本身就具有周期性，非常适用于成本管理流程。

PDCA 循环在全面费用管理中包括以下几个步骤：

- 计划（Plan）—对资产解决方案或项目中的活动进行计划；
- 执行（Do）—启动并执行项目与计划；
- 检查（Check）—审查资产及项目进行情况；

• 评估（Assess）—评估项目的绩效与计划的差异，并采取行动改善这种差异，使之与计划相一致甚至优于计划。

这些步骤伴随着活动和时间的推进不断循环重复，直至资产或项目的生命周期完成。PDCA 循环的步骤如图 14-3 所示。

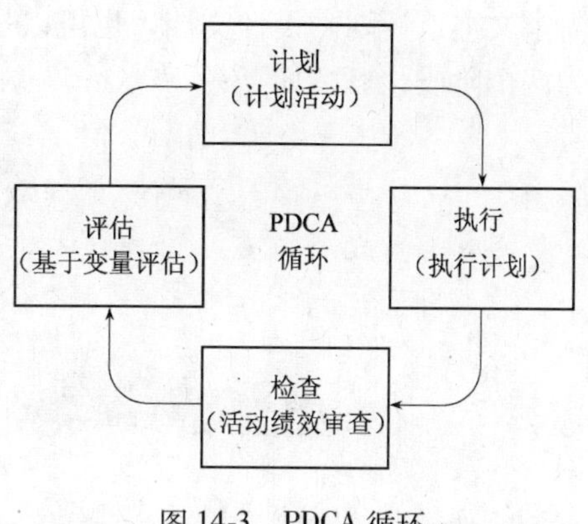


图 14-3 PDCA 循环

PDCA 循环的步骤中，“检查”这一步一般是以计划为重心的管理系统中常缺乏的重要元素。PDCA 循环的意义在于，对项目中的活动进行绩效审查从而得知发展的情况，及时分析其改进方案，伴随着资产、项目在生命周期内的不断进展，在循环重复中达到资产和项目实施的更高水平。

（3）资产生命周期

PDCA 循环伴随着资产和项目的生命周期不断重复。这里的“生命周期”指的是资产或项目的寿命期内的所有阶段，各个阶段都是连续过程的组成部分，并且能够为整个过程交付中间成果。

资产投资是通过对项目的资产规划，创建，运营，修改和终止等的实施来达到的，即资产投资是建立在资产生命周期的基础之上，要做好资产投资工作，势必要先使资产生命周期不断优化。资产生命周期有明确的起始点与终点，处理过程并不是直线进行的，资产通常会因为不断产生的新想法而得到优化，其过程是以曲线进展的不断优化的过程。一项战略性资产的生命周期可分为五个阶段，具体如下：

① 构思——发掘对某一新资产或更优资产的需求；评估、研究、开发和定义可选的资产解决方案，并从中选择最佳的资产解决方案；

② 创建——通过实施项目或方案来创建或者执行资产解决方案；

③ 运营——将该资产投入使用，使其发挥功能或是生产力；

④ 改进——通过项目或方案的执行修改或者重新使用资产；

⑤ 终止——通过项目或方案的执行，终止一项资产的运营，或者终止其在企业的资产组合中的计入。

资产生命周期全过程如图 14-4 所示。

（4）项目生命周期

在资产生命周期中，项目是对资产的规划，创造，修改或完成所进行的一项临时性工作。项目也有明确的起始点和终点。资产生命周期中的运营阶段一般不作为项目工作，不过在资产的运营阶段可能有许多项目参与维护、搬迁、修改、修复、优化或以其他方式提高资产的效用。项目生命周期的每个阶段都能产生至少一项可交付成果，这些成果成为下一阶段的投入或资源。可交付成果可以是一个需求文档、计划、设计文档，也可以是模型等。大部分项目的生命周期可以归纳为四个阶段，概括如下：

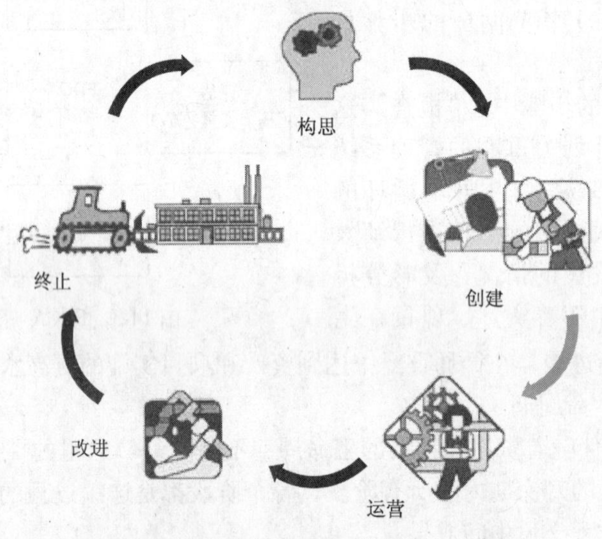


图 14-4 资产生命周期

① 构思——按项目总体要求，项目小组为执行项目而评估可选方案并从中选择最优战略；

② 计划——制定出能够符合战略要求的项目计划；

③ 执行——通过实施项目活动来完成计划；

④ 完成——对资产或成果进行审查并最终移交用户，并将可用于将来项目构思的经验等记录归档。

这些阶段都是递归的，意味着每一个阶段本身可能就是一个项目并且能产生中间成果，但并不是最终的资产。例如，构思阶段有一个生命周期，包括构思的开始，构思的进行过程和构思过程的完成。一个递归阶段的完成通常能够收获一个成果，带来一个决策点。如果该成果没有通过高阶管理审查，就会被退回进行修改或者项目可能会因此而终止。

虽然生命周期内的项目过程是按顺序进行的，但其通常会有一定程度上的重叠，如可通过并行工程、快速路径这类有阶段高度重叠的项目战略，实现周期内项目进度的加快。

（5）生命周期中的持续改进

PDCA 循环（图 14-3）和传统的资产或者项目生命周期图（图 14-4），并不能充分说明随着时间推移产生的变化，或是持续不断改进的状况。如图 14-3 和

14-4 所示，PDCA 循环和资产或项目在生命周期内，始终是从最后终点返回到出发点，或者始终遵循一个从开始到结束的顺序，展开工作。而实际情况是，每一个 PDCA 循环的重复过程中，资产组合、项目表现或是项目运行情况均在不断地改进，并不是复回到原来的状态。一项资产的生命周期中，可能会有多个项目来实施对资产的优化。同样，一个项目也会经过许多次的设计反复迭代，项目的创新可能又会带来资产性能或实施进度上的飞跃。

资产或项目在生命周期中的这样一个不断改进的过程如图 14-5 所示，图中的横轴线表示项目随时间或各阶段推移的整个生命周期，而图中的螺旋形主要阐释了针对一个项目的生命周期进行全面费用管理的过程。螺旋形的表示法也是为了突出表达 PDCA 过程在项目实施过程中的不断反复迭代，从而在项目生命周期的每个阶段获得不同的可交付成果。如果把轴线设为资产生命周期实施过程，该图就可表示为不断优化的资产生命周期。

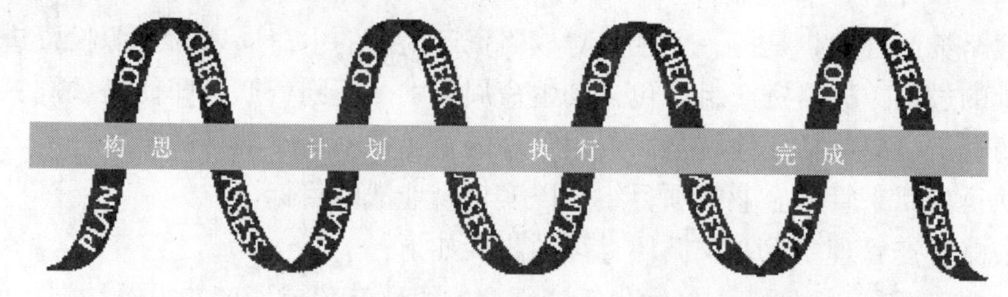


图 14-5　PDCA 循环在项目生命周期内全面费用管理的应用

## 14.5　全面费用管理流程

如前所述，全面费用管理是企业用来管理战略性资产组合的生命周期费用的技术方法与流程的总和。此外，只有当企业在一个整合的过程中有条理地应用这些技术方法才能使全面费用管理的价值最大化。全面费用管理流程图就是对如何应用这一整合过程的表述。

全面费用管理流程图如图 14-6 所示，用以说明 PDCA 模型如何递归地，即以嵌套的方式应用在全面费用管理之中。首先，是对每一项资产或者资产组合实施全面费用管理的 PDCA 基本流程，然后，对其中的项目或项目组合再实施同样的基本流程。

图 14-6 全面费用管理流程图的两个层次分别称为战略资产管理流程和项目控制流程。项目控制是一个嵌在“执行”这一阶段或称战略资产管理流程中的“项目实施”的递归过程。企业在其生命周期的各阶段会有大量的资产组合，并在每项资产的生命周期内，通过实施多个项目来实现资产整个生命周期的目标。

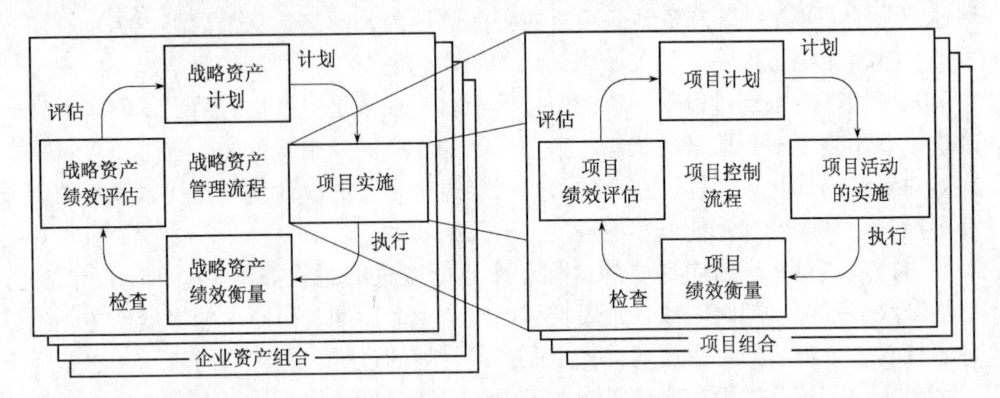


图 14-6 全面费用管理流程图

（1）战略资产管理流程

战略资产管理，是指一个企业对战略资产组合的生命周期的资源投资进行宏观管理的过程。战略资产组合包含其生命周期中的不同资产，即使是如同一个想法般的资产也应包括在内。全面费用管理的重点并不在于项目的日常任务，而是通过执行项目来管理企业的项目组合以实现企业战略目标。

战略资产管理中 PDCA 循环过程的步骤如下：

1）战略资产规划——将优化资产组合的思路转化成资产的投资计划；

2）项目的执行——将投资计划传达给项目团队并执行，项目团队申请所需资源并就项目执行情况进行报告；

3）战略资产绩效衡量——包括经营资产衡量及项目绩效衡量；

4）战略资产绩效评估——与计划比较进行绩效评估，再对其进行调整优化。

战略资产管理的主要步骤及其子过程如图 14-7 所示。

（2）项目控制流程

项目控制是一个嵌在战略资产管理循环过程的“执行”这一步骤的递归过程。项目是企业为创建、改善、维护或终止一项资产而做的临时性的工作。在一个项目的生命周期中，项目团队将各种资源投资到资产上去，待项目完成之时，企业的资产组合就获得了一项新的可用资产。

项目控制过程中涵盖的 PDCA 循环包括：

1）项目规划——将改进项目的想法转化为项目的投资计划；

2）项目活动的实施——将项目计划和要求传达给项目团队并执行；

3）项目绩效衡量——包括对项目的进展及绩效的衡量；

4）项目绩效评估——将计划与绩效衡量的结果进行对比，展开优化活动。

实际上，项目控制流程中许多子过程都与战略资产管理流程中的相同，图 14-8 为项目控制流程的主要步骤及其子过程流程。

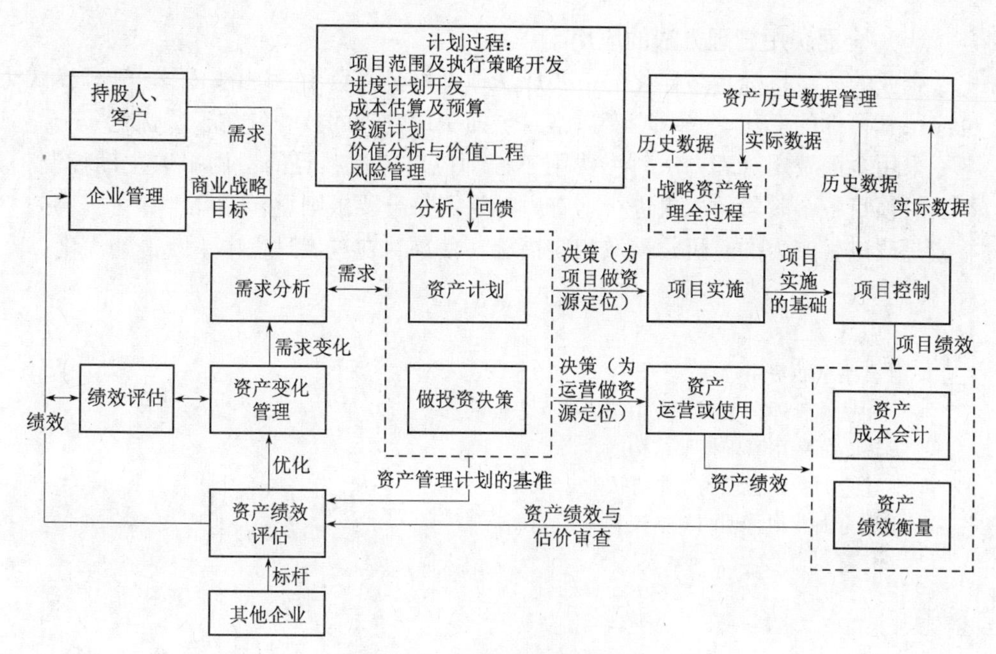


图 14-7 战略资产管理流程图

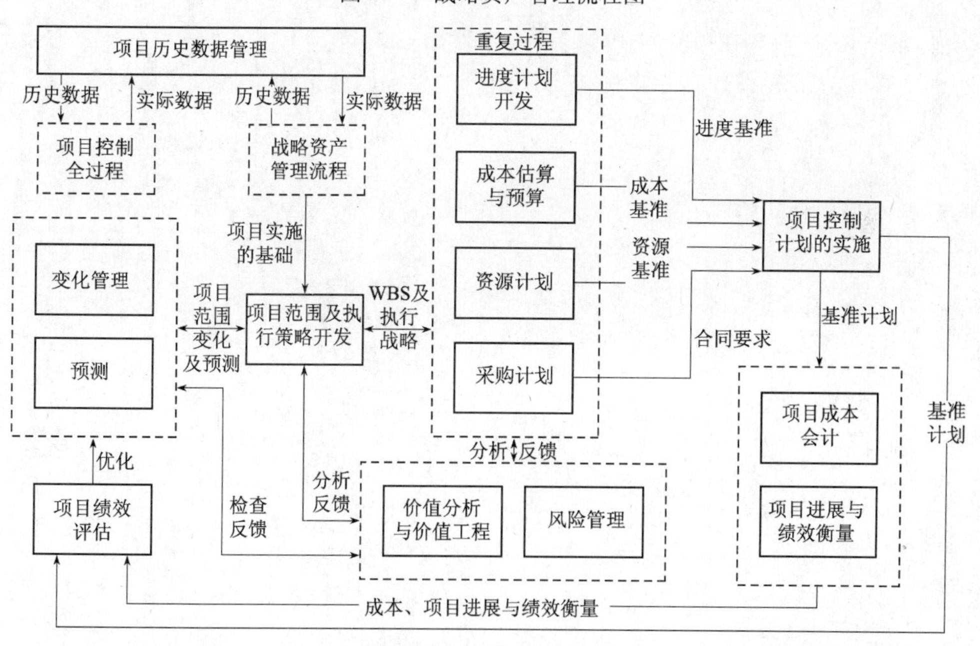


图 14-8 项目控制流程图

由图 14-8 可知，决策分析、价值分析和工程、风险分析和资源规划都是战略资产管理和项目控制流程共有的子过程，这些子过程构成了全面费用管理的主干。

(3) 全面费用管理方法的应用

企业的战略目标是多样化的，要成功地做好全面费用管理的工作，管理模式也应跟着目标的变化，采取应变措施。全面费用管理的核心就在于“优化”。

采用全面费用管理方法时，费用工程师应对工程项目的费用采取主动控制，不断对项目各个阶段的成果进行审查，如果不符合要求则重新循环，在可提高效益或是改进生产力的时机，采取相应措施，使项目在进展过程中不断得到优化。

## 复习思考题

1. 什么是全面费用管理?
2. 全面费用管理在费用管理中的地位是怎样的?
3. 简述全面费用管理框架结构的含义。
4. 试述全面费用管理的基本方法。
5. 试述全面费用管理的基本流程。

# 15 计算机辅助工程造价管理

信息技术是主要用于处理和管理信息所采用的计算机技术和通信技术的总称。它应用计算机科学和通信技术来设计、开发、安装和实施信息系统及应用软件，来辅助解决科学、技术、工程和管理问题。信息技术也常被称为信息和通信技术。

工程造价计算的数据量较大，在计算过程中原始数据及其修改调整比较复杂，如果单纯依靠人工计算和调整，费时费力，应用计算机辅助工程造价计价与管理，可大幅度缩短工作时间，提高准确性，因此得到了广泛应用。

## 15.1 应用领域及其作用

改革开放至今，中国建筑业随着中国经济一起高速增长，行业逐步规范化和国际化。中国的建设工程业主、承包商、咨询公司以及政府，逐渐以国际先进标准来衡量自身工作。而充分利用全球互联网和高速通信技术是提升工程建设与管理水平的必然选择。在造价管理方面，解决工程参与方跨地域合作、公司内部管理、实时信息发布与获取、工程全寿命期管理等问题，都必须充分利用信息和通信技术提供的无限空间和动力。

相对于过去而言，信息技术辅助造价管理在以下多个方面具有无可比拟的优越性。

（1）数据管理

工程计价过程中经常要对原有定额进行修改、补充，形成新的定额以适用于当前的分项工程组成内容，这些定额的修改是依据承包商当前的技术和管理水平而作出的，持续开展此项工作是保持投标竞争力的基本需求，运用计算机辅助处理可提高其工作效率。

另一方面，当前经济发展水平下，在多数工程中材料费占直接费的比重较大，而材料价格随市场变动，对各种工程指标的影响亦较大。对材料价格采用计算机管理，存贮和修改方便，还可辅助预测材料价格走势。

（2）计算与调整

工程计价通过采用定额估算法，计算机可以对原始数据进行处理，快速得出标价，这一点显现出极大的优越性。在计价过程中，投标人根据市场信息及有关的有价值的信息采取某些策略，常对某些分项工程的价格进行调整，例如，采用不平衡策略将某些分项工程的价格降低，而总价保持不变，采用手工调整则非常繁琐，如运用计算机，则方便迅速。

（3）成果分析

计算机对原始数据处理后，不仅能计算出工程造价，而且可以根据需要进行统计分析，生成多种分析成果。例如，工料分析报告、标价组成报告、月（季、年）度工程量（产值）情况报告等。

（4）通信技术提高造价管理效率

使用通信技术可以显著提高造价信息的收集、分析、存储、发布的效率。通过互联网招投标使交易便利化，并降低总交易成本。基于互联网的造价管理信息系统，使工程参与方能够实时获取造价信息，以支持决策制定。通信技术在促进工程参与方高效率合作方面起着基础性作用。

工程项目管理信息系统可以很好地支持工程造价全寿命期管理。不同阶段的造价管理工作性质差异度较大，涉及多企业的多专业工种协作，如果没有通信技术支持，劳动生产率必定受影响。面向全寿命期造价管理问题的信息系统，必须充分利用通信技术。

## 15.2　工程造价管理系统分析

（1）工程造价管理系统组成

工程造价系统可以分为工程造价计算系统、工程投标报价系统、工程造价控制系统等。其中，工程造价计算系统的主要功能是工程概预算，可能还包括投资估算功能。工程投标报价系统以工程成本估计为基础，结合投标策略和市场环境对投标报价进行调整。工程造价计算系统和工程投标报价系统具有大量相同的功能，两者都依赖于定额管理系统。工程造价控制系统主要涉及工程实施前、实施过程中和工程竣工后工程价格的变化，包括合同价的管理、成本计划和成本统计管理、工程结算等。

工程造价系统如图 15-1 所示。

（2）定额系统分析

我国工程定额系统一般由消耗定额、取费定额、估算指标、价格指标等组成，如图 15-2 所示。

1）消耗定额

消耗定额主要指人工、材料、机械台班等的消耗标准，并不涉及费用问题。人工、材料和机械台班的消耗基本上都是从施工定额到预算定额再到概算定额，逐步综合汇总而成。由施工定额到预算定额，由预算定额到概算定额一般可以采用以下数据结构进行存储：

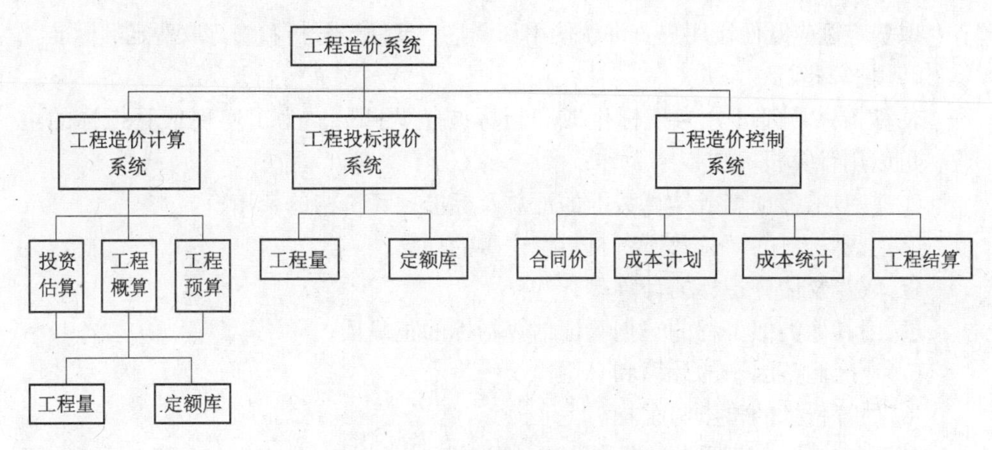


图 15-1 工程造价系统的组成

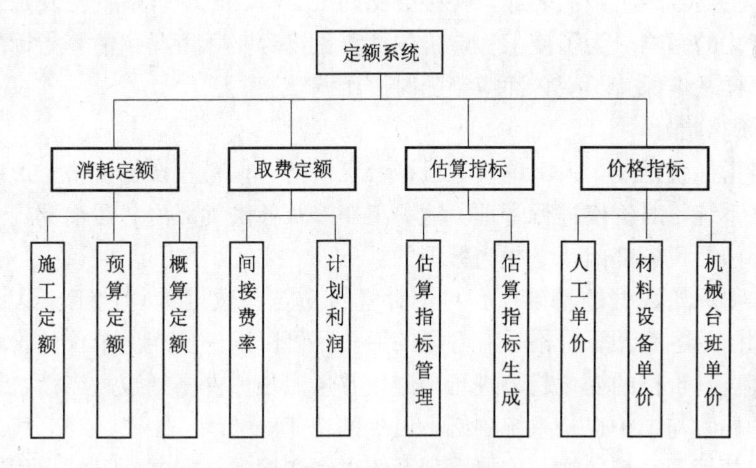


图 15-2 定额系统的组成

① 综合后定额的子目编号；

② 相对应的下一级定额的子目编号；

③ 综合的工、料、机各自的数量；

④ 赋予相应下级子目的加权系数；

⑤ 允许的幅度差。

以这种结构组织的数据文件，每一个综合后的子目对应着若干条记录，分别描述所对应的各个下级定额子目所需要的数量、加权系数和允许的幅度差。

2）取费定额

取费定额一般包括间接费、计划利润等各项费用的费率标准。取费定额可以直接选用当地定额站的“指导性取费标准”，也可以根据市场动态和施工企业管理水平进行调整。

取费定额应既便于用户查询、使用和调整，又便于分析和修订取费定额标准。

3）估算指标

估算指标管理可分为指标生成和指标调整两部分。为了实现估算指标的生成，可以用计算机完成以下工作：

① 典型工程预算或结算数据的汇总及标准预算价格的套用；

② 主要材料的汇总及所占材料费比重的计算；

③ 取费及估算指标的计算；

④ 用其他类似工程的数据验证估算指标的正确性；

⑤ 地区调整因子的计算和套用；

⑥ 估算指标的检索与维护。

所谓估算指标的调整，指的是随时根据具体情况来颁布新的估算指标。由于估算指标主要着眼于金额表述，势必会受到工、料、机的价格变化及建筑安装市场行情变化的影响。为了使工程造价的估算更符合实际情况，估算指标就不应该像定额那样基本保持不变，而应当随时有所调整。

4）价格指标

价格指标就是搜集人工单价、机械台班价格、材料和设备价格，形成及时全面的价格系统，对价格进行管理。这项工作涉及各供货部门、运输部门、国家物价管理部门及税务部门，是相当繁琐的。

在取得原始数据的基础上，可用计算机对这些数据进行加工，从而产生本地、本部门的各种预算价格，有必要的话，还可以进一步产生单位估价表。还可以用计算机对价格的变化趋势进行预测，并生成各种价格指数。当然，对各种价格数据的检索与维护也是系统中必不可少的功能。

与定额管理系统一样，价格管理系统也会在检索功能方面显示出优越性。因此，应该为用户设计多种检索途径。例如：检索某类材料的原价、运费和预算价格，检索各种可替代材料之间的价格差别，检索不同地区预算价格的差别，检索与新型设备系列相同设备的预算价格，等等。由于建筑安装工程的工、料、机种类繁多，所以，必须事先充分考虑适当的响应时间。

为了缩短检索的响应时间，可以把材料分门别类地存储到不同的数据库文件中，再设立若干层目录，由用户先在目录中查找，最后再去存取具体的记录。

工、料、机消耗部分的内容相当多，而且规范性较差。有些子目只对应两项消耗，有些子目的消耗却有数十种之多。因此，各地所采用的数据结构差异比较大。可采用如下的结构：

① 子目号；

② 消耗的工、料、机代号；

③ 消耗的具体数量。

在这种结构中，一条定额子目对应着若干条记录。使用起来十分灵活，也便于检索和维护。当然，子目号这一项具有相同属性的记录太多，将造成较大的冗余，但它在规范化方面却远远优于其他结构。

(3) 工程造价控制系统分析

工程造价控制涉及工程招标投标、工程合同价、成本计划、进度款支付和工程结算等过程和内容。工程造价控制系统可以分为合同原价管理、成本计划和统计管理、工程结算管理三大功能，如图 15-3 所示。

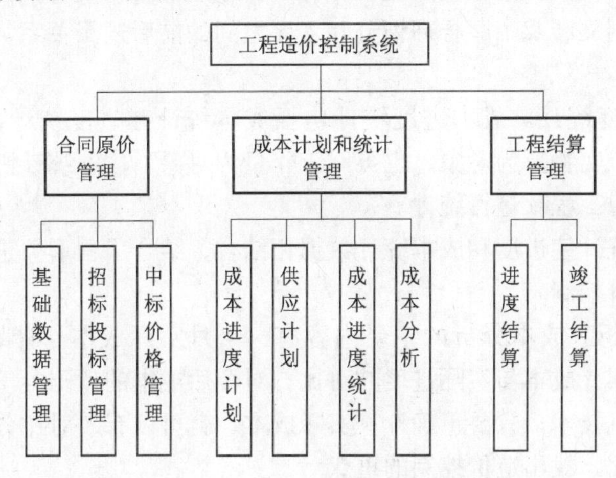


图 15-3 工程造价控制系统组成

计算机辅助工程造价控制，可有以下功能：

- 监督工程成本进度，及时发现问题；
- 分析成本进度曲线，合理安排投入；
- 加强工程横向联系和协调；
- 实现成本动态控制；
- 减轻成本控制工作量。

1) 合同价格管理

工程合同价格主要是经过招标、投标、中标、签订承包合同等步骤逐步明确而形成的。合同价格管理系统不仅需要对招标、投标和合同签订等过程中出现的大量数据进行记录，并且还应对基础数据进行记录。

数据记录后，可以方便将来查询、检查、监督和控制。

2) 工程成本计划和统计管理

工程成本计划和统计管理主要针对工程实施前的成本计划安排和工程实施后的实际成本的统计管理。主要内容包括：

- 成本进度计划；

- 供应计划；
- 成本进度统计；
- 成本分析。

① 成本进度计划和供应计划。成本进度计划和供应计划与进度计划密切相关。根据进度计划的安排以及施工预算，可以计算出每月的工程成本需求和人工、材料和机械设备的需求。随着进度计划的调整，成本进度计划和供应计划应重新编制。

进度计划编制前首先应确定施工方案，然后可以借助于网络计划技术实现。进度计划的编制又涉及工序合理划分和工序之间的前后逻辑关系，属于工程进度控制的范畴。

② 成本进度统计。成本进度统计包括成本统计和进度统计，两者应同步。进度统计主要以实物量为对象，也可以工作量为对象。成本统计则主要针对已完工程价值和已付工程款进行统计。

成本进度统计使进度和成本统计数据相结合，结合工程形象进度，可以极大地方便工程造价控制。

③ 成本分析。成本分析的主要内容有：当月实际成本与计划成本的对比；开工至目前的累计成本与实际进度的对比；对今后成本的预测。

通过计算机技术，只要正确计算实际成本，就可以有效对比分析实际成本与计划成本的变化，找出造价控制的重点。

3）工程结算管理

工程结算是工程造价控制的最后一个环节，全面计算和分析各分部分项工程的实际费用，最后汇总计算工程的实际造价。工程结算管理主要有两种方式：

- 进度结算；
- 竣工结算。

进度结算是按工程完成进度分期结算，大多以按月结算为主。

按月结算时，以每月实际完成的工程量，根据合同付款方式，计算每月工程的实际造价，然后以每月实际造价进行结算。

工程竣工后，应进行竣工结算，核算工程实际总造价。

## 15.3 工程造价计价系统分析

（1）系统总体设计

1）系统设计方案

在系统设计时，根据计算机辅助方式可以将工程预算分为以下三种方案。

① 填写工程量表方式：根据施工图纸，摘取工程量计算的基础数据，填写

相应的初始数据表。把这些数据表输入计算机，由机器自动运算生成预算书。目前已进入实际应用的软件大多采用这种方式。其特点是操作方便、直观、容易掌握，不足之处是预算编制人员填表工作量较重，填写的数据有相当的冗余度，输入数据量也很大。

② 采用统筹法和预算知识库为基础的专家系统：它的优点是预算人员只要将建筑物的平面图形输入计算机内，就能自动计算工程量和套用定额。它适用于建筑轴线为正交矩形的简单的住宅楼或办公楼，对较复杂的建筑工程就难以适应。

③ 计算机辅助设计与预算相结合的系统：在采用计算机设计建筑工程时，对各分项工程图形进行属性定义，当设计完毕，同类分项工程量自动相加，套用定额编制预算书。这种方法编制预算能彻底解决工程量数据的输入工作，提高预算质量，并且根据预算书能及时地分析设计的合理性。

2）系统设计

计算机辅助工程预算系统一般包括建筑工程、安装工程等预算子系统。各子系统间既是相互联系的整体，又是相对独立的子系统。系统模块结构逻辑设计图如图 15-4 所示。

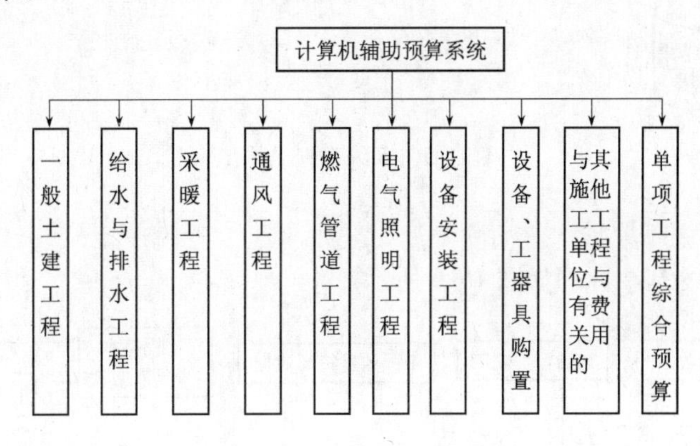


图 15-4 系统模块结构图

建设工程预算是一项项目繁多、计算量大而重复次数多、数据处理复杂的工作。各类定额手册不下几十种，而每类定额手册中所含定额项目就数以千计，再加上具体工程的有关数据，数据之多更是不计其数。为了提高计算机的运行速度，优化内存空间，辅助系统将概预算中的数据分为两大类。

① 动态数据。动态数据是指由具体工程直接决定的、编制概预算所需要的有关数据。如工程的几何尺寸，工程量的大小，人工、材料和机械台班的消耗量，工程造价等数据。

② 静态数据。静态数据是指由国家和地方主管部门颁布的编制概预算的有

关依据。如概算指标、概算定额、预算定额、间接费定额、其他费用取费标准等数据。

静态数据按定额手册顺序和定额项目表层次分为单价、工料机两部分，再把配合比单项列出，把调用频繁的工程名称、工料机名称、计量单位等汉字名称全部独立设置数据库，从而形成系统数据结构逻辑设计图，如图 15-5 所示。

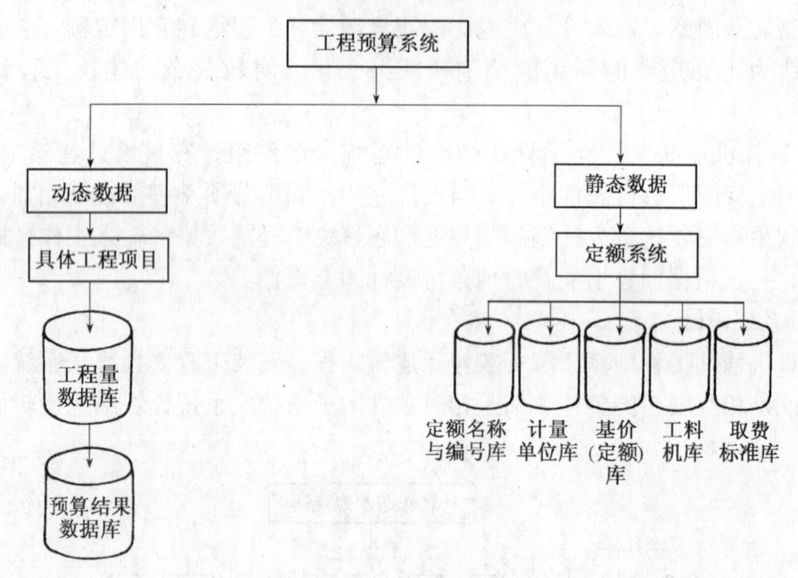


图 15-5　系统数据结构图

（2）预算编制原理

预算编制的基本原理如图 15-6 所示。

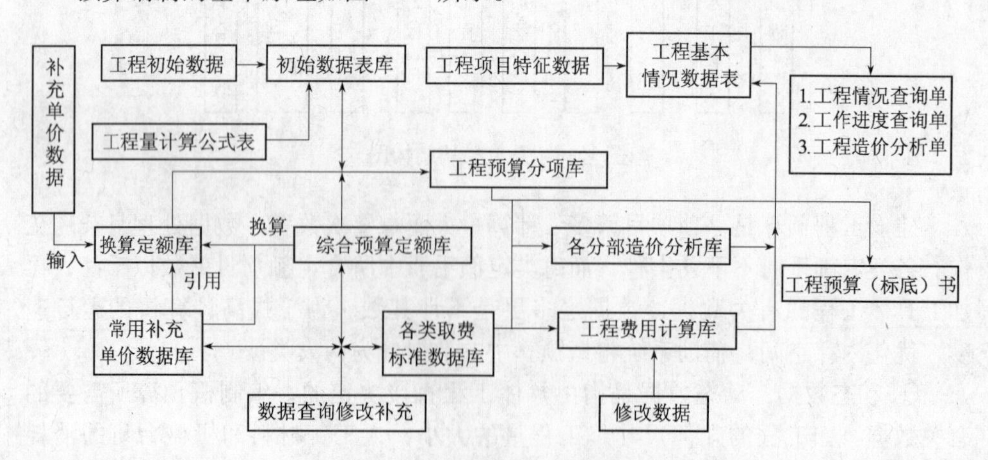


图 15-6　预算系统的基本原理

1）数据输入

首先将待编预算的工程的基本情况数据输入工程项目管理库内存档，然后把本工程所需补充或换算的定额输入换算定额库内，把填写好的初始数据表逐条输入初始数据表库内，在每条数据输入之后，机器根据工程量计算公式表自动计算出工程量并存入相应的初始数据表库的工程量字段内。

2）原始数据处理

全部数据输入完毕后，机器对该初始数据表库进行同定额号项目合并、排序，并从墙身工程量中自动减去相应的门窗面积。

3）费用计算

根据定额编号索引综合定额库或换算定额库，计算合价及工料消耗量，组成工程预算分项库，接着逐条打印分项预算，并把同分部的分项数据累加，组成各分部的造价分析库。全部分项打印完毕后，根据总直接费和费用计算库计算打印费用表。

4）造价分析

最后根据分部造价分析库，打印分部造价及主要材料耗用量分析表。整份预算书生成完毕后，把各类计算结果数据存入相应的项目管理库的记录内，供造价分析用。

（3）工程报价系统

1）工程报价计算方法

工程报价的计算方法主要有三种：工程量计算法、工程类比计算法、模糊数学计算法。

① 工程量计算法。根据招标书提供的工程量清单，按照企业的报价定额或费率，结合现时的材料、人工、机械台班费用计算出基价，再加上各种间接费用和利润就得出了成本价，最后根据投标的形势和企业的策略作相应的调整，决定本次报价，填写标书。由于它的计算准确可靠，投标的风险较小，因而是当前普遍使用的方法。

② 工程类比计算法。按照招标工程的结构类型、装修程度、面积和层数，根据企业施工经验数据，计算出报价这种方法通常用作快速报价，但需要有丰富的工程数据库和准确的类比法。

③ 模糊数学计算法。这种方法正处于研究阶段，将招标工程进行模型化，抽象成数学模型加以量化计算报价。使用这种方法的计算机软件还不多见。

2）工程报价系统总设计

工程报价系统应功能全面，操作方便，界面友善。工程报价系统设计的基础是报价业务流程图和数据流程图。

① 报价业务流程图。

报价业务流程图描述工程投标报价业务中的各种信息流动及处理的全过程，反映各环节上信息的来源和流向（图 15-7）。

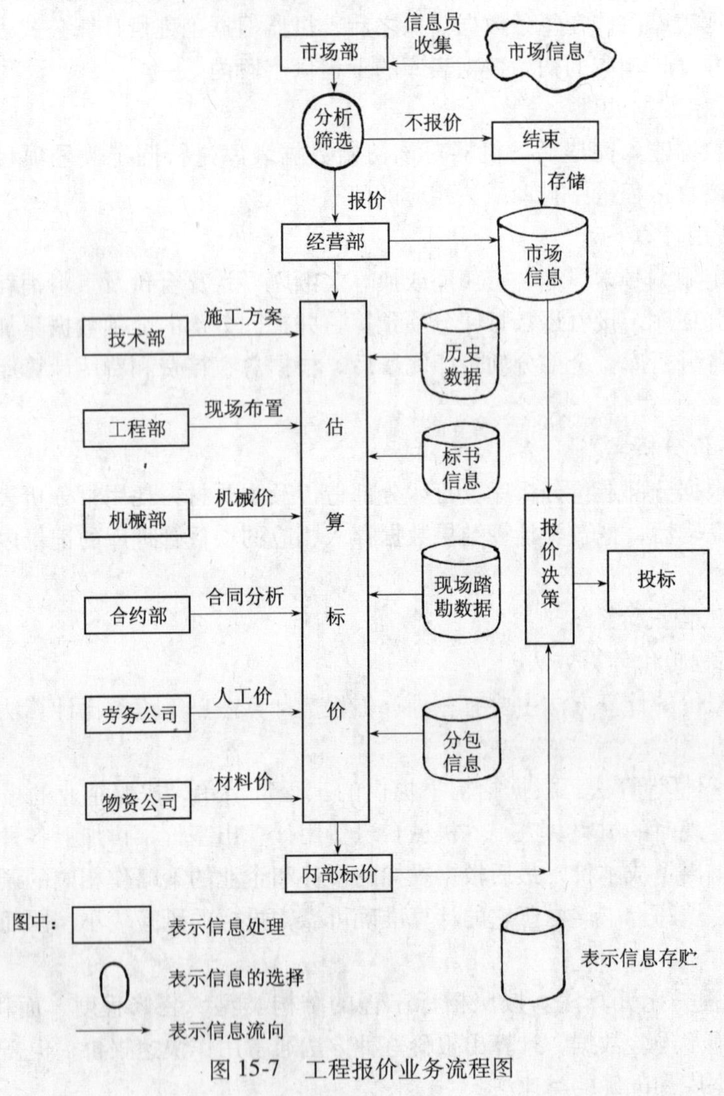


图 15-7　工程报价业务流程图

② 数据流程图。

数据流程图对工程报价中的各种信息流动和处理进行抽象和概括，合并具有相同处理功能的过程。通过抽象合并，将数据处理划分为各自相对独立的模块，便于计算处理，如图 15-8 所示。

③ 基本功能。

报价系统一般应具有以下基本功能：

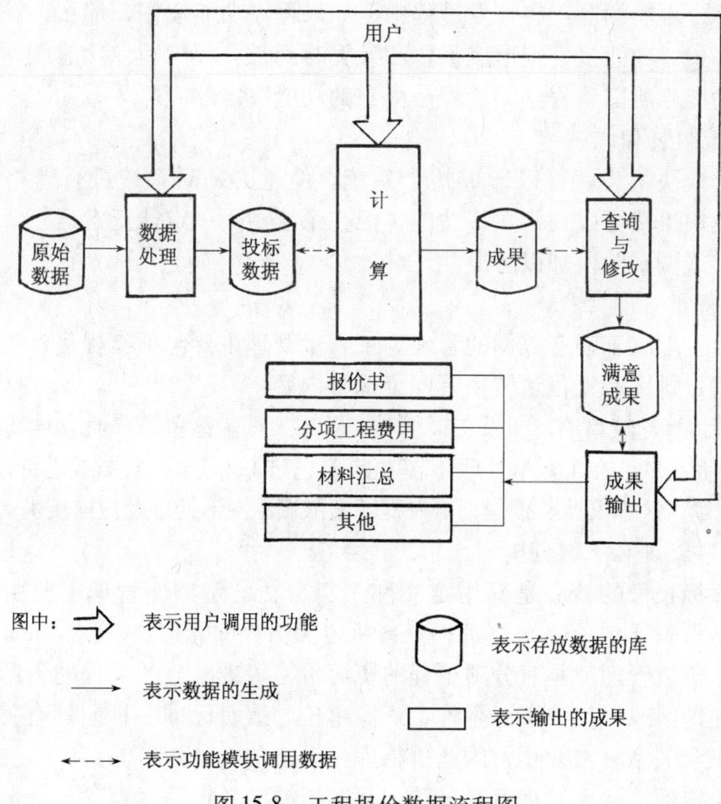


图 15-8 工程报价数据流程图

A. 计算功能；

B. 数据处理功能；

C. 查询与修改功能；

D. 输出功能。

（4）工程报价程序设计

1）基本思路

工程报价系统复杂，调用数据多，如果系统内部存在潜在的隐患，则可能导致计算机系统错误而不能正常使用。因此，优秀的工程报价系统应根据软件工程的基本原理，从局部到整体进行系统优化设计，基本思路如下。

① 系统功能分析

整体系统功能分析，关系到系统质量好坏。将工程报价系统划分为相对独立的单个功能模块，便于软件设计和调试。

② 单个功能模块分析

单个程序的功能必须满足功能模块的要求。一般，一个模块是由多个程序有机组合而成的，并非简单的拼凑就是一个模块。因此，先有模块的总体要求，后有程序实体，不能颠倒。在开发过程中，如果程序功能模糊，那么，该程序非长亦短。程序长，功能多，则形成重叠和计算时间长。程序短，功能缺，则不能实现模块的功能。所以，程序的长短是由它的功能决定的。

③ 系统组装和调试

由各个模块组装就可以形成整个系统，但是必须对系统进行严格认真的调试。单个模块虽然可以正常发挥功能，但在系统内不一定能正常运行。这就需要在系统组装或调试阶段加以解决。

2）工程量管理

工程量管理属于动态数据的管理。工程量管理主要包括工程量计算、工程量输入、工程量排序和工程量转换等四个部分内容。

工程量计算比较繁琐，如果在报价时，已知工程量清单，一般应对其进行核对。目前开发的商品软件在工程量处理环节功能较弱，即如何通过对图纸进行程序处理快速得出工程量，这不仅涉及编程，更大程度上依赖于图形处理及扫描技术。

3）定额管理和工料分析

工程投标报价的核心是套用定额和工料分析。定额库管理主要由两部分组成：单位估价表（单价表）管理；工料机定额消耗库管理。

单位估价表管理就是对分项工程的资源价格管理。分项工程的资源价格通常与工程所在地区或城市、资源名称、资源单位、取费标准、日期等有关。资源价格随市场供求关系时常变化，因此价格库是动态的。

工料机定额消耗库管理就是分项工程的资源消耗定额库管理。资源消耗定额库除非施工承包单位有重大的技术进步、重大的专利技术突破使其正常的消耗量发生变动外，一般不作调整，因此是静态的。

资源消耗定额库的格式与通用性较强的工程量表格式类似，其结构设计水平的高低影响系统的功能。

通过对人工费、材料费、机械台班费、设备费等进行分类汇总，就可以方便工料分析。

4）管理费率测定

管理费可能随具体工程和投标人而变化，通过测定管理费率，了解企业管理水平，了解企业的竞争能力。

5）报价确定

通过分部分项工程费用汇总或套用相应费率，可以形成工程估价。工程估价是企业报价的基础，投标人结合投标策略，调整和确定报价。

## 15.4　计算机辅助工程管理发展方向

在现代社会经济背景和环境下，建设工程管理的理念和环境都较传统的管理发生了根本性的变化，主要表现在建设工程投资规模巨大、需求多样、技术复杂、资源配置市场化、参与主体多、信息不对称和风险增大等。因此，要取得建设工程项目的成功——包括项目投资的社会效益、经济效益和环境效益以及各参与建设主体的工程管理效益，除了建立和完善建设管理体制、机制和法制之外，还必须充分研究和开发数字化环境下建设工程管理的理论、方法和手段，以适应发展的需要。

现代建设工程日趋复杂，传统的工程管理思想和手段已经无法满足项目业主越来越高的要求，工程进度、投资和质量管理等彼此独立的传统模式有许多弊端，主要表现在各专业生成的软件信息不能共享，以及项目参与各方所拥有的知识和经验不能很好地提供项目决策支持。

当前，工程建设所面临的主要挑战是如何提高工程建设的效率和效益。建设工程全寿命信息管理（BLM）思想的提出，从理念和方法上改变建设工程信息的创建、管理和共享行为和过程，是工程建设领域信息化发展的方向。建设工程信息的“创建、管理和共享”这一理念有着极其重要的意义：信息创建，是要创建建设工程灵活的三维设计数据，从而作为信息管理和共享的基础条件；信息管理，是要建立建设工程智能的电子项目文档，使工程信息资料能够充分使用和有效保存；信息共享，是要在建设工程全寿命周期内，使工程参与各方能够进行在线的信息交流与协同工作。

BLM 的核心目的，就在于解决建设工程全寿命周期中的信息创建、信息管理和信息共享问题，BLM 是改变数字化设计信息管理和共享的理念和技术。

人们对建设工程信息的管理和共享，已有多年的研究，但由于缺乏实现的基础和可行技术的支持，研究多数停留在理论和概念层面上，在实践上没有突破。建设工程信息模型（BIM）技术的出现，为真正实现 BLM 的理念和 BLM 的实践应用提供了技术支撑。BIM 技术从根本上改变了建筑信息的创建行为和创建过程，采用 BIM 技术，则从建设工程设计开始，创建的就是数字化的设计信息。基于数字化设计信息的创建，再应用 BLM 的相关技术产品，可以改变建设工程信息的管理过程和共享过程，从而实现 BLM。

采用 BIM 技术，可以由二维（2D）到三维（3D），由图形到建设工程信息模型，从而彻底改变建设工程设计信息的创建过程，是推进建设工程信息化的重要基础。随着基于 BIM 技术的软件产品的出现，可以看到技术能够从根本上改变建设工程的设计过程和施工过程。

（1）保持建设工程信息的数字化

从建设工程中的设计信息的创建与管理，到设计信息的共享，这首先要求存在有建设工程的数字化设计结果，要求设计结果是一个富含信息量的建设工程模型，应包含着后续建设阶段和使用阶段所需要的数字化工程信息。它应确保设计信息在设计和其下游及周边的整个应用流程中都被数字化，保持建设工程信息的数字化，才能实现建设工程在全寿命周期内的信息管理和共享。

建设工程信息模型包含对“产品”完整的描述，即建筑物、土木工程及其设施等，它是创建一个能用来把组织和过程信息关联起来的模型。BIM 和 BLM 的结合可支持所设想到的建设工程及其建设和使用过程的各个方面。

（2）建设工程全寿命周期中管理信息

BIM 技术和产品生成的数字化设计数据，是基于参数化的工程信息模型，模型中所有的数据信息都是相互关联的，改变模型中的某一部分，所有与之相关的内容都会发生相应的变化。这种普遍性更便于周边和下游阶段的信息共享。这一点之所以重要，是因为前期的设计结果在后续阶段的建设过程中并非一成不变，需要经历反复的修正和更改，而且还要保证相关的一系列变化是准确和同步的。建设工程信息模型被视为能够解决工程建设领域这些管理难题的一项重要变革技术。

基于数字化信息模型，设计中生成的所有设计数据都是相互关联的，调整或改变设计图纸的某一部分，所有与其相关的其他设计图纸上的内容都会自动进行相应的变动。

基于数字化信息模型，设计人员可以直接利用模型中所生成的数据，能够非常方便地进行相关因素的分析，如建筑能源分析和计算、建筑照明区域分析和计算以及供建设过程中需考虑的其他重要的分析和计算等。

（3）基于数字化信息模型的 BLM

信息的管理和共享过程是除信息创建过程以外影响工程建设周期、工程费用和工程质量的另一重要因素。实现 BLM 思想，改变建设工程的信息管理和共享过程，实现工程建设信息化的基础是 BIM 技术，只有实现和采用 BIM 技术，创建建设工程参数化的信息模型，BLM 的理念才能真正在工程实践中应用，使之成为现实。

工程建设的成功实施很大程度上取决于工程项目参与各方之间信息交流的效率和有效性。工程管理领域的许多问题，如建设费用的增加和工期的延长等都与项目组织中的信息交流问题有关。传统工程管理组织中信息内容的缺损、扭曲、过载以及传递过程中的延误和信息获得成本过高等问题严重阻碍了项目参与各方的信息交流和随项目进程完整地向下一阶段传递——这在大型工程项目建设过程中尤其突出，例如各专业软件生成的信息不能共享，以及项目参与各方所拥有的知识和经验不能很好地提供项目决策支持等。

在 BLM 理念和技术的战略中，就是提供各类建设工程的参与方协同完成同一工程项目而进行的信息沟通和共享方案，基于数字化信息模型，这个过程就被称为是数字化设计信息的管理与共享行为。

基于数字化信息模型，改变了建设工程信息的创建过程，由建筑设计从传统的2D图形到3D信息模型，即由图形到工程信息模型的本质变换；再进一步实现已创建数据的共享，即从3D到nD（多维），即三维信息模型加时间维、造价维、安全管理维、变更管理维、节能维、光维、热维和设施管理维等的集成管理，实现真正意义上的建设工程管理集成化和信息化。

BLM理论是一种创新的理论，关键是如何去应用它。目前，一些知名软件企业已开发和推出了基于BLM这种先进理论的商业化软件产品，并在工程实践中得到应用。

就建设工程的造价规划和控制而言，二维的CAD设计图并不能在造价估价时直接加以利用，工程造价管理依然是大量采用人工计算的方式，从概算、预算和决算到最后费用审核中的工程实体数量，仍都是采用人工方式从设计图纸上按设计的尺寸摘取计算，这就需要大量的人力和时间投入，不仅不经济和低效率，而且会延误工程的正常进度，费用计算的终准确度也一般，这也是带来大量预算超过概算，决算超过预算问题的技术因素之一，造成工程费用目标的控制不力。基于BIM，通过参数化的设计数据可以实现工程量的自动计算；进而自动生成工程的概算和预算费用数据，为在设计阶段制定造价目标、施工阶段进行造价分析和控制提供基础信息。

## 15.5 工程造价计价软件简介

结合工程造价计价系统的基本分析，这里简单介绍“预算之星2008”软件的基本功能与操作应用。

(1) 软件概述

“预算之星2008”软件是一款结合广大资深工程造价工程师多年的实际工作经验，研究开发的建筑工程定额计价工具软件。

该软件以定额为计价依据，界面直观，使用灵活，操作简便。它集成了单位工程、单项工程、建设项目多级预算报价编制、人材机分析汇总、报价优化处理、报表编辑输出、定额子目数据编辑管理等功能，同时兼容多分部统一计费、不同分部分别取费、综合单价方式等多种费用计价模式。

软件的要使用对象：建筑工程经济领域中的造价工程师、预算员、及其他相关的从业人员。

软件的主要应用阶段：

- 工程设计阶段：用于编制设计概算；
- 工程招标阶段：用于编制工程标底或投标；
- 工程施工阶段：用于编制施工预算或报量；

• 工程结算阶段：用于编制工程结算文件；

• 工程审价阶段：用于编制工程审价文件。

（2）软件技术特点

“预算之星2008”软件全面支持Windows 98以上所有操作系统，数据库架构主要有以下技术特点。

• 应用多任务技术机制，使多窗口多文档能同步、交叉编辑，预算文件之间完美地实现了信息交叉共享功能；

• 多线程编程技术的应用，使前台数据输入与后台数据计算得以同步处理，充分发挥了CPU强大而快速运算能力；

• 32位计算体系结构，加之稳定的技术与严格的安全保障机制，使预算软件的可靠性有了极大的提高，预算文件的安全性有了充分的技术保障。

• 网络协作功能，可以在预算文件的编制界面上实现传送“定额换算内容、定额价格对比”等以及与编制预算文件相关的界面传输等，为工作同伴间协作编制预算文件提供了坚实的技术支持。

软件综合了上述先进技术的应用，将定额子目、计量规则数据库与模糊关联技术、多叉树形数据库技术相结合，融合为一个智能化的预算报价系统，实现定额库动态挂接与数据模块化调用，大大提高了预算报价编制的速度和效率。

（3）软件功能

1）应用范围广泛

“预算之星2008”软件是工程造价行业广泛使用的软件之一，能帮助造价管理人员快速地完成概算、预算、报量、审计、结算等工作，把自己从繁重的工作中解脱出来。它适用于建设工程的各个阶段，例如在招投标（或施工）阶段，造价管理人员均可依据招标文件的有关要求、工程类别划分、相关图纸、设计说明、自身技术装备状况和生产管理水平等，结合施工现场情况自行制定的施工组织设计，参照建设行政管理部门发布的现行消耗量定额（或企业定额）、工程造价管理机构发布的市场价格信息及指导费率，编制出符合市场竞争机制要求的投标报价或施工图预算。

2）编制流程简单

编制一份预算文件的流程大致为：新建并保存文件→录入工程概况→选用定额并确认工程量→定额换算→工料机载价、调价→费用表编辑→税前、税后补差项目、或措施项目的报价→报表设计输出等，流程简单宜操作。

3）定额库动态挂接与多功能窗口组合调用

预算文件的编制界面集成了【预算书】、【工料机汇总表】、【费用表】、【税前税后项目】、【施工措施费、总包管理费】共5个选项卡（图15-9），并可在预算文件编制过程灵活调用“分析数据浏览”、“章册子目系数”、“专业助手”、“工作同伴”、“定额、工料机查询”、“定额换算”、“单价分析”等组合功能窗口，实现工程造价数据动态调用、关联运算、实时跟踪。

4）全面的文件编辑错误检查功能

预算文件牵涉内容庞杂，编制过程时间跨度很长，经常发生一些难以检查的错误，影响预算文件的编制质量；“预算之星2008”文件编辑错误检查功能的使用，将辅助用户检查“预算书、工料机表、费率表”中的常见错误，以避免诸如“输入性错误、遗漏性错误、逻辑性错误和政策性错误”的发生，全面提高预算文件的编制质量。

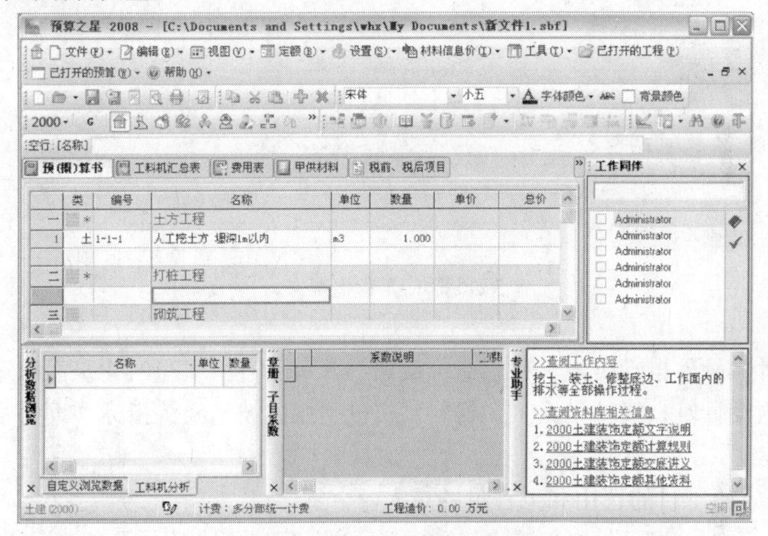


图15-9　界面集成的选项卡

（4）软件应用

1）文件的新建与保存

“预算之星2008”软件不仅能创建单独的预算文件，还可以创建群体工程文件，工程项目管理辅助窗口采用分级引导分类汇总，将科学严谨的树型目录结构与各个预算文件数据融合在同一个功能窗口，以整体的文件形式加以体现，并支持各节点预算文件输入、输出、拖动复制等操作，使预算文件的编制过程简单快捷、结构体系层次清楚、关系明晰、统计方便。

该软件保存文件采用自动双备份机制，有效地保障了工程造价数据的安全性。造价管理人员还可以根据自己的操作习惯，自行设置自动存盘时间、路径等，也可根据业务需要和工作习惯设置系统参数和操作界面。

2）工程概况录入

“预算之星2008”软件工程概况主要用于填写建设工程项目的基本内容，主要有：工程名称、建设单位、施工单位、监理单位、审价单位、编制单位、建筑类型、建筑面积等相关信息（图 15-10）。

工程概况

| | | |
|---|---|---|
| 工程名称: | XXXXX公安分局（建筑） | √ |
| 项目名称: | XXXXX区法院、人民检察院、公安分局业务用房迁建工程 | √ |
| 工程地点: | XX新城XXX路 | √ |
| 建设单位: | 上海XXXX区机关事务管理局 | √ |
| 施工单位: | 上海XXXXX建设实业（集团）有限公司 | √ |
| 设计单位: | XXXX大学建筑设计研究院 | √ |
| 监理单位: | 上海XXXXX建设监理有限公司 | √ |
| 审价单位: | | √ |
| 编制单位: | 上海XXXXX建设工程造价咨询监理有限公司 | √ |
| 建筑类型: | 框架四至一十八层 | √ |
| 建筑面积: | 30895.3 | √ |
| 框架面积: | | √ |
| 地室面积: | | √ |
| 编制人: | 叶宏 | √ |
| 上岗证号: | | √ |
| 校对人: | | √ |
| 上岗证号: | | √ |
| 审核人: | | √ |
| 上岗证号: | | √ |
| 编制日期: | 2009-6-12 | √ |
| 工程造价: | ￥28,465,598 | √ |
| 造价指标: | 921.357 | √ |
| (大写): | (￥)贰仟捌佰肆拾陆万伍仟伍佰玖拾捌圆整 | |

工程概况　编制说明

图 15-10　工程概况录入

此外，软件自动生成工程总造价数据，并可通过所填写的建筑面积进行造价指标的自动计算，或输出人工、材料、机械费用的技术经济指标（即每平方米造价）报表。

3）定额子目的选用和工程量的录入

“预算之星 2008”内包括：14 个上海 2000 定额专业库、7 个上海 93 定额专业库，并包括 2002 冶金定额库和 2000 水利概算定额库，在同一份预算文件中各个专业定额可以灵活方便地交互调用。

根据项目类型选定专业工程，新建一份预算文件后，在软件【预算书】编辑界面内的编号列，通过模糊录入不完整编号或名称，系统自动弹出相关联的定额子目索引列表供候选输入；除此之外，软件还提供了通过点击编号列的缺省按钮进入“定额、工料机查询”界面，进行各个专业定额子目关键字搜索或各个定额工料机组成分析比较而后选取所需的定额子目。

工程量可以通过多种方式快捷录入，可直接在数量列录入相应的工程量，亦支持变量及公式编制操作，软件会根据表达式自动计算结果，“预算之星 2008”软件还提供了语音发声核对功能，帮助操作人员通过“手、眼、耳”的合理分工，有效减少数值输入错误。

定额子目录入完成后，不仅可根据需要自动换算定额子目计量单位，还可以选择预算书中的定额子目行，方便地在“专业助手”窗口查阅该子目的工作内容描述及相关资料。软件还支持在预算书编制界面应用各种标识（涂色、改变字体、删除线等）以示醒目提示，还可根据需要添加备注提醒，并设定按照工作过程（换算、打印、存盘、删除、关闭）逐一提醒（图15-11）。

预(概)算书　工料机汇总表　费用表　甲供材料　税前、税后项目　施工措施费、总包管理费

|  | 类 | 编号 | 名称 | 单位 | 数量 | 单价 | 总价 | 人工费 | 材料费 | 机械费 |
|---|---|---|---|---|---|---|---|---|---|---|
| 一 |  |  | 门窗及木结构 |  |  |  | 7424162 | 532284 | 6882427 | 9451 |
| 1 | 土 | 6-3-13 | 铝合金窗安装 固定窗 | m2 | 822.480 | 934.221 | 768378 | 27.94 | 906.29 |  |
| 2 | 土 | 6-3-14 | 铝合金窗安装 平开窗 | m2 | 4336.510 | 944.429 | 4095528 | 40.57 | 903.86 |  |
| 3 | 土 | 6-3-2 | 铝合金门安装 平开门、推拉门 | m2 | 111.620 | 1016.974 | 113515 | 11.62 | 1005.35 |  |
| 4 | 土 | 6-1-15系 | 木门 无亮夹板门扇 制作 | m2 | 1172.400 | 132.665 | 155537 | 39.66 | 85.57 | 7.43 |
| 5 | 土 | 6-1-16系 | 木门 无亮夹板门扇 安装 | m2 | 1172.400 | 268.529 | 314823 | 8.53 | 260.00 |  |
| 6 | 土 | 6-11-22系 | 五金防火门 | 樘 | 235.000 | 171.623 | 40331 |  | 171.62 |  |
| 7 | 土 | 6-11-3系 | 五金镙板、胶合板、玻璃门不带纱门 单扇无亮 | 樘 | 430.000 | 11.220 | 4825 |  | 11.22 |  |
| 8 | 土 | 6-10-1系 | 木门窗 执手锁 | 把 | 430.000 | 74.448 | 32013 | 20.45 | 54.00 |  |
| 9 | 土 | 6-10-22 | 铝合金门窗 门锁安装 执手锁 | 把 | 7.000 | 69.147 | 484 | 15.15 | 54.00 |  |
| 10 | 土 | 6-10-24 | 钢门窗 执手锁安装 | 把 | 235.000 | 66.970 | 15738 | 12.97 | 54.00 |  |
| 11 | 土 | 6-10-27 | 钢门窗 液压结构 闭门器安装 | 只 | 470.000 | 286.349 | 134584 | 6.35 | 280.00 |  |
| 12 | 土 | 6-10-5 | 木门窗 暗插销 | 个 | 470.000 | 24.070 | 11313 | 9.07 | 15.00 |  |
| 13 | 土 | 6-3-16 | 铝合金窗安装 百页窗 | m2 | 292.270 | 942.157 | 275364 | 33.03 | 909.13 |  |
| 14 | 土 | 6-2-15 | 防火门 实拼式 双面衬石棉板 制作 | m2 | 1073.030 | 281.050 | 301575 | 130.89 | 150.16 |  |
| 15 | 土 | 6-2-17 | 防火门 实拼式 双面衬石棉板 安装 | m2 | 1073.030 | 494.621 | 530743 | 74.62 | 420.00 |  |
| 16 | 土 | 6-3-8 | 铝合金卷帘活动门 电动装置 | 套 | 6.000 | 12081.630 | 72490 | 81.63 | 12000.00 |  |
| 17 | 土 | 6-3-9 | 铝合金卷帘活动门 活动小门 | 扇 | 6.000 | 721.630 | 4330 | 81.63 | 640.00 |  |
| 18 | 土 | 6-3-5 | 自动防帘卷帘门安装 铝合金 | m2 | 335.160 | 1276.907 | 427968 | 60.70 | 1214.73 | 1.49 |
| 19 | 土 | 6-1-41系 | 木窗 推拉传递窗 制作 | m2 | 68.130 | 108.220 | 7373 | 30.81 | 73.94 | 3.47 |
| 20 | 土 | 6-1-42系 | 木窗 推拉传递窗 安装　混合砂浆 M7.5 | m2 | 68.130 | 106.449 | 7252 | 41.14 | 65.29 | 0.02 |
| 21 |  | 临补 | 卫生间隔断 | m2 | 314.280 | 350.000 | 109998 |  | 350.00 |  |

图15-11　预算书编辑界面

4）定额换算

预算之星2008软件中的定额库反映的是社会平均消耗量水平，为了与实际工作内容相一致，经常需要在定额换算界面对定额工料机进行调整。软件支持添加、删除、替换、调整消耗量等普通换算功能，换算操作深入至定额基本构造单元，换算后自动标记并保留换算历史记录，便于查询审核。若需要恢复定额的初始数据，亦可使用撤销或撤销全部的功能使定额恢复原状，而无需重新录入（图15-12）。

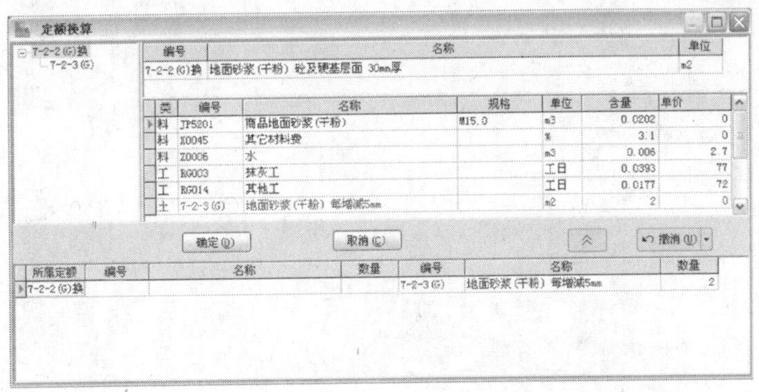


图15-12　定额换算

另，软件按地区定额管理要求而定制了各种特殊换算功能以延伸定额的应用，为涉及厚度、距离、深度等定额提供了增减换算的功能，亦为有特殊说明的定额子目提供了说明系数换算功能，对于可以现场制作的构件也提供了相应换算

功能，为定额内的配比材料强度等级换算提供了级配换算（或选择材料）和级配分析设定的功能。这些功能在定额子目录入时，会自动弹出相应的换算窗口，方便造价管理人员快速完成换算工作解决定额和实际应用之间的矛盾，大大提高了工作效率。

5）工料机载价和调价

上海 2000 定额是量价分离的，即定额子目仅有工料机的消耗量没有价格，所有工料机的价格需要造价管理人员根据市场情况进行定价，软件中提供了直接输入价格、从其他文件载价、从价格包载价等多种确定价格的方式，其中支持导入的材料信息价格包类型包括定额管理机构发布的指导价、行业组织发布的专用材料价、平方网发布的供应商价格等。使用者可在工料机汇总表界面中，选择相应类型以及所需月份的价格包后，批量载入信息价，并可载入多月的平均价。软件还支持多套价格体系功能，能方便地将一份预算文件，随意转化为多形式的报价，以适应不同使用者的需求。

预算之星 2008 软件根据有关规定调整了工料机界面的相应内容，增加了"中标期信息价"、"结算期信息价"、"风险系数"等系列，以适应新的费用规则。

此外，工料机汇总表还有多方面的应用，具体如下。

① 人工、材料、机械能区别显示、分类查看，支持浮动调整，自动显示每种材料相对材料总价的百分比，便于进行人材机分析（图 15-13）。

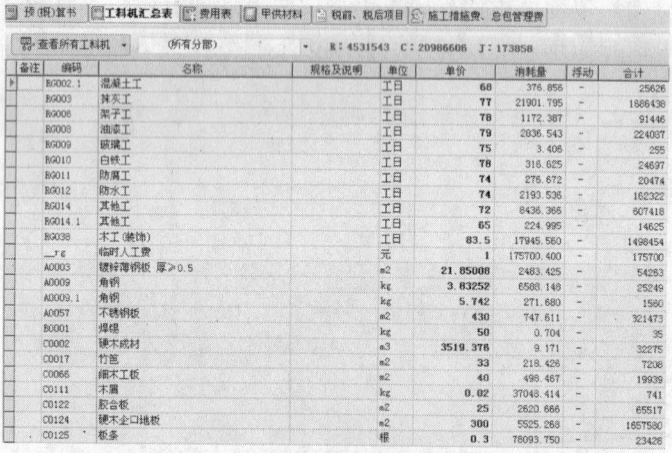

预(概)算书　工料机汇总表　费用表　甲供材料　税前、税后项目　施工措施费、总包管理费

查看所有工料机　(所有分部)　R：4531543　C：20986606　J：173858

| 备注 | 编码 | 名称 | 规格及说明 | 单位 | 单价 | 消耗量 | 浮动 | 合计 |
|---|---|---|---|---|---|---|---|---|
|  | RG002.1 | 混凝土工 |  | 工日 | 68 | 376.856 | - | 25626 |
|  | RG003 | 抹灰工 |  | 工日 | 77 | 21901.795 | - | 1686438 |
|  | RG006 | 架子工 |  | 工日 | 78 | 1172.387 | - | 91446 |
|  | RG008 | 油漆工 |  | 工日 | 79 | 2836.543 | - | 224087 |
|  | RG009 | 玻璃工 |  | 工日 | 75 | 3.406 | - | 255 |
|  | RG010 | 白铁工 |  | 工日 | 78 | 316.625 | - | 24697 |
|  | RG011 | 防腐工 |  | 工日 | 74 | 276.672 | - | 20474 |
|  | RG012 | 防水工 |  | 工日 | 74 | 2193.536 | - | 162322 |
|  | RG014 | 其他工 |  | 工日 | 72 | 8436.366 | - | 607418 |
|  | RG014.1 | 其他工 |  | 工日 | 65 | 224.995 | - | 14625 |
|  | RG038 | 木工(装饰) |  | 工日 | 83.5 | 17945.560 | - | 1498454 |
|  | __rg | 临时人工费 |  | 元 | 1 | 175700.400 | - | 175700 |
|  | A0003 | 镀锌薄钢板 厚≥0.5 |  | m2 | 21.85008 | 2483.425 | - | 54263 |
|  | A0009 | 角钢 |  | kg | 3.83252 | 6588.146 | - | 25249 |
|  | A0009.1 | 角钢 |  | kg | 5.742 | 271.680 | - | 1560 |
|  | A0057 | 不锈钢板 |  | m2 | 430 | 747.611 | - | 321473 |
|  | B0001 | 焊锡 |  | kg | 50 | 0.704 | - | 35 |
|  | C0002 | 硬木成材 |  | m3 | 3519.376 | 9.171 | - | 32275 |
|  | C0017 | 竹笆 |  | m2 | 33 | 218.428 | - | 7208 |
|  | C0066 | 细木工板 |  | m2 | 40 | 498.467 | - | 19939 |
|  | C0111 | 木屑 |  | kg | 0.02 | 37048.414 | - | 741 |
|  | C0122 | 胶合板 |  | m2 | 25 | 2620.666 | - | 65517 |
|  | C0124 | 硬木企口地板 |  | m2 | 300 | 5525.268 | - | 1657580 |
|  | C0125 | 板条 |  | 根 | 0.3 | 78093.750 | - | 23428 |

图 15-13　工料机汇总

② 来源分析，能依据工料机追溯来源定额，自动定位至预算书中该定额，便于进一步调整。

③ 甲供材料设置，在实际工作中，有部分材料是甲方提供的，那么在预算之星 2008 软件里，用户也可以在工料机汇总表的界面中确认甲供材料，软件则

自动会在费用表中将此部分费用从总造价中扣除。

④ 单价分析功能，不仅能方便地查询输入此材料的单价，还可以利用此功能可确定一个“未定材料”的具体对象和价格。如用于确定土建装饰工程中的大理石、花岗岩、面砖等材料的具体名称、规格和单价等。

⑤ 材料市场信息价查询与图形显示功能，目前，材料市场价格变化频繁，用户采购材料决策的正确与否，直接关系着工程成本控制；此功能可帮助用户仔细地观察、分析某个时间段，材料市场价涨跌趋势，为用户的决策服务。

⑥ 系统价格库维护，在预算文件编制过程中，造价管理人员往往会收集很多材料的价格输入文件中，软件支持将这部分材料信息价保存起来，建议自用材料信息库，并将其与定额材料建立了管理，便于自行维护进行材料的分类收集整理、汇总分析等。

6）费用表

软件提供了各专业工程的费用表模板，包括适用新要求的新费用表模板，用户只需鼠标右键选择“从模板载入”按钮，即可弹出适用于此份预算文件的费用表模板，用户根据工程实际情况选取对应的费用表模板即可（图15-14）。

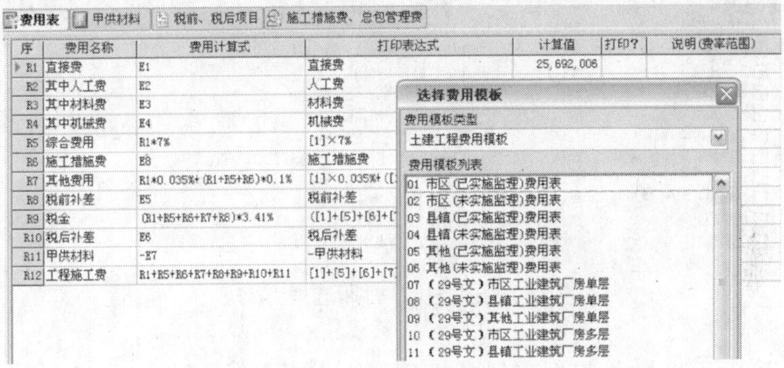

图 15-14 费用表模板

软件还提供费用表模板编辑功能，例如用户总造价下浮，可自行在费用表增加一行，在原有的总价的基础上乘以百分比即可。

为适用不同的造价需求，软件设置了三种计费方式（多分部统一计费、不同分部分别取费、综合单价方式），每一种计费方式在预算书和费用表中都有不同的体现，可以在文件编制过程中自由切换。

7）税前、税后补差项目和措施项目等报价

实际施工过程中会发生部分费用，例如：环境保护、文明施工、安全施工、临时设施等措施费用，亦可在【措施项目】界面中录入并在费用表中体现（图15-15）。同理，税前与税后补差项目录入后，其费用自动在费用表中体现。

预(概)算书　工料机汇总表　费用表　甲供材料　税前、税后项目　施工措施费、总包管理费

| 序号 | 名称 | 数量 | 单价 | 合计 | 适用分部 |
|---|---|---|---|---|---|
| 1 | 环境保护 | 1 | 30000 | 30000.00 | 整个预算书 |
| 2 | 文明施工 | 1 | 20000 | 20000.00 | 整个预算书 |
| 3 | 安全施工 | 1 | 50000 | 50000.00 | 整个预算书 |

图 15-15　措施费用

8）报表设计与输出

当工程总造价确认后，实际工作中经常需要将所有费用的明细部分打印出来。预算之星软件提供了报表输出功能。用户只需进入报表打印界面，勾选所需报表，点击“预览”按钮即可跳出报表界面，审核无误后即可打印（图 15-16）。系统支持 Office 标准接口，报表打印输出可直接生成 Excel 电子表格。

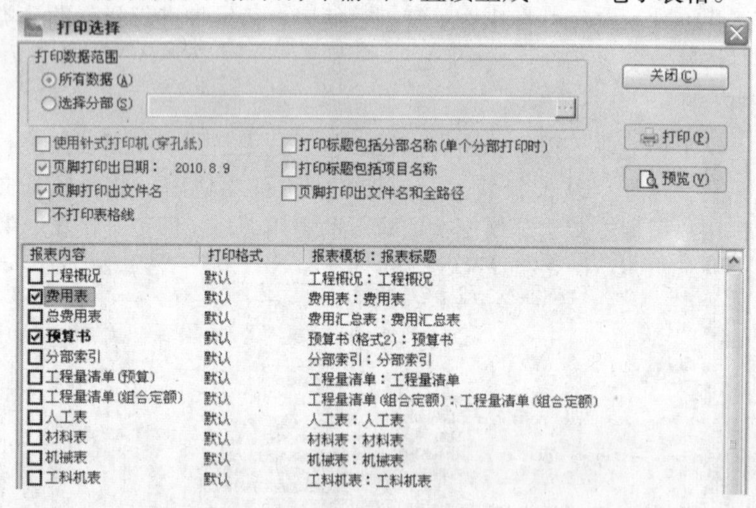


图 15-16　打印选择

预算之星 2008 软件根据市场的通用情况预先设定了报表格式，若用户需特殊形式的报表，可借助软件提供的页面设置、报表设计、报表内容选择、字符格式编辑等功能进行报表的自由组合后打印输出，个性化调整后可保存为报表模板便于再次调用。

## 复习思考题

1. 简述工程造价管理系统的组成。
2. 工程造价计价软件一般应具备什么功能？
3. 请对计算机辅助工程管理的发展进行展望。

# 附录  土建工程施工图预算实例

## 附录一  土建工程施工图预算书

### 土建工程施工图预算书

（工程量清单计价方法）

---

**预 算 总 价**

建设单位：________

工程名称：________

预算总价（小写）：262872.26 元

（大写）：贰拾陆万贰仟捌佰柒拾贰元贰角陆分

编 制 人：________（单位签字盖章）

法定代表人：________（签字盖章）

编制日期：________

---

工程量计算 附表1

| 序号 | 项目编码 | 项目名称 | 计量单位 | 工程量 | 计算式 |
| --- | --- | --- | --- | --- | --- |
| 一 | | 建筑面积 | $m^2$ | 500.86 | 13.64×12.24×3 |
| 二 | | 土(石)方工程 | | | |
| 1 | 010101001001 | 平整场地 | $m^2$ | 166.95 | 13.64×12.24 |
| 2 | 010101003001 | 挖独立基础(J1)土方 | $m^3$ | 14.28 | 2.3×2.3×0.9×3 |
| 3 | 010101003002 | 挖条形基础(1-1)土方 | $m^3$ | 10.84 | (1.6×10.8+1.65×0.24×2)×0.6 |
| 4 | 010101003003 | 挖条形基础(2-2)土方 | $m^3$ | 24.14 | (13.2×1.4+1.65×0.24×3+13.2×1.4+1.65×0.24×2+1.2×0.5+1.4×0.5)×0.6 |
| 5 | 010101003004 | 挖条形基础(3-3)土方 | $m^3$ | 20.78 | (12×1.2× +1.65×0.24+4.2×1.2+12×1.2+1.65×0.24)×0.6 |
| 6 | 010103001001 | 基坑回填土 | $m^3$ | 28.10 | (14.28+10.84+24.14+20.78)-[2.3×2.3×0.3+1/3×0.3×(2.3×2.3+0.4×0.4+2.3×0.4)+0.3×0.3×0.3]×3-[1.6×0.26+(0.6+1.6)×0.1×1/2+0.12×0.36+0.24×0.12]×11.76-[1.4×0.26+(0.6+1.4)×0.1×1/2+0.12×0.36+0.24×0.12]×12×2-[1.2×0.26+(0.6+1.2)×0.1×1/2+0.12×0.36+0.24×0.12]×(13.4×2+5.46) |
| 三 | | 砌筑工程 | | | |
| 7 | 010301001001 | 砖基础 | $m^3$ | 9.94 | (0.12×0.12+0.24×0.54)×(0.5+0.5+13.4×2+12×2+12-0.24+5.7-0.24) |
| 8 | 010302001001 | 统一砖外墙一砖 | $m^3$ | 116.39 | 0.24×(13.4×2+12×2)×12.2+0.24×0.5×12.2×2+0.25×0.49×5×7+0.25×0.49×3.6×2-0.24×(1.5×1.8×6+1.5×0.9×7+1.2×1.8×7+1.2×0.9×4+1.8×2.1×14+1.2×2.1×10+0.6×2.1×4+2.1×2.4×1+1.2×2.7×1)-(1.1+1.15+1.1+1.15+1.73+1.45) |
| 9 | 010302001002 | 统一砖内墙一砖 | $m^3$ | 88.68 | 0.24×(5.7-0.24+12-0.24)×5+0.25×0.49×5×2+0.24×(5.7-0.24+12-0.24+6-0.24+7.7-0.24+5.7-0.24)×3.6+0.25×0.49×3.6×2+0.24×(5.7×4-0.24×4+7.7-0.24+12-0.24+9-0.24+3-0.24)×3.6-0.24×(1.5×2.4×1+1.2×2.4×3+1×2.4×10+0.8×2×1+1×1×1)-(0.61+0.61) |

续表

| 序号 | 项目编码 | 项目名称 | 计量单位 | 工程量 | 计算式 |
|---|---|---|---|---|---|
| 10 | 010302001003 | 多孔砖内墙半砖 | $m^3$ | 1.21 | 0.12×[(3-0.24)×(3.2-0.15)+(1.01+3.2-0.3)×2.5×1/2-0.8×2×2] |
| 四 | | 混凝土及钢筋混凝土工程 | | | |
| 11 | 010401001001 | 钢筋混凝土带形基础 | $m^3$ | 21.18 | [1.6×0.16+(0.6+1.6)×0.1×1/2]×(12-0.24)+[1.4×0.16+(0.6+1.4)×0.1×1/2]×12×2+[1.2×0.16+(0.6+1.2)×0.1×1/2]×(13.4×2+5.7-0.24) |
| 12 | 010401002001 | 钢筋混凝土独立基础 | $m^3$ | 5.09 | 3×[(0.2×2.3×2.3+1/3×0.3×(2.3×2.3+0.4×0.4+2.3×0.4)] |
| 13 | 010402001001 | 矩形柱 | $m^3$ | 1.73 | 0.3×0.3×(4.9+0.3)×2+0.3×0.3×(8.5+0.3) |
| 14 | 010403002001 | 矩形梁 | $m^3$ | 1.83 | |
| 14.1 | | 2L4 | $m^3$ | 0.86 | (12+0.24-0.25×3)×0.25×0.3 |
| 14.2 | | 3L4 | $m^3$ | 0.86 | (12+0.24-0.25×3)×0.25×0.3 |
| 14.3 | | 3L5 | $m^3$ | 0.11 | (3-0.125+0.12)×0.15×0.25 |
| 15 | 010403003001 | 异形梁 | $m^3$ | 20.77 | |
| 15.1 | | 2L1 | $m^3$ | 2.42 | 13.64×(0.25×0.5+0.15×0.35) |
| 15.2 | | 2L2 | $m^3$ | 2.42 | 13.64×(0.25×0.5+0.15×0.35) |
| 15.3 | | 2L3 | $m^3$ | 2.42 | 13.64×(0.25×0.5+0.15×0.35) |
| 15.4 | | 3L1 | $m^3$ | 2.42 | 13.64×(0.25×0.5+0.15×0.35) |
| 15.5 | | 3L2 | $m^3$ | 2.42 | 13.64×(0.25×0.5+0.15×0.35) |
| 15.6 | | 3L3 | $m^3$ | 1.41 | (7.7+0.24)×(0.25×0.5+0.15×0.35) |
| 15.7 | | WL1 | $m^3$ | 4.84 | 13.64×(0.25×0.5+0.15×0.35)×2 |
| 15.8 | | WL2 | $m^3$ | 2.42 | 13.64×(0.25×0.5+0.15×0.35) |
| 16 | 010403004001 | 圈梁 | $m^3$ | 8.90 | |
| 16.1 | | 2QL1 | $m^3$ | 0.61 | (9-0.25×2)×0.24×0.3 |
| 16.2 | | 2QL2、2QL2A | $m^3$ | 1.10 | (0.12×0.3+0.12×0.15)×(13.64-0.24×3+7.7-0.24) |
| 16.3 | | 2QL3 | $m^3$ | 1.15 | 0.24×0.2×(12+12) |
| 16.4 | | 3QL1 | $m^3$ | 0.61 | (9-0.25×2)×0.24×0.3 |
| 16.5 | | 3QL2、3QL2A | $m^3$ | 1.10 | (0.12×0.3+0.12×0.15)×(13.64-0.24×3+7.7-0.24) |
| 16.6 | | 3QL3 | $m^3$ | 1.15 | 0.24×0.2×(12+12) |
| 16.7 | | WQL1 | $m^3$ | 1.73 | 0.24×0.3×12×2 |

续表

| 序号 | 项目编码 | 项目名称 | 计量单位 | 工程量 | 计算式 |
|---|---|---|---|---|---|
| 16.8 | | WQL2 | $m^3$ | 1.45 | (0.12×0.3+0.12×0.15)×13.4×2 |
| 17 | 010403005001 | 过梁 | $m^3$ | 1.06 | |
| 17.1 | | GL-1 | $m^3$ | 1.06 | 0.24×0.2×(3.38×3+12) |
| 18 | 010405007001 | 现浇钢筋混凝土天沟 | $m^3$ | 2.23 | (0.06×0.25+0.44×0.06)×(12.24+0.5+13.64+0.5)×2 |
| 19 | 010405008001 | 现浇钢筋混凝土雨篷板 | $m^3$ | 0.34 | |
| 19.1 | | YP-1 | $m^3$ | 0.23 | (0.07+0.09)×0.8/2×3.6 |
| 19.2 | | YP-2 | $m^3$ | 0.11 | (0.07+0.09)×0.8/2×1.7 |
| 20 | 010405008002 | 现浇钢筋混凝土遮阳板 | $m^3$ | 1.42 | 0.3×0.06×(12−0.63×2+3.38×3+9−0.63×2+12−0.63×2+3.38×2+9−0.63×2+12−0.63×2+3.38×2+9−0.63×2) |
| 21 | 010406001001 | 现浇混凝土直形楼梯 | $m^2$ | 24.77 | (5.7−0.12−1.88)×2.76×2+0.5×2.76+0.7×2.76+0.75×1.38 |
| 22 | 010407001001 | 室外混凝土台阶 | $m^3$ | 1.66 | 2.4×1.1×0.3+1.8×0.8×0.6 |
| 23 | 010407002001 | 混凝土坡道 | $m^2$ | 5.94 | 1.8×3.3 |
| 24 | 010407003001 | 室外混凝土地沟 | m | 53.12 | (12.24+0.17×2+13.64+0.17×2)×2 |
| 25 | 010412002001 | 预制多孔板 | $m^3$ | 70.00 | (12.24×13.64−5.7×3+12.24×13.64−5.7×3+12.24×13.64)×0.15 |
| 26 | 010416001001 | 现浇混凝土钢筋 | t | | |
| 27 | 010702001001 | 两毡三油防水屋面 | $m^2$ | 193.83 | (12+0.64×2)×(13.4+0.62×2) |
| 28 | 010702004001 | 铁皮落水管直径100mm | m | 48.80 | 12.2×4 |
| 五 | | 装饰工程 | | | |
| 29 | 020101003001 | 30mm厚细石混凝土地面C20 | $m^2$ | 150.63 | 2.76×5.46+8.76×5.46+11.76×7.46 |
| 30 | 020101003002 | 40mm厚细石混凝土楼面C20 | $m^2$ | 137.66 | 11.76×13.16−3×5.7 |
| 31 | 020102002001 | 水磨石楼面 | $m^2$ | 119.66 | 11.76×13.16−3×5.7−2×9 |
| 32 | 020106003001 | 水泥砂浆楼梯面 | $m^2$ | 24.77 | |
| 33 | 020107001001 | 黑铁扶手栏杆 | m | 12.94 | 1.15×(1.25+2.5×4) |
| 34 | 020201001001 | 外墙抹混合砂浆 | $m^2$ | 519.34 | (12.24+13.64+12.24+13.64+0.5×4)×12.2−(1.5×1.8×6+1.5×0.9×7+1.2×1.8×7+1.2×0.9×4+1.8×2.1×14+1.2×2.1×10+0.6×2.1×4+2.1×2.4×1+1.2×2.7×1) |
| 35 | 020201001002 | 240内墙喷大白浆 | $m^2$ | 1299.01 | |

续表

| 序号 | 项目编码 | 项 目 名 称 | 计量单位 | 工程量 | 计　算　式 |
| --- | --- | --- | --- | --- | --- |
| | | 一层 | $m^2$ | 292.65 | (11.76×2+7.46×2+0.25×8+8.76×2+5.46×2+0.25×8)×4.85－(1.2×0.9×4+1.5×0.9×4+1.2×1.8×6+1.5×1.8×6+2.1×2.4×1+1.5×2.4×2) |
| | | 二层 | $m^2$ | 294.66 | (2.76×2+5.46×2+2.76×2+5.46×2+5.76×2+7.46×2+1.76×2+5.76×2+5.46×2+8.76×2+0.25×8)×3.45－(1.8×2.1×7+1.2×2.1×4+0.6×2.1×2+1×2.4×8+1.2×2.4×3) |
| | | 三层 | $m^2$ | 529.02 | (2.76×2+5.46×2+2.76×2+5.46×2+5.76×2+5.46×2+8.76×2+1.76×2+2.76×2+5.46×2+2.76×2+5.46×2+2.76×2+7.46×2+2.76×2－0.24×2)×3.45－(1.8×2.1×7+1.2×2.1×4+0.6×2.1×2+1×2.4×12+1.2×2.4×1+0.8×2×2+1×1×2) |
| | | 楼梯间 | $m^2$ | 182.68 | (2.76×2+5.46×2)×(12.2－0.15×2)－(1.2×1.8×1+1.2×2.1×2+1.2×2.4×2) |
| 36 | 020201001003 | 120 内墙喷大白浆 | $m^2$ | 20.21 | [(3－0.24)×(3.2－0.15)+(1.01+3.2－0.3)×2.5×1/2－0.8×2×2]×2 |
| 37 | 020301001001 | 顶棚抹灰 | $m^2$ | 393.71 | 11.76×7.46+8.76×5.46+2.76×5.46×2+5.76×7.46+1.76×5.76+8.76×5.46+2.76×5.46×4+5.76×5.46+8.76×1.76+2.76×7.46－2.76×0.24 |
| 38 | 020401001001 | 木门(BM12) | 樘 | 3.00 | |
| 39 | 020401001002 | 木门(BM13) | 樘 | 1.00 | |
| 40 | 020401001003 | 木门(M132) | 樘 | 3.00 | |
| 41 | 020401001004 | 木门(M150) | 樘 | 10.00 | |
| 42 | 020402001001 | 钢门(GKM28) | 樘 | 1.00 | |
| 43 | 020402001002 | 钢门(GM26) | 樘 | 1.00 | |
| 44 | 020406001001 | 钢窗(GC50) | 樘 | 4.00 | |
| 45 | 020406001002 | 钢窗(GC51) | 樘 | 7.00 | |
| 46 | 020406001003 | 钢窗(GC351) | 樘 | 7.00 | |

续表

| 序号 | 项目编码 | 项 目 名 称 | 计量单位 | 工程量 | 计 算 式 |
|---|---|---|---|---|---|
| 47 | 020406001004 | 钢窗（GC362） | 樘 | 6.00 | |
| 48 | 020406001005 | 钢窗（GC493） | 樘 | 4.00 | |
| 49 | 020406001006 | 钢窗（GC497） | 樘 | 14.00 | |
| 50 | 020406001007 | 钢窗（GC515） | 樘 | 10.00 | |

**工程项目总价表** **附表2**

工程名称：

| 序 号 | 项 目 名 称 | 金额(元) |
|---|---|---|
| 1 | 一号表 分部分项工程费合计 | 197954.68 |
| 2 | 二号表 措施项目费合计 | 52000.00 |
| 3 | 三号表 其他项目费合计 | — |
| 4 | 规费(1.7%) | 4249.23 |
| 5 | 税金(3.41%) | 8668.35 |
| | 合计 | 262872.26 |

**分部分项工程量清单计价表** **附表3**

B1-1：土（石）方工程

| 序号 | 项目编码 | 项 目 名 称 | 计量单位 | 工程数量 | 金额（元） | |
|---|---|---|---|---|---|---|
| | | | | | 综合单价 | 合价 |
| 1 | 010101001001 | 平整场地 | $m^2$ | 166.95 | 16.38 | 2734.64 |
| 2 | 010101003001 | 挖独立基础土方<br>1. 基础类型：独立基础 J1<br>2. 垫层底宽：2300mm×2300mm<br>3. 挖土深度：0.6m | $m^3$ | 14.28 | 24.39 | 348.29 |
| 3 | 010101003002 | 挖带形基础土方<br>1. 基础类型：带形基础（截面1—1）<br>2. 垫层底宽：1600mm<br>3. 挖土深度：0.9m | $m^3$ | 10.84 | 25.83 | 280.00 |
| 4 | 010101003003 | 挖带形基础土方<br>1. 基础类型：带形基础（截面2—2）<br>2. 垫层底宽：1400mm<br>3. 挖土深度：0.9m | $m^3$ | 24.14 | 25.83 | 623.54 |
| 5 | 010101003004 | 挖带形基础土方<br>1. 基础类型：带形基础（截面3—3）<br>2. 垫层底宽：1200mm<br>3. 挖土深度：0.9mm | $m^3$ | 20.78 | 25.83 | 536.75 |
| 6 | 010103001001 | 基坑回填土 | $m^3$ | 28.10 | 8.80 | 247.28 |
| | | | | | | |
| | | 本页小计 | | | | 4770.50 |

续表

B1-2：砌筑工程

| 序号 | 项目编码 | 项目名称 | 计量单位 | 工程数量 | 金额（元） | |
|---|---|---|---|---|---|---|
| | | | | | 综合单价 | 合价 |
| 1 | 010301001001 | 砖基础<br>1. 砖品种、规格、强度等级：MU7.5 机制砖<br>2. 砂浆强度等级：M5 水泥砂浆 | $m^3$ | 9.94 | 254.41 | 2528.84 |
| 2 | 010302001001 | 统一砖外墙（240mm）<br>1. 砖品种、规格、强度等级：MU7.5 机制砖<br>2. 墙体厚度：240mm<br>3. 砂浆强度等级：M5 混合砂浆 | $m^3$ | 116.39 | 240.64 | 28008.09 |
| 3 | 010302001002 | 统一砖内墙（240mm）<br>1. 砖品种、规格、强度等级：MU7.5 机制砖<br>2. 墙体厚度：240mm<br>3. 砂浆强度等级：M5 混合砂浆 | $m^3$ | 88.68 | 240.64 | 21339.96 |
| 4 | 010302001003 | 多孔砖内墙（120mm）<br>1. 砖品种、规格、强度等级：多孔砖<br>2. 墙体厚度：120mm<br>3. 砂浆强度等级：M5 混合砂浆 | $m^3$ | 1.21 | 233.66 | 282.73 |
| | | 本页小计 | | | | 52159.62 |

续表

B1-3：混凝土及钢筋混凝土工程

| 序号 | 项目编码 | 项目名称 | 计量单位 | 工程数量 | 金额（元） | |
|---|---|---|---|---|---|---|
| | | | | | 综合单价 | 合价 |
| 1 | 010401001001 | 钢筋混凝土带形基础<br>1. 垫层材料种类、厚度：100mm 厚 C10 素混凝土<br>2. 混凝土强度等级：C20 | $m^3$ | 21.18 | 282.88 | 5991.40 |
| 2 | 010401002001 | 钢筋混凝土独立基础<br>1. 垫层材料种类、厚度：100mm 厚 C10 素混凝土<br>2. 混凝土强度等级：C20 | $m^3$ | 5.09 | 284.08 | 1445.97 |
| 3 | 010402001001 | 钢筋混凝土矩形柱<br>1. 矩形柱截面尺寸：300mm×300mm<br>2. 混凝土强度等级：C20 | $m^3$ | 1.73 | 287.82 | 497.93 |
| 4 | 010403002001 | 钢筋混凝土矩形梁<br>1. 混凝土强度等级：C20 | $m^3$ | 1.83 | 307.50 | 562.73 |
| 5 | 010403003001 | 钢筋混凝土异形梁<br>1. 混凝土强度等级：C20 | $m^3$ | 20.77 | 308.36 | 6404.64 |
| 6 | 010403004001 | 钢筋混凝土圈梁<br>1. 混凝土强度等级：C20 | $m^3$ | 8.90 | 307.50 | 2736.75 |
| 7 | 010403005001 | 钢筋混凝土过梁<br>1. 混凝土强度等级：C20 | $m^3$ | 1.06 | 307.50 | 325.95 |
| 8 | 010405007001 | 现浇钢筋混凝土天沟<br>1. 混凝土强度等级：C20 | $m^3$ | 2.23 | 332.31 | 741.05 |
| 9 | 010405008001 | 现浇钢筋混凝土雨篷板<br>1. 混凝土强度等级：C20 | $m^3$ | 0.34 | 329.24 | 111.94 |
| 10 | 010405008002 | 现浇钢筋混凝土遮阳板<br>1. 混凝土强度等级：C20 | $m^3$ | 1.42 | 329.24 | 467.52 |
| 11 | 010406001001 | 现浇钢筋混凝土直行楼梯<br>1. 混凝土强度等级：C20 | $m^2$ | 24.77 | 60.27 | 1492.89 |
| 12 | 010407001001 | 室外现浇混凝土台阶<br>1. 混凝土强度等级：C20 | $m^3$ | 1.66 | 256.20 | 425.29 |
| | | 本页小计 | | | | 21204.06 |

续表

B1-3：混凝土及钢筋混凝土工程

| 序号 | 项目编码 | 项目名称 | 计量单位 | 工程数量 | 金额（元） | |
|---|---|---|---|---|---|---|
| | | | | | 综合单价 | 合价 |
| 13 | 010407002001 | 室外现浇混凝土坡道<br>1. 混凝土强度等级：C20 | $m^2$ | 5. 94 | 42. 38 | 251. 74 |
| 14 | 010407003001 | 室外现浇混凝土明沟<br>1. 垫层材料种类、厚度：70mm 道渣<br>2. 混凝土强度等级：C10 | m | 53. 12 | 254. 53 | 13520. 63 |
| 15 | 010412002001 | 预应力多孔板<br>1. 预应力多孔板厚度：150mm<br>2. 混凝土强度等级：C30<br>3. 灌缝：C20 细石混凝土 | $m^3$ | 70. 00 | 433. 15 | 30320. 50 |
| 16 | 010416001001 | 现浇钢筋混凝土钢筋<br>1. 钢筋种类、规格 | t | 8. 00 | 3693. 24 | 29545. 92 |
| 17 | 010702001001 | 两毡三油防水屋面<br>1. 找平层：20mm 厚 1：3 水泥砂浆找平刷冷底子油一度<br>2. 防水材料：两毡三油上撒绿石砂 | $m^2$ | 193. 83 | 27. 58 | 5345. 83 |
| 18 | 010702004001 | 镀锌铁皮落水管<br>1. 落水管材料：26 号镀锌铁皮<br>2. 水斗材料：24 号镀锌铁皮<br>3. 落水管直径：100mm<br>4. 水斗、水管油漆：红丹漆一度、调和漆二度 | m | 48. 80 | 20. 78 | 1014. 06 |
| | | 本页小计 | | | | 79998. 68 |

续表

B1-4：装饰工程

| 序号 | 项目编码 | 项目名称 | 计量单位 | 工程数量 | 金额（元） | |
|---|---|---|---|---|---|---|
| | | | | | 综合单价 | 合价 |
| 1 | 020101003001 | 30mm厚细石混凝土地面C20<br>1. 垫层材料、厚度：70厚碎砖或道渣<br>2. 找平层材料、厚度：70厚C10素混凝土<br>3. 面层厚度、强度等级：30厚C20细石混凝土 | $m^2$ | 150.63 | 15.46 | 2328.74 |
| 2 | 020101003002 | 40mm厚细石混凝土楼面C20<br>1. 面层厚度、强度等级：40厚C20细石混凝土<br>2. 钢筋型号、规格：一级钢筋、直径4mm | $m^2$ | 150.63 | 18.32 | 2759.54 |
| 3 | 020102002001 | 水磨石楼面<br>1. 垫层材料、厚度：25厚水泥石屑<br>2. 水磨石材料、厚度：15厚1：2水泥白云石 | $m^2$ | 24.77 | 33.06 | 818.90 |
| 4 | 020106003001 | 水泥砂浆楼梯面<br>1. 面层材料、厚度：20厚水泥砂浆 | $m^2$ | 24.77 | 8.39 | 207.82 |
| 5 | 020107001001 | 黑铁栏杆<br>1. 栏杆材料：黑铁栏杆<br>2. 油漆：红丹漆一度、调和漆二度 | m | 12.94 | 64.07 | 829.07 |
| 6 | 020201001001 | 外墙抹混合砂浆<br>1. 墙体类型：240砖墙<br>2. 面层材料、厚度：20厚1：1：6混合砂浆 | $m^2$ | 519.34 | 4.71 | 2446.09 |
| 7 | 020201001002 | 内墙喷大白浆<br>1. 墙体类型：240砖墙<br>2. 垫层材料：黄砂石灰面<br>3. 面层材料：大白浆二度 | $m^2$ | 1299.01 | 5.84 | 7586.22 |
| 8 | 020201001003 | 内墙喷大白浆<br>1. 墙体类型：120多孔砖墙<br>2. 垫层材料：黄砂石灰面<br>3. 面层材料：大白浆二度 | $m^2$ | 20.21 | 5.84 | 118.03 |
| | | | | | | |
| | | 本页小计 | | | | 17094.41 |

续表

B1-4：装饰工程

| 序号 | 项目编码 | 项目名称 | 计量单位 | 工程数量 | 金额（元） | |
|---|---|---|---|---|---|---|
| | | | | | 综合单价 | 合价 |
| 9 | 020301001001 | 天棚面抹灰<br>1. 底层材料：M5 砂浆底<br>2. 面层材料：纸筋石灰面<br>3. 面层喷白浆二度 | $m^2$ | 393.71 | 6.55 | 2578.80 |
| 10 | 020401001001 | 木门（BM12）<br>1. 木门尺寸：1200×2400 | 樘 | 3.00 | 196.51 | 589.53 |
| 11 | 020401001002 | 木门（BM13）<br>1. 木门尺寸：1500×2400 | 樘 | 1.00 | 216.98 | 216.98 |
| 12 | 020401001003 | 木门（BM132）<br>1. 木门尺寸：800×2000 | 樘 | 3.00 | 165.81 | 497.43 |
| 13 | 020401001004 | 木门（BM150）<br>1. 木门尺寸：1000×2400 | 樘 | 10.00 | 176.04 | 1760.40 |
| 14 | 020402001001 | 钢门（GKM28）<br>1. 钢门尺寸：2100×2400 | 樘 | 1.00 | 423.73 | 423.73 |
| 15 | 020402001002 | 钢门（GM26）<br>1. 钢门尺寸：1200×2700 | 樘 | 1.00 | 382.79 | 382.79 |
| 16 | 020406001001 | 钢窗（GC50）<br>1. 钢窗尺寸：1200×900 | 樘 | 4.00 | 145.34 | 581.36 |
| 17 | 020406001002 | 钢窗（GC51）<br>1. 钢窗尺寸：1500×900 | 樘 | 7.00 | 176.04 | 1232.28 |
| 18 | 020406001003 | 钢窗（GC351）<br>1. 钢窗尺寸：1200×1800 | 樘 | 7.00 | 278.39 | 1948.73 |
| 19 | 020406001004 | 钢窗（GC362）<br>1. 钢窗尺寸：1500×1800 | 樘 | 6.00 | 339.80 | 2038.80 |
| 20 | 020406001005 | 钢窗（GC493）<br>1. 钢窗尺寸：600×2100 | 樘 | 4.00 | 165.81 | 663.24 |
| 21 | 020406001006 | 钢窗（GC497）<br>1. 钢窗尺寸：1800×2100 | 樘 | 14.00 | 472.86 | 6620.04 |
| 22 | 020406001007 | 钢窗（GC515）<br>1. 钢窗尺寸：1200×2100 | 樘 | 10.00 | 319.33 | 3193.30 |
| | | 本页小计 | | | | 22727.41 |

## 一号表 分部分项工程量清单计价汇总表 附表4

B1-5：分部分项工程量清单汇总

| 序 号 | 项目编码 | 项 目 名 称 | 金额（元） |
|---|---|---|---|
| | | 一号表 分部分项工程量清单小结 | |
| | | B1-1/1 土（石）方工程 小计 | 4770.50 |
| | | B1-2/1 砌筑工程 小计 | 52159.62 |
| | | B1-3/1 混凝土及钢筋混凝土工程 小计 | 21204.06 |
| | | B1-3/2 混凝土及钢筋混凝土工程 小计 | 79998.68 |
| | | B1-4/1 装饰工程 小计 | 17094.41 |
| | | B1-4/2 装饰工程 小计 | 22727.41 |
| | | 转 总 结 | 197954.68 |

## 二号表 措施项目清单计价表 附表5

工程名称：

| 序 号 | 项 目 名 称 | 金额（元） |
|---|---|---|
| 1 | 环境保护费 | 5000.00 |
| 2 | 文明施工费 | 5000.00 |
| 3 | 安全施工费 | 5000.00 |
| 4 | 临时设施费 | 12000.00 |
| 5 | 夜间施工增加费 | |
| 6 | 二次搬运费 | |
| 7 | 大型机械设备进出场及安拆费 | |
| 8 | 混凝土、钢筋混凝土模板及支架费 | 15000.00 |
| 9 | 脚手架费 | 8000.00 |
| 10 | 已完工程及设备保护费 | 2000.00 |
| 11 | 施工排水、降水费 | |
| | 转 总 结 | 52000.00 |

**三号表　其他项目清单计价表**　　**附表 6**

工程名称：

| 序　号 | 项　目　名　称 | 金额（元） |
|---|---|---|
| 1 | 招标人部分 | |
| | 小　计 | |
| | | |
| | 小计 | |
| | 合计 | |

**零星人员用工单价表**　　**附表 7**

工程名称：

| 序　号 | 项　目　说　明 | 单价（h） |
|---|---|---|
| 1 | 普通劳动工（杂项） | 5.55 |
| 2 | 风（气）动工具操作员 | 14.86 |
| 3 | 测量定位员 | 19.42 |
| 4 | 测量定位员副手 | 11.89 |
| 5 | 混凝土工人 | 5.94 |
| 6 | 砌砖（土建）工人 | 5.94 |
| 7 | 砌石工人 | 5.94 |
| 8 | 屋顶饰面（瓦、保温、防水）工人 | 5.94 |
| 9 | 木匠 | 6.34 |

续表

| 序号 | 项目说明 | 单价（h） |
|---|---|---|
| 10 | 钢筋工人 | 5.94 |
| 11 | 金属（围栏、扶手、门、窗、杂项）工人 | 5.94 |
| 12 | 焊工 | 6.80 |
| 13 | 抹灰工人 | 5.94 |
| 14 | 玻璃工人 | 6.80 |
| 15 | 油漆工人 | 5.94 |
| 16 | 市政综合工 | 5.55 |
| 17 | 安装综合工 | 6.34 |
| 18 | 防水工 | 5.94 |
| 19 | 架子工 | 5.94 |

**零星机械设备单价表** **附表8**

工程名称：

| 序号 | 机械设备说明 | 规格或大小 | 进场和出场费（每套机械设备计）（元） | 单位（以每台班计）（元） |
|---|---|---|---|---|
| 1 | 塔式起重机 | 80kN·m | 31453.12 | 1649.36 |
| 2 | 挖土机 | $1m^3$ | 5067.80 | 974.98 |
| 3 | 交流电焊机 | 30kV·A | | 167.78 |
| 4 | 砂浆机 | 200L | | 87.66 |
| 5 | 推土机 | 75kW | 4559.50 | 679.13 |
| 6 | 载重汽车 | 10t | | 703.12 |
| 7 | 机动翻斗机 | 1.5t | | 166.29 |
| 8 | 电动卷扬机 | 15kN | | 134.14 |
| 9 | 滚筒式混凝土搅拌机 | 400L | | 129.50 |
| 10 | 灰浆搅拌机 | 200L | | 79.90 |
| 11 | 混凝土振捣器 | 插入式 | | 16.23 |
| 12 | 木工圆木锯 | 600mm | | 52.26 |
| 13 | 木工压刨床 | 双面600mm | | 80.70 |
| 14 | 木工裁口机 | 多面400mm | | 58.04 |
| 15 | 电动打磨机 | 1600kN | | 245.60 |
| 16 | 手提式电钻 | 398A | | 51.65 |
| 17 | 管子切断机 | 250mm | | 74.18 |
| 18 | 抛光机 | | | 18.64 |
| 19 | 电渣焊机 | 1000A | | 316.88 |

附表 9

## 分部分项工程清单综合单价分析表

工程名称：

| 序号 | 项目编码 | 项目名称 | 工程内容 | 综合单价组成 | | | | | 综合单价（元） |
|---|---|---|---|---|---|---|---|---|---|
| | | | | 人工费 | 材料费 | 机械使用费 | 管理费 | 利润 | |
| 1 | 010101001001 | 平整场地 | 土方挖填、场地平整、土方运输 | 0.50 | 1.00 | 14.50 | 0.30 | 0.08 | 16.38 |
| 2 | 010101003001 | 挖独立基础土方 | 土方开挖、挡板支拆、土方运输 | 0.75 | 2.00 | 21.08 | 0.44 | 0.12 | 24.39 |
| 3 | 010101003002 | 挖带形基础土方 | 土方开挖、挡板支拆、土方运输 | 0.75 | 2.00 | 22.48 | 0.47 | 0.13 | 25.83 |
| 4 | 010101003003 | 挖带形基础土方 | 土方开挖、挡板支拆、土方运输 | 0.75 | 2.00 | 22.48 | 0.47 | 0.13 | 25.83 |
| 5 | 010101003004 | 挖带形基础土方 | 土方开挖、挡板支拆、土方运输 | 0.75 | 2.00 | 22.48 | 0.47 | 0.13 | 25.83 |
| 6 | 010103001001 | 基坑回填土 | 挖土、运输、回填、分层夯实 | 0.25 | 1.00 | 7.35 | 0.16 | 0.04 | 8.80 |
| 7 | 010301001001 | 砖基础 | 砂浆制作运输、砌砖、防潮层铺设、材料运输 | 34.50 | 212.18 | 1.89 | 4.60 | 1.24 | 254.41 |
| 8 | 010302001001 | 统一砖外墙（240mm） | 砂浆制作运输、砌砖、勾缝、砖压顶砌筑、材料运输 | 31.04 | 202.18 | 1.89 | 4.35 | 1.18 | 240.64 |
| 9 | 010302001002 | 统一砖内墙（240mm） | 砂浆制作运输、砌砖、勾缝、砖压顶砌筑、材料运输 | 31.04 | 202.18 | 1.89 | 4.35 | 1.18 | 240.64 |
| 10 | 010302001003 | 多孔砖内墙（120mm） | 砂浆制作运输、砌砖、勾缝、砖压顶砌筑、材料运输 | 28.50 | 198.20 | 1.60 | 4.22 | 1.14 | 233.66 |
| 11 | 010401001001 | 钢筋混凝土带形基础 | 铺设垫层、混凝土制作、运输、浇捣、养护 | 6.41 | 264.40 | 5.58 | 5.11 | 1.38 | 282.88 |
| 12 | 010401002001 | 钢筋混凝土独立基础 | 铺设垫层、混凝土制作、运输、浇捣、养护 | 6.41 | 264.40 | 6.75 | 5.13 | 1.39 | 284.08 |
| 13 | 010402001001 | 钢筋混凝土矩形柱 | 混凝土制作、运输、浇捣、养护 | 17.39 | 254.84 | 8.98 | 5.20 | 1.41 | 287.82 |
| 14 | 010403002001 | 钢筋混凝土矩形梁 | 混凝土制作、运输、浇捣、养护 | 12.81 | 278.83 | 8.80 | 5.56 | 1.50 | 307.50 |
| 15 | 010403003001 | 钢筋混凝土异形梁 | 混凝土制作、运输、浇捣、养护 | 13.65 | 278.83 | 8.80 | 5.57 | 1.51 | 308.36 |
| 16 | 010403004001 | 钢筋混凝土圈梁 | 混凝土制作、运输、浇捣、养护 | 12.81 | 278.83 | 8.80 | 5.56 | 1.50 | 307.50 |

续表

| 序号 | 项目编码 | 项目名称 | 工程内容 | 综合单价组成 | | | | | 综合单价（元） |
|---|---|---|---|---|---|---|---|---|---|
| | | | | 人工费 | 材料费 | 机械使用费 | 管理费 | 利润 | |
| 17 | 010403005001 | 钢筋混凝土过梁 | 混凝土制作、运输、浇捣、养护 | 12.81 | 278.83 | 8.80 | 5.56 | 1.50 | 307.50 |
| 18 | 010405007001 | 现浇钢筋混凝土天沟 | 混凝土制作、运输、浇捣、养护 | 22.05 | 286.26 | 16.37 | 6.01 | 1.62 | 332.31 |
| 19 | 010405008001 | 现浇钢筋混凝土雨篷板 | 混凝土制作、运输、浇捣、养护 | 21.05 | 286.26 | 14.37 | 5.95 | 1.61 | 329.24 |
| 20 | 010405008002 | 现浇钢筋混凝土遮阳板 | 混凝土制作、运输、浇捣、养护 | 21.05 | 286.26 | 14.37 | 5.95 | 1.61 | 329.24 |
| 21 | 010406001001 | 现浇钢筋混凝土直行楼梯 | 混凝土制作、运输、浇捣、养护 | 3.66 | 52.16 | 3.07 | 1.09 | 0.29 | 60.27 |
| 22 | 010407001001 | 室外现浇混凝土台阶 | 混凝土制作、运输、浇捣、养护 | 5.40 | 240.42 | 4.50 | 4.63 | 1.25 | 256.20 |
| 23 | 010407002001 | 室外现浇混凝土坡道 | 地基夯实、铺设垫层、混凝土制作、运输、浇捣、养护 | 2.40 | 36.50 | 2.50 | 0.77 | 0.21 | 42.38 |
| 24 | 010407003001 | 室外现浇混凝土明沟 | 挖运土方、土方夯实、铺设垫层、混凝土制作、运输、浇捣、养护 | 17.84 | 223.00 | 7.85 | 4.60 | 1.24 | 254.53 |
| 25 | 010412002001 | 预应力多孔板 | 构件制作、运输、构件安装、砂浆制作、运输、接头灌缝、养护 | 47.70 | 333.30 | 42.20 | 7.83 | 2.12 | 433.15 |
| 26 | 010416001001 | 现浇钢筋混凝土钢筋 | 钢筋制作、运输、安装 | 152.76 | 3400.00 | 55.68 | 66.76 | 18.04 | 3693.24 |
| 27 | 010702001001 | 两毡三油防水屋面 | 基层处理、抹找平层、铺油毡、接缝、嵌缝、铺保护层 | 6.45 | 18.00 | 2.50 | 0.50 | 0.13 | 27.58 |
| 28 | 010702004001 | 镀锌铁皮落水管 | 水管及配件安装、固定、雨水斗安装、固定、接缝、嵌缝 | 3.50 | 15.00 | 1.80 | 0.38 | 0.10 | 20.78 |
| 29 | 020101003001 | 30mm 厚细石混凝土地面 C20 | 基层清理、垫层铺设、抹找平层、面层铺设、材料运输 | 4.20 | 8.40 | 2.50 | 0.28 | 0.08 | 15.46 |
| 30 | 020101003002 | 40mm 厚细石混凝土楼面 C20 | 基层清理、垫层铺设、抹找平层、面层铺设、材料运输 | 4.20 | 11.20 | 2.50 | 0.33 | 0.09 | 18.32 |
| 31 | 020102002001 | 水磨石楼面 | 基层清理、垫层铺设、抹找平层、面层铺设、磨光、酸洗、打蜡、材料运输 | 8.90 | 18.00 | 5.40 | 0.60 | 0.16 | 33.06 |

续表

| 序号 | 项目编码 | 项目名称 | 工程内容 | 综合单价组成 | | | | | 综合单价（元） |
|---|---|---|---|---|---|---|---|---|---|
| | | | | 人工费 | 材料费 | 机械使用费 | 管理费 | 利润 | |
| 32 | 020106003001 | 水泥砂浆楼梯面 | 基层清理、抹找平层、抹面层、抹防滑条、材料运输 | 2.50 | 3.20 | 2.50 | 0.15 | 0.04 | 8.39 |
| 33 | 020107001001 | 黑铁栏杆 | 栏杆制作、运输、安装、刷防护材料、刷油漆 | 6.50 | 54.00 | 2.10 | 1.16 | 0.31 | 64.07 |
| 34 | 020201001001 | 外墙抹混合砂浆 | 基层清理、砂浆制作、运输、抹面层砂浆 | 1.50 | 1.90 | 1.20 | 0.09 | 0.02 | 4.71 |
| 35 | 020201001002 | 内墙喷大白浆 | 基层清理、砂浆制作、运输、抹找平层、抹面层砂浆 | 1.50 | 3.00 | 1.20 | 0.11 | 0.03 | 5.84 |
| 36 | 020201001003 | 内墙喷大白浆 | 基层清理、砂浆制作、运输、抹找平层、抹面层砂浆 | 1.50 | 3.00 | 1.20 | 0.11 | 0.03 | 5.84 |
| 37 | 020301001001 | 顶棚面抹灰 | 基层清理、砂浆制作、运输、抹找平层、抹面层砂浆 | 1.80 | 3.00 | 1.60 | 0.12 | 0.03 | 6.55 |
| 38 | 020401001001 | 木门（BM12） | 门制作、安装、五金配件制作、安装、刷防护材料、油漆 | 12.00 | 180.00 | 0.00 | 3.55 | 0.96 | 196.51 |
| 39 | 020401001002 | 木门（BM13） | 门制作、安装、五金配件制作、安装、刷防护材料、油漆 | 12.00 | 200.00 | 0.00 | 3.92 | 1.06 | 216.98 |
| 40 | 020401001003 | 木门（BM132） | 门制作、安装、五金配件制作、安装、刷防护材料、油漆 | 12.00 | 150.00 | 0.00 | 3.00 | 0.81 | 165.81 |
| 41 | 020401001004 | 木门（BM150） | 门制作、安装、五金配件制作、安装、刷防护材料、油漆 | 12.00 | 160.00 | 0.00 | 3.18 | 0.86 | 176.04 |
| 42 | 020402001001 | 钢门（GKM28） | 门制作、安装、五金配件制作、安装、刷防护材料、油漆 | 14.00 | 400.00 | 0.00 | 7.66 | 2.07 | 423.73 |
| 43 | 020402001002 | 钢门（GM26） | 门制作、安装、五金配件制作、安装、刷防护材料、油漆 | 14.00 | 360.00 | 0.00 | 6.92 | 1.87 | 382.79 |

续表

| 序号 | 项目编码 | 项目名称 | 工程内容 | 综合单价组成 | | | | | 综合单价（元） |
|---|---|---|---|---|---|---|---|---|---|
| | | | | 人工费 | 材料费 | 机械使用费 | 管理费 | 利润 | |
| 44 | 020406001001 | 钢窗（GC50） | 窗制作、安装、五金配件制作、安装、刷防护材料、油漆 | 12.00 | 130.00 | 0.00 | 2.63 | 0.71 | 145.34 |
| 45 | 020406001002 | 钢窗（GC51） | 窗制作、安装、五金配件制作、安装、刷防护材料、油漆 | 12.00 | 160.00 | 0.00 | 3.18 | 0.86 | 176.04 |
| 46 | 020406001003 | 钢窗（GC351） | 窗制作、安装、五金配件制作、安装、刷防护材料、油漆 | 12.00 | 260.00 | 0.00 | 5.03 | 1.36 | 278.39 |
| 47 | 020406001004 | 钢窗（GC362） | 窗制作、安装、五金配件制作、安装、刷防护材料、油漆 | 12.00 | 320.00 | 0.00 | 6.14 | 1.66 | 339.80 |
| 48 | 020406001005 | 钢窗（GC493） | 窗制作、安装、五金配件制作、安装、刷防护材料、油漆 | 12.00 | 150.00 | 0.00 | 3.00 | 0.81 | 165.81 |
| 49 | 020406001006 | 钢窗（GC497） | 窗制作、安装、五金配件制作、安装、刷防护材料、油漆 | 12.00 | 450.00 | 0.00 | 8.55 | 2.31 | 472.86 |
| 50 | 020406001007 | 钢窗（GC515） | 窗制作、安装、五金配件制作、安装、刷防护材料、油漆 | 12.00 | 300.00 | 0.00 | 5.77 | 1.56 | 319.33 |

主要材料价格表　　附表 10

工程名称：

| 序号 | 材料编码 | 材料名称 | 规格、型号等特殊要求 | 单位 | 单价（元） |
|---|---|---|---|---|---|
| 1 | | 水泥 | 425 号 | kg | 0.27 |
| 2 | | 白水泥 | 白度 80°~84° | kg | 0.54 |
| 3 | | 统一砖 | | 千块 | 280.00 |
| 4 | | 承重砖 | 20 孔 240×115×90 | 千块 | 450.00 |
| 5 | | 黄砂　中砂 | 含水率 6%，1360kg/m³ | t | 49.00 |
| 6 | | 碎石 | 5~16mm | t | 42.00 |
| 7 | | 成型钢筋 | 综合 | t | 3540.00 |
| 8 | | 钢窗 | GC50（1200×900） | 樘 | 130.00 |
| 9 | | 钢窗 | GC51（1500×900） | 樘 | 160.00 |
| 10 | | 钢窗 | GC351（1200×1800） | 樘 | 260.00 |
| 11 | | 钢窗 | GC362（1500×1800） | 樘 | 320.00 |
| 12 | | 钢窗 | GC493（600×1200） | 樘 | 150.00 |
| 13 | | 钢窗 | GC497（1800×2100） | 樘 | 450.00 |
| 14 | | 钢窗 | GC515（1200×2100） | 樘 | 300.00 |
| 15 | | 钢门 | GKM28（2100×2400） | 樘 | 400.00 |
| 16 | | 钢门 | GM26（1200×2700） | 樘 | 360.00 |
| 17 | | 木门 | BM13（1500×2400） | 樘 | 200.00 |
| 18 | | 木门 | BM12（1200×2400） | 樘 | 180.00 |
| 19 | | 木门 | M150（1000×2400） | 樘 | 160.00 |
| 20 | | 木门 | M132（800×2000） | 樘 | 150.00 |

# 附录二　土建工程施工图设计文件

## 设计说明

1. 凡本图纸上未注明做法，均照本说明施工。图纸与说明都未提出做法者，均按《建筑安装工程施工及验收暂行技术规范》的规定施工。

2. 施工单位如发现图纸上有差错和交代不清者，请随时与设计单位联系。

3. 室内地坪底层设计标高±0.00，相当于邻近电工间地坪标高。

4. 砖墙及防潮层

砖墙在防潮层以下均采用 MU7.5 灰砂砖 M5 水泥砂浆砌。防潮层以上均采用 M5 混合砂浆砌。半砖墙采用灰砂砖 M5 混合砂浆砌，每 1m 放置 2ф4 钢筋一道。

防潮层做在标高 -0.05 处，用 20 厚 1∶2 防水砂浆（内掺 5% 防水剂）。

5. 室内地坪

均用 30 厚 C20 细石混凝土（随捣随粉），70 厚 C10 素混凝土垫层，70 厚碎砖或道渣，素土夯实。

6. 楼面

二层楼面均做 40 厚 C20 细石混凝土整浇层，内置 4@200 双向钢筋网（随捣随粉）现浇钢筋混凝土楼板。三层楼面走廊，30 厚水泥石屑整浇层上做 10 厚 1∶2.5 水泥白云石水磨石面层，沿墙周围做 150 高预制水磨石踢脚线，其余均为 150 高 1∶2 水泥砂浆粉踢脚。

7. 屋面

涂料粒料保护层，4 厚 APP 改性沥青防水卷材防水层，20 厚 1∶3 水泥砂浆找平层，最薄 30 厚 LC5.0 轻集料混凝土 2% 找坡层，钢筋混凝土屋面板。

8. 粉刷

（1）外墙：6 厚 1∶2.5 水泥砂浆面层，12 厚 1∶3 水泥砂浆打底扫毛。

（2）内墙：面浆饰面，5 厚 1∶0.5∶2.5 水泥石膏砂浆找平，9 厚 1∶0.5∶3 水泥石膏砂浆打底扫毛。

（3）顶棚：面浆饰面，2 厚纸筋灰照面，8 厚 1∶0.5∶3 水泥石膏砂浆打底扫毛。

（4）踢脚线、窗台、遮阳板、雨篷均做 20 厚 1∶2 水泥砂浆粉光。

（5）现浇楼梯均做 20 厚 1∶2 水泥砂浆粉光。

9. 油漆：

外露铁件先刷防锈漆一度、调和漆二度。木门窗均做一底二度调和漆，漆色由甲方自选。

10. 落水管：

落水管用 ϕ100UPVC 落水管及相关配件。

11. 栏杆：

室内楼梯均做不锈钢栏杆，直径详见图注。铁栏杆均刷红丹一度，调和漆二度。

12. 本工程除标高以米为单位外，其余均以毫米为单位。

13. 本工程所用材料：

混凝土——基础垫层用 C10，基础、梁、柱、板均采用 C20；

钢筋 ——HPB 235（ϕ）；HRB 335（ϕ）。

为确保工程质量，混凝土标号务必达上述规定之级别要求，浇捣前应事先作试样达到设计与施工要求方可浇筑，并提供混凝土的 28 天抗压试验报告。

14. 本工程基础埋深 -0.8，下面 100mm 厚 C10 混凝土垫层。

**图纸目录** **附表 11**

| 图号 | | 图纸名称 | 图号 | | 图纸名称 |
|---|---|---|---|---|---|
| 建施 | 1 | 底层平面图、二层平面图 | 结施 | 1 | 基础平面图 |
| | 5 | | | 5 | |
| 建施 | 2 | 三层平面图、屋顶平面图 | 结施 | 2 | 二层梁、楼板配筋图 |
| | 5 | | | 5 | |
| 建施 | 3 | 东、南、西、北立面图 | 结施 | 3 | 三层梁、楼板配筋图 |
| | 5 | | | 5 | |
| 建施 | 4 | Ⅰ—Ⅰ剖面图、Ⅱ—Ⅱ剖面图 | 结施 | 4 | 屋面梁、楼板配筋图 |
| | 5 | | | 5 | |
| 建施 | 5 | Ⅲ—Ⅲ剖面图、节点详图 | 结施 | 5 | 楼梯详图 |
| | 5 | | | 5 | |

**门窗明细表** **附表 12**

| 名称 | 序号 | 编号 | 规(宽×高)格 | 数量 | 备注 |
|---|---|---|---|---|---|
| 铝合金窗 | 1 | C1 | 1500×1800 | 6 | |
| | 2 | C2 | 1500×900 | 7 | |
| | 3 | C3 | 1200×1800 | 7 | |
| | 4 | C4 | 1200×900 | 4 | |
| | 5 | C5 | 1800×2100 | 14 | |
| | 6 | C6 | 1200×2100 | 10 | |
| | 7 | C7 | 600×2100 | 4 | |
| 钢门 | 1 | GKM28 | 2100×2400 | 1 | 工业建筑钢窗钢门图集 GM661、GM、沪 JTM |
| | 2 | GM 26 | 1200×2700 | 1 | |
| 木门 | 1 | BM 13 | 1500×2400 | 1 | 一般工业与民用建筑木门窗沪 J 7301 |
| | 2 | BM 12 | 1200×2400 | 3 | |
| | 3 | M150 | 1000×2400 | 10 | |
| | 4 | M132 | 800×2000 | 3 | |

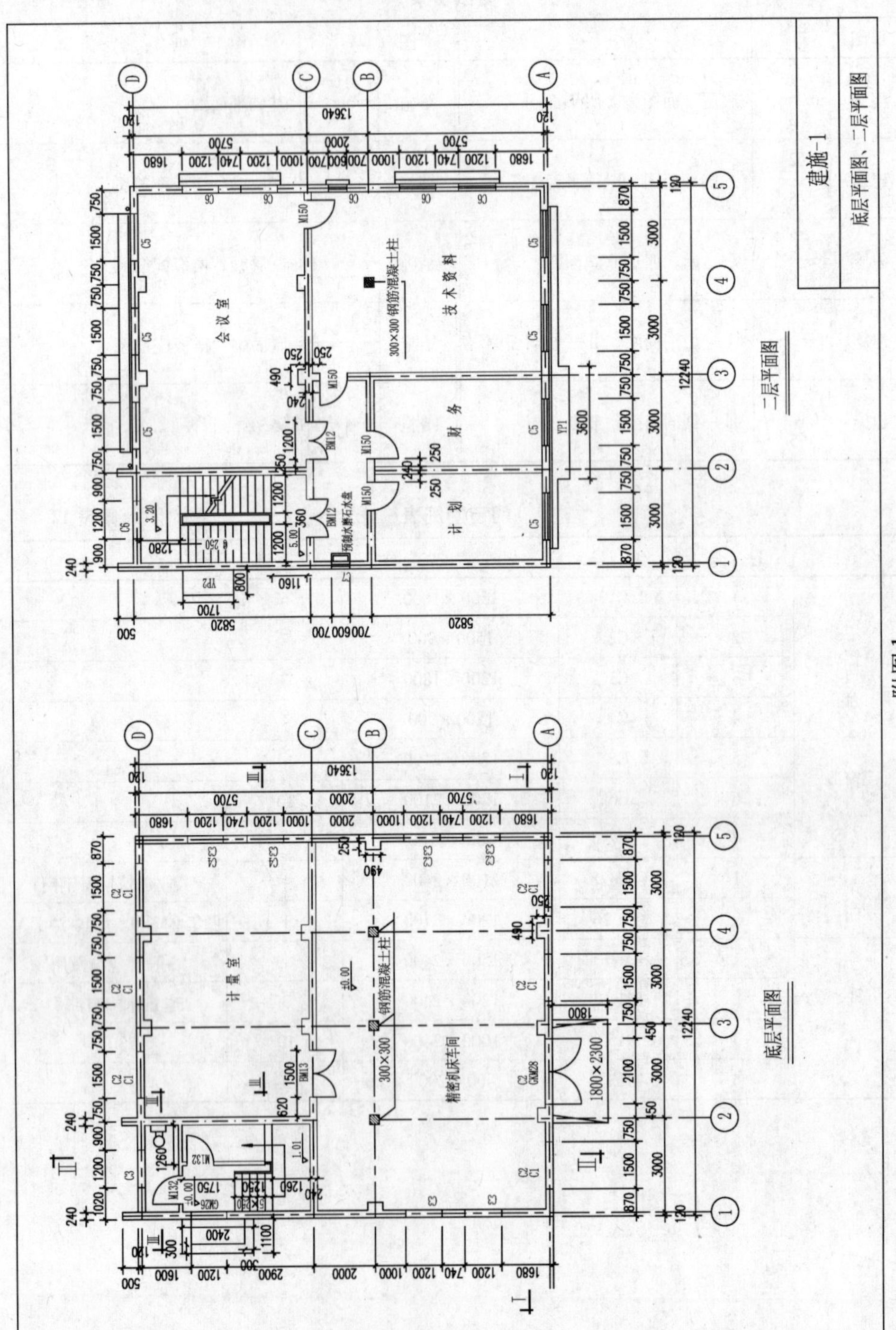

建施-1
底层平面图、二层平面图
二层平面图
会议室
技术资料
财务
计划
300×300钢筋混凝土柱
底层平面图
计量室
精密机床车间
300×300钢筋混凝土柱
1800×2300
12240
13640


附图1

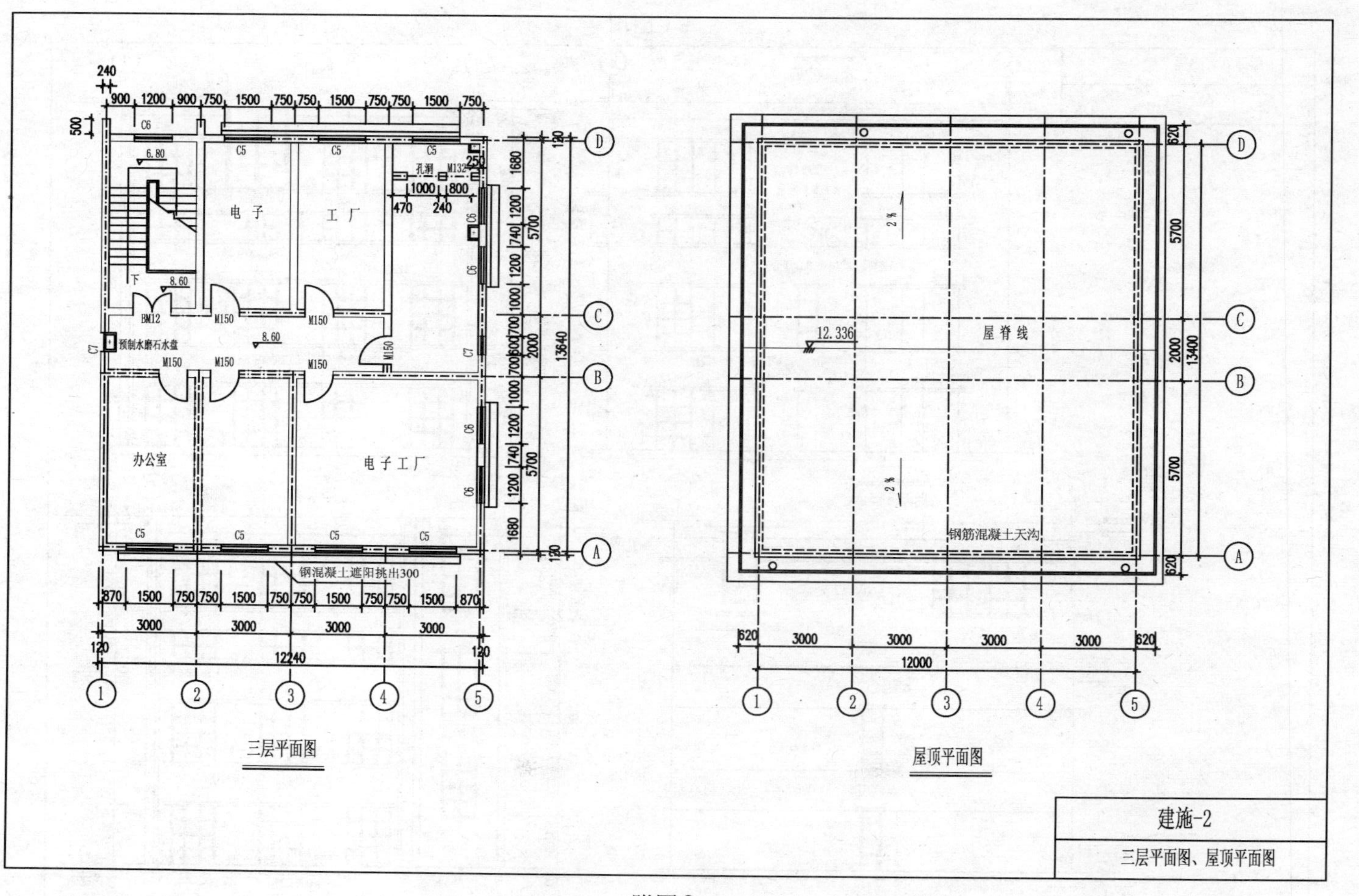
电子
工厂
办公室
电子工厂
钢混凝土遮阳挑出300
预制水磨石水盘
三层平面图
屋脊线
钢筋混凝土天沟
屋顶平面图
建施-2
三层平面图、屋顶平面图

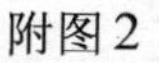
附图2

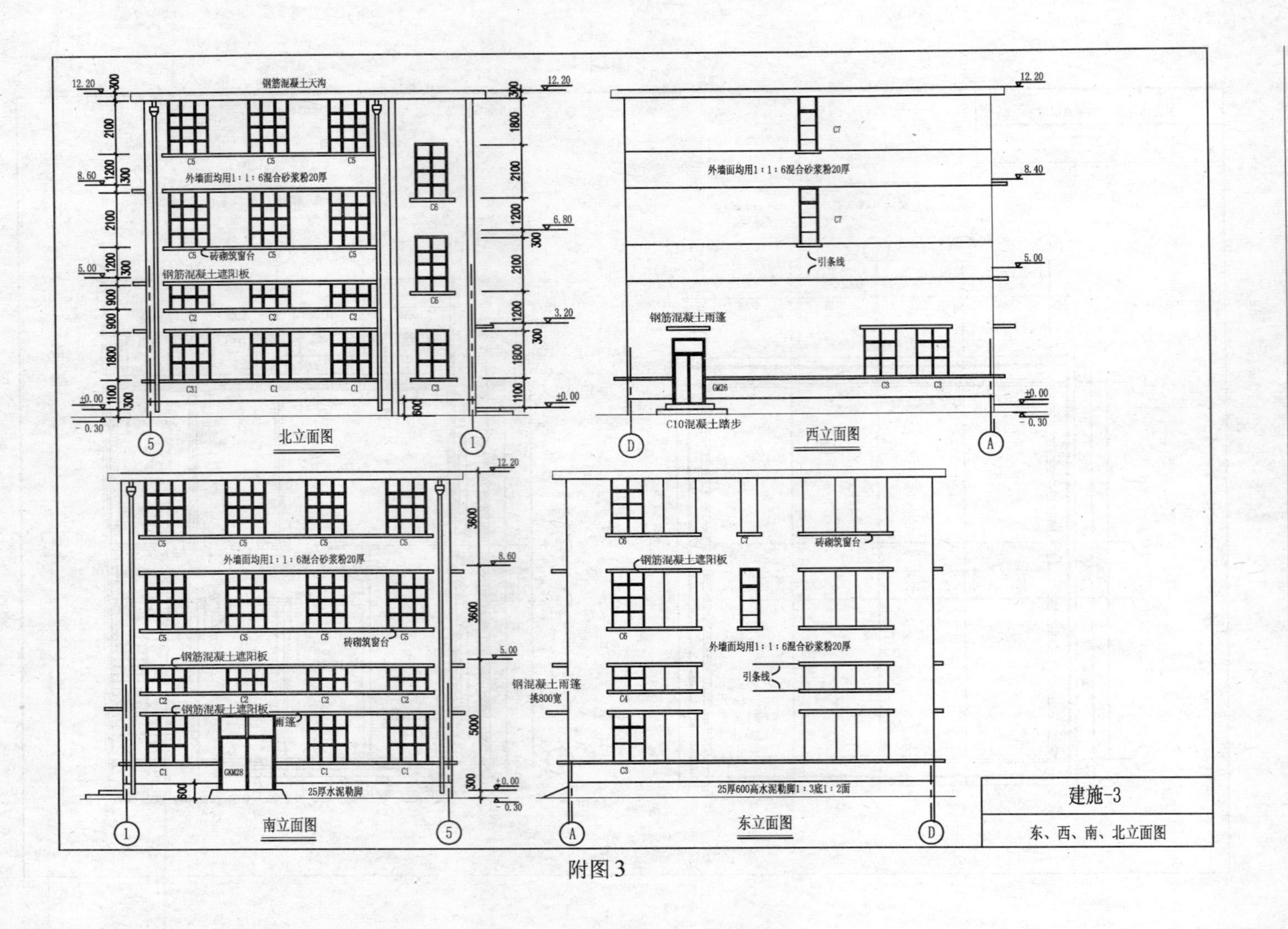
钢筋混凝土天沟
外墙面均用1:1:6混合砂浆粉20厚
砖砌筑窗台
钢筋混凝土遮阳板
北立面图
钢筋混凝土雨篷
C10混凝土踏步
引条线
西立面图
雨篷
25厚水泥勒脚
南立面图
钢混凝土雨篷
挑800宽
25厚600高水泥勒脚1:3底1:2面
东立面图
建施-3
东、西、南、北立面图

附图3

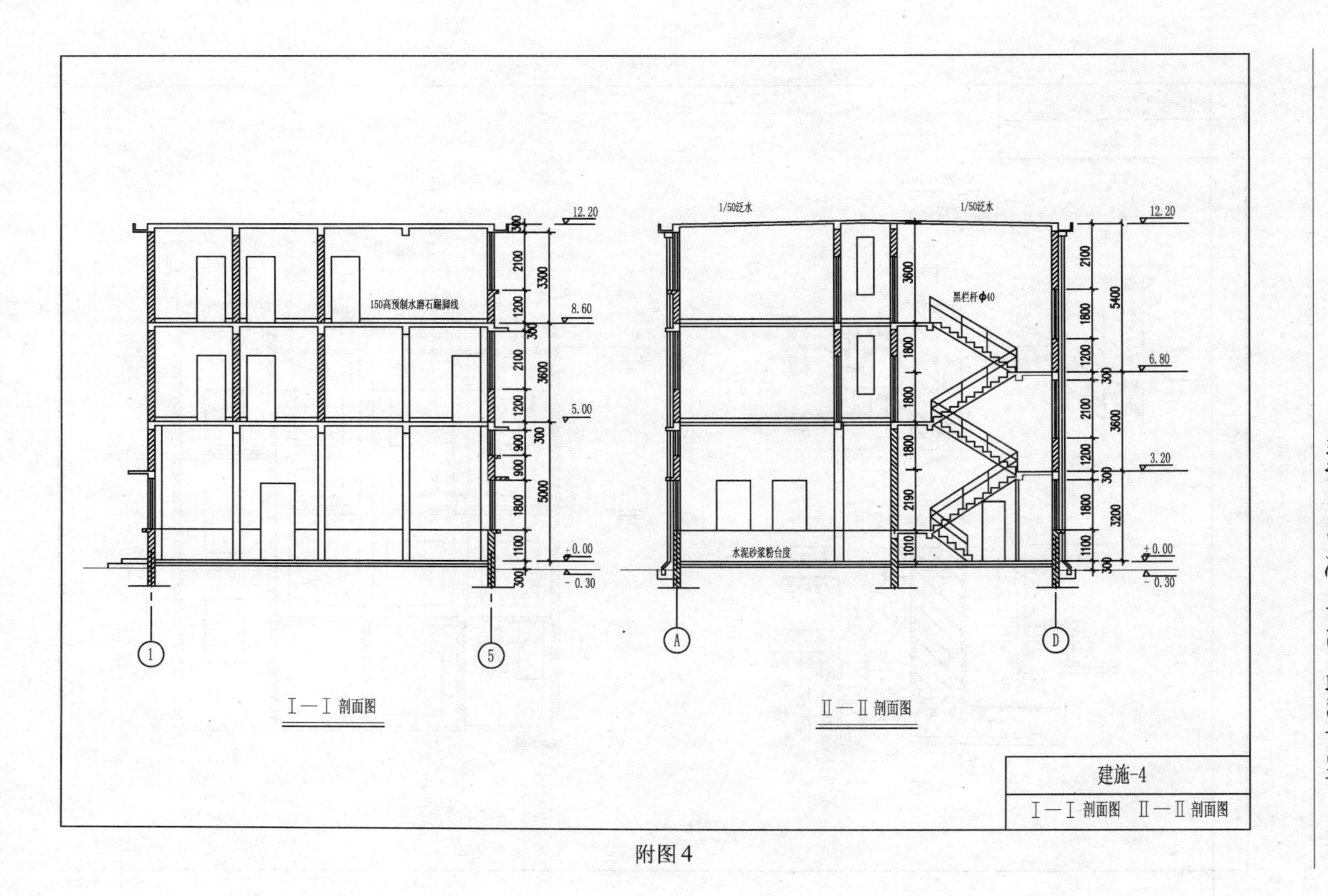
12.20
8.60
5.00
±0.00
-0.30
6.80
3.20
1/50泛水
1/50泛水
150高预制水磨石踢脚线
黑栏杆Φ40
水泥砂浆粉台度
1
5
A
D
Ⅰ—Ⅰ 剖面图
Ⅱ—Ⅱ 剖面图
建施-4
Ⅰ—Ⅰ 剖面图　Ⅱ—Ⅱ 剖面图

附图 4

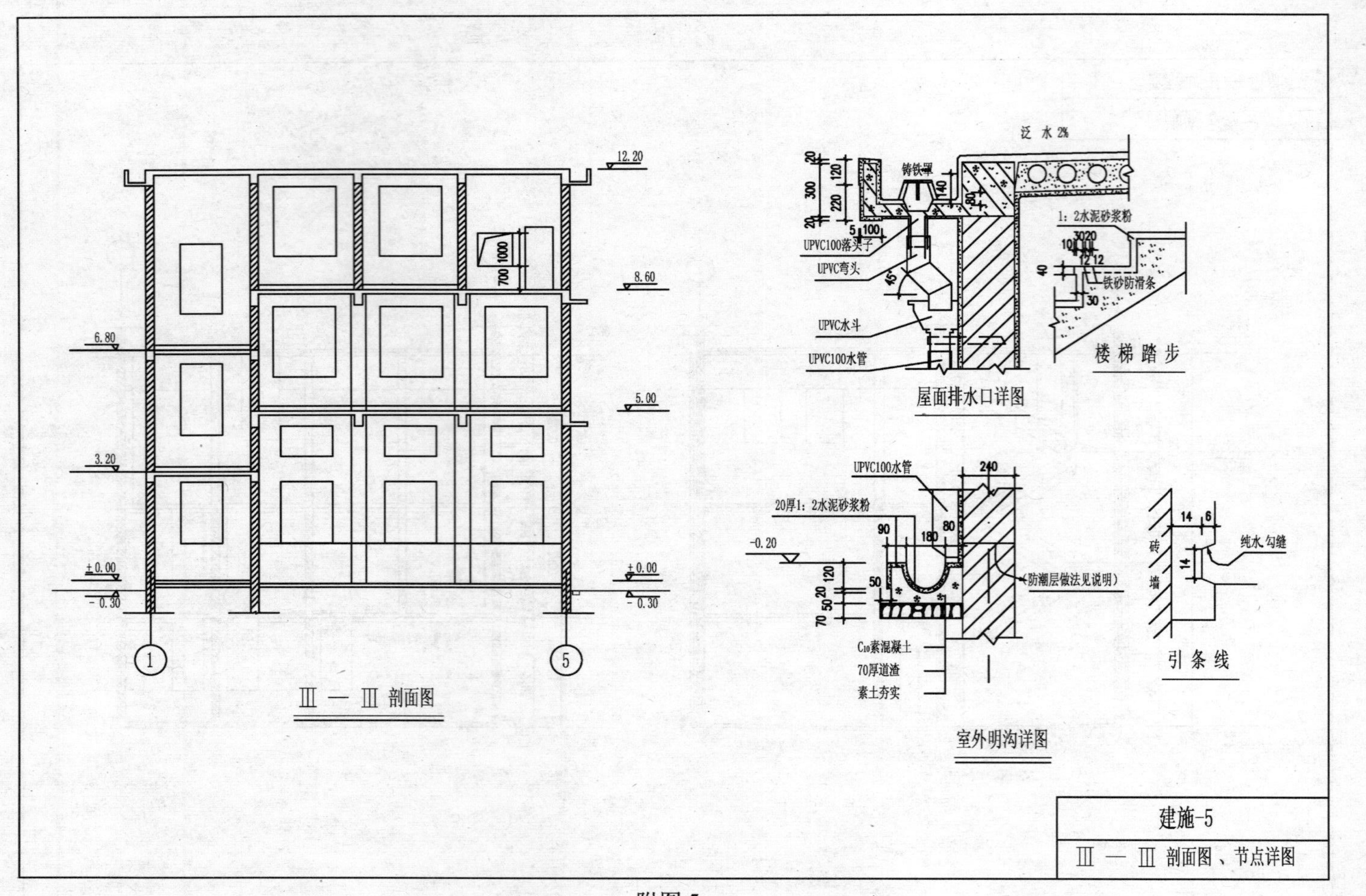
Ⅲ — Ⅲ 剖面图
12.20
8.60
6.80
5.00
3.20
±0.00
-0.30
700
1000
泛 水 2%
铸铁罩
UPVC100落头子
UPVC弯头
UPVC水斗
UPVC100水管
屋面排水口详图
1：2水泥砂浆粉
铁砂防滑条
楼梯踏步
UPVC100水管
20厚1：2水泥砂浆粉
-0.20
防潮层做法见说明
C10素混凝土
70厚道渣
素土夯实
室外明沟详图
砖
墙
纯水勾缝
引条线
建施-5
Ⅲ — Ⅲ 剖面图、节点详图

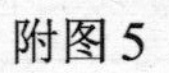
附图5

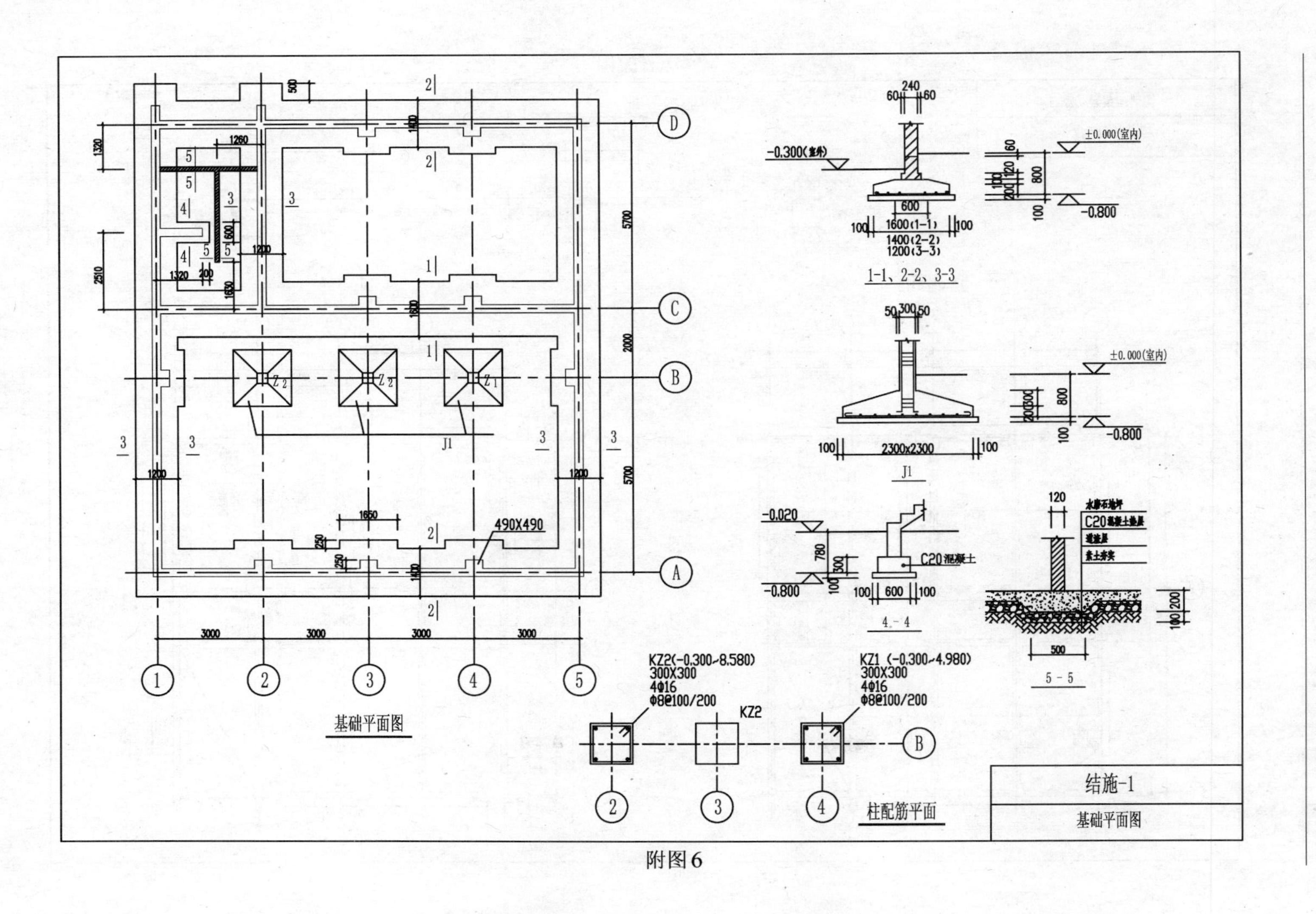
基础平面图
J1
490X490
1-1、2-2、3-3
±0.000(室内)
-0.300(室外)
-0.800
600
1600(1-1)
1400(2-2)
1200(3-3)
2300X2300
J1
-0.020
C20混凝土
4-4
C20
5-5
KZ2(-0.300~8.580)
300X300
4Φ16
Φ8@100/200
KZ1 (-0.300~4.980)
300X300
4Φ16
Φ8@100/200
KZ2
柱配筋平面
结施-1
基础平面图

附图6

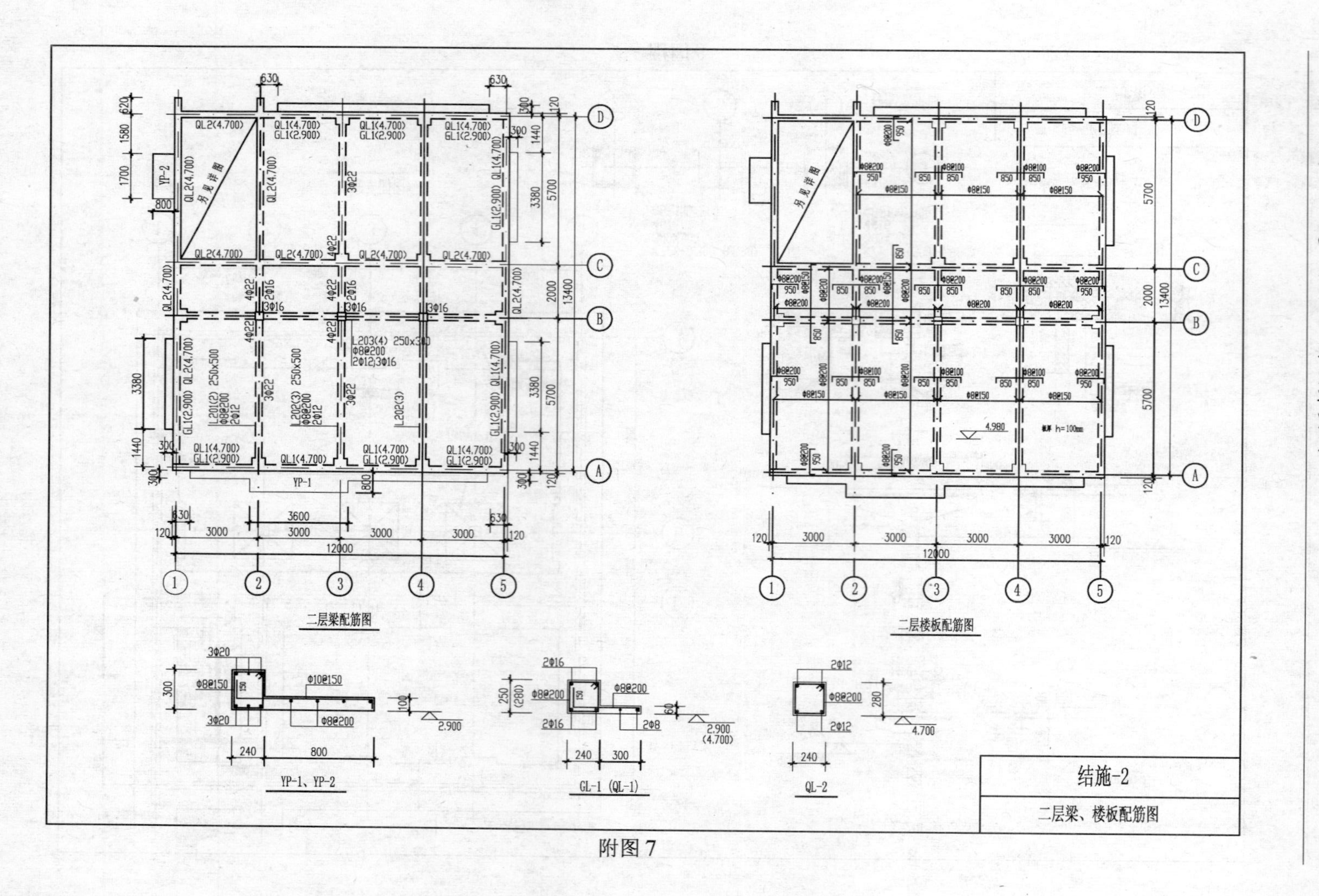


附图 7

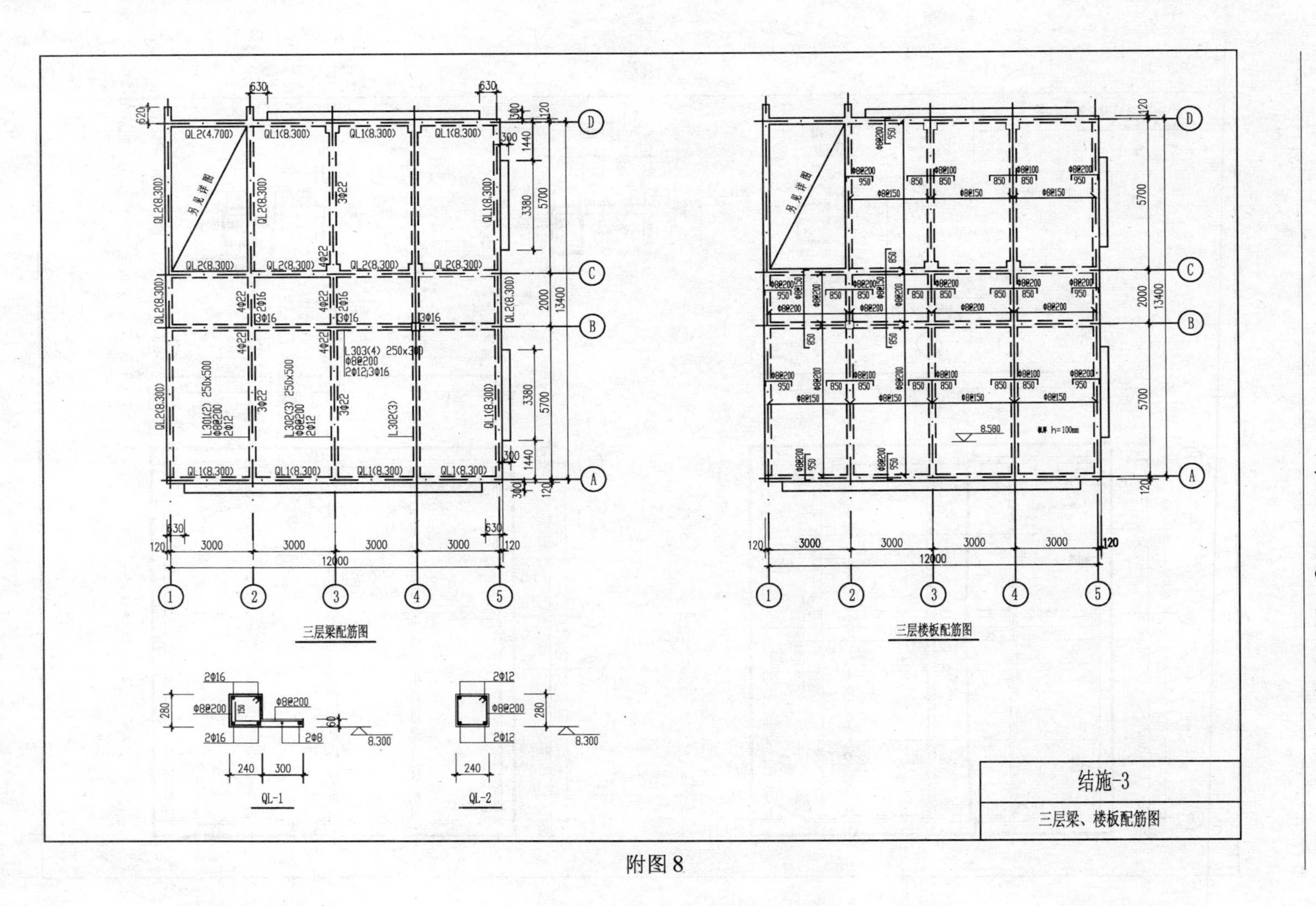
三层梁配筋图
三层楼板配筋图
QL-1
QL-2
结施-3
三层梁、楼板配筋图
另见详图
QL1(8.300)
QL2(8.300)
QL2(4.700)
L301(2) 250×500
L302(3) 250×500
L302(3)
L303(4) 250×300
13400
12000

附图 8

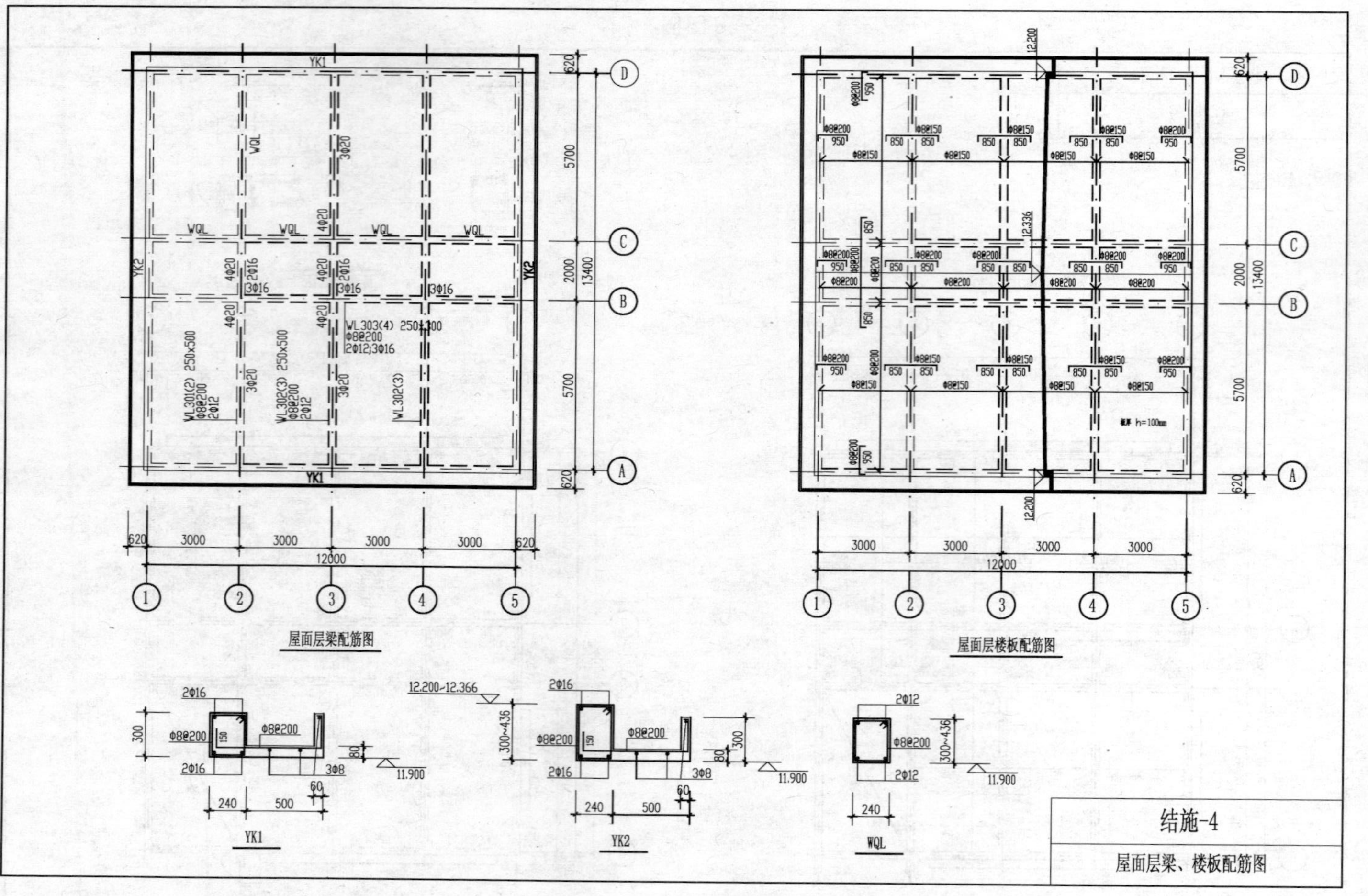
屋面层梁配筋图
屋面层楼板配筋图
WL301(2) 250×500
Φ8@200
2Φ12
WL302(3) 250×500
Φ8@200
2Φ12
WL303(4) 250×300
Φ8@200
2Φ12;3Φ16
WL302(3)
WQL
YK1
YK2
3Φ20
4Φ20
2Φ16
3Φ16
Φ8@150
Φ8@200
850
950
12.200
12.336
620
3000
12000
5700
2000
13400
2Φ16
Φ8@200
3Φ8
11.900
12.200~12.366
300~436
2Φ12
240
500
300
结施-4
屋面层梁、楼板配筋图

附图9

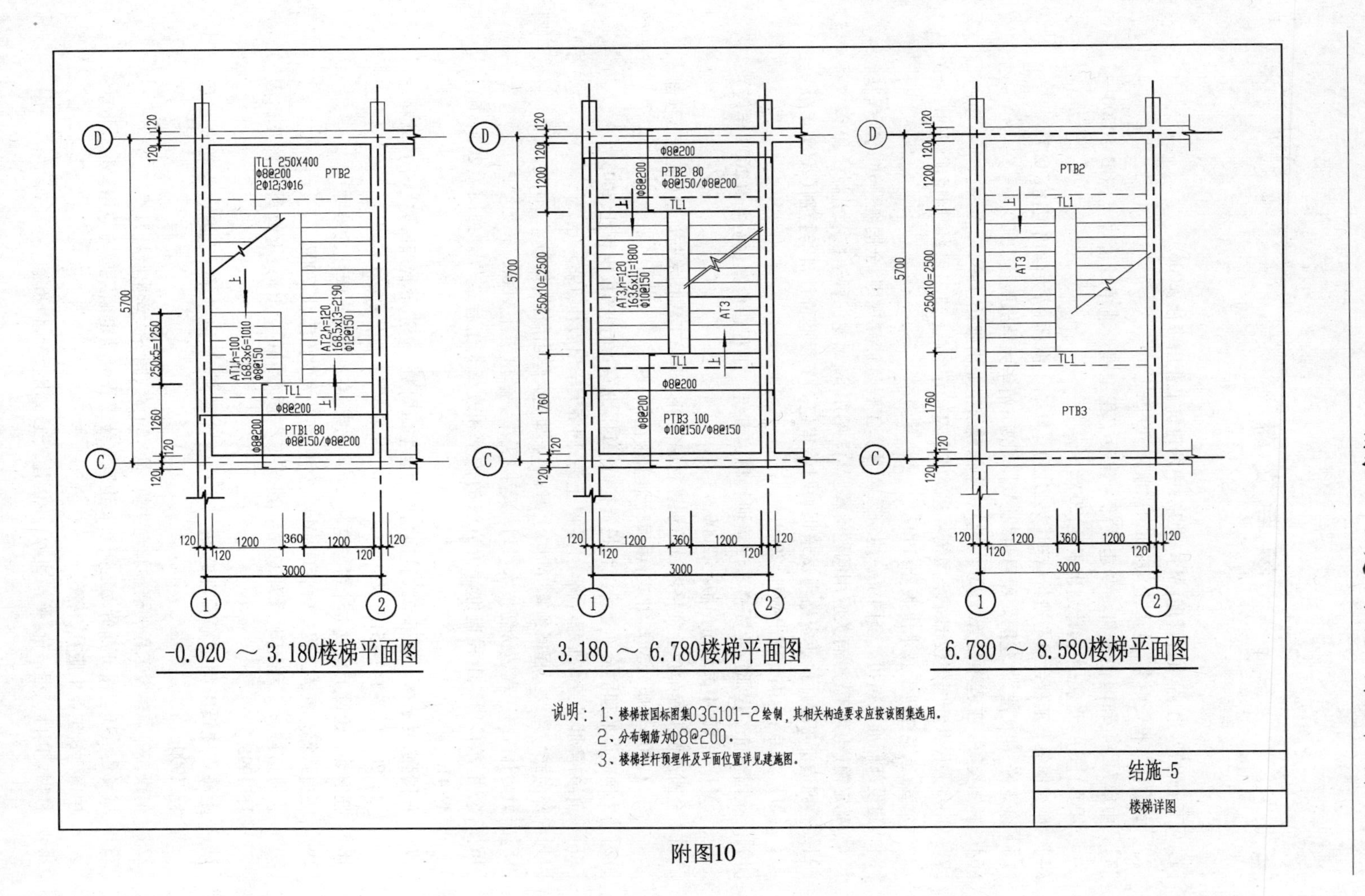

TL1 250X400
Φ8@200
2Φ12;3Φ16
PTB2
AT1,h=100
168.3x6=1010
Φ8@150
AT2,h=120
168.5x13=2190
Φ12@150
TL1
Φ8@200
PTB1 80
Φ8@150/Φ8@200
5700
250x5=1250
1260
120
1200
360
3000
-0.020 ～ 3.180楼梯平面图
PTB2 80
Φ8@150/Φ8@200
AT3,h=120
163.6x11=1800
Φ10@150
AT3
PTB3 100
Φ10@150/Φ8@150
250x10=2500
1760
3.180 ～ 6.780楼梯平面图
PTB3
6.780 ～ 8.580楼梯平面图
说明：1、楼梯按国标图集03G101-2绘制，其相关构造要求应按该图集选用。
2、分布钢筋为Φ8@200。
3、楼梯拦杆预埋件及平面位置详见建施图。
结施-5
楼梯详图


附图10

# 参考文献


[1] 丁士昭等．工程项目管理[M]．北京:中国建筑工业出版社,2006.

[2] 黄渝祥．投资财务[M]．上海:知识出版社,1995.

[3] 中华人民共和国住房和城乡建设部．建设工程工程量清单计价规范(GB 50500—2008)[S]．北京:中国计划出版社,2008.

[4] 陈建国等．工程计量与造价管理(第二版)[M]．上海:同济大学出版社,2007.

[5] 余志峰,胡文法,陈建国．项目组织[M]．北京:清华大学出版社,2000.

[6] 林知炎等．工程项目管理[M]．北京:中国建筑工业出版社,1998.

[7] 中华人民共和国建设部．全国统一建筑工程基础定额(土建工程)编制说明[M]．哈尔滨:黑龙江科学技术出版社,1997.

[8] 建设部标准定额司．全国统一建筑工程预算工程量计算规则、全国统一建筑工程基础定额(土建工程)有关应用问题解释[M]．哈尔滨:黑龙江科学技术出版社,1992.

[9] 全国造价工程师执业资格考试培训教材编审组．工程造价计价与控制(2009年版)[M]．北京:中国计划出版社,2009.

[10] 全国造价工程师执业资格考试培训教材编审组．工程造价案例分析(2009年版)[M]．北京:中国城市出版社,2009.

[11] 全国造价工程师执业资格考试培训教材编审组．建设工程技术与计量(土建工程部分)(2009年版)[M]．北京:中国计划出版社,2009.

[12] 中国建设监理协会．建设工程投资控制[M]．北京:知识产权出版社,2003.

[13] 黄渝祥,邢爱芳．工程经济学[M]．上海:同济大学出版社,1985.

[14] 郑尚武．建设工程概预算[M]．上海:华东师范大学出版社,1989.

[15] 尹贻林等．工程造价新技术[M]．天津:天津大学出版社,2006.

[16] 余明,牟传华．工程造价计价方法的传承和改革．工程造价管理[J],2006(6):39-41.

[17] 任国强,尹贻林．基于范式转换角度的全生命周期工程造价管理研究．中国软科学[J],2003(5):148-151.

[18] 任宏等．建设工程成本计划与控制[M]．北京:高等教育出版社,2004.

[19] 王振强等．英国工程造价管理[M]．天津:南开大学出版社,2002.

[20] 上海市建设工程定额管理总站．建筑工程预算[M]．上海:上海科学普及出版社,1995.

[21] 上海市建设工程定额管理总站．工程造价案例[M]．上海:上海科学普及出版社,1999.

[22] 何康伟等．建设工程的概预算与决算[M]．上海:同济大学出版社,1997.

[23] 城乡建设环境保护部劳动定额站．建筑安装工程劳动定额原理与应用[M]．北京:中国建筑工业出版社,1983.

[24] 杜训．国际工程估价[M]．北京:中国建筑工业出版社,1996.

[25] 徐大图. 建设工程造价管理[M]. 天津:天津大学出版社,1989.

[26] 钟科. 建筑工程技术定额原理[M]. 南宁:广西人民出版社,1987.

[27] 张传吉. 建筑业价值工程[M]. 北京:中国建筑工业出版社,1993.

[28] 何伯森. 国际工程招标与投标[M]. 北京:中国水利电力出版社,1994.

[29] [英]A·N·鲍得温,R·麦卡费,S·A·奥泰法. 国际工程编标报价[M]. 张文祺,邹建平译. 北京:中国水利电力出版社,1995.

[30] 施炳华. 计算机在建筑施工中的应用[M]. 北京:中国环境科学出版社,1999.

[31] Douglas J. Ferry, Peter S. Brandon and Jonathan D. Ferry. Cost Planning of Buildings [M]. Oxford: Blackwell Publishing Ltd, 1999.

[32] D. W. Halpin. Financial and Cost Concepts for Construction Management [M]. New York: John Wiley & Sons Inc., 1985.

[33] David Jagger, Andy Ross, Jim Smith etc. Building Design Cost Management[M]. Oxford: Blackwell Publishing, 2002.

[34] Roger Flanagan and Brian Tate. Cost Control in Building Design[M]. Oxford: Blackwell Science, 1997.

[35] Sol A. Ward. Cost Engineering for Effective Project Control [M]. New York: John Wiley & Sons, Inc., 1992.

[36] S. D. Schuette, R. W. Liska. Building Construction Estimating [M]. Singapore: McGraw-Hill, Inc., 1994.

[37] F. D. Clark, A. B. Lorenzoni. Applied Cost Engineering [M]. New York: Marcel Dekker, Inc., 1985.

[38] Keith Collier. Fundamentals of Construction Estimating and Cost Accounting. Prentice Hall, Inc [D]. 1987, Second Edition.

[39] Abdelhalim Boussabaine and Richard Kirkham. Whole Life-cycle Costing: Risk and Risk Responses[M]. Oxford: Blackwell Publishing, 2004.

[40] Allan Ashworth. Pre-Contract Studies: Development, Economics, Tendering and Estimating[M]. Oxford: Blackwell Publishing, 2002.

[41] John K. Hollmann. Total Cost Management Framework-An Integrated Approach to Portfolio, Program, and Project Management[M]. Morgantown: AACE International, 2006.